高等院校“十二五”电子科学与技术类丛书

光纤通信原理与仿真

郭建强　高晓蓉　王泽勇　编著

西南交通大学出版社
·成　都·

内容简介

根据当前光纤通信的发展趋势，本书系统阐述了光纤通信中信道的光纤波导、信源的激光器、信宿的光电接收器的基本原理和分析方法，并特别结合技术发展背景，展开介绍了各种光纤通信技术。在此基础上，本书将理论和仿真紧密结合，介绍了 OptiSystem 的仿真软件，以便加深对概念的理解。

本书可作为光电子技术、电子信息科学与技术、通信类专业本科生和研究生的光纤通信原理教学用书，也可供相关工程技术人员学习参考。

图书在版编目（CIP）数据

光纤通信原理与仿真 / 郭建强等编著. —成都：西南交通大学出版社，2013.5（2015.1 重印）
（高等院校“十二五”电子科学与技术类丛书）
ISBN 978-7-5643-2098-0

Ⅰ.①光… Ⅱ.①郭… Ⅲ.①光纤通信－高等学校－教材 Ⅳ.①TN929.11

中国版本图书馆 CIP 数据核字（2012）第 297737 号

高等院校“十二五”电子科学与技术类丛书

光纤通信原理与仿真

郭建强 高晓蓉 王泽勇 编著

责任编辑	李芳芳
特邀编辑	李 娟 蒋冬清
封面设计	墨创文化
出版发行	西南交通大学出版社 （四川省成都市金牛区交大路 146 号）
发行部电话	028-87600564 028-87600533
邮政编码	610031
网址	http: //www.xnjdcbs.com
印刷	成都蜀通印务有限责任公司
成品尺寸	185 mm × 260 mm
印张	17.5
字数	436 千字
版次	2013 年 5 月第 1 版
印次	2015 年 1 月第 2 次
书号	ISBN 978-7-5643-2098-0
定价	35.00 元

前　言

光纤通信技术作为通信领域的一门重要技术已经广泛应用于跨洋、长途、城域、接入等网络，并逐步实现光纤到户。

1960年，红宝石激光器问世，人类提出了利用光波导纤维实现通信的设想。1970年，美国康宁公司拉出了第一根光纤，标志着光纤通信的开端。在接下来的几十年间，从850 nm多模激光器到DFB 1 550 nm单模激光器，从1 310 nm到1 550 nm的波长，从155 Mb/s到40 Gb/s的通信速率，从SDH同步光网络到DWDM波分复用技术，从长距离传输到光纤到户，光纤通信实现了一个个里程碑式的跨越，一种崭新的通信方式随着现代通信技术的发展和光纤损耗的降低，以及色散控制技术、复用技术、交换技术、有源光器件与无源光器件的成熟，一步步地从长途干线传输，发展到城域网，再到接入网，奠定了现代通信传输网的物理层基础。

目前，许多高等院校开设了光纤通信的相关课程，从原理到技术都有比较详尽的参考书供学生阅读。为了将理论与实践更好地结合，加深对基本概念的理解，并能融会贯通，我们编写了本书。在编写过程中，作者融入了自身多年的教学体会，循序渐进地讲授理论知识，建立仿真模型，并逐步引入了仿真工具OptiSystem，直观地将基本概念通过二维和三维图形，以及图形间的变化展现出来。本书充分体现了理论与仿真对比的风格，二者相互支撑，可以从概念中理解仿真，也可以从仿真中发掘概念，使学习的心境不断穿梭于理论空间和仿真的虚拟物理空间，便于学习和理解基本概念。

本书在内容上保持与传统风格吻合，并对基本的理论公式进行了详细地推导。在不同的学生学习中，可以根据自己的学习目的和习惯，跳过一些详尽的过程，重点抓住基本概念，并通过仿真加深理解。本书保留详细理论知识的用意，是更好地展现出光纤通信的理论体系和构架，使学生能够明确知识的结构层次。

本书适用于光电子技术、电子信息科学与技术、通信类专业的光纤通信课程的本科生和研究生，也可以作为光纤通信系统的设备研发人员、工程技术人员的学习参考用书。

本书主要由郭建强、高晓蓉、王泽勇编著，参加编写的还有王沛、郑彪、彭华。整个编写工作得到了西南交通大学光电工程研究所的大力支持，同时得到了李金龙副教授和彭建平副教授的积极帮助和真切关怀，在此一并表示衷心的感谢。

由于时间仓促，且编者水平有限，书中不妥之处在所难免，恳请广大读者批评指正。

作　者

2013年2月

前言

目 录

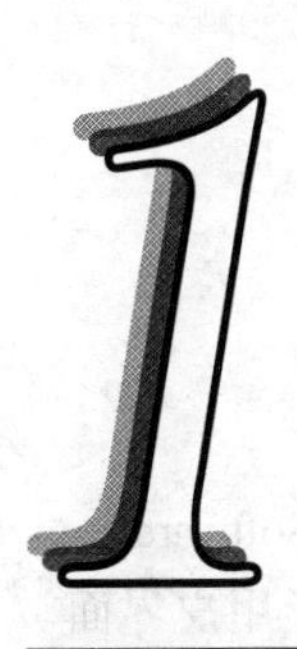

光通信系统仿真软件基础

【学习目标】

☆ 掌握如何启动 OptiSystem 软件
☆ 掌握项目设计的步骤和过程
☆ 了解 Component Library 的结构
☆ 掌握加载一个实例的方法
☆ 学会正确运行仿真程序
☆ 学会展示可视化的结果
☆ 了解如何编辑元件参数
☆ 了解如何进行参数扫描
☆ 了解如何组合图形

本章将介绍如何使用 OptiSystem 设计软件加载一个工程设计，如何运行一个已有工程，如何编辑局部和全局变量，以及如何获得仿真结果。通过本章的学习，并进行实践，学生能够掌握如何使用 OptiSystem 软件来解决实际问题的方法。

1.1 启动 OptiSystem

首先，完成一个仿真工程文件的建立，操作如下：

在 Windows 左下角的【开始】/【Start】菜单中，选择【所有程序】→【Optiwave Software】→【OptiSystem 7】→【OptiSystem】，双击运行，加载完成后出现如图 1.1 所示的图形用户界面。

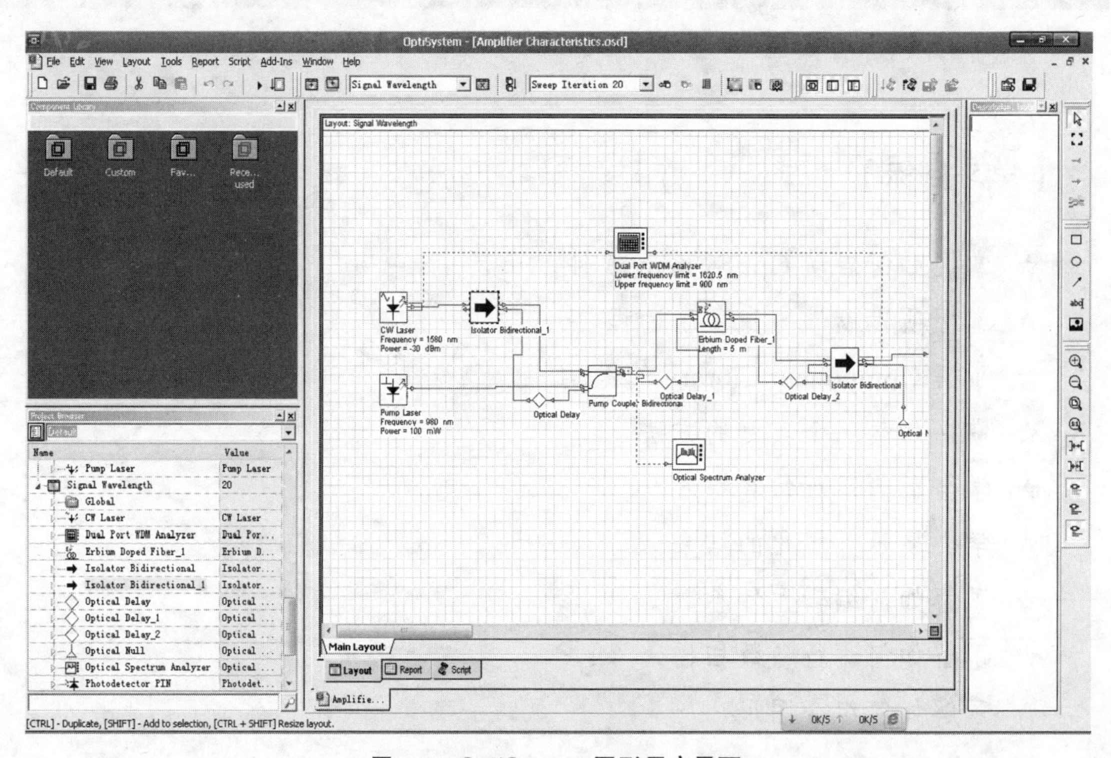

图 1.1 OptiSystem 图形用户界面

1.2 使用 OptiSystem 程序的图形用户界面（GUI）简介

1.2.1 工程项目设计与布局

项目设计窗口是设计中最主要的工作区域，也是编辑元件之间相互连接的区域，如图 1.2 所示。

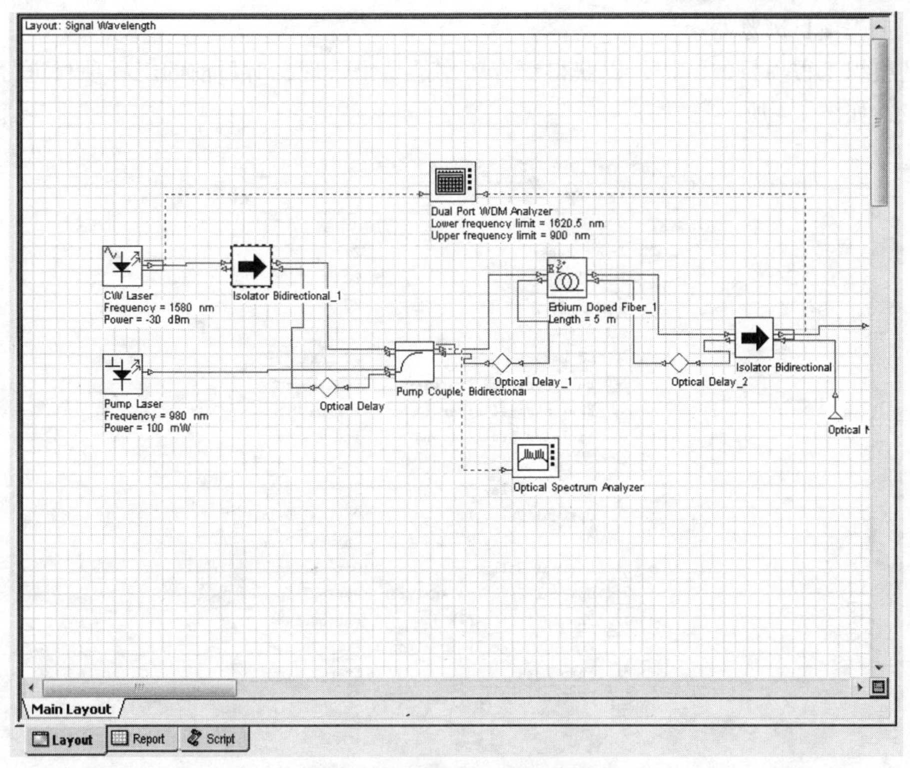

图 1.2 工程项目设计窗口

1.2.2 停靠窗口

停靠窗口用来显示目前活动工程项目的信息，包括：

元件库（Component Library）窗口；

工程项目浏览器（Project Browser）窗口；

描述（Description）窗口。

（1）元件库窗口：

它是系统设计中访问仿真元件的窗口，如图 1.3 所示。

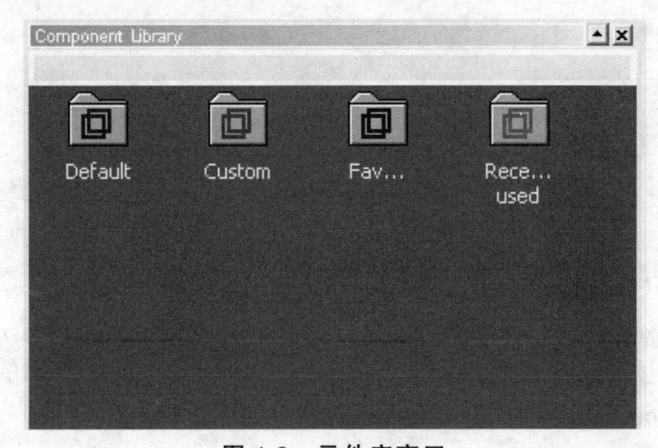

图 1.3 元件库窗口

（2）工程项目浏览器：

它是组织工程项目的结构，以获得更有效率的结果管理，对目前的工程项目进行操作控制的窗口，如图 1.4 所示。

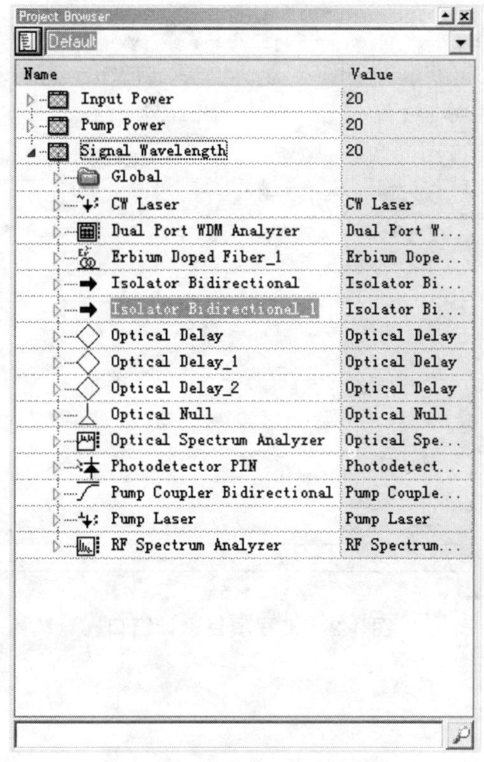

图 1.4　工程项目浏览器窗口

（3）描述窗口：

它是展示目前工程项目具体信息的窗口，如图 1.5 所示。

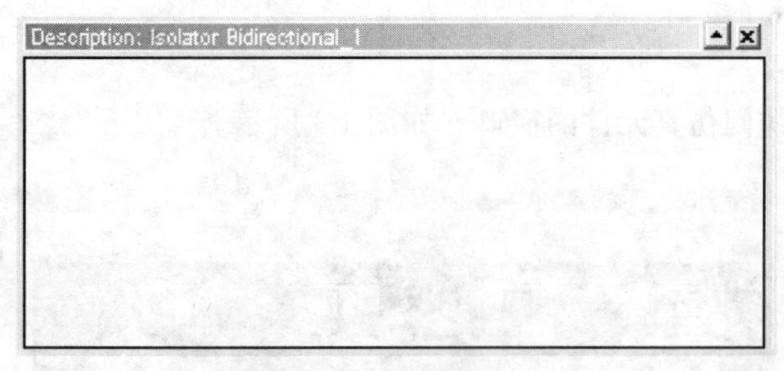

图 1.5　描述窗口

1.2.3　状态栏（Status bar）

状态栏展示工程项目计算过程的信息，也显示关于 OptiSystem 有用的提示信息和其他帮助，位于 Project Layout 工程平台窗口的底部左侧，如图 1.6 所示。

[CTRL] - Duplicate, [SHIFT] - Add to selection, [CTRL + SHIFT] Resize layout.

图 1.6 状态栏

1.3 加载运行实例

加载一个实例，可按照如下步骤进行：

① 从【File】菜单选择【Open】。

② 依次选择【Samples】→【Introductory Tutorials】，选择【Quick Start Direct Modulation.osd】，“Direct Modulation”样例文件就会出现在主设计窗口中，如图 1.7 所示。

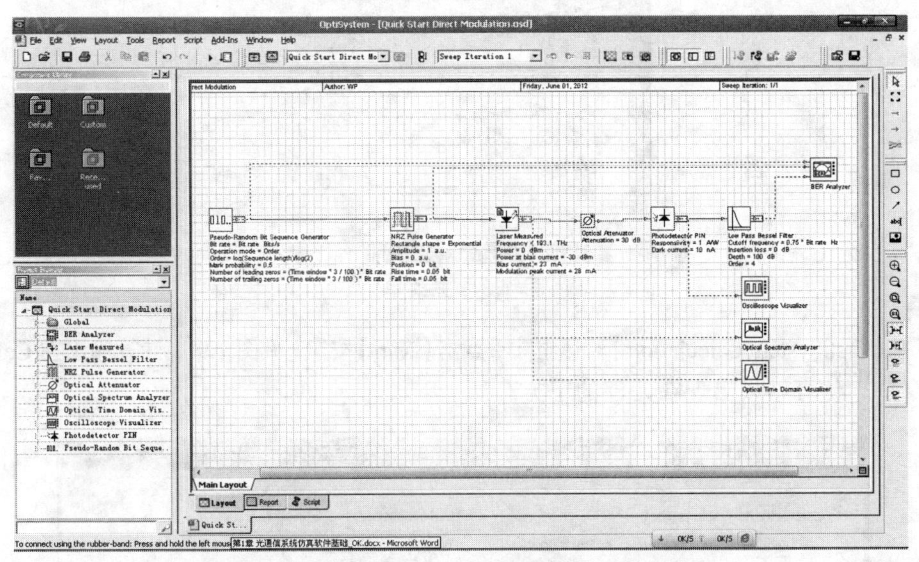

图 1.7 直接加载一个直接调制的实例文件

该案例中，发射机采用了直接激光调制技术方案，并且包含了如下元件：

【Pseudo-Random Bit Sequence Generator】(伪随机序列发生器)：发送位序列到 NRZ Pulse Generator(不归零脉冲发生器)。脉冲调制 Laser Measured(激光测量仪)。Photodetector PIN(光电探测器)通过 Optical Attenuator(光衰减器)接收衰减后的光信号。Low Pass Bessel Filter(低通贝塞尔滤波器)将电信号滤波。

【Optical Spectrum Analyzer】(光谱分析仪)：在频域显示被调制的光信号。

【Optical Time Domain Visualizer】(光信号时域可视化仪)：在时域显示光信号。

【Oscilloscope Visualizer】(示波器可视化仪)：时域显示光电探测针之后的电信号。

【BER Analyzer】(比特误差率分析仪)：基于初始和传输后的信号来测试系统的性能。

注意：一个元件的输出口可以接至少一个可视化仪表模块。

1.4 运行仿真

要运行一个仿真，可按照如下步骤操作：

① 从【File】菜单选择【Calculate】，如图 1.8 所示，选择【OptiSystem Calculation】，则出现如图 1.9 所示的对话框。

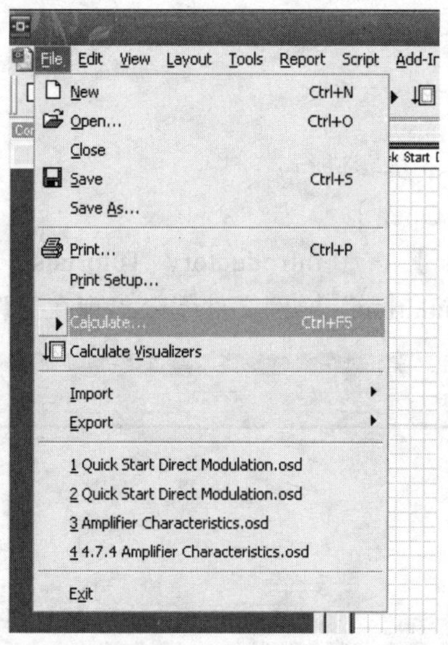

图 1.8 主菜单

② 在【OptiSystem Calculation】对话框中，点击【Run】按钮（见图 1.9），计算输出在 Calculation Output 窗口，仿真结果出现在元件的下方。

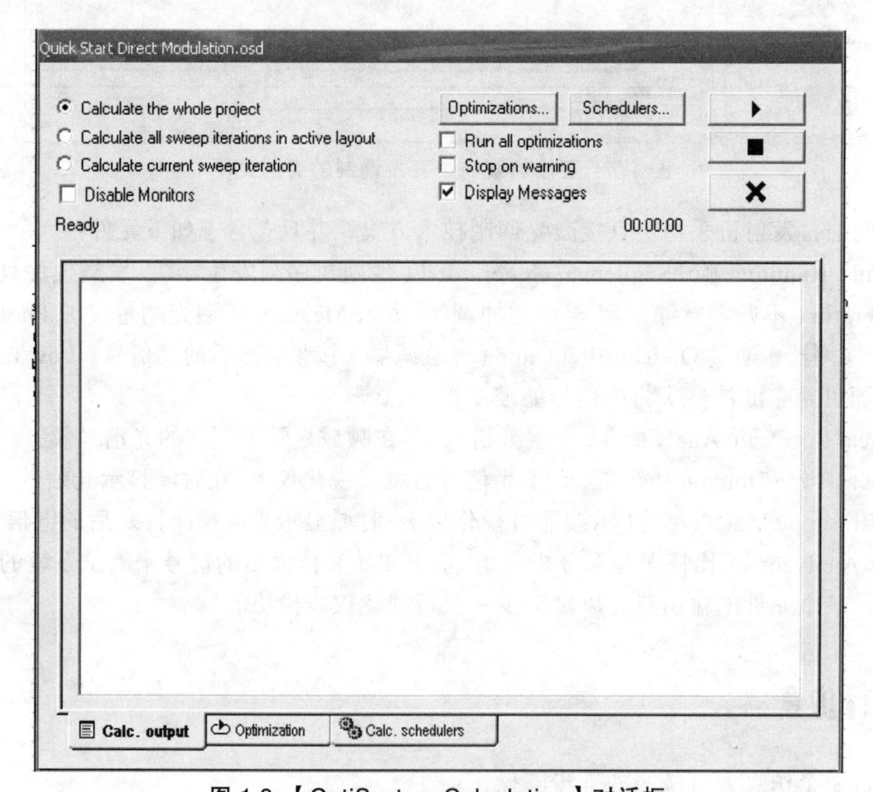

图 1.9 【OptiSystem Calculation】对话框

1.5 展示可视化的结果

双击【Project Layout】中的【Visualizer】，可观察到仿真产生的图像和结果，如图 1.10 所示。

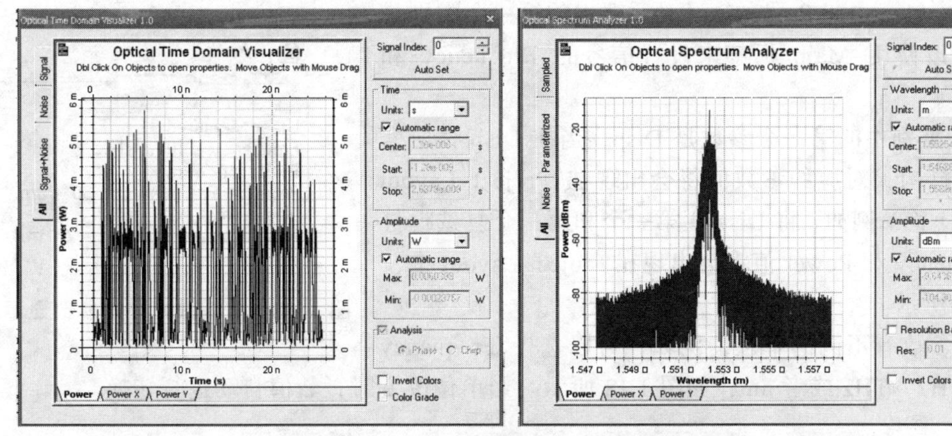

图 1.10 光学时域、频域可视化结果

1.6 元件参数

现以 Laser Measured 项目为例来加以说明。

在【Project Layout】中，双击【Laser Measured】，会弹出【Laser Measured Properties】对话框，如图 1.11 所示。

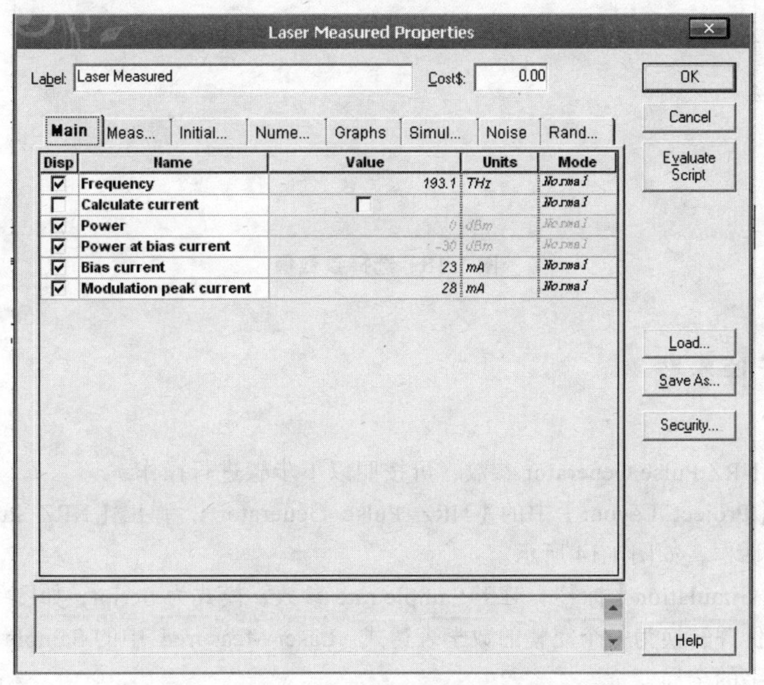

图 1.11 【Laser Measured Properties】对话框

元件参数是根据类别来组织的，Laser Measured 拥有 7 个类别，即 Main，Measurements，Physical，Initial estimate，Simulation，Noise，Random numbers。每个类别都可以通过对话框中的标签来代表。每个类别都有一系列的参数，且具有以下性质：Disp，Name，Value，Units，Mode。

【Laser Measured Properties】对话框中的第一个类别是 Main，可以使用 Main 标签来设置信号的 Frequency 和 Power。

Main 类别中的第一个参数是 Disp，当在 Disp 栏所列复选框中打钩，对应的参数值将会出现在 Project Layout 中的元件下面。例如，将 Disp 栏第一个和第三个复选框打钩，Frequency 和 Power 值将会出现在 Project Layout 中，如图 1.12 所示。

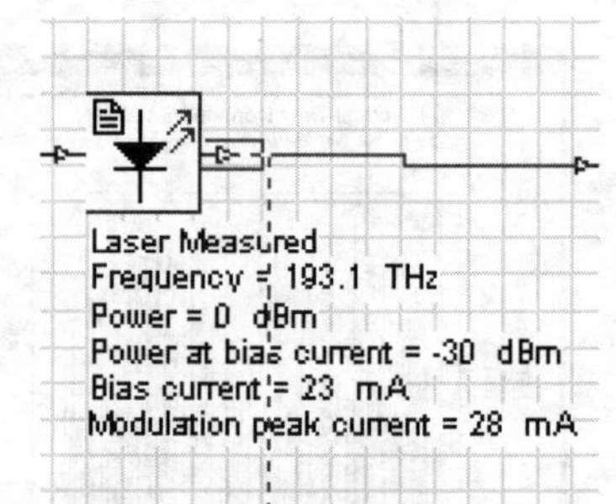

图 1.12　被测激光器的参数显示值

一些参数有不同的单位，例如，可以选择 Frequency 的单位为 Hz、THz 或者 nm，如图 1.13 所示。当单位改变时，数值自动进行转换。

Disp	Name	Value	Units	Mode
☑	Frequency	193.1	THz ▾	Normal
☐	Calculate current	☐	Hz	Normal
☑	Power	0	THz	Normal
☑	Power at bias current	-30	nm	Normal
☑	Bias current	23	mA	Normal
☑	Modulation peak current	28	mA	Normal

图 1.13　选择参数值

1.7　编辑元件参数

为了改变 NRZ Pulse Generator 参数，可按照以下步骤进行操作：

① 双击【Project Layout】中的【NRZ Pulse Generator】，弹出【NRZ Pulse Generator Properties】对话框，如图 1.14 所示。

② 点击【Simulation】标签。对于 Sample rate 参数，模式为 Script，如图 1.15 所示。这个参数将被评价并转换为一个完整的数学表达式。Laser Measured 中的 Sample rate 参数同样代表了相同名字的全局变量。

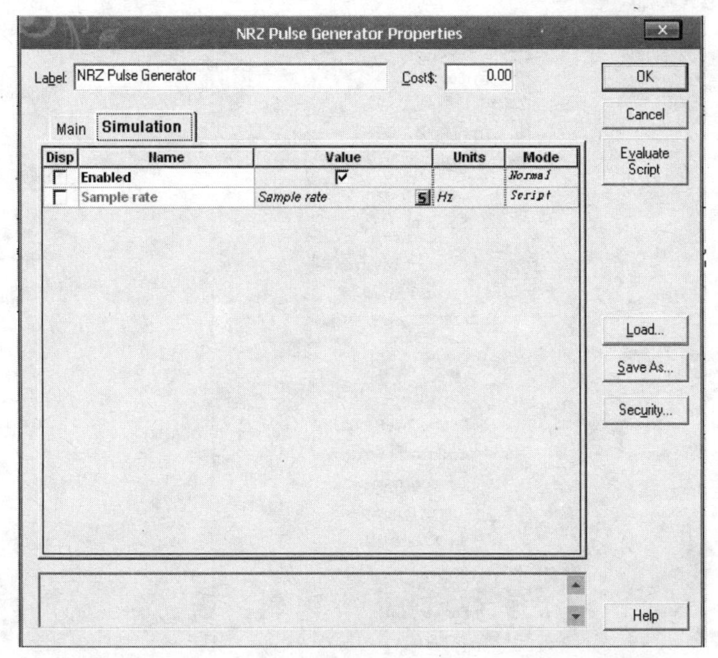

图 1.14 NRZ Pulse Generator Properties 对话框

Disp	Name	Value	Units	Mode
☐	Enabled	☑		Normal
☐	Sample rate	Sample rate	Hz	Script
				Normal
				Sweep
				Script

图 1.15 脚本参数描述

1.8 编辑可视化参数

为了编辑【Optical Spectrum Analyzer】中的参数，可按照如下步骤进行操作：

① 右键点击【Optical Spectrum Analyzer】，弹出如图 1.16 所示的快捷菜单。

② 选择“Component Properties...”，则【Optical Spectrum Analyzer Properties】对话框被打开，如图 1.17 所示。

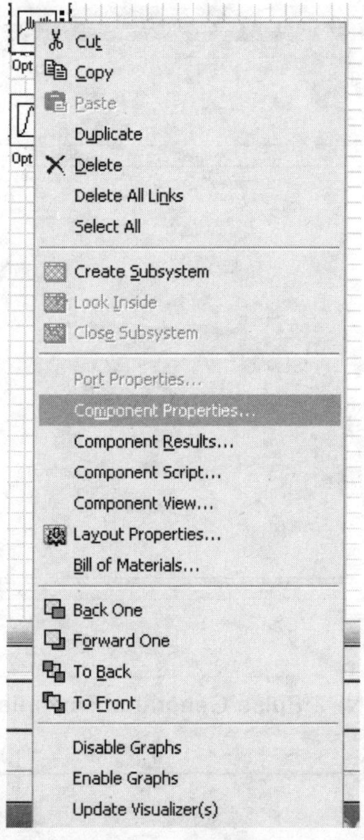

图 1.16 快捷菜单

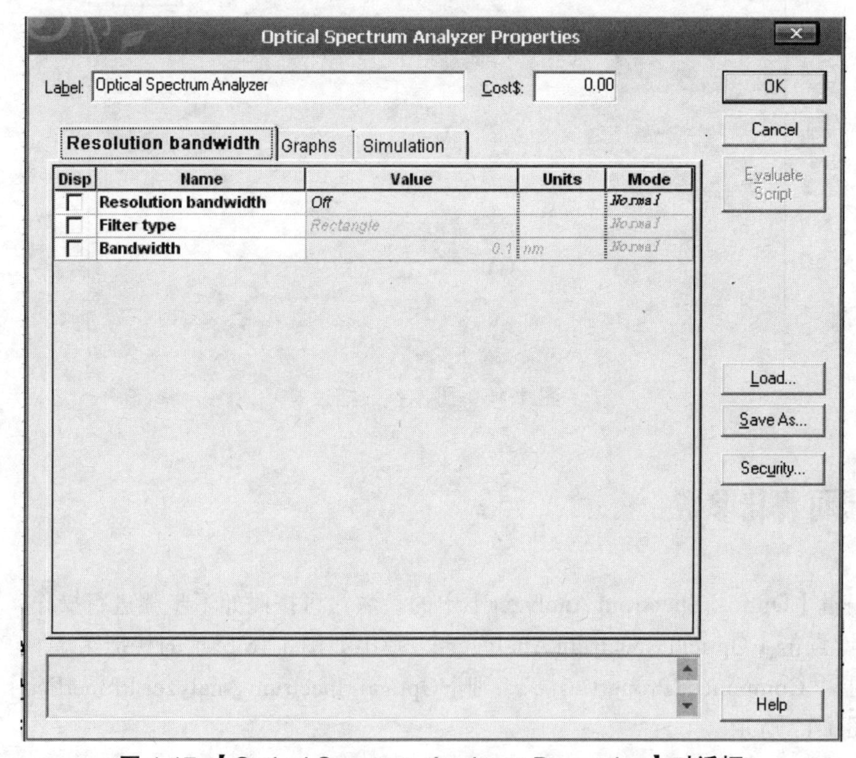

图 1.17 【Optical Spectrum Analyzer Properties】对话框

1.9 全局变量

全局变量对于所有的 OptiSystem 仿真都是一样的。在特定的情况下，可以通过下面三个参数定义 Time window（仿真时间窗口），Sample rate（采样频率）和 Number of samples（采样数量）。在【Quick Start Direct Modulation Parameters】快速开启直接调制参数表中，配置如下：

设 Bit rate（比特率）$= 1\times10^{10}$ bit/s，Bit sequence length（比特序列长度）= 256 bits，求解 Number of samples per bit（采样数量）和 Sample rate（采样频率）。

解： Time window = Sequence length × 1/Bit rate $= 256\times1/10^{10}$（s）$= 2.56\times10^{-8}$（s）= 25.6（ns）

Number of samples = Sequence length × Samples per bit = 256 × 128 = 32 768（samples）

$$\begin{aligned}\text{Sample rate} &= \text{Number of samples/Time window}\\ &= 32\,768/(2.56\times10^{-8}) = 1.28\times10^{12}\ (\text{Hz})\\ &= 1.28\ (\text{THz})\end{aligned}$$

仿真的时间窗口是 25.6 ns，生成 32 768 个取样点，信号采样带宽为 1.28 THz，如图 1.18 所示。OptiSystem 每个元件都以相同的时间窗口工作。然而，每个元件可以以不同的取样频率和取样总数工作。

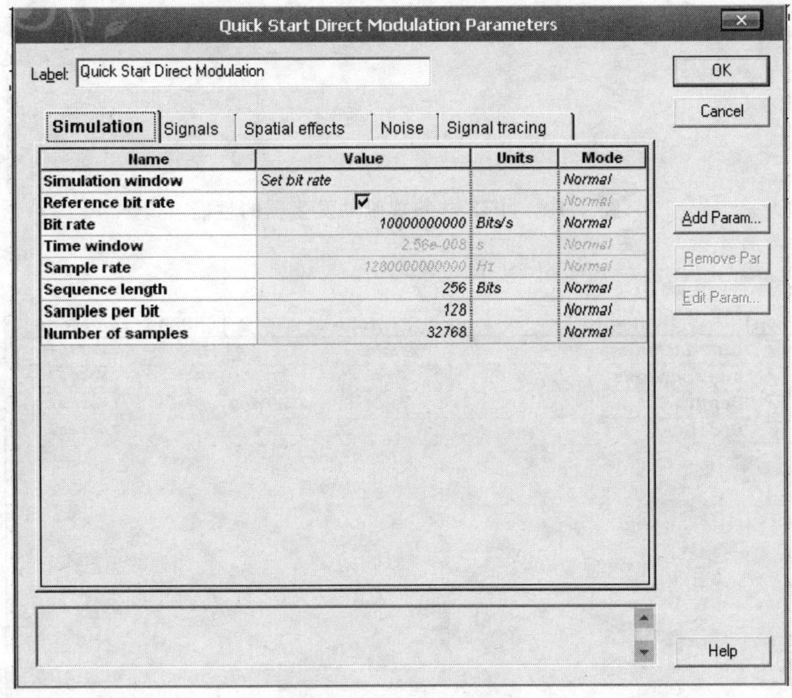

图 1.18 全局变量

1.10 编辑全局变量

全局变量可按照如下步骤编辑：

① 双击【Project Layout】，弹出【Layout 1 Parameters】对话框，如图 1.18 所示。

② 选择或者清除所需要的全局变量。

这些变量可以被任意参量使用脚本模式访问。NRZ 脉冲发生器中的【Sample rate】默认使用脚本模式中的值，如图 1.19 所示。贝塞尔低通滤波器的截止频率参数为 0.75×Bit rate，如图 1.20 所示，Bit rate 是一个全局变量。

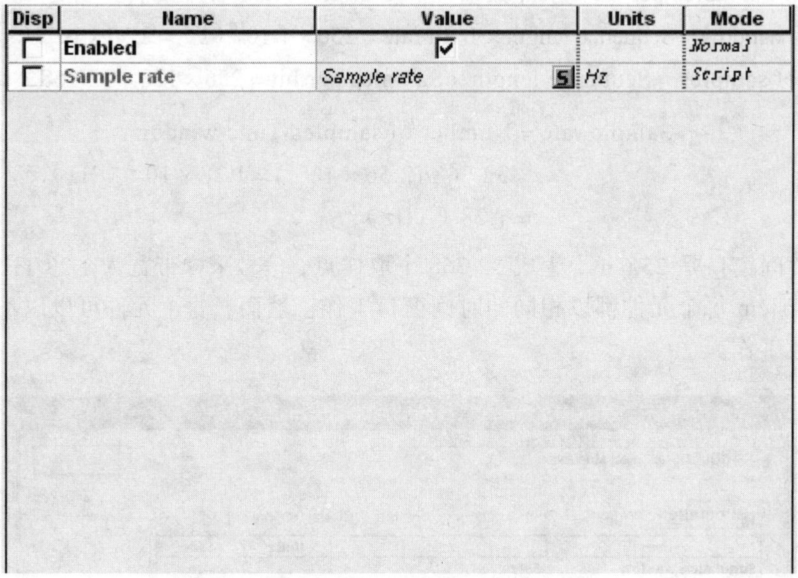

Disp	Name	Value	Units	Mode
☐	Enabled	☑		Normal
☐	Sample rate	Sample rate　S	Hz	Script

图 1.19　NRZ 非归零脉冲发生器的性能

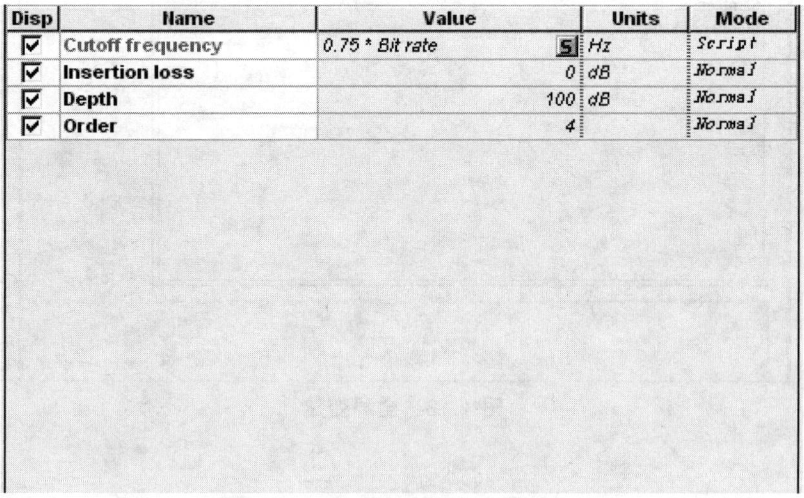

Disp	Name	Value	Units	Mode
☑	Cutoff frequency	0.75 * Bit rate　S	Hz	Script
☑	Insertion loss	0	dB	Normal
☑	Depth	100	dB	Normal
☑	Order	4		Normal

图 1.20　低通贝塞尔滤波器的性能

1.11 设计编辑器的使用

接下来，我们将以连续波激光器的调制仿真案例为基础，介绍如何编辑一个元件。首先，对一个已创建的连续波直接调制设计方案进行修改，将通过替换设计中的一些元件和从元件库中增加元件，从而将直接调制改变为外部调制，实现改变激光调制器的方案。

使用【Layout Editor】，可按照如下步骤操作：

① 删除 Laser Measured 元件。在【Project Layout】中选择【Laser Measured】元件，按【Delete】按键，则 Laser Measured 元件将从 Layout 中被删除。

② 再从元件库中选择【Default】→【Transmitters Library】→【OpticalSources】。

③ 拖动【CW Laser】到【Project Layout】，如图 1.21 所示。

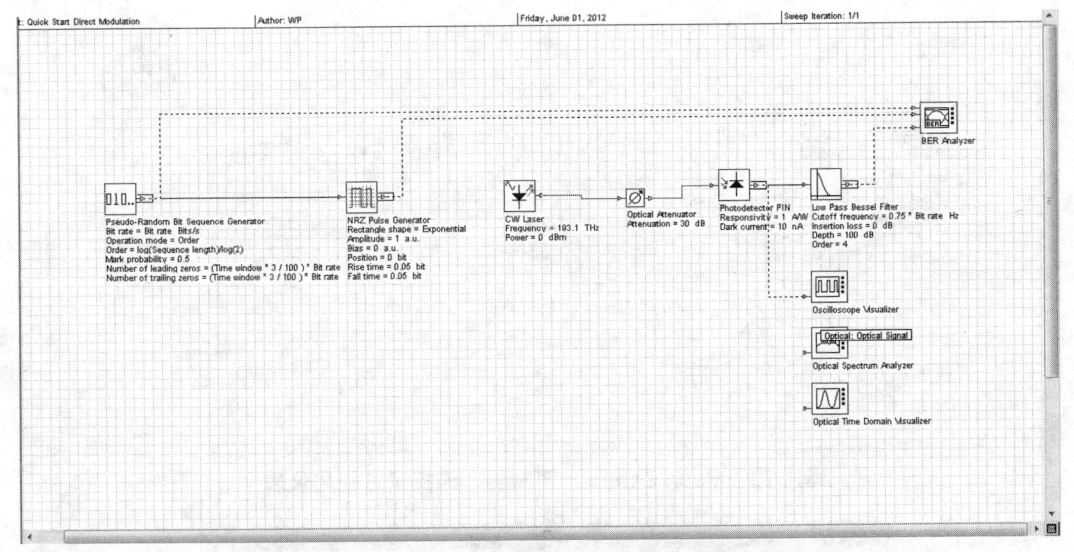

图 1.21 CW Lasers 连续波激光器加载到主框图

④ 在元件库中选择【Default】→【Transmitters Library】→【Optical Modulators】。

⑤ 拖曳【Mach Zehnder Modulator】到【Project Layout】，如图 1.22 所示。

⑥ 将【Mach Zehnder Modulator】放到【Project Layout】中，自动生成如下连接：

- 【NRZ Pulse Generator】输出导入【Mach-Zehnder】的调制输入端口；
- 【CW Laser】输出导入【Mach Zehnder Modulator】载体的输入端口；
- 【Mach Zehnder Modulator】输出导入【Optical Attenuator】输入端口。

⑦ 连接【Mach-Zehnder Modulator】输出端口到【Optical Spectrum Analyzer】输入端口和【Optical Time Domain Visualizer】输入端口，如图 1.23 所示。

⑧ 从【File】菜单选择【Calculate】，弹出【OptiSystem Calculations】对话框。

⑨ 点击 ▶ 按钮，结果出现在【Calculation Output】窗口。

⑩ 为了观察图像和结果，双击 Visualizers，可观察到如图 1.24 和图 1.25 所示的可视化结果。

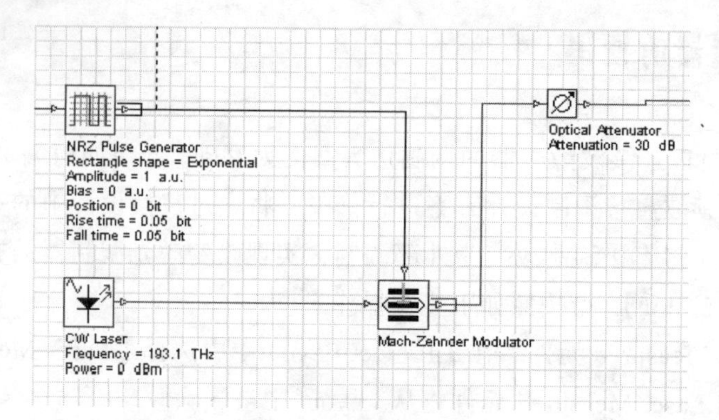

图 1.22 连接元件

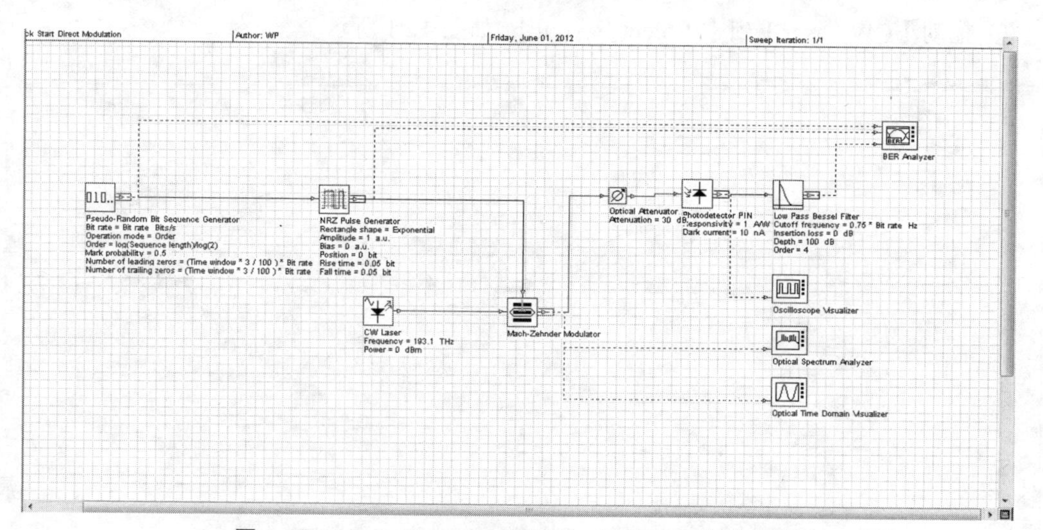

图 1.23 Mach-Zehnder 调制器，连接了可视化仪表

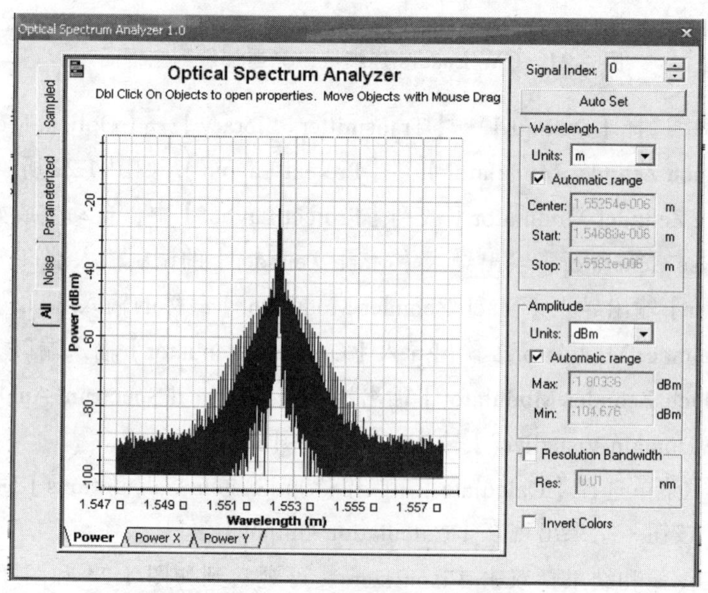

图 1.24 可视化仪表的结果——OSA 实例

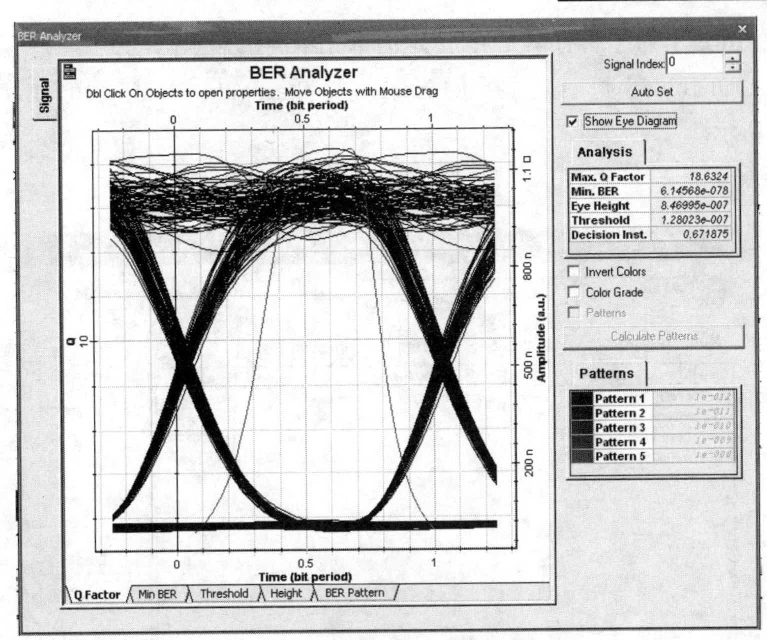

图 1.25 可视化结果——BER 实例

1.12 自动连接元件

为了使用设计工具连接元件，可按照如下步骤操作：

① 将光标放在最初的端口上面，光标变成了橡皮筋光标（链连），如图 1.26 所示。一个工具提示出现，表明这个类型的信号对于这个端口是合适的。

② 点击和拖曳端口到想要连接的端口，这样端口就被连接上了。注意：只能连接输出端口到输入端口，反之亦然。

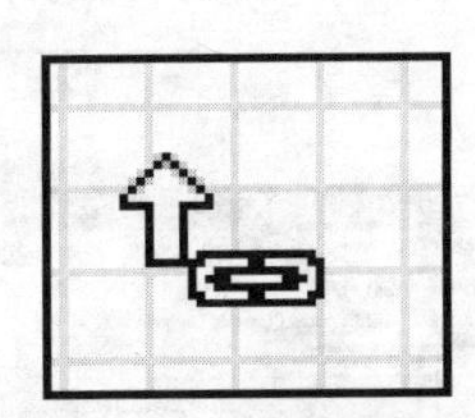

图 1.26 拖动带光标

1.13 参数扫描

为了更好地研究输入输出的变化关系，下面以扫描 CW Laser 的功率为例介绍如何利用 OptiSystem 进行参数扫描。

① 双击【CW Laser】，显示 CW 激光器属性对话框。

② 在【Power】栏，单击【Mode】单元，出现一个下拉列表，选择【Sweep】，如图 1.27 所示。

③ 从【Layout】菜单中，选择【Set Total Sweep Iterations...】，在弹出的对话框中键入“10”，如图 1.28 所示。

④ 从【Layout】中选择【Parameter Sweep...】，弹出对话框。

⑤ 选择【Power】列（所有单元），选定的单元格突出显示。

⑥ 在【Spread Tools】栏中，选择【Linear...】，Start value 中键入 10，End value 中键入 10，如图 1.29 所示。

⑦ 进行运算。

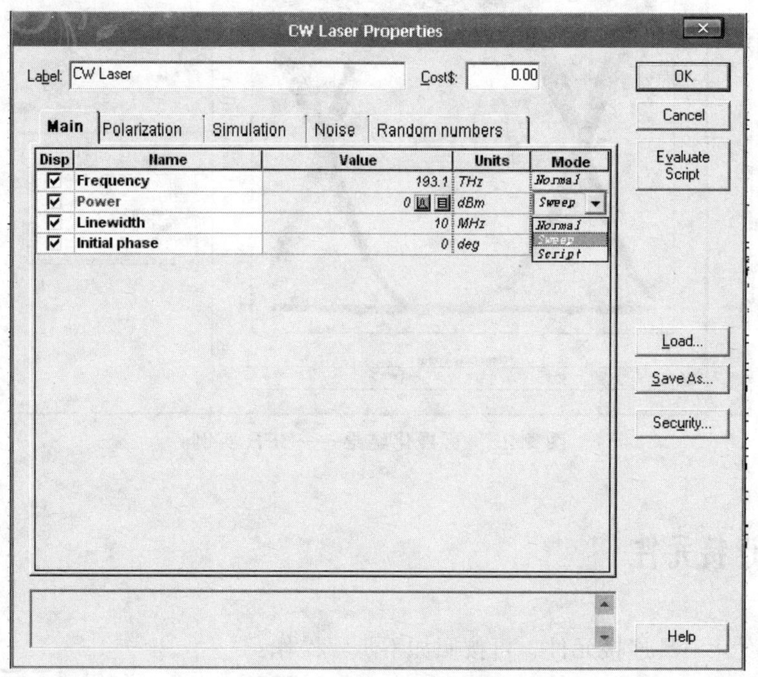

图 1.27　更改参数模式扫描

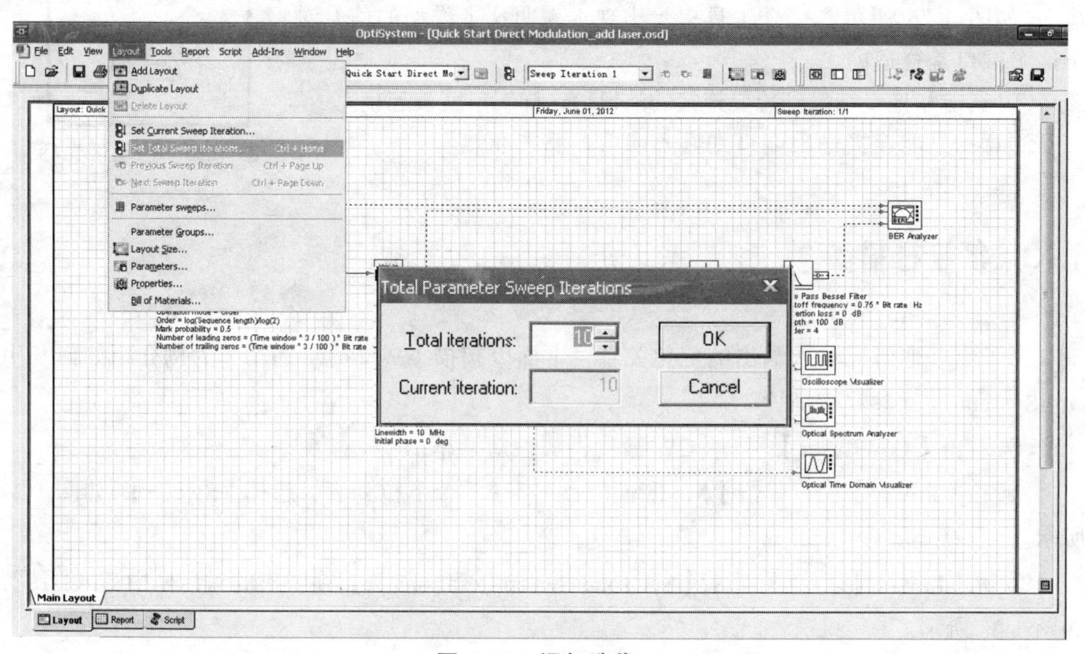

图 1.28　添加迭代

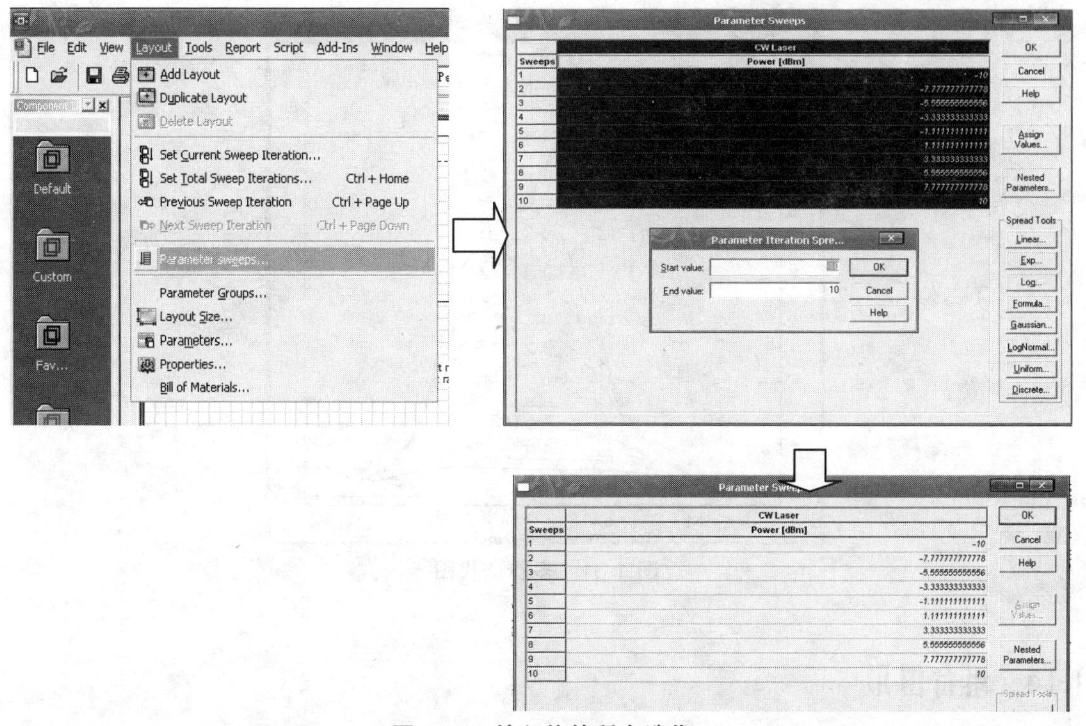

图 1.29 输入值的所有迭代

⑧ 在工具栏上，改变扫描迭代，可浏览不同的扫描结果，如图 1.30 所示。

⑨ 从【View】中打开【Project Browser】(或“Ctrl + 2”)，可以看到扫描后的图形报告。图 1.31 所示为每次扫描的 Q 因子。

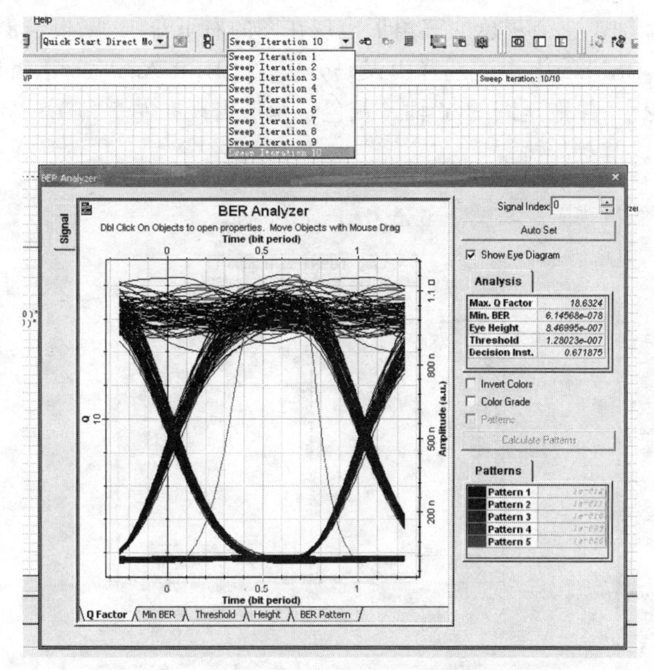

图 1.30 浏览不同参数扫描迭代时的结果

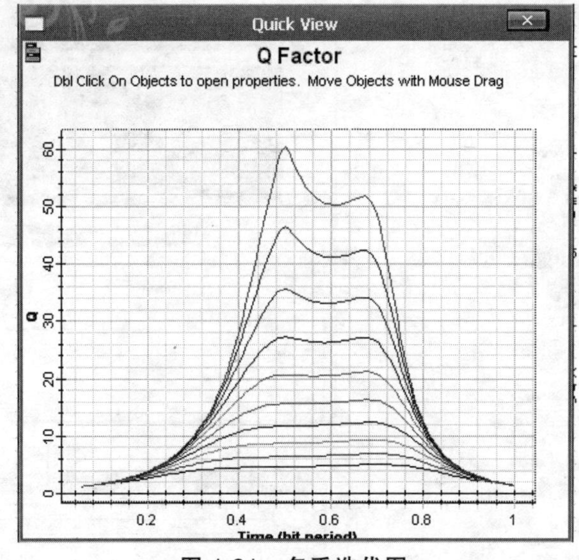

图 1.31 多重迭代图

1.14 组合图形

针对参数扫描结果，下面介绍如何将误码率/眼图分析结果与信号输入功率结合起来。

① 选择【Report】选项卡。

② 单击【Report】工具栏上的【Opti2DGraph】按钮，报告窗口显示出 2D 图形。

③ 在【Project Browser】中，从【CW Laser】的【Parameters】中选择【Power】，并将其拖至 2D 图形的 X 轴（一个灰色的三角形出现在图的右下角），则报告窗口中显示出该图。

④ 在【Project Browser】中，选择由误码分析仪【BER Analyzer】组件产生的对数误码率【Min. log of BER】，并拖至图的 Y 轴（灰色三角形出现在左上角），其结果就是绘制的图形，如图 1.32 所示。

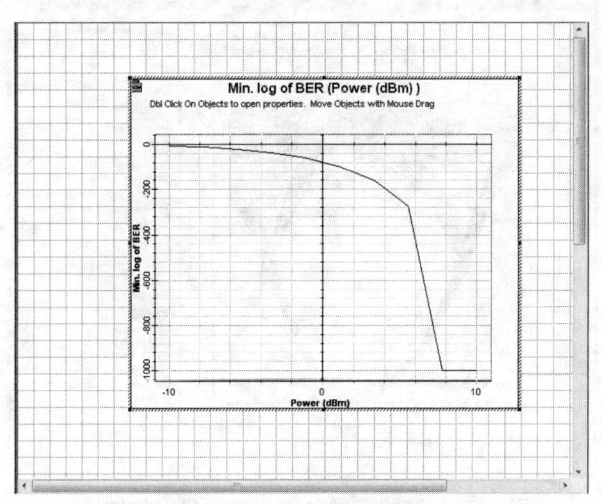

图 1.32 组合生成图表

1.15 保存设计并关闭 OptiSystem

为了保存设计并且关闭 OptiSystem，可按照如下步骤操作：

① 从【File】菜单选择【Save】，Quick Start Direct Modulation.osd 设计被保存。

② 从【File】菜单选择【Exit】，OptiSystem 即关闭。

光纤传输理论基础与仿真

【学习目标】

☆ 掌握光纤传输的射线分析方法

☆ 掌握阶跃折射率光纤的波动光学理论

☆ 掌握光纤的色散、损耗基本概念

☆ 了解非线性光学效应

☆ 学会使用 OptiSystem 对色散进行仿真

☆ 学会使用 OptiSystem 分析群延时

☆ 学会使用 OptiSystem 进行单模光纤传输分析

从两个方面研究光纤波导中的光波传播特性：一方面是光纤的尺寸大小（纤芯直径）对波动模式的约束，即传播的空间特性；另一方面是纤芯中的能量密度与介质极化的相互作用，引起传输的波动能量在传播过程中发生转移和耦合。下面讨论波导对光波的约束过程。

射线光学：是一种基于几何光学的直线传播理论，在介质的界面发生反射与折射，需满足条件：

$$\lambda \ll a$$

其中，λ为光波的波长；a为光纤的纤芯直径。其目的是求解数值孔径NA，理解群速度和模式色散概念。

波动光学：是根据 Maxwell Equation 的波动理论，求解在边界受限情况下可能的传输模式，一般满足条件：

$$\lambda \approx a$$

其目的为求解截止波长，导播模式，辐射模式，模式场模型，传播速度。

单模光纤：唯一传导模式，对应基模。要求：对于 1 310 ~ 1 560 nm，对应的纤芯<10 μm。无模式色散，用于长距离、大容量传输。

多模光纤：多个传导模式，纤芯 50 μm，用于中短距离、中小容量传输。

当纤芯中的功率密度很大时，电极化响应的非线性效应使得光波在光纤中传输引起能量的转移，以及不同传导模式间的能量耦合。转移和耦合能量的大小主要与纤芯中的功率密度有关，属于非线性光学研究的范畴。

线性光学：研究激光强度较小，电极化变化特性能够跟随入射频率的变化，所引起的电极化正比于入射的电矢量。满足条件：光纤中的功率密度非常小。目的：研究光纤中的损耗和色散。

非线性光学：研究当入射激光的强度很强的条件，电极化矢量不能跟随入射强度的变化，从而出现非线性极化，使得入射激光能量与其他的波动之间发生能量转移，一般需要满足条件：光纤中的功率密度非常大，传播长度很长；目的：研究入射光与原子的振动能级的相互作用引起的受激散射和强极化后原子不能恢复所引起的折射率扰动。

受激散射有两种：一种为拉曼散射，它的传输与散射方向一致；另一种为布里渊散射，它的传输与散射方向相反。

折射率扰动：折射率随入射激光的强度变化而变化，产生自相位调制、交叉相位调制、四波混频、脉冲压缩与光孤子。

2.1　光纤的射线光学分析——多模阶跃折射率光纤的射线光学理论分析

在研究之前，先对相关的物理量进行定义。

（1）相对折射率$\varDelta$：

$$\varDelta = \frac{n_1 - n_2}{n_1} \cdot \frac{n_1 + n_2}{2} \cdot \frac{1}{n_1} = \frac{n_1^2 - n_2^2}{2n_1^2} \approx \frac{n_1 - n_2}{n_1} \tag{2.1.1}$$

式中 Δ——光纤相对折射率；

n_1——纤芯的折射率；

n_2——包层的折射率。

（2）光纤中的全反射临界角 φ_c：

$$\varphi_c = \arcsin\frac{n_2}{n_1} \tag{2.1.2}$$

（3）光纤端面最大入射角 θ_{max}：

$$\sin\theta_{max} = n_1\sin(90° - \varphi_c) = \sqrt{n_1^2 - n_2^2} \tag{2.1.3}$$

（4）光纤的数值孔径 NA：

$$NA = \sin\theta_{max} \approx \theta_{max} = \sqrt{n_1^2 - n_2^2} = n_1\sqrt{2\Delta} \tag{2.1.4}$$

2.2 阶跃折射率光纤的波动光学理论

2.2.1 波动方程

分析之前，对一些相关的定义进行回顾。

电磁感应定律： $$\nabla\times\vec{E} = -\frac{\partial\vec{B}}{\partial t} \tag{2.2.1}$$

安培环路定律： $$\nabla\times\vec{H} = \frac{\partial\vec{D}}{\partial t} + \vec{J} \tag{2.2.2}$$

电场的源： $$\nabla\cdot\vec{D} = \rho \tag{2.2.3}$$

磁场无源： $$\nabla\cdot\vec{B} = 0 \tag{2.2.4}$$

光纤的特点：无传导电流；无自由电荷；线性及各向同性介质。因此可以得到以下等式：

$$\vec{D} = \varepsilon\vec{E} + \varepsilon_1\vec{E}\vec{E} + \varepsilon_2\vec{E}\vec{E}\vec{E} + \varepsilon_3\vec{E}\vec{E}\vec{E}\vec{E} + \cdots = \varepsilon\vec{E} \tag{2.2.5}$$

$$\vec{B} = \mu\vec{H} \tag{2.2.6}$$

$$\left.\begin{aligned}\vec{E} &= \vec{E}(r)\cdot\cos\omega t\\ \vec{H} &= \vec{H}(r)\cdot\cos\omega t\end{aligned}\right\} \tag{2.2.7}$$

矢量亥姆霍兹波动方程为

$$\nabla^2\vec{E}(r) + k_0^2n^2\vec{E}(r) = 0,\quad \nabla^2\vec{H}(r) + k_0^2n^2\vec{H}(r) = 0 \tag{2.2.8}$$

标量亥姆霍兹波动方程为

$$\nabla^2\psi + k_0^2 n^2 \psi = 0, \quad k_0 = \frac{2\pi}{\lambda_0} \tag{2.2.9}$$

式中，n 为折射率，k_0 为光波数。

2.2.2 波动方程的解和光纤中的模式

标量解的基本求解方法如下：

1. 条 件

- 折射率约束：当光纤的包层与纤芯的折射率相差很小，为弱导波光纤时（一般情况下，在光纤中，折射率沿半径变化，但变化趋势是很缓慢的，所以在模式场的表达式中，忽略二阶以上的变化率，这种折射率变化很小的光纤称为弱波导光纤，标量近似又称为弱导近似）。若光纤的包层和纤芯非常对称，偏振态被约束，于是得到对称分布。
- 电场磁场 $\vec{E}\vec{H}$：$E_z H_z$ 远小于 $E_t H_t$。
- 线偏振：$\vec{E} = \vec{E}_y + \vec{E}_z$，$\vec{H} = \vec{H}_x + \vec{H}_z$。

分量之间相互独立，代入亥姆霍兹矢量方程中，分离出标量方程。

- 电场与磁场的关系：$Z = \dfrac{E_y}{H_x} = \sqrt{\dfrac{\mu}{\varepsilon}} = \sqrt{\dfrac{\mu_0}{\varepsilon}} = \dfrac{E_x \cdot \mathrm{d}l}{H_y \cdot \mathrm{d}l} = \dfrac{V}{I} = \Omega$：波阻抗。

2. 解的形式

电场 $\vec{E} = \vec{E}_y + \vec{E}_z$，满足标量亥姆霍兹方程：

$$\nabla^2 \vec{E}_y(x,y,z) + k_0^2 n^2 \vec{E}_y(x,y,z) = 0 \tag{2.2.10}$$

$$\nabla^2 \vec{E}_z(x,y,z) + k_0^2 n^2 \vec{E}_z(x,y,z) = 0 \tag{2.2.11}$$

3. 圆柱坐标

将上式在圆柱坐标系中展开即可得

$$\frac{\partial^2 \vec{E}_y}{\partial r^2} + \frac{1}{r}\cdot\frac{\partial \vec{E}_y}{\partial r} + \frac{1}{r^2}\cdot\frac{\partial^2 \vec{E}_y}{\partial \theta^2} + \frac{\partial^2 \vec{E}_y}{\partial Z^2} + k_0^2 n^2 \vec{E}_y(r,\theta,z) = 0 \tag{2.2.12}$$

解的形式的特点是分离变量和对称性。解的形式如下：

（1）空间变化的正交性与独立性，得到分离变量：

$$\vec{E}_y = A \cdot R(r) \cdot \Theta(\theta) \cdot Z(z) \tag{2.2.13}$$

式中，A 为光波矢的振幅；$R(r)$为沿径向传播的变化函数；$\Theta(\theta)$ 为沿方位角传播的变化函数；$Z(z)$为沿 z 方向传播的变化函数。

（2）光纤中波动的传播性，得到空间分布是波动：

$$Z(z) = \exp(-\mathrm{j}\beta z) \tag{2.2.14}$$

（3）旋转的对称性，得到空间变化周期性：

$$\Theta(\theta)=\begin{cases}\cos(m\theta)\\ \sin(m\theta)\end{cases} \tag{2.2.15}$$

（4）求解过程，代入 $\vec{E_y}$ 的形式，得到

$$\left.\begin{aligned}&r^2\frac{\mathrm{d}^2R(r)}{\mathrm{d}r^2}+r\frac{\mathrm{d}R(r)}{\mathrm{d}r}+[(k_0^2n_1^2-\beta^2)r^2-m^2]R(r)=0 \quad r\leqslant a\\ &r^2\frac{\mathrm{d}^2R(r)}{\mathrm{d}r^2}+r\frac{\mathrm{d}R(r)}{\mathrm{d}r}+[(k_0^2n_2^2-\beta^2)r^2-m^2]R(r)=0 \quad r\geqslant a\end{aligned}\right\} \tag{2.2.16}$$

根据解的特点：

- 纤芯中，电场为振荡波：设 $x=\sqrt{(k_0^2n_1^2-\beta^2)}\cdot r$， $\beta<k_0n_1$。
- 包层中，电场为衰减波：设 $x=\sqrt{(\beta^2-k_0^2n_2^2)}\cdot r$， $\beta>k_0n_2$。
- 结论：$k_0n_2<\beta<k_0n_1$。

方程的结构：

纤芯内是标准贝塞尔方程：

$$x^2\frac{\mathrm{d}^2R(x)}{\mathrm{d}x^2}+x\frac{\mathrm{d}R(x)}{\mathrm{d}x}+(x^2-m^2)R(x)=0,\ r\leqslant a \tag{2.2.17}$$

纤芯外是虚数变量的贝塞尔方程：

$$x^2\frac{\mathrm{d}^2R(x)}{\mathrm{d}x^2}+x\frac{\mathrm{d}R(x)}{\mathrm{d}x}-(x^2+m^2)R(x)=0,\ r\geqslant a \tag{2.2.18}$$

（5）解的结构。

纤芯内为振荡波：

$$R(r)=J_m(x)=J_m\left[\sqrt{k_0^2n_1^2-\beta^2}\cdot r\right],\quad r\leqslant a \tag{2.2.19}$$

纤芯外为衰减场：

$$R(r)=K_m(x)=K_m\left[\sqrt{\beta^2-k_0^2n_2^2}\cdot r\right],\quad r\geqslant a \tag{2.2.20}$$

式中，$J_m(x)$ 为 m 阶贝塞尔函数；$K_m(x)$ 为 m 阶第二类修正的贝塞尔函数。

（6）重要的物理参量。

归一化芯径的径向相位常数 U：

$$U=(k_0^2n_1^2-\beta^2)^{\frac{1}{2}}a\text{，无量纲}$$

归一化芯径的径向衰减常数 W：

$$W=(\beta^2-k_0^2n_2^2)^{\frac{1}{2}}a\text{，无量纲}$$

在贝塞尔函数中，有

$$x = U \cdot \frac{r}{a},\ x = W \cdot \frac{r}{a}$$

归一化频率因子 V：

$$V = (U^2 + W^2)^{\frac{1}{2}} = (n_1^2 - n_2^2)^{\frac{1}{2}} k_0 a = \sqrt{2\Delta} n_1 k_0 a = \sqrt{2\Delta} n_1 \frac{2\pi}{\lambda} a = \sqrt{2\Delta} n_1 \frac{2\pi}{c} \nu a$$

电场的解，芯径与包层接触面连续，于是：

$$\begin{aligned}\vec{E}_y &= A \cdot R(r) \cdot \Theta(\theta) \cdot Z(z) \\ &= \exp(-\mathrm{j}\beta z)\cos m\theta \begin{cases} A_1 J_m\left(U \cdot \dfrac{r}{a}\right), & r \leqslant a \\ A_2 K_m\left(W \cdot \dfrac{r}{a}\right), & r \geqslant a \end{cases} \\ &= A\exp(-\mathrm{j}\beta z)\cos m\theta \begin{cases} \dfrac{J_m\left(U \cdot \dfrac{r}{a}\right)}{J_m(U)}, & r \leqslant a \\ \dfrac{K_m\left(W \cdot \dfrac{r}{a}\right)}{K_m(W)}, & r \geqslant a \end{cases}\end{aligned} \tag{2.2.21}$$

根据电场和磁场的正交性（右手定则）以及阻抗约束关系：

$$\vec{H}_x = \begin{cases} -\dfrac{\vec{E}_y}{Z_1} \\ -\dfrac{\vec{E}_y}{Z_2} \end{cases} = A\exp(-\mathrm{j}\beta z)\cos(m\theta) \begin{cases} \dfrac{J_m\left(U \cdot \dfrac{r}{a}\right)}{J_m(U)} \cdot \dfrac{n_1}{Z_0}, & r \leqslant a \\ \dfrac{K_m\left(W \cdot \dfrac{r}{a}\right)}{K_m(W)} \cdot \dfrac{n_2}{Z_0}, & r \geqslant a \end{cases} \tag{2.2.22}$$

根据 $\nabla \times \vec{E} = -\dfrac{\partial \vec{B}}{\partial t}$，$\nabla \times \vec{H} = \dfrac{\partial \vec{D}}{\partial t}$，可求解出 $\vec{E}_z$，$\vec{H}_z$。若暂不考虑传播因子 $\exp(-\mathrm{j}\beta z)$，于是：

$$\vec{E}_z = \left(\frac{\mathrm{j}}{\omega\varepsilon}\right)\frac{\mathrm{d}\vec{H}_x}{\mathrm{d}y} = \left(\frac{\mathrm{j}A}{2k_0 a}\right) \cdot$$

$$\begin{cases} \dfrac{U}{n_1} \cdot \dfrac{J_m\left(U \cdot \dfrac{r}{a}\right)}{J_m(U)} \cdot \sin[(m+1)\theta] + \dfrac{U}{n_1} \cdot \dfrac{J_{m-1}\left(U \cdot \dfrac{r}{a}\right)}{J_m(U)} \cdot \sin[(m-1)\theta], & r \leqslant a \\ \dfrac{W}{n_2} \cdot \dfrac{K_m\left(W \cdot \dfrac{r}{a}\right)}{K_m(W)} \cdot \sin[(m+1)\theta] - \dfrac{W}{n_2} \cdot \dfrac{K_{m-1}\left(W \cdot \dfrac{r}{a}\right)}{K_m(W)} \cdot \sin[(m-1)\theta], & r \geqslant a \end{cases} \tag{2.2.23}$$

同理，可求解 H_z。

（7）特征方程。

根据边界条件：$r=a$，场强连续和可导，于是有

$$\frac{UJ_{m+1}(U)}{J_m(U)}=\frac{WK_{m+1}(W)}{K_m(W)}$$
$$\frac{UJ_{m-1}(U)}{J_m(U)}=-\frac{WK_{m-1}(W)}{K_m(W)} \tag{2.2.24}$$

（8）标量模及其特性。

① 线偏振 LP_{mn} 模式的命名方式。

若光纤的尺寸恒大于波长，相当于一个无限大的横向空间，其特征方程为

$$J_m(U)=0,\quad U=\mu_{mn} \tag{2.2.25}$$

μ_{mn} 表示 m 阶贝塞尔函数的第 n 个根，所以其描述了在光纤端面被切成了 m 个花瓣，在径向有 $n-1$ 个亮圆环的情况。

② 线偏振 LP_{mn} 模式的截止条件。

当光波在正常的传播中，纤芯是振荡传播的，包层是衰减的。随着波长的减小，包层将出现振荡模式，于是光纤波导对光波的约束能力就失去了，这样对应的波长称为截止波长。在光纤中以径向归一化衰减常数 W 来衡量某一模式是否截止，当 $W^2=(\beta^2-k_0^2n_2^2)a^2<0$ 时，方程变成一个振荡波。所以，导波截止的标志为

$$W_c=0\Rightarrow V_c=U_c \tag{2.2.26}$$

由此得到特征方程 $W_cK_{m-1}(W_c)=0$，于是有：

$$J_{m-1}(U_c)=0 \tag{2.2.27}$$

式中，U_c 为 $m-1$ 阶贝塞尔函数的根，记为 $\mu_{m-1,\,n-1}$。例如：

当 $m=0$ 时，$J_{0-1}(U_c)=J_{-1}(U_c)=J_1(U_c)=0$，于是有

$$U_c=\mu_{-1,\,n-1}=\mu_{1,\,n-1}=0,\quad 3.831\,71,\quad 7.015\,59,\quad n=1,2,3,\cdots \tag{2.2.28}$$

其中，$\mu_{1,\,n-1}$ 是一阶贝塞尔函数的第 $n-1$ 个根，n 为 1, 2, 3, …

对于 LP_{01} 模式，有 $V_c=U_c=0$，则

$$U=(k_0^2n_1^2-\beta^2)^{\frac{1}{2}}a=0,\quad \beta=k_0n_1=\frac{2\pi}{\lambda_0}n_1 \tag{2.2.29}$$

$$W=(\beta^2-k_0^2n_2^2)^{\frac{1}{2}}a=0,\quad \beta=k_0n_2=\frac{2\pi}{\lambda_0}n_2 \tag{2.2.30}$$

这种情况下，光纤中的传播常数 β 与自由空间的传播常数 k 完全一样，因此，LP_{01} 模式对任意波长都满足传播条件，没有限制波长的条件，即没有截止现象。

③ 单模光纤的条件。

为了保证 LP_{01} 模式的振荡，截止其他高阶模式，即截止相邻的 LP_{02} 和 LP_{11} 模式，得到只要使归一化频率 V 小于二阶模 LP_{11} 模式的归一化频率即可。

$V < V_c(LP_{11}) = 2.404\ 83$ 次小值。当 $V \geqslant V_c(LP_{11}) = 2.404\ 83$ 时，产生多模传输。

当确定了传输波长后，根据 $V = \sqrt{2\varDelta} n_1 \dfrac{2\pi}{c} \nu a$ 来设计光纤的尺寸 a。

④ 光纤中模式的简并。

E_y 和 E_x 是相互垂直、相互独立的线偏振光，所以它们可以线性组合为空间任意方向的线偏振光，即二重简并的自然偏振光。

$\cos(m\theta)$ 和 $\sin(m\theta)$ 是相互正交的关于 θ 的两个模式，所以它们是相互独立的，因此，它们可以线性组合，即空间对称旋转的二重简并。这样，两两相互组合为 4 个（简并的）线偏振光。只有在特殊情况下，如当 $m = 0$ 时，$\sin(m\theta) = 0$，LP_{01} 模是二重简并。

2.3 光纤的损耗

损耗系数定义：

$$\alpha(\lambda) = -\frac{10}{L}\lg\frac{P_i}{P_0} \quad (\mathrm{dB/km}) \tag{2.3.1}$$

损耗系数的特性随着波长增大，吸收系数衰减的整体规律是将出现 3 个低损耗窗，对应 850 nm，1 310 nm 和 1 550 nm。

2.4 光纤的色散

2.4.1 光纤色散的基本概念

（1）光纤的色散使信号脉冲延时畸变，信号码元重叠，形成串扰，使通信质量降低，限制了通信的距离和调制频率。通信中根据传输受限制的条件，分为色散受限和损耗受限。

（2）激光光源谱线宽度，如 DWDM，2.5 Gb/s，Spectral Width = 0.1 nm，对应频率带宽为 12.5 GHz。

（3）高速调制信号使谱线增宽，2.5 Gb/s、10 Gb/s 对应频带利用率约为 2.5 GHz、10 GHz。

（4）光谱中的调制频率啁啾，是一个概率过程，光谱仪一般不易观察，这是引起传输距离缩短的重要因素。

（5）色散使脉冲展宽和重叠，引起码间干扰。

2.4.2 色散的度量

光纤色散表示为单位长度传输光脉冲的时延与光源带宽的比值。

$$D(\lambda) = \frac{\Delta\tau(\lambda)}{\Delta\lambda \cdot \Delta L} \quad (\mathrm{ps/km \cdot nm}) \tag{2.4.1}$$

也可以转换为光纤的带宽表示

$$B = \frac{441}{\Delta\tau} \quad (\text{MHz}\cdot\text{km}) \tag{2.4.2}$$

2.4.3 光纤的色散种类

（1）模式色散：对于不同的模式，其传播途径不同，产生的延时不同，因此引起的色散称之为模式色散。

（2）材料色散：折射率是波长的非线性函数，传输一定长度后，不同波长产生的延时不同，由此引起的色散称之为材料色散。

（3）波导色散：对于相同模式，在传播中，相位常数 β 随着波长而变化，这将引起不同波长的群速度不同，由此产生的色散称之为波导色散。

（4）偏振色散：由于单模光纤中加工工艺的不对称，产生折射率应力差别，引起不同偏振方向的群速度差异，由此产生的色散称之为偏振色散。

对于单模光纤，没有模式色散。材料色散的正值和波导色散的负值，相互抵消，可以在某个波长实现 0 色散。另外，还可增设外加色散补偿器或者色散补偿光纤，来消除光纤传输的色散影响。

2.5 光纤中的非线性光学效应

2.5.1 受激散射效应

1. 拉曼散射

拉曼散射通常发生在具有分子振荡频率的介电材料中。当用一束频率为 ω_p 的泵浦光波照射到光纤中的分子时，分子的共振吸收和跃迁使分子吸收和释放能量，所发生的辐射称为拉曼散射。散射光的频率 ω_s，相对入射泵浦光频率 ω_p 发生一定的分子共振，频率移动 $\pm\omega_M$。在光纤的出端观察到入射光频率 ω_p 谱线外，在其两侧出现了新的谱线 ω_s，频移量等于光纤介质分子的共振频率 $\omega_p - \omega_s = \pm\omega_M$，正负两侧分别称为斯托克斯散射光和反斯托克斯散射光。

2. 受激拉曼散射

普通拉曼散射由于泵浦的光频率 ω_p 是非相干光，所以散射的光也是非相干光，只是频率发生散射移动。而对于高强度的相干激光泵浦频率 ω_p，在散射过程中前后散射分子锁定，前后散射出与泵浦频率偏移的、同相位同偏振态的光。因此，这些光具有与泵浦光相同的相干性，称为受激拉曼散射。

因此，受激拉曼散射是在激励场和斯托克斯场的同时作用下产生的受激过程，是光纤中的主要非线性光学效应。

受激拉曼散射的条件：满足一定的功率阈值和一定的增益阈值。

3. 布里渊散射

在光学介质中，由大量质点统计热运动所形成的弹性力学声波场，它可分解为无数多个

单色简谐平面声波 ω_M 之和。而入射的泵浦光 ω_p 与简谐平面波 ω_M 的相互耦合，产生了新的光波场 ω_s，称为布里渊散射。

4. 受激布里渊散射

当高强度的激光束入射到光纤中的介质时，介质由于强激光引起光频电而导致伸缩效应，产生强感应声波场，然后又对入射光进行耦合作用所引起的散射，称为受激布里渊散射。

受激布里渊散射与受激拉曼散射的区别：

受激布里渊散射：能量和动量的关系，方向性强，方向与入射方向相反；

受激拉曼散射：能量关系，方向同入射方向一致。

2.5.2 折射率扰动效应

当光纤中的功率密度很大时，介质的极化响应使折射率随着功率发生变化，这样一个高强度的光脉冲信号就受到一个按信号周期变化的折射率调制作用。折射率变化量正比于纤芯的功率密度，即

$$n = n_{\text{linear}} + n_{\text{nonlinear}} \cdot \frac{p_{\text{in}}}{A_{\text{eff}}} \tag{2.5.1}$$

由于折射率的扰动效应，将引起信号之间的相位调制。

（1）自相位调制（SPM）：它是指光在光纤内传输时光信号强度随时间的变化对自身相位的作用。它将导致光脉冲频谱展宽，从而影响系统的性能。

（2）交叉相位调制（XPM）：它是指一波长的信号相位受其他波长信号的强度起伏的调制。交叉相位调制不仅与光波自身强度有关，而且与其他同时传输光波的强度有关，所以交叉相位调制总伴有自相位调制。交叉相位调制会使信号脉冲谱展宽，引起码间串扰。

（3）四波混频：它是指由两个或三个不同波长的光波混合后产生新的光波的现象。其产生原因是某一波长的入射光会改变光纤的折射率，从而在不同频率处发生相位调制，产生新的波长。四波混频对于密集波分复用（DWDM）光纤通信系统影响较大，成为限制其性能的重要因素。

（4）脉冲压缩：非线性折射率和色散间的相互作用，可以使光脉冲得到压缩。

（5）孤子效应：当光纤中的非线性效应和色散相互平衡时，在传播过程中，光脉冲不会展宽，形成了光孤子。这样，光孤子可以传输长距离且保持形状和脉宽不变。

2.6 非线性光学效应的理论基础

2.6.1 非线性光学效应原理

光纤通信系统中的高功率密度，使得非线性光学效应非常严重，不仅存在于光纤中，在折射率不均匀的焊点更为明显。

非线性光学效应是光电场和物质原子相互作用的物理现象。当强的光波电场作用在光纤电介质中，产生的感应电偶极矩的多少不能跟随强光电场的变化而出现饱和现象，使得极化所形成的附加电场叠加到外加光波电场后，在介质中的总光波场不能跟随施加光波电场的变化，呈现饱和特性。对于各向同性的光纤介电质，在强光波电场作用下，电偶极子的极化强度 $\vec{P}$ 对于电场 $\vec{E}$ 是非线性的，可用标量表示为

$$P = \varepsilon_0 \chi^{(1)} \cdot E + \varepsilon_0 \chi^{(2)} : EE + \varepsilon_0 \chi^{(3)} \vdots EEE + \cdots \tag{2.6.1}$$

式中，ε_0 为真空中的介电常数；$\chi^{(1)}$ 为线性电极化率，与衰减常数有关；$\chi^{(2)}$ 为二阶电极化率，对应于二次谐波产生的非线性效应，在各向同性光纤介质中，SiO_2 分子是对称的，根据分子结构的反演对称性可知 $\chi^{(2)} = 0$；$\chi^{(3)}$ 为三阶电极化率，是一个三阶电极化张量，会引起自相位调制 SPM、交叉相位调制 XPM 和四波混频 FWM 等非线性效应。所以在光纤中的非线性光学效应主要是三阶非线性效应引起的极化强度，可表示为

$$P_{\mathrm{NL}} = \varepsilon_0 \chi^{(3)} \vdots EEE \tag{2.6.2}$$

对于同向传播的偏振方向相同的振荡频率分别为 ω_o，ω_n，ω_m 线偏振光波，总的光波电场强度表示为

$$E = \sum_{o} E_o \exp[j(\omega_o t - k_o z)] \tag{2.6.3}$$

代入式（2.6.2）可得到总极化强度为

$$P_{\mathrm{NL}} = \varepsilon_0 \sum_{onm} \chi^{(3)}(\omega_o, \omega_n, \omega_m) \vdots E(\omega_o) E(\omega_n) E(\omega_m) \exp[-j(\omega_o + \omega_n + \omega_m)] \tag{2.6.4}$$

令 $j = 4$，将其展开可得

$$\begin{aligned} P_4 = & \frac{3}{2} \varepsilon_0 \chi^{(3)} |E_4|^2 E_4 + \\ & 3\varepsilon_0 \chi^{(3)} \left(|E_1|^2 + |E_2|^2 + |E_3|^2 \right) E_4 + \\ & (3\varepsilon_0 \chi^{(3)} E_1 E_2 E_3 \exp(i\theta_+) + 3\varepsilon_0 \chi^{(3)} E_1 E_2 E_3^* \exp(i\theta_-) + \cdots) \end{aligned} \tag{2.6.5}$$

式中，$|E_4|^2 E_4$ 项与自相位调制有关；$\left(|E_1|^2 + |E_2|^2 + |E_3|^2 \right) E_4$ 项与交叉相位调制有关；第三项是与 3 个电场都相关的项与四波混频相关。

2.6.2　非线性折射率调制效应

折射率与光强有关的现象是由 $\chi^{(3)}$ 引起的，光纤的折射率可以表示为

$$n = n_0 + n_e \frac{p}{A_{\mathrm{eff}}} \tag{2.6.6}$$

式中，n_0 为原来的线性折射率；n_{e} 为与 $\chi^{(3)}$ 有关的非线性折射率系数，其量值约为 $3 \times 10^{-20}\ \mathrm{m^2/W}$；$p$ 为光功率。光信号在传输过程中由于折射率随功率而变化，引起相位被调制，产生相位调制（SPM）、交叉相位调制（XPM）及四波混频（FWM）等现象。

1. 自相位调制（SPM）

由于折射率 n 与光功率 p，光传输的相位系数β'也与 p 有关，可表示为

$$\beta' = \beta + \gamma p \tag{2.6.7}$$

$$\gamma = k_0 n_e / A_{eff} \tag{2.6.8}$$

式中，β为不考虑非线性效应时光传输的相位系数；k_0为真空中的波数，$k_0 = 2\pi/\lambda$。传输 L 长的距离以后，产生的非线性相位差可表示为

$$\phi_{NL} = \int_0^L (\beta' - \beta)\,dz = \int_0^L \gamma p(z)\,dz = \gamma p_m \int_0^L e^{-\alpha z} dz$$

$$= \frac{k_0 n_e}{A_{eff}} p_m \int_0^L e^{-\alpha z} dz = \frac{k_0 n_e L_{eff}}{A_{eff}} p_m$$

p_m是输入端的光功率，当光波被调制后随时间变化。瞬时变化的相位意味着光脉冲的中心频率的两侧有不同的瞬时光频率的变化，也就是说，SPM 导致频谱展宽。频谱展宽的值可以通过 ϕ_{NL} 的导数来表示：

$$\Delta \nu_{SPM} = \frac{1}{2\pi} \cdot \frac{d\phi_{NL}}{dt} = \frac{n_e L_{eff}}{\lambda A_{eff}} \cdot \frac{dp_m}{dt} \tag{2.6.9}$$

SPM 将导致频谱展宽，形成频率啁啾。

2. 交叉相位调制（XPM）

产生 XPM 现象的物理机理与 SPM 类似。当两束或更多束光波在光纤中传输时，某一频率的光波的非线性效应不仅与该信道的功率变化有关，而且与其他频率的光波功率有关，从而引起较大的频谱展宽。在超长距离光纤传输系统中，需要考虑 XPM 效应引起的对光传输性能的影响，XPM 效应不仅存在于不同频率的光波之间，而且存在于同一频率不同偏振态的光波之间。

3. 四波混频（FWM）

非线性光学中，四波混频是介质中四个光波相互作用所引起的非线性光学效应，它起因于介质的三阶非线性极化。四波混频相互作用的方式一般可分为以下三类：

① 三个泵浦场的作用情况；

② 输出光与一个光具有相同模式的情况；

③ 后向参量放大和振荡。

由于四波混频在所有介质中都能很容易地被观察到，而且变换形式很多，所以它已经得到了很多有意义的应用。例如，利用四波混频可以把可调谐相干光源的频率范围扩展到红外和紫外；在简并的情况下，四波混频可用于自适应光学的波前再现。

通信中，四波混频（FWM）也称四声子混合，是光纤介质三阶极化实部作用产生的一种光波间耦合效应，是因不同波长的两个或三个光波相互作用而导致在其他波长上产生所谓混

频产物，或边带的新光波，这种相互作用可能发生于多信道系统的信号之间，可以产生三倍频、和频、差频等多种参量效应。

发生四波混频的原因是入射光中的某一个波长上的光会使光纤的折射率发生改变，则在不同的频率上产生了光波相位的变化，从而产生了新的波长的光波。

在 DWDM 系统中，当信道间距与光纤色散足够小且满足相位匹配时，四波混频将成为非线性串扰的主要因素。当信道间隔达到 10 GHz 以下时，FWM 对系统的影响将最严重。

四波混频对 DWDM 系统的影响主要表现在：① 产生新的波长，使原有信号的光能量受到损失，影响系统的信噪比等性能；② 如果产生的新波长与原有某波长相同或交叠，从而产生严重的串扰。四波混频的产生要求各信号光的相位匹配，当各信号光在光纤的零色散附近传输时，材料色散对相位失配的影响很小，因而较容易满足相位匹配条件，容易产生四波混频效应。

目前 DWDM 系统的信道间隔一般在 100 GHz，零色散导致四波混频成为主要原因，所以，采用 G.653 光纤传输 DWDM 系统时，容易产生四波混频效应，而采用 G.652 或 G.655 光纤时，不易产生四波混频效应。但是 G.652 光纤在 1 550 nm 窗口存在一定的色散，传输 10 G 信号时，应增加色散补偿，G.655 光纤在 1 550 nm 窗口的色散很小，适合 10 G DWDM 系统的传输。

FWM 起源于折射率的光致调制的参量过程，需要满足相位匹配条件。从量子力学观点描述一个或几个光波的光子被湮灭，同时产生几个不同频率的新光子，在此参量过程中，净能量和动量是守恒的，这样的动量守恒，即波矢量守恒，也称为相位匹配条件。

2.7 使用 OptiSystem 进行色散仿真

2.7.1 参数设置

本节将介绍如何使用 OptiSystem 对光纤色散进行仿真。

首先搭建系统框图，如图 2.1 所示，系统参数如图 2.2 所示，其中，发送比特率选为 10 GHz。设置光纤长度分别为 80 km，100 km，120 km。

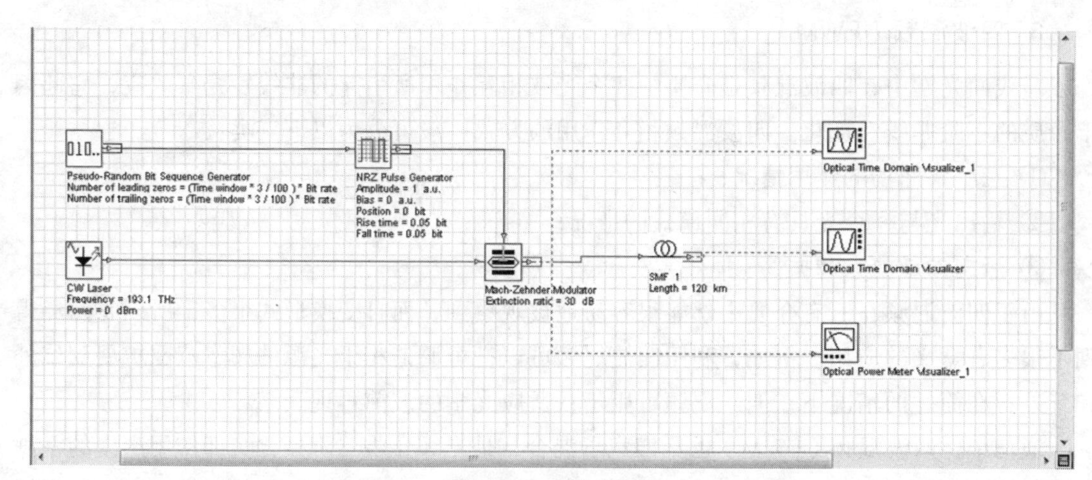

图 2.1 系统框图

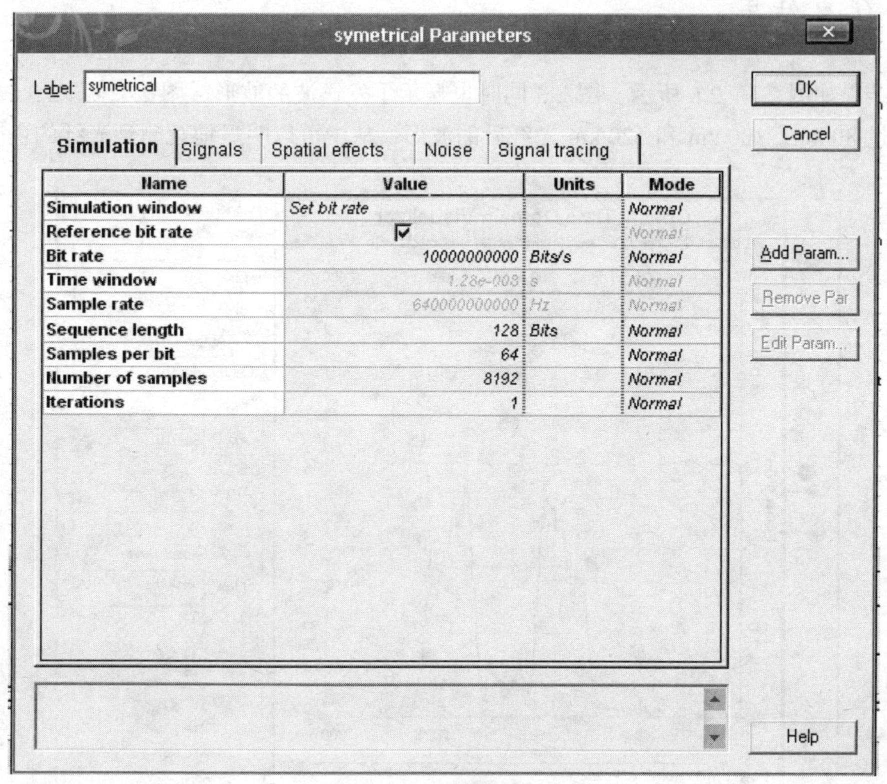

图 2.2 系统参数设置

为更好地观测波形，完成仿真计算后，应取掉自动设置的复选框，将观测曲线的横轴显示区间调整为 [0 ps，800 ps]；纵轴显示区间调整为 [0 W，0.001 W]，如图 2.3 所示。

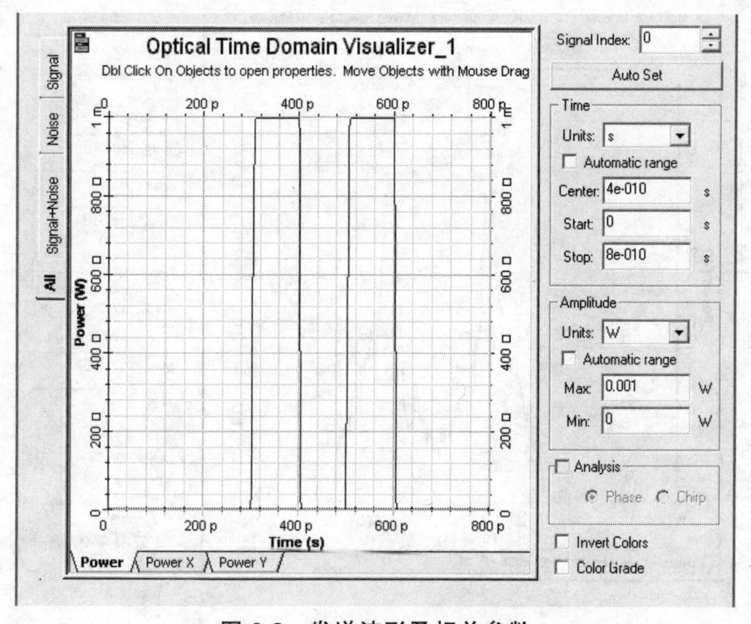

图 2.3 发送波形及相关参数

2.7.2　仿真结果

仿真结果如图 2.4 ~ 2.6 所示。图 2.3 同时也显示了发送波的波形，图 2.4、图 2.5、图 2.6 分别显示经过 80 km，100 km 和 120 km 光纤后的波形，从中可以明显地观测到光纤的色散。

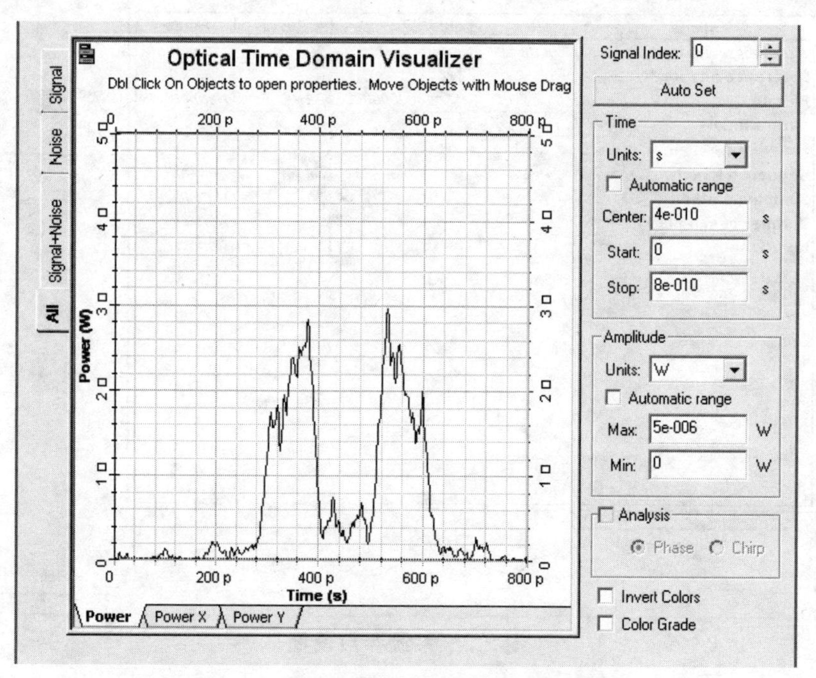

图 2.4　通过 80 km 光纤后的色散情况

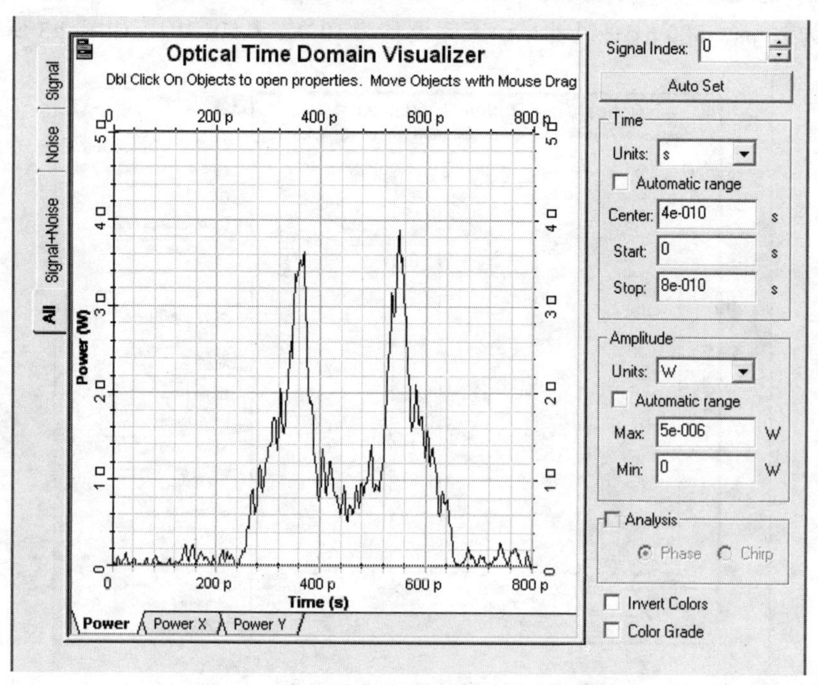

图 2.5　通过 100 km 光纤后的色散情况

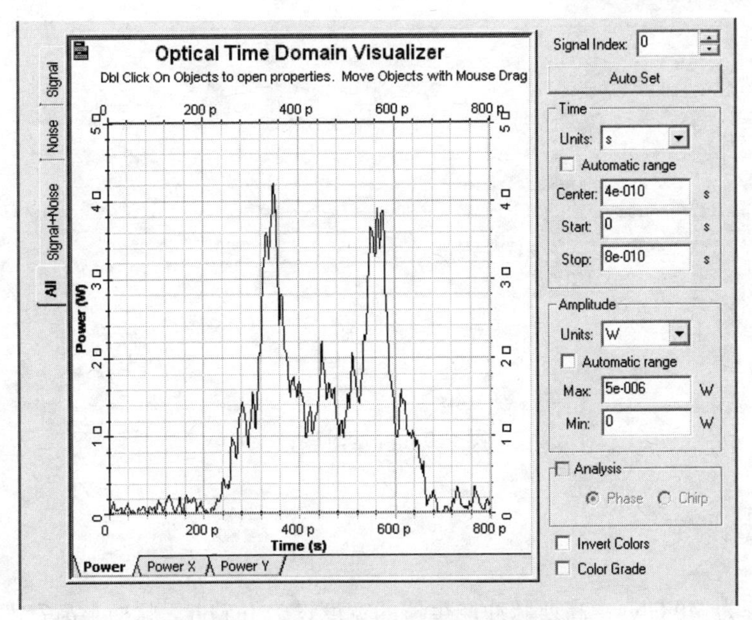

图 2.6 通过 120 km 光纤后的色散情况

为便于对比，图 2.7 给出了三条曲线在一个坐标系中的情形，从上到下依次为 120 km，100 km，80 km 时对应的曲线。

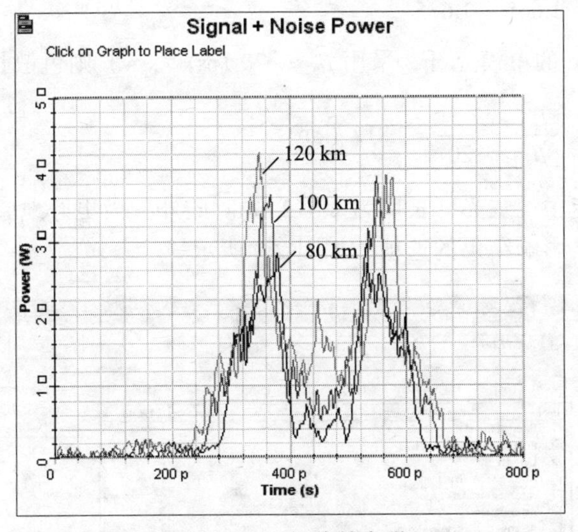

图 2.7 光纤传输色散

2.8 使用 OptiSystem 对群延时的分析

2.8.1 结构设计

如图 2.8 所示，建立一个简单的群延时仿真工程来说明群延时的影响。

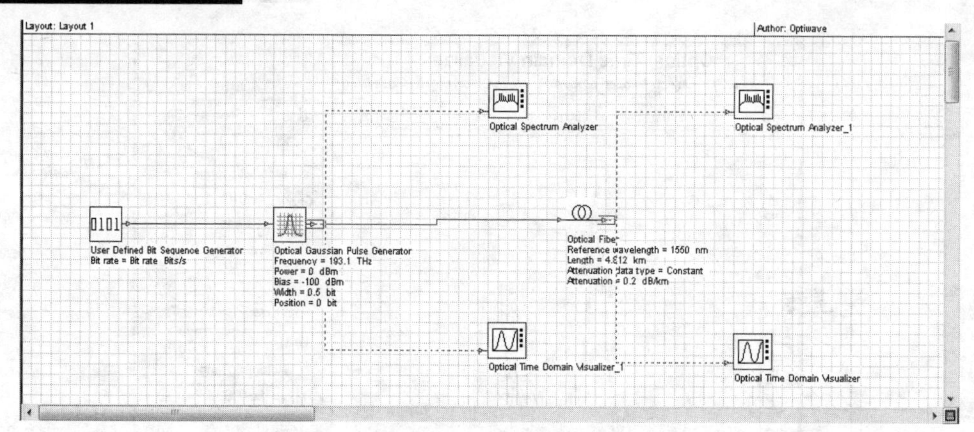

图 2.8　群延时设计

2.8.2　参数设定

设计比特率为 40 Gb/s，高斯脉冲产生器的宽度设为 0.5 bit，脉冲半高宽度（FWHM）为 12.5 ps。

参数 T_0 为

$$T_0 \approx \frac{T_{\text{FWHM}}}{1.665} = \frac{12.5}{1.665} = 7.5 \ \text{(ps)} \tag{2.8.1}$$

对于波长 1 550 nm 的单模光纤，采用 $\beta_2 \approx -20\ (\text{ps})^2/\text{km}$，则色散长度为

$$L_{\text{D}} \approx \frac{T_0^2}{|\beta_2|} = \frac{7.5^2}{20} = 2.812 \ \text{(km)} \tag{2.8.2}$$

在光纤的性能设定中设置光纤长度为 2.812 km。此外，为更好地验证群延时，禁用除了群延时以外的所有可能影响结果的选项，如图 2.9 所示。

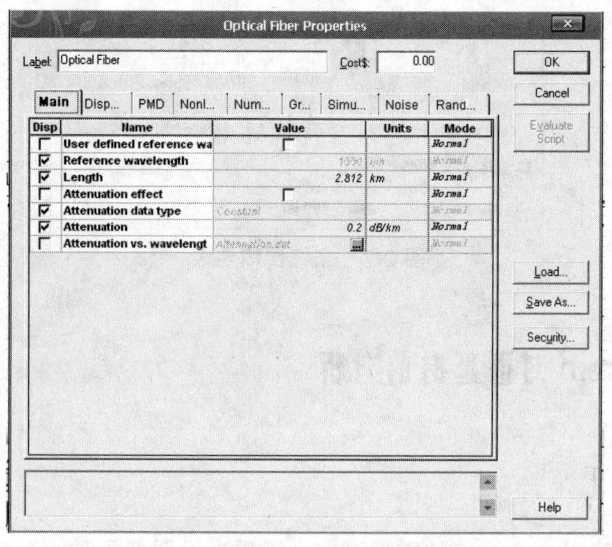

（a）

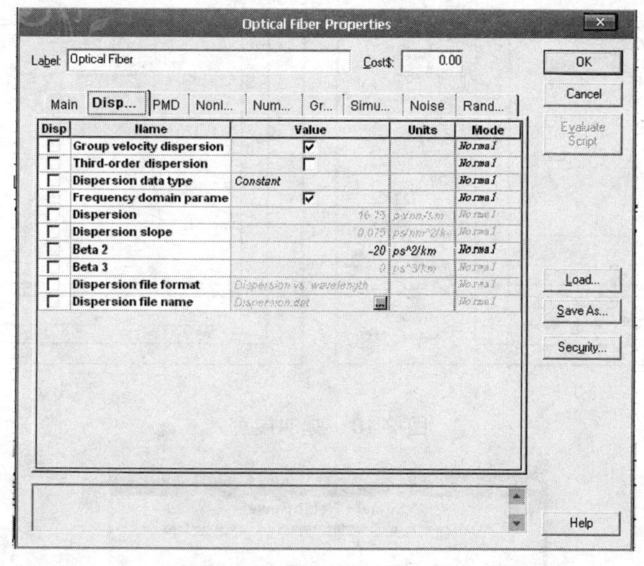

(b)

(c)

图 2.9 光纤参数设定

2.8.3 结果分析

从图 2.10 可以看出波形展宽，功率峰值降低。图 2.11 描述不同长度光纤的波形展宽情况。脉冲展宽的根源可理解为看到的脉冲的瞬时频率，即啁啾。

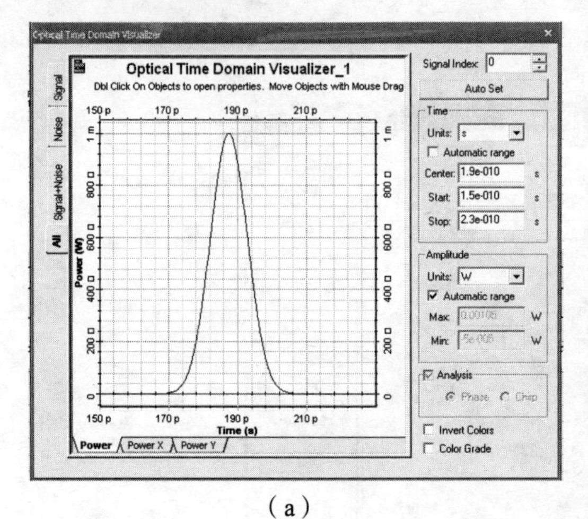

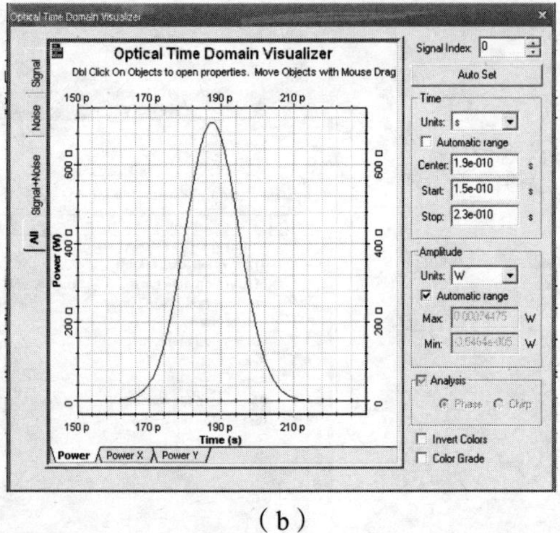

（a）　　　　　　　　　　　　　　　　（b）

图 2.10　脉冲展宽

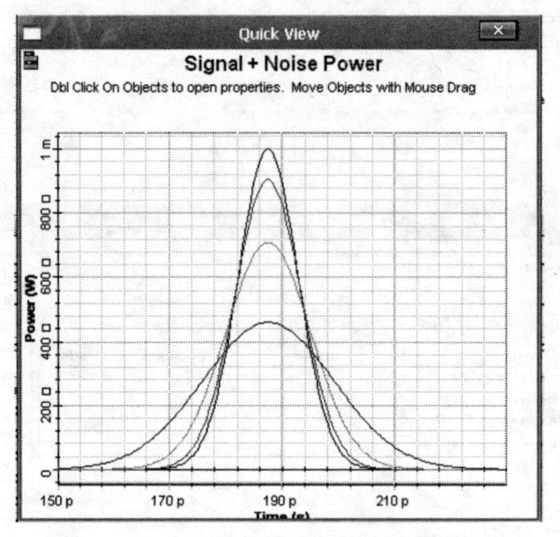

图 2.11　不同传输长度的波形展宽

信号啁啾如图 2.12 所示，在此情况下的群延时波形如图 2.13 所示，其中（a），（b），（c），（d）的啁啾因子分别为 0 rad/s，1 rad/s，2 rad/s，3 rad/s。

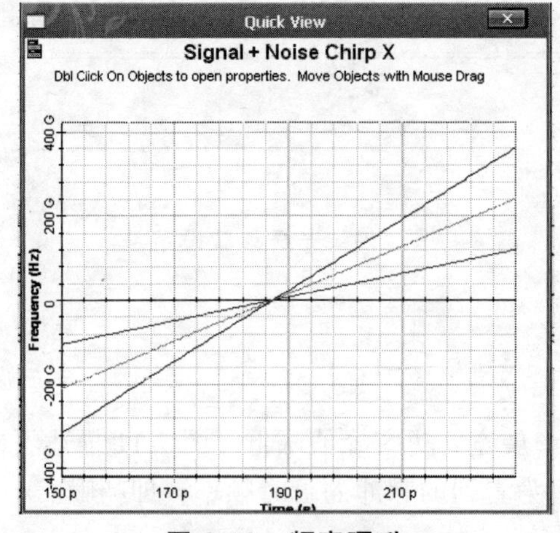

图 2.12　频率啁啾

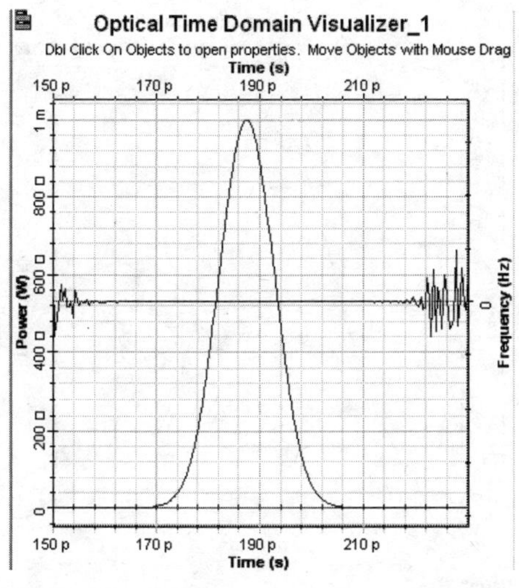

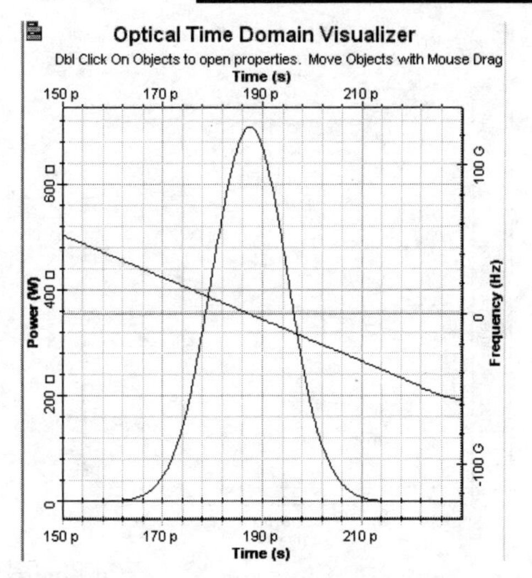

（a）chirp factor = 0

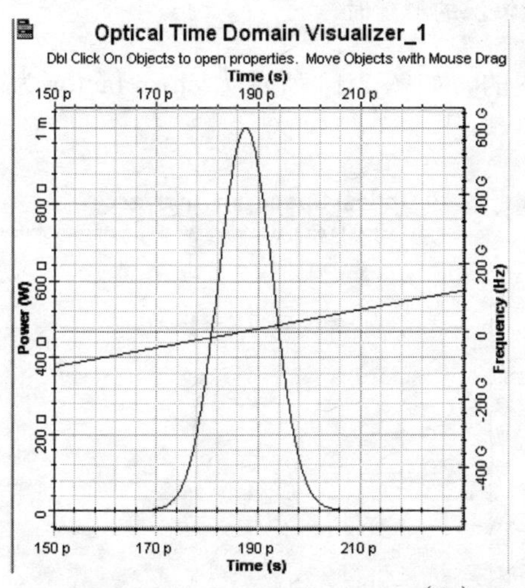

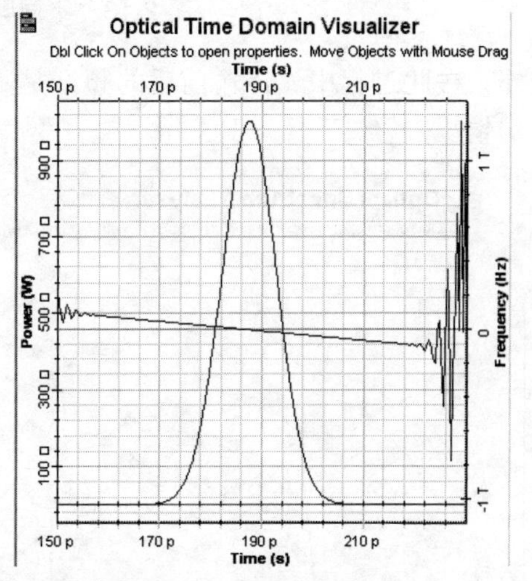

（b）chirp factor = 1

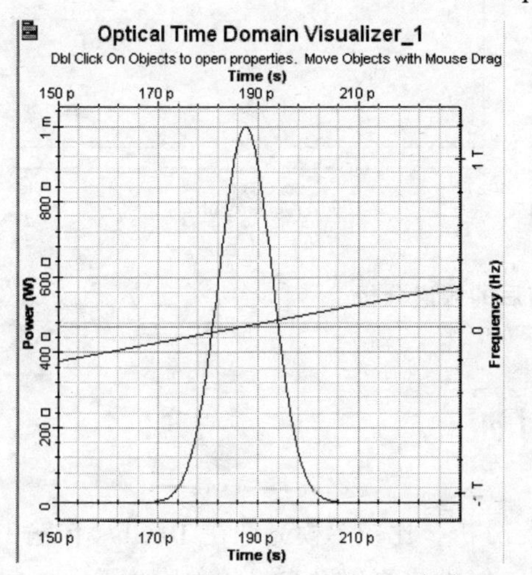

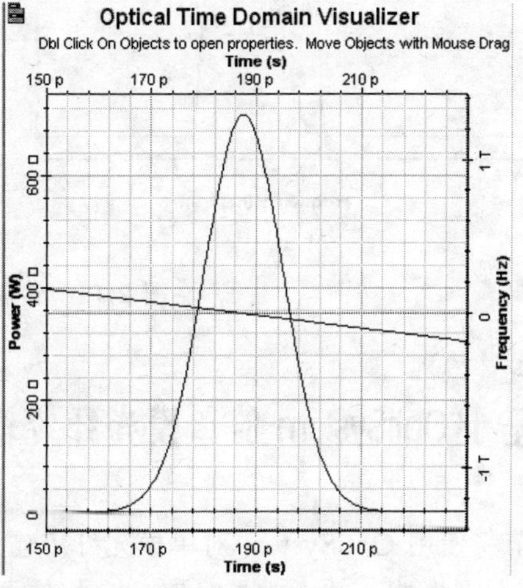

（c）chirp factor = 2

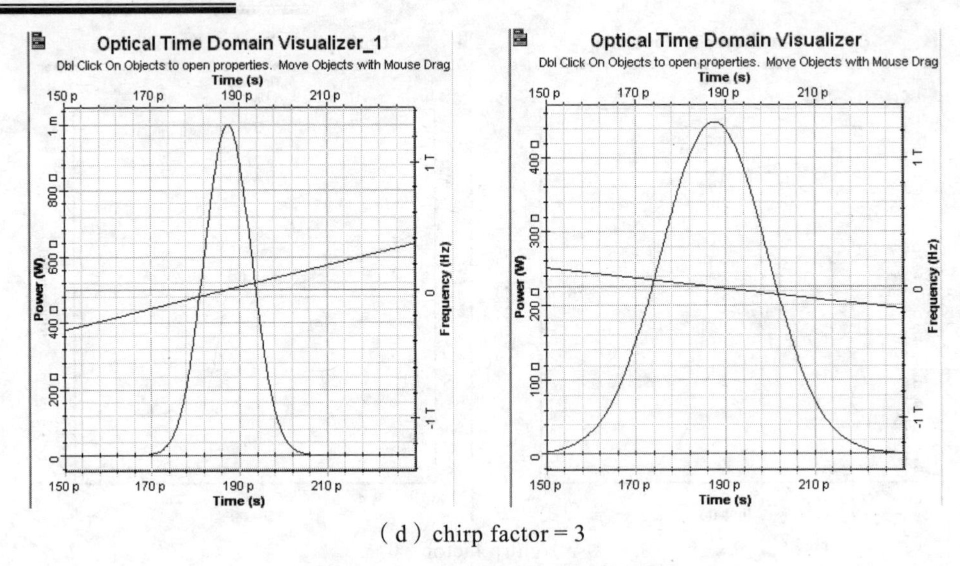

（d）chirp factor = 3

图 2.13　不同啁啾情况的群延时

此外，在此过程中，传输前后的频谱是不变的，如图 2.14 所示为 chirp factor 为 3 时传输前后的情况。

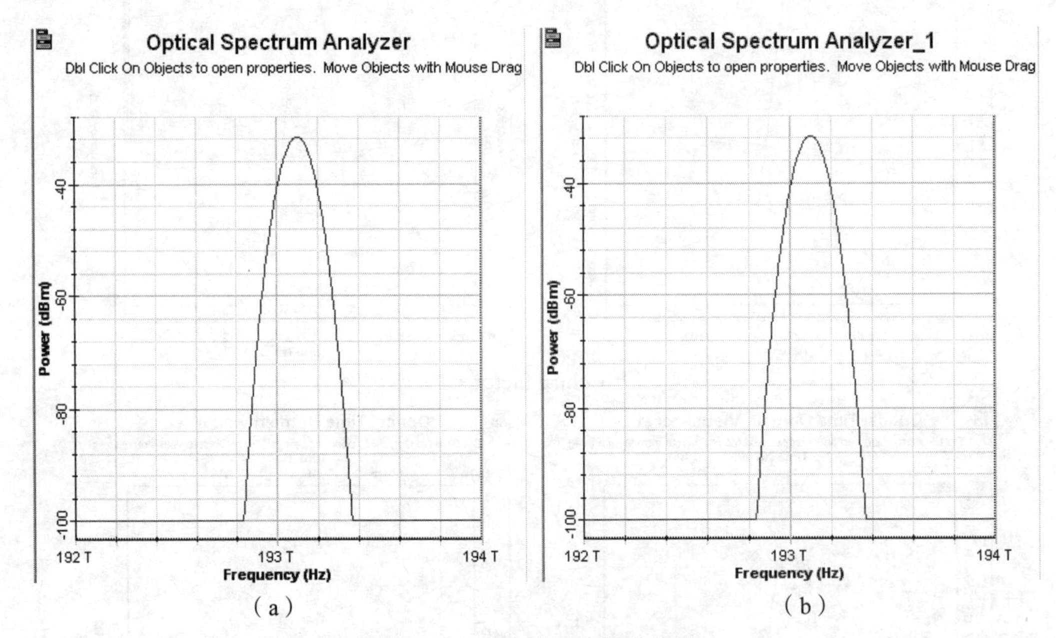

（a）　（b）

图 2.14　传输前后的频谱分析

2.9　基于 OptiSystem 的单模光纤传输分析

本节将使用 OptiSystem 对单模光纤传输进行分析，比较单模光纤在 10 Gb/s 传输中的 RZ 和 NRZ 调制格式，并考虑群延时、自相位调制、线性失真以及自发辐射噪声等。

2.9.1 结构与参数设计

如图 2.15 和图 2.16 所示为 RZ 和 NRZ 调制的原理图。

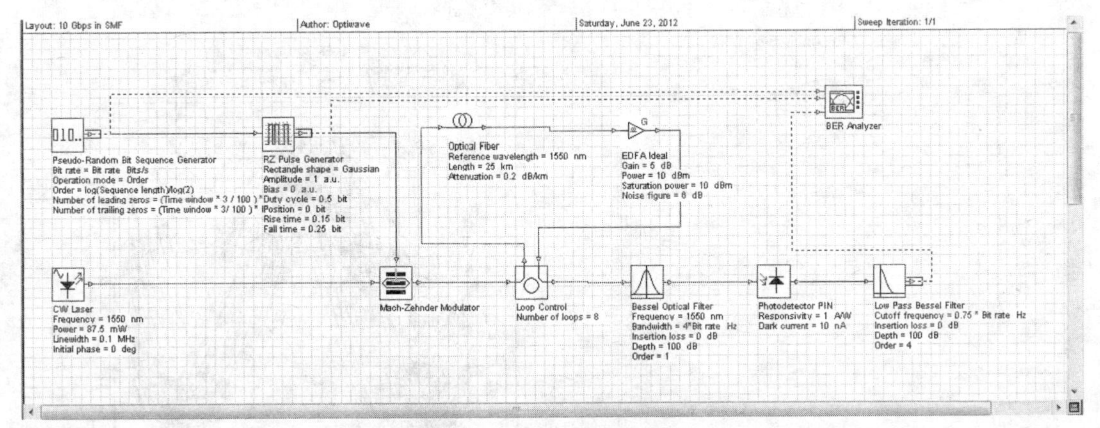

图 2.15 RZ 调制原理图

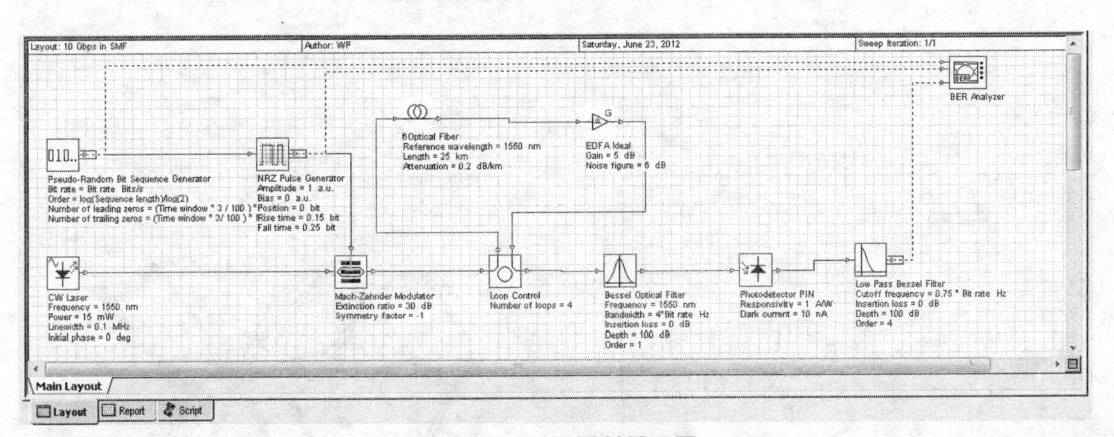

图 2.16 NRZ 调制原理图

全局参数设置如下：

- 比特率：10 Gb/s；
- 序列长度：128 bit；
- 每比特抽样数：128。

RZ 产生器参数设置如下：

- 波形形状：高斯；
- 占空比：0.5 bit；
- 上升时间：0.15；
- 下降时间：0.25。

光源采用波长为 1 550 nm、线宽为 0.1 MHz 的外调置连续波激光器。

2.9.2　结果分析

下面先比较无损耗情况下的 RZ 和 NRZ 传输。如图 2.17 所示为 RZ 调制模式在 10 Gb/s 的无损单模光纤中传输 100 km（25 km × 4 loops）时的性能和眼图曲线。如图 2.18 所示则为 NRZ 调制模式。

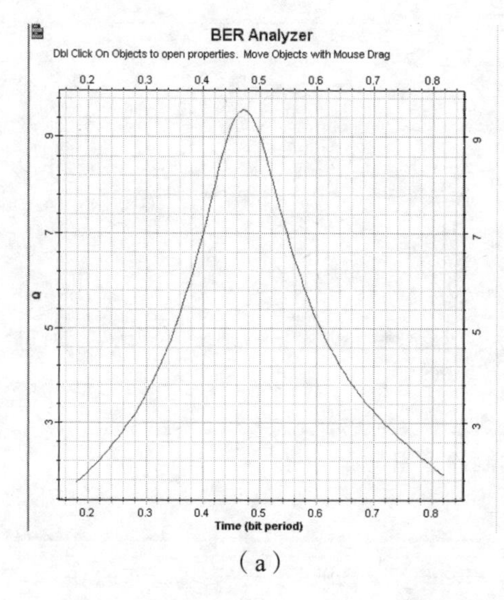

（a）

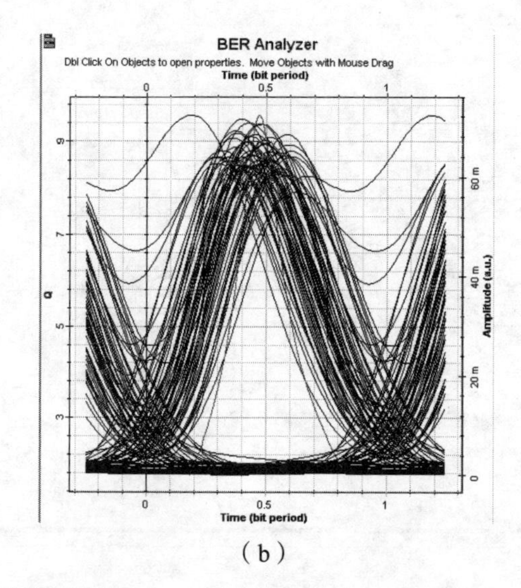

（b）

图 2.17　RZ 调制传输

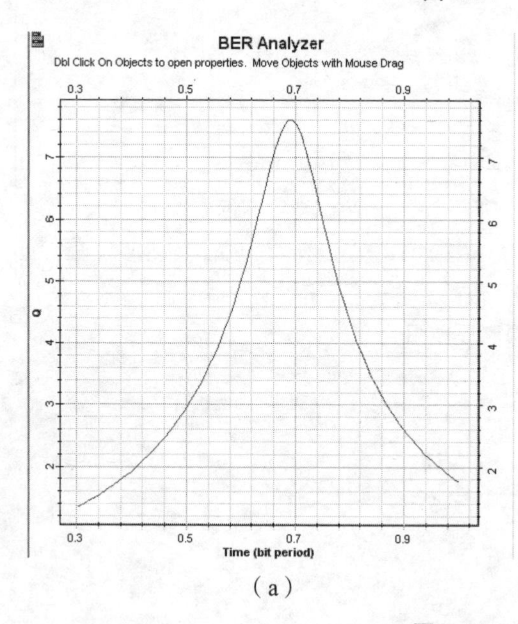

（a）

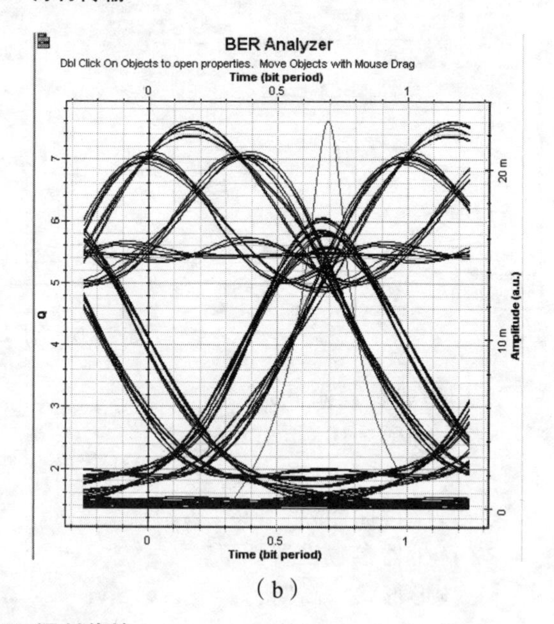

（b）

图 2.18　NRZ 调制传输

如图 2.19 所示为 10 Gb/s 时的 RZ 调制格式不同输入功率的仿真结果。其参数如下：

占空比：0.5；

传输距离：200 km（25 km × 8）；

每 25 km 的放大增益：5 dB；

噪声：6 dB。

Q 最大值与输入功率的关系如图 2.19（b）所示。

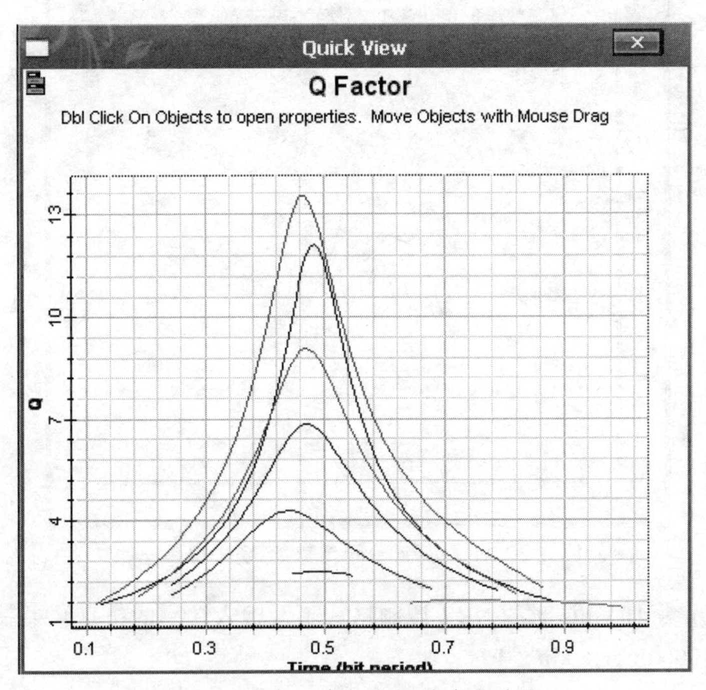

（a）不同输入功率的 Q 值变化曲线

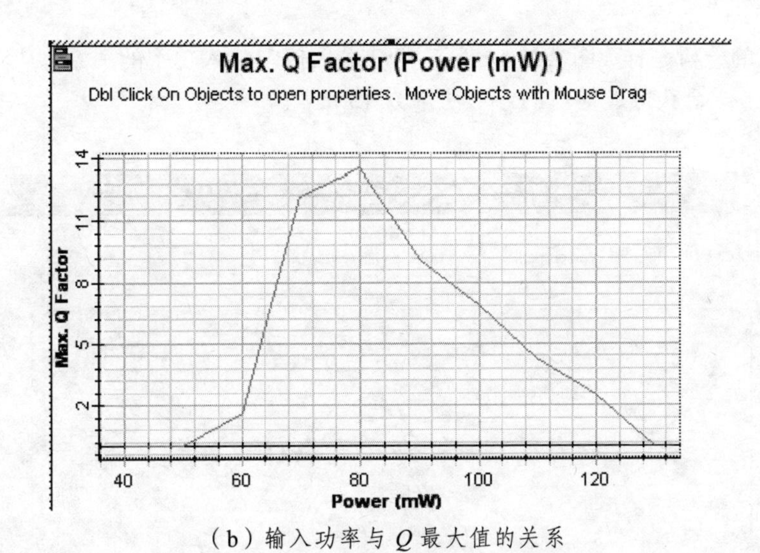

（b）输入功率与 Q 最大值的关系

图 2.19 RZ 调制输入功率与 Q 值的关系

如图 2.20 所示为 10 Gb/s 时的 RZ 调制格式不同传输距离的仿真结果，参数设置如上，输入功率取为 87.5 mW。当传输距离大于 200 km 时，Q 的最大值会变得小于 6。因此，对于较好的 Q 值，200 km 也是最大的传输距离。

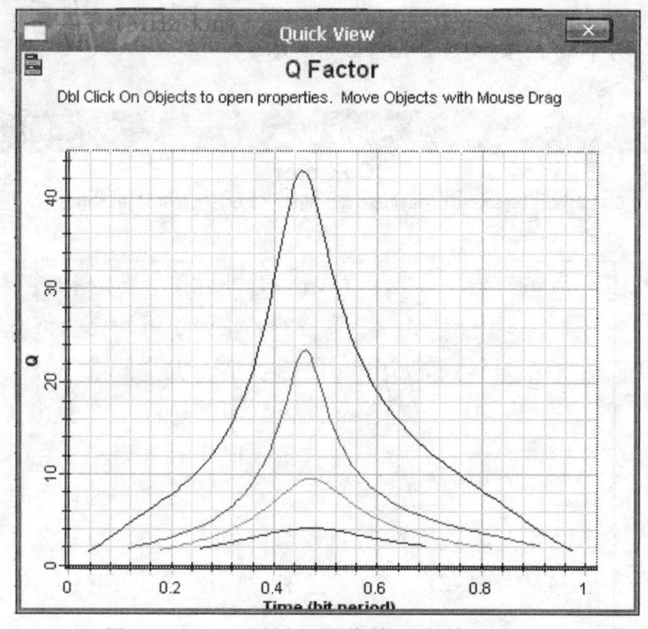

图 2.20 RZ 调制不同传输距离的 Q 因子

如图 2.21 所示为 10 Gb/s 时的 NRZ 调制格式不同输入功率的仿真结果。其参数如下：

传输距离：100 km（25 km × 4）；

每 25 km 的放大增益：5 dB；

噪声：6 dB。

与 RZ 调制的分析一样，图 2.21（b）表示 Q 最大值与输入功率的关系。从图中可以看出对于 NRZ 调制格式，获得最佳点的输入功率为 15 mW。

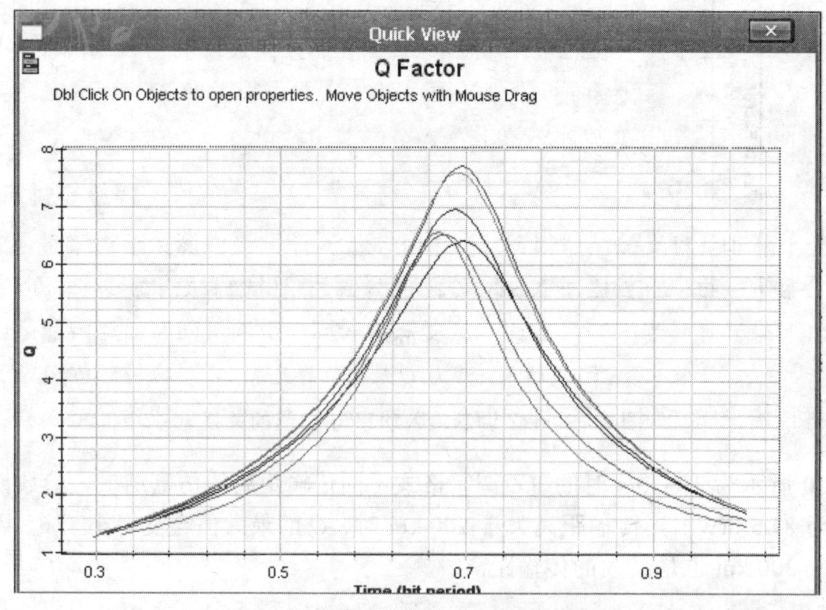

（a）不同输入功率的 Q 值变化曲线

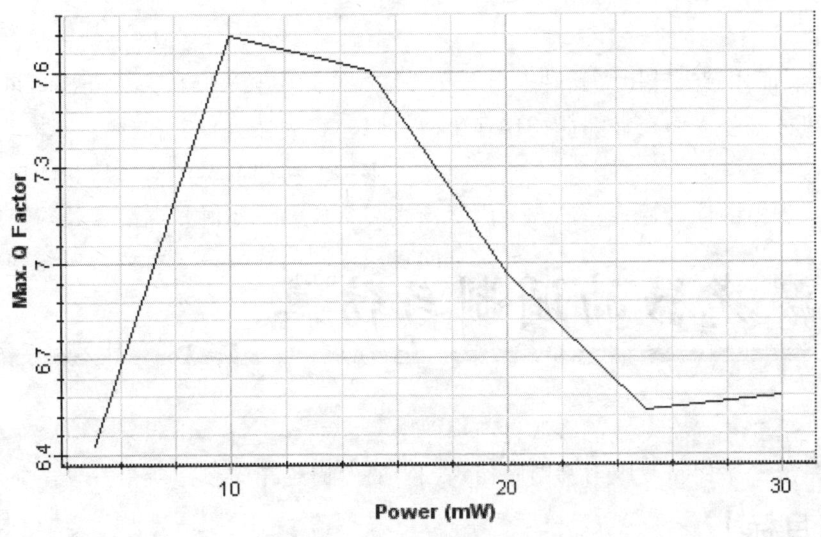

（b）输入功率与 Q 最大值的关系

图 2.21　NRZ 调制输入功率与 Q 值的关系

对于 NRZ 调制格式，要有较好的 Q 值，最大的传输距离为 100 km。综上所述，放大器间距为 $L_A = 25$ km，在 10 Gb/s 的情况下，对于 RZ 传输，最大距离为 200 km，而 NRZ 则为 100 km。如图 2.22 所示为 10 Gb/s 时的 NRZ 调制格式不同传输距离的仿真结果。与 NRZ 相比，RZ 要优于 NRZ 调制格式，RZ 格式的输入功率更大。

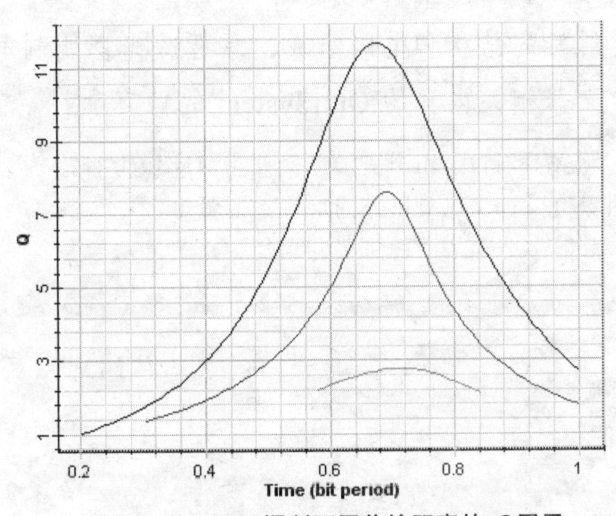

图 2.22　NRZ 调制不同传输距离的 Q 因子

激光器的调制与仿真

【学习目标】

☆ 掌握半导体激光器的物理基础

☆ 掌握激光的产生原理和产生过程

☆ 掌握激光器的结构和性质，特别是激光器的波导结构和有源区结构

☆ 了解激光器调制方式的分类以及直接调制的原理

☆ 掌握激光器间接调制原理、电光调制原理、调相和调频原理和电路

☆ 了解波导调制器和电吸收调制器

☆ 掌握激光发射机的结构和电路组成，掌握激光器调制电路的组成

☆ 掌握本章激光器相关内容的 OptiSystem 的仿真

3.1 半导体激光器的物理基础

1. 半导体激光器的增益介质的能级特征

实现粒子数反转的能带结构是 PN 在外加电场时，具备双简并能带结构，并且满足电子数在复合的光跃迁过程中，导带底部电子占有的几率大于价带顶部电子占有的几率，其能带和电子占有几率满足如下公式：

$$E_F^- - E_F^+ \geqslant E_2 - E_1 = E_g \tag{3.1.1}$$

$$f_N(E_2) \geqslant f_N(E_1) \tag{3.1.2}$$

式中，E_F^- 和 E_F^+ 分别为 N 区和 P 区的准费米能级；E_2 和 E_1 分别为导带底部和价带顶部的能级；E_g 为禁带宽度。$f_N(E_2)$ 和 $f_N(E_1)$ 分别为导带底部和价带顶部电子占有的几率。

2. 半导体激光器的增益

激光器产生激光振荡的前提条件除了粒子数发生反转外，还要满足阈值条件，增益系数 $G(\nu)$ 不仅取决于谐振腔内的工作物质受外界激励实现粒子数反转 Δn，而且与工作物质的光谱辐射线性函数 $f(\nu)$ 有关，还与半导体 PN 结区电子的复合寿命 τ_{co} 有关，即

$$G(\nu) = \frac{\Delta n c^2}{8\pi\mu^2\tau_{co}} f(\nu) = \frac{c^2}{8\pi\mu^2\nu^2 e} \cdot \frac{J}{d} f(\nu) \tag{3.1.3}$$

式中，c 为光波在真空中传播的速度；μ 为半导体材料的折射率；e 为电子的电荷量；ν 为受激辐射光波的频率；J 为半导体激光器注入电流的密度；d 为半导体激光器受激辐射光波与激活介质作业区的厚度。当电流密度越大，作用厚度越小，激光增益系数越大。

3. 半导体激光器振荡的阈值电流

半导体激光器产生激光振荡的前提条件，一方面需要外接的电流注入，使得 PN 结的导带底和价带顶的电子数粒子数发生反转外，还要满足阈值条件，即谐振腔的双程放大倍数大于 1，或增益系数大于腔内的总损耗系数，即

$$G_{th}(\nu) = \alpha_{total} = \left(\alpha_{int} - \frac{1}{2L}\ln r_1 r_2\right) \tag{3.1.4}$$

式中，α_{total} 为谐振腔的总损耗系数；α_{int} 为半导体谐振腔中的内部损失，包括介质吸收损耗、介质不均匀的散射损耗和谐振腔的衍射损耗；L 为晶体解理面之间的距离，r_1 和 r_2 为解理面的反射率。

当半导体激光器产生振荡输出时，为了克服谐振腔和工作物质的总衰减损耗，所需的最小注入电流密度定义为阈值电流密度 J_{th}，可以表示为

$$J_{\text{th}}=\frac{8\pi e\mu^2}{c^2}\nu^2\Delta\nu\left(\alpha_{\text{int}}-\frac{1}{2L}\ln r_1 r_2\right)d \tag{3.1.5}$$

式中，$\Delta\nu$ 为增益谱线宽度。当半导体激光器中内部损耗越小，阈值越小；当谱线宽度越小，阈值也越小。

3.2 半导体激光器的腔体结构

1. 法布里-珀罗（F-P）谐振腔

法布里-珀罗谐振腔的结构是利用半导体晶体的解理面作为谐振腔的两个腔镜，构成平行平面谐振腔。

其特点为选频特性差，一般选模间隔小于增益带宽，激光器工作为多模振荡。

2. 布喇格（Bragg）光栅反射器

布喇格光栅反射器的结构：使用 Bragg 光栅设计出所需要的选频的中心频率 f_0，一般选频间隔 Δf 大于增益带宽，所以，激光器输出为单纵模。Bragg 光栅构成的谐振腔有两种形式：分布反馈 Bragg 光栅谐振腔（DFB）和 Bragg 光栅发射器谐振腔（DBR）。

其特点：

（1）激光的发射光谱由 Bragg 光栅周期 d 决定，对应 F-P 谐振腔的腔长 L，每一个 Bragg 周期形成一个微型谐振腔。由于光栅周期很小，所以第 q 阶和第 $(q+1)$ 阶模纵模之间的间隔 $\Delta\nu_q$ 比 F-P 谐振腔的大得多。加之多个微型谐振腔构成的复合腔的选模作用，容易设计成单纵模（单频）振荡。

（2）由于每一个周期的栅距 d 相当于一个 F-P 干涉仪，因此，Bragg 光栅构成了一个多级选频器，使谐振频率的选择敏感性提高，谱线宽度变窄。Bragg 光栅的作用有助于使发射波长锁定在谐振频率 f_0，使频率的稳定性提高。

结论：布喇格光栅不仅可以实现光反馈，而且提供了精细的频率选择功能，因此在分布反馈 DFB 激光器和分布布喇格反射 DBR 激光器中得到应用。

3.3 半导体激光器导光的波导结构

将传播的光波引导到有源区，称为光波导的约束。半导体激光器的波导约束分为增益导引和折射率导引。

1. 增益导引

通过狭窄的电流通道，集聚高电流密度，从而改变电极化率，引起折射率的变化，建立起一个折射率的梯度波导，使电流中心的折射率大于电流边缘区的折射率，形成对导光的引导作用。

2. 折射率导引

通过注入载流子的密度来建立一个折射率分布结构，形成一个折射率波导，形成对导光的引导作用。

3. 光波导约束的目的

光波导约束的目的：一方面是约束横向光束，以减少横模数量，尽量获得好的空间光学质量。一般水平方向的尺寸远大于垂直方向的尺寸。另一方面，是传播的光最大限度地通过有源的电流注入区，获得最大的空间放大。

3.4 半导体激光器的有源区结构

1. 同质结结构

同质结结构：由同一基底材料扩散的 PN 结，称为同质结。由于同质结半导体激光器的阈值电流密度很高，一般可达到$10^5\ A/cm^2$水平。另一方面，同质结的串联电阻大，使得效率低。

2. 异质结结构

异质结结构：由不同基底材料扩散的 PN 结，称为异质结。由于异质结半导体激光器降低了串联电阻，所以提高了功率效率，同时降低了阈值电流。对于单异质结的阈值电流为$10^3\ A/cm^2$水平，而双异质结为$10^2\ A/cm^2$水平。

3. 多量子阱结构

多量子阱结构：当多异质结的结构宽带逐步缩小，形成超晶格，达到量子阱的范围，就构成了多量子阱，一般达到 10 nm 数量级，材料的量子效应显现。由于隧道效应的出现，量子阱的阈值降低，功率效率提高。同时量子阱对电子的束缚和阱中能级的分离性，使电子更易参与跃迁，在光通信中得到广泛应用。

3.5 半导体激光器的典型分类

常用的半导体激光器一般分为 F-P 腔双异质结激光器、分布反馈布拉格光栅多量子阱（DFB MQW）激光器和垂直腔面发射激光器（VCSEL）。

3.5.1 F-P 腔双异质结激光器

一般半导体激光器采用砷化镓 GaAs 为一个基底，另一个采用砷铝镓 $Ga_{1-x}Al_xAs$ 为基底，扩散 P 型和 N 型半导体构成双异质结。其特点如下：

（1）伏安特性：与二极管基本相似，非线性比较严重。

（2）阈值电流：阈值电流比较大。当小于阈值电流时，输出自发辐射的荧光；大于阈值电流后，出现受激辐射的激光。

（3）方向性：比较差。当小于阈值电流时，方向性非常差，而大于阈值电流后，方向性明显集中，一般为毫弧度（mrad）。

（4）光谱特性：当低于阈值电流时，输出光谱为荧光谱线，一般为几十纳米。当工作电流大于阈值电流后，输出光谱特性为增益谱线，一般为几纳米，并且由于谐振腔的作用，输出为多纵模。随着温度变化，输出频率漂移显著。对于单模线宽：0.1～0.2 nm，随着环境温度变化 0.3～0.4 nm/°C。

（5）动态多纵模：在高速调制时，动态多模运转，谱线增宽。

（6）转换效率：

① 外微分量子效率：

$$\eta_{\mathrm{D}}=\frac{(P_{\mathrm{opt}}-P_{\mathrm{th}})/h\nu_0}{(i_{\mathrm{in}}-i_{\mathrm{th}})/e} \tag{3.5.1}$$

② 功率效率：

$$\eta_{\mathrm{P}}=\frac{P_{\mathrm{opt}}}{i_{\mathrm{in}}V+i_{\mathrm{in}}^2R_{\mathrm{s}}} \tag{3.5.2}$$

3.5.2　分布反馈布拉格光栅多量子阱（DFB MQW）激光器

DFB 结构的激光器的特点如下：

（1）波长选择性好。

DFB 激光器是由光栅周期决定。单纵模工作，改变光栅周期，选择激光器的发射波长，适合于 DWDM 波分复用。

（2）线宽窄，波长稳定性好。

DFB 激光器的线宽：0.05～0.08 nm，随着环境温度变化值为 0.08 nm/°C。对激光器进行直接调制时，由于注入电流的变化，引起载流子浓度的变化，继而导致折射率改变，结果使激光频率发生扩展，称为频率啁啾（chirp）。激光器的线宽与频率啁啾都与线宽增强因子 α 密切相关，而 α 与有源区的厚度有关，MQW 激光器的 α 可降低为一般 F-P 腔激光器的 60% 左右，因此使线宽变窄，频率啁啾得到改善。

（3）动态单纵模。

在高速调制时，DFB 激光器以单纵模方式运转，其谱线宽度展宽，这种现象称为频率啁啾。其谱线的展宽比 F-P 腔激光器优越一个数量级左右。

（4）高线性度。

在模拟调制（直接调制）的线性度非常好，在有线电视（CATV）光纤传输系统中，1 310 nm DFB MQW 激光器已经成为不可替代的光源。

（5）集成调制。

DFB MQW 激光器与电吸收调制器（EA）组合构成电吸收调制激光器（EML），不仅集成度高，体积小，供电方便，而且具有背光监测方便等优点，是当今高速光通信使用的主要激光器件。

对于 MQW 增益区激光器，其特点如下：

（1）阈值电流低。

由于量子阱结构中态密度“浴盆”底部非常平坦，所以很小的注入电流就能获得很大的增益，这种小电流下的大增益是 MQW 的最主要特点之一。MQW 的阈值电流可以低至亚毫安量级。

（2）波长可调谐。

导带和价带中基态间的能级差随势阱宽度而变化，因此，通过调整势阱宽度即可改变输出波长，从而达到调谐目的。

（3）调制速率高。

采用量子阱结构能够提高器件的微分增益，加大张弛振荡过程的谐振频率，从而有助于改善调制时的频响特性，更适合高速光纤传输系统的应用。

（4）温度稳定性强。

在量子阱激光器中，由于电子能带之间存在禁带，因此，当温度在一定范围内变化时，在一定范围不可能引起载流子分布的扩展，从而大大提高了激光器工作的稳定性。

所以，目前在高速（Gb/s）光纤通信系统中，大多使用 DFB-MQW 激光器。它同时具备普通 DFB 激光器和量子阱激光器的优点，即使在高速调制下仍能保持单频、窄线宽、小啁啾和无跳模（频）等工作性能。

3.5.3 垂直腔面发射激光器（VCSEL）

垂直腔面发射激光器包括边发射激光器（EELD）与面发射激光器（SELD），它们的区别是：

（1）边发射激光器的结构所占面积较大，出光方式为侧面，不利于器件的二维或三维集成和耦合。

（2）面发射激光器的结构与常规解理面谐振腔激光器的结构的根本区别在于它的发射方向垂直于 PN 结平面，出光方向为 PN 结的上部或衬底。垂直腔面发射激光器（VCSEL）是面发射激光器中最有前途的一种激光器，具备其他类型难以比拟的优势。

VCSEL 激光器的特点：VCSEL 是一种电流和发射光束方向都与芯片表面垂直的激光器。它的有源区位于两个限制层之间。通过有源区上下方的两个反射面，在垂直 PN 结的方向形成激光振荡。一般垂直腔的腔长大约为几个微米，腔体呈圆柱形，直径约 10 μm。为了获得足够的增益输出，采用高增益系数材料，并且通常由多层薄膜构成 DBR 反射器来构成谐振腔。它的特点如下：

（1）激光输出性能：VCSEL 的腔体结构短、增益大以及 DFB 放射器的选频等特性，可以使其得到高的外微分量子效率和宽的纵模间隔，不仅能够实现动态单纵模运行，也能达到阈值电流低、发光效率高、波长可选择的性能。

（2）耦合方式：VCSEL 发射窄的圆柱形高斯光束，同光纤和其他圆形截面的器件时可以实现最佳的耦合效果。

（3）封装结构：VCSEL 体积小，横向尺寸对称，垂直出光的特点更使其布局自由，可实现密集封装，构成二维阵列。

（4）调制性能：VCSEL 速度很快，调制速率高，一般为 Gb/s 量级，并且具有较高的温度稳定性。

（5）制作工艺：VCSEL 模块化强，与大规模集成电路有着良好的匹配性，可以大面积、高密度地生长大量激光器单元，由此使芯片成本降低。

所以，VCSEL 的成本要比普通 EELD 低，性能更好。对于不同的材料，可实现从紫外 0.3 nm 到近红外 1.55 μm 区域很宽的光谱发射范围。在接入网、波分复用系统、高速并行光互连等方面得到应用。

3.6 半导体激光器的基本性质

半导体激光器的性质主要涉及伏安特性：电子学性质；*P-I* 特性：电和光的功率性质；光谱特性：光学的频率性质，即纵向模式性质；光束特性：光学的空间性质，即横向模式性质。

3.6.1 伏安特性

伏安特性用 *V-I* 曲线表示。由于半导体激光器的本质上就是 PN 结结构，因此，它的伏安特性与普通二极管器件非常相似。与伏安特性相关联的一个重要参数是半导体激光器的串联电阻 R_s。对 *V-I* 曲线的微分可确定工作电流（I）处的串联电阻 $R_s=\frac{dV}{dI}$，串联电阻越小越好，因为电阻越小，其内部的功耗越小。

3.6.2 *P-I* 特性

半导体激光器的基本功能是完成电光转换，*P-I* 特性描述了半导体激光器输出光功率与注入电流之间的变化规律。

注入电流较小时，有源区里实现的粒子数反转不足以克服半导体的损耗，自发辐射占主导地位，半导体激光器发射普通的荧光，光谱很宽，其工作状态类似于一般的发光二极管。

随着注入电流的加大，有源区里实现的粒子数反转分布大于了阈值，受激辐射开始占主导地位，才能发射谱线尖锐、模式固定的激光，光谱突然变窄并出现单模或多模峰输出。由于激光器与光纤端面的耦合，只有激光输出的光功率才能有效耦合进入光纤。

P-I 特性的几个参数：

1. 阈值电流 I_{th}

在 *P-I* 曲线中，激光器由自发辐射到开始受激振荡时的临界注入电流，称为阈值电流 I_{th}。一般测量 I_{th} 的方法有 *P-I* 关系法、远场法和光谱法。阈值电流 I_{th} 随着温度的不同而变化。一般使用特征温度和特征电流描述如下：

$$I_{th} = I_0 \exp(T / T_0) \tag{3.6.1}$$

式中，I_{th} 为结温为 T 的阈值电流；T 为结区的绝对温度；I_0 为特征温度对应的特征电流；T_0 为激光器的特征温度。

2. 功率线性度

理想的 *P-I* 曲线在阈值以上部分应当保持连续的线性关系，但是由于注入电流不同，有源区的 PN 结的宽带不同，使得辐射的效率变化，从而使 *P-I* 曲线的线性关系不是一个常量。为了描述功率变化的线性程度，通常使用实际输出光功率与理论输出光功率的偏差最大变化量的百分比来表示。

3. 激光输出饱和度

在 *P-I* 曲线中，激光器的输出光功率随着注入电流增长，达到一定程度时光功率饱和。激光输出饱和度是指理想的线性响应激光输出跌落，通过 $\frac{dP}{dI}$-I 曲线上的最大跌落可以测出饱和度，也可以通过 3 dB 下降所对应的功率点定义饱和输入电流 I_{sat}。

4. 激光器效率

半导体激光器是一种电光转换器件，通常采用功率效率和量子效率来衡量激光器的能量转换效率。

（1）功率效率：

$$\eta_P = \frac{P_{Laser}}{P_{Electric}} = \frac{P_{Laser}}{V_j I + I^2 R_s} \tag{3.6.2}$$

式中，P_{Laser} 为激光器发射的光功率；V_j 为激光器的结电压；R_s 为激光器的串联电阻；I 为注入电流。

（2）量子效率：

为了描述激光器的物理机理转换过程中的效率，一般使用量子效率来描述，它分为内量子效率、外量子效率和外微分量子效率，定义如下：

① 内量子效率：

$$\eta_{\mathrm{i}}=\frac{\text{有源区每秒生成的光子}}{\text{有源区每秒注入的 } e \text{ 子}+p \text{ 空穴}}=\frac{R_{\mathrm{r}}}{R_{\mathrm{nr}}+R_{\mathrm{pr}}} \tag{3.6.3}$$

式中，R_{r}表示辐射复合效率；R_{nr}表示非辐射复合的效率；R_{pr}表示辐射光子效率。

② 外量子效率：

$$\eta_{\mathrm{ex}}=\frac{\text{激光器每秒射出的光子}}{\text{激光器每秒注入的} e \text{子}+p \text{ 空穴}}=\frac{P_{\mathrm{Laser}}/h\nu_0}{I/e}\approx\frac{P_{\mathrm{Laser}}}{IV} \tag{3.6.4}$$

$$h\nu\approx E_{\mathrm{g}}\approx eV \tag{3.6.5}$$

式中，I表示激光器的注入电流；V表示 PN 结上的外加电压。

③ 微分量子效率（最重要的物理量）：

$$\eta_{\mathrm{D}}=\frac{(P_{\mathrm{Laser}}-P_{\mathrm{th}})/h\nu_0}{(I-I_{\mathrm{th}})/e} \tag{3.6.6}$$

式中，P_{th}表示克服自发辐射和内部损耗所需的光功率；I_{th}表示注入的阈值电流。

3.6.3 光谱特性

光谱特性用来描述激光器的纯光学性质，即输出光功率随波长的分布规律。为了描述不同波长分量之间的相对比例关系，一般使用输出信号的相对强度变化代替绝对功率值作为曲线的纵轴，用波长作为横轴。

稳态工作时，激光器的光谱由几个因素共同决定：发射波长的范围取决于激光器的自发增益谱，精细的谱线结构取决于谐振腔中纵模分布，波长分量的强弱与模式的增益条件密切相关。主要参数为：峰值波长、中心波长、谱宽与线宽、边模抑制比和模式跳跃。

（1）峰值波长λ_{p}。

一般使用在单模激光器中，激光光谱内强度最大的光谱线的波长，定义为峰值波长。

（2）中心波长λ_{c}。

一般使用在多模激光器中，在激光的发射光谱中，连接 50% 的最大幅度值线段的中点所对应的波长，称为中心波长。

（3）谱宽与线宽。

对于多模激光器，包含所有振荡模式在内的发射谱总的宽度，称为激光器的谱宽。根据 ITU-T G957 建议，对于多模激光器，采用最大均方根（RMS）宽度定义谱宽。在规定的光输出功率和调制条件下，测量的光谱宽度如下：

$$\Delta\lambda = \left[\frac{\sum_{i=1}^{n} a_i (\lambda_i - \lambda_{\mathrm{m}})^2}{\sum_{i=1}^{n} a_i} \right]^{1/2} \tag{3.6.7}$$

$$\lambda_{\mathrm{m}} = \frac{\sum_{i=1}^{n} a_i \lambda_i}{\sum_{i=1}^{n} a_i} \tag{3.6.8}$$

式中，λ_i 表示第 i 个模式的波长；a_i 表示第 i 个模式的个数。

对于单模激光器，某一单独模式的谱线宽度称为线宽，它由频率噪声（或相位噪声）决定。采用 ITU-T G957 建议的最大 – 20 dB 宽度来定义，即在规定的光输出功率下，主模中心波长的最大峰值功率跌落 – 20 dB 时的最大全宽即被定义为光谱线宽。

（4）边模抑制比（SSR）。

在单模激光器运行中，对规定的输出功率和规定的调制，最高光谱峰值强度与次高光谱峰值强度之比。

$$\mathrm{SSR} = 10 \lg \frac{a_1}{a_2} \tag{3.6.9}$$

（5）模式跳跃。

在单模激光器运行过程中，出现从第 q 模式跳变到第 $q+1$ 模式，运行的模式跳变不稳定，称为模式跳跃。

3.6.4 光束特性

半导体激光器输出的光束特性可以从出光面观察，称为近场光斑；从发散角的角度观察，一般在无限远的位置观察，称为远场光斑。二者所表现的空间光束特性是不一样的。由于水平方向和垂直方向的发散角度不一样，通常为了完整地描述激光器的光束特性，使用近场和远场辐射方向图来表征光束特性。它直接影响到器件与光纤的耦合效率。

在近场图中，横模是起决定作用的主要因素，在远场图中，发散角是起决定作用的主要因素。发散角与横模共同决定了远场位置输出光功率的分布形式。因此，可以通过测量激光器的近场和远场图案来分析其横模模式特征。

对于侧面发光的激光器，近场图与有源区端面相似，呈水平椭圆形，而远场图呈垂直椭圆形。

对于一般异质结平面条形激光器，在垂直方向非常薄，所以只有垂直方向的基模；而在平行方向，约束较差，存在水平方向的多横模。

3.7 激光器的调制原理

激光器的调制方式一般分为直接调制（内调制）和间接调制（外调制）两种。

1. 直接调制

直接调制是通过把信息码元转换为驱动电流（注入电流）来控制半导体激光器的发光过程，以获得输出光功率随传输码元的变化而变化的调制，是一种光强度调制（IM）。

优点是简单、实现方便。缺点是折射率扰动大，影响谐振腔的参数，动态光谱展宽，即调制频率啁啾。

2. 间接调制

间接调制一般有电光调制、磁光调制、声光调制和电吸收调制几种类型。其中，光纤通信中使用最多的是电光调制和电吸收调制。间接调制是保持激光器输出为稳定的连续光波，使用信号码元调制器，使调制器的强度、频率、相位随信号码元变化而发生变化。这种调制克服了有源区的折射率扰动，所以很大程度上消除了频率啁啾。

3.7.1 激光器的直接调制

首先，需要确定激光器的 $P\text{-}I$ 曲线，特点是调整阈值电流 I_{th} 与输出功率 P_{th}，通过变化获得 $P\text{-}I$ 曲线的线性度和线性范围，以及非线性饱和点。在此基础上，确定直流工作点，即工作电流，然后加载调制电流，以保证输出的功率和消光比要求。

一般在 CATV 广播有线电视网络中，使用直接模拟调制，工作在线性区。优点是：调制简单；缺点是非线性引起的交调失真，包括二阶交调失真 SCO 和三阶互调拍频失真 CTB，一般要求小于 – 65 dBc。对于 1 310 nm DFB MQW 的激光器，一般需要加模拟预失真电路来改善失真度。

在数字通信的直接数字调制系统中，一般把 $P\text{-}I$ 曲线划分为阈值区和饱和区，然后确定工作电流在阈值区，调制电流在饱和区，通过信号码元的伪随机扰码后，调制激光器，实现发光“0”编码的低强度输出和发光“1”编码的高强度输出。它的特点是：注入电流引起有源区载流子密度变化，并且进一步引起有源区折射率改变，导致激光谐振腔的腔长随调制频率变化，最终引起输出光信号的频率变化，这就是直接调制引起频率啁啾的物理原因。调制速率越高，啁啾就越大。在光纤色散效应作用下，频率啁啾加剧了传输过程中信号脉冲的时域动态展宽，成为限制系统传输性能的重要因素之一。

在直接数字调制中，半导体激光器表现出复杂的瞬态性质。它划分为两个物理过程，可以通过粒子数建立，从而用受激辐射概念来解释；也可通过数率方程组求解。

激光输出与注入电脉冲之间存在一个时间延迟，称为电光延迟时间，一般为纳秒数量级。电光延迟过程发生在阈值以下，它是对应于注入电流对导带底部进行填充，使导带的电子密度达到阈值时的电子密度 n_{th} 的时间。在分析时，由于其发生在阈值以下，受激辐射过程可以忽略。

电光延迟时间 t_d 计算如下：

$$t_d = -\tau_{sp} \ln\left(\frac{n}{\tau_{sp}} - \frac{j}{e_0 d}\right)\Bigg|_0^{n_{th}} = \tau_{sp} \ln\left(\frac{j}{j - j_{th}}\right) \xrightarrow{j \Rightarrow \infty} 0 \tag{3.7.1}$$

$$t_d = f(\ )\Big|_{t_{d0}}^{t_{dth}} = i(\ )\Big|_{i_{bias}}^{i_{th}} \approx 0 \tag{3.7.2}$$

式中，τ_{sp} 为自发复合的寿命时间；j_{th} 为电子密度为阈值时速率方程组的稳态解。

电光延迟时间与自发辐射的寿命时间在同一数量级，并随注入电流的增加而减小。可以增加一个预偏置电流，来改善建立时间。本质上，是增加了一个阈值电流。

当电流脉冲注入激光器之后，输出光脉冲顶部出现衰减式的阻尼振荡，称为张弛振荡。张弛振荡的频率一般在 MHz 至 GHz 的数量级。张弛振荡是激光器内部电光能量相互转换作用所表现出来的固有特性。

张弛振荡的角频率ω表示为

$$\omega = \left[\frac{1}{\tau_{sp}\tau_{ph}}\left(\frac{j}{j_{th}} - 1\right)\right]^{1/2} \tag{3.7.3}$$

式中，τ_{ph} 是常数。

张弛振荡的衰减时间与自发辐射的时间相当；张弛振荡的频率与自发辐射、光子寿命和注入电流有关。

3.7.2 激光器的间接调制

1. 电光调制

（1）光速与电极化的关系。

光速可表示为

$$v = \sqrt{\frac{\mu}{\varepsilon}} = \sqrt{\frac{\mu_0 \mu_r}{\varepsilon_0 \varepsilon_r}} = \sqrt{\frac{\mu_0}{\varepsilon_0}} \cdot \sqrt{\frac{\mu_r}{\varepsilon_r}} = \frac{c}{\sqrt{\varepsilon_r}} = \frac{c}{n} \tag{3.7.4}$$

对于电介质，没有磁性，$\mu_r = 1$，所以有

$$n = \sqrt{\varepsilon_r} \tag{3.7.5}$$

当光波电场在电介质中，使电介质极化，得到电极化强度

$$\vec{P} = \chi_e \varepsilon_0 \vec{E} \tag{3.7.6}$$

于是，在电介质中的总电场，电感应强度为

$$\vec{D} = \varepsilon_0 \vec{E} + \vec{P} = \varepsilon_0 (1 + \chi_e) \vec{E} = \varepsilon_0 \varepsilon_r \vec{E} \tag{3.7.7}$$

如果光波电场矢量引起 $\varepsilon_r = \varepsilon_r(\vec{E})$ 变化，则折射率表示为

$$n = n(\vec{E}) \tag{3.7.8}$$

同理，如果外加电场到电介质，同样可以引起电介质极化，因此，光波在被极化的介质中传播，将受到外加电场的作用，这就是电对光波的调制。

对于各向同性介质，电极化强度可表示为

$$\begin{aligned}\vec{P}&=\vec{P}_{\text{line}}+\vec{P}_{\text{nonline}}=\vec{P}^{(1)}+\vec{P}^{(2)}+\vec{P}^{(3)}+\vec{P}^{(4)}+\vec{P}^{(5)}+\cdots\\&=\varepsilon_0[\chi^{(1)}\cdot\vec{E}+\chi^{(2)}:\vec{E}\vec{E}+\chi^{(3)}\vdots\vec{E}\vec{E}\vec{E}+\cdots]\\&=\varepsilon_0[\chi^{(1)}E+\chi^{(2)}E^2+\chi^{(3)}E^3+\cdots]\end{aligned}\tag{3.7.9}$$

式中，$\chi^{(1)}E$ 为线性电光效应，Pockel 效应；$\chi^{(2)}E^2$ 为非线性电光效应，Kerr 效应。在光学晶体中，有一种电光晶体，外加电场的作用会使它的 χ 发生改变，由此引起对光学电场的作用，即光波的调制。这种线性电光效应，可进一步使用更为有效的分析方法来求解电光调制的作用，称该方法为折射率椭球法，它是求解电光调制的重要方法。

（2）电致折射率变化——折射率椭球。

在一个光电晶体中，使用自然光轴坐标，描述 x，y，z 方向的折射率变化规律，可以使用折射率椭球方程，它是一个二次椭球函数。当没有外加电压时，折射率变化是一个单轴晶体，其折射率椭球方程为

$$\frac{x^2}{n_x^2}+\frac{y^2}{n_y^2}+\frac{z^2}{n_z^2}=1\tag{3.7.10}$$

当光波在折射率椭球中传播时，其传播方向通过原点的法平面所切割的椭圆对应的长轴和短轴，决定了传播的 O 光和 E 的折射率。

若施加外加电场作用，由于晶体的各向异性，使极化强度不同，引起折射率变化，在不同方向有所不同，于是折射率椭球可表示为一般的二次椭球函数：

$$\left(\frac{1}{n^2}\right)_1x^2+\left(\frac{1}{n^2}\right)_2y^2+\left(\frac{1}{n^2}\right)_3z^2+\left(\frac{1}{n^2}\right)_4yz+\left(\frac{1}{n^2}\right)_5xz+\left(\frac{1}{n^2}\right)_6xy=1\tag{3.7.11}$$

由外加电场引起的折射率变化量，可以表示如下：

$$\Delta\left(\frac{1}{n^2}\right)_i=\sum_{j=1}^{3}\gamma_{ij}E_j\quad i=1,2,3,4,5,6,\quad j=1,2,3\tag{3.7.12}$$

式中，在 j 方向施加的电场引起 i 方向的折射率变化。γ_{ij} 表示电场 E_j 引起折射率 n_i 变化的系数，称为电光系数。为了求解电光系数，一般使用电光系数矩阵 γ，表示如下：

$$\begin{bmatrix}\Delta\left(\frac{1}{n^2}\right)_1\\\Delta\left(\frac{1}{n^2}\right)_2\\\Delta\left(\frac{1}{n^2}\right)_3\\\Delta\left(\frac{1}{n^2}\right)_4\\\Delta\left(\frac{1}{n^2}\right)_5\\\Delta\left(\frac{1}{n^2}\right)_6\end{bmatrix}=\begin{bmatrix}\gamma_{11}&\gamma_{12}&\gamma_{13}\\\gamma_{21}&\gamma_{22}&\gamma_{23}\\\gamma_{31}&\gamma_{32}&\gamma_{33}\\\gamma_{41}&\gamma_{42}&\gamma_{43}\\\gamma_{51}&\gamma_{52}&\gamma_{53}\\\gamma_{61}&\gamma_{62}&\gamma_{63}\end{bmatrix}\begin{bmatrix}E_x\\E_y\\E_z\end{bmatrix}\tag{3.7.13}$$

常见的晶体有铌酸锂晶体和 KDP 晶体。根据不同的晶体，外加电压可以纵向加电，即电场方向平行于光轴；也可横向加电，即外加电场垂直于光轴方向。对于 KDP 晶体，电光系数可表示为

$$\gamma=\begin{bmatrix}0&0&0\\0&0&0\\0&0&0\\\gamma_{41}&0&0\\0&\gamma_{52}&0\\0&0&\gamma_{63}\end{bmatrix} \tag{3.7.14}$$

于是，在外加电场作用下，椭球函数表示为

$$\frac{1}{n_o^2}x^2+\frac{1}{n_o^2}y^2+\frac{1}{n_e^2}z^2+2\gamma_{41}yzE_x+2\gamma_{52}xzE_y+2\gamma_{63}xyE_z=1 \tag{3.7.15}$$

若在纵向加电 $E_{\text{extral}}=E_z$，$E_x=0$，$E_y=0$ 的情况下：

$$\frac{1}{n_o^2}x^2+\frac{1}{n_o^2}y^2+\frac{1}{n_e^2}z^2+2\gamma_{63}xyE_z=1 \tag{3.7.16}$$

通过坐标变换 $x=x'\cos\alpha-y'\sin\alpha$，$y=x'\sin\alpha+y'\cos\alpha$，$\alpha=45°$，可以得到

$$\left(\frac{1}{n_o^2}+\gamma_{63}E_z\right)x'^2+\left(\frac{1}{n_o^2}-\gamma_{63}E_z\right)y'^2+\frac{1}{n_e^2}z'^2=1 \tag{3.7.17}$$

令 $\frac{1}{n_{x'}^2}=\frac{1}{n_o^2}+\gamma_{63}E_z$，$\frac{1}{n_{y'}^2}=\frac{1}{n_o^2}-\gamma_{63}E_z$，$\frac{1}{n_{z'}^2}=\frac{1}{n_e^2}$，使用微分 $\mathrm{d}\left(\frac{1}{n^2}\right)=-\frac{2}{n^3}\mathrm{d}n$ 和 $\mathrm{d}n=-\frac{n^3}{2}\mathrm{d}\left(\frac{1}{n^2}\right)$，得到

$$n_{x'}=n_o-\frac{1}{2}n_o^3\gamma_{63}E_z,\ n_{y'}=n_o+\frac{1}{2}n_o^3\gamma_{63}E_z,\ n_{z'}=n_e \tag{3.7.18}$$

于是，通过外加电场 E_z 的调制，引起折射率 $n_{x'}$ 和 $n_{y'}$ 的变化，实现对传输光波的强度和相位的调制。

2. 磁光调制

磁光调制的物理基础是磁化介质的磁光效应。对于顺磁性、铁磁性等磁性介质，在没有外加磁场的作用下，其内部的原子或离子组成的磁矩可以分解为许多无规律方向的磁畴，宏观观察时，磁畴间相互抵消而没有磁性。当外加磁场作用时，介质内各磁畴的磁矩就会从各个不同的方向转到磁场方向，宏观显示出强大的磁性。当光波电场通过这种磁化的物体时，其电场在洛伦兹力的作用下，偏振方向在传播过程中发生旋转，这种现象称为磁光效应。一般描述这种效应的方法是法拉第旋转效应。

法拉第旋转效应：它使一束线偏振光在外加磁场作用下的介质中传播时，其偏振方向发生旋转，其旋转角度的大小与沿光束方向的磁场强度 H 和光在介质中传播的长度 L 之积成正比。因此，当外加磁场调制时，光的偏振态被调制而旋转方向，这就是磁光调制。

3. 电吸收调制器

（1）光子吸收。

光在导电介质中传播时，具有衰减现象，这是由于电子吸收了光子，称为光子吸收。半导体材料通常能强烈地吸收光能量，具有数量级 10^5/cm 的吸收系数，相当于 100%/μm 吸收，即通过 1 μm 的传播，得到 100% 吸收。当一定波长的光照射半导体材料时，电子吸收足够的能量，从价带跃迁入导带，因而光吸收表现为连续的吸收带，对应带的上限和下限。

（2）本征吸收。

理想本征半导体在绝对零度时，价带是完全被电子占满的，因此，价带内的电子不可能被激发到更高的能级。只有当足够能量的光子使电子激发，越过禁带跃迁进入导带，而在价带中留下一个空穴，形成电子-空穴对。这种由于电子从价带到导带之间的跃迁，所形成的吸收过程称为本征吸收。显然，要发生本征吸收，光子能量必须大于或等于禁带宽度 E_g，即 E_g 是能够引起本征吸收的最低限度光子能量。因此，对于本征吸收光谱，在低频或长波方面存在一个频率 ν_0 或波长 λ_0 界限。当光波频率低于 ν_0 或光波波长大于 λ_0 时，不可能产生本征吸收，吸收系数非常低；而当光波频率大于 ν_0 或光波波长小于 λ_0 时，本征吸收强烈，吸收系数从而迅速增强。这种吸收系数显著变化的特定光波频率 ν_0 或波长 λ_0，称为半导体的本征吸收限。

（3）弗朗兹-克尔德什（Franz-Keldysh）效应。

当半导体材料在强电场作用下，导带与价带的禁带宽度缩小，于是本征吸收限 $h\nu_0 = E_g$ 的频率变小或光波的波长变长，一般称为本征吸收限向长波方向移动，即红移。这就意味着原来能量比 E_g 小的光子在强电场作用下也能发生本征吸收，这种效应是通过光子诱导的隧道效应实现的。

（4）电吸收效应。

利用 Franz-Keldysh 效应和量子约束 Stark 效应产生材料吸收边界波长移动的效应叫做电吸收效应，它形成一个在电压作用下光波波长红移的透过率移动窗。当没有加电压时，光波的能量小于禁带宽度，即 $h\nu_0 < E_g$，半导体体现出完全的不吸收，即全透明状态；当外加电压使禁带宽度缩小，足以使光波的频率大于禁带宽度，即 $h\nu_0 > E_g$，于是半导体体现出强烈的吸收，即全不透明。因此，外界施加的电压，即调制电压，就像一个开关，随着调制电压的变化，半导体呈现出透明和不透明的明暗关系，由此制作的电吸收调制器，它的外部特征就像一个二极管，适合于数字通信系统中，在 10 Gb/s 得到广泛应用。

4. 声光效应光调制

声光效应是指声波作用于晶体时，产生光弹性效应，使晶体的密度随着声波的周期发生密度分布，从而使折射率跟随密度发生周期性变化，从而构成了一个密度光栅，使通过晶体的光发生偏转，达到光调制的目的。

3.8 激光发射机

3.8.1 激光器组件的基本要求

一般激光发射机都是由激光器组件构成的。激光器组件应该具备一些基本的特征，包括：

激光器的出光功率、模式、光纤连接器、背光功率监测、温度传感器、工作电流输入端、调制电流输入端，以及温度制冷器等，同时还需具备光学隔离器。封装形式多样，如 TO-CAN，Brtterfly，DIP，AXIAL 收发一体化模块等多种形式。

3.8.2 光发射机的组成

光发射机一般由线路编码、激光调制和激光器控制部分组成。

（1）线路编码：将信源的数字码元转换成适合在光纤中传输的线路编码，同时需要对信号进行不归零 NRZ 扰码，常用 7 级扰码器。

（2）激光调制：激光器的调制相对复杂，除了平均功率外，还要调整好消光比，稳定工作温度，保证激光工作波长稳定。激光驱动一般采用差分恒流源结构。尤其在高速率调制系统中，驱动条件的选择、调制电路的形式和工艺、激光器的控制等，都对调制性能至关重要。

（3）激光器控制电路：温度控制和功率控制是保证激光器正常工作的关键，特别是在 DWDM 波分复用系统中，温度控制尤为重要。

3.8.3 光发射机的参数

偏置电流 I_0 和调制电流 I_m 大小的选择：

偏置电流的选择直接影响激光器在高速调制时，时域特性的电光延迟时间 t_d 和 0 码功率，以及对应消光比 EXT 的变化。调整如下：

（1）加大直流偏置电流使其逼近阈值，可以大大减小电光延迟时间，提高频谱利用率和通信容量，并且在一定程度上抑制张弛振荡。

（2）激光器偏置在阈值附近的另一好处是较小的调制电流就能获得足够大的输出光脉冲，I_0 和 I_0+I_m 值相差不大，从而削弱调制码型间的相互影响，减小码型效应。

（3）由于偏置电流决定“0”码时的发光功率，I_0 较大呈现出消光比 EXT 恶化。

光信号消光比 EXT 定义：

$$EXT = 10\lg\frac{P_1}{P_0} \tag{3.8.1}$$

式中，P_1 表示 1 码的发射功率；P_0 表示 0 码的发射功率；EXT 一般应等于 10 dB。如果 I_0 过大，EXT 减小，将导致接收机的灵敏度下降。

（4）在异质结激光器中，散粒噪声在阈值处有一很陡的峰值，因此，I_0 的选取应避开此峰值。但对数字光传输系统，光源的噪声对接收机影响不大。

（5）调制电流 I_m 为了保证光脉冲达到一定的幅度，满足传输系统对信号功率的要求。同时考虑光源的负担，发送光功率不能过大，否则容易损坏器件，还会增加光纤的非线性效应。

3.8.4 激光器的调制电路

半导体激光器的内阻非常小，*V-I* 特性与半导体二极管类似，所以，一般的偏置电路都是采用高阻恒流源，常使用差分电流开关。对激光器进行高速脉冲调制时，调制电路既要有快的开关速度，又要保持良好的电流脉冲波形响应，因为不仅电流脉冲上升沿和下降沿的快慢会影响到光脉冲的响应速度，而且电流脉冲上升沿的过冲还会加剧光脉冲的畸变。而电路设计和半导体激光器的工艺也同样重要，因为杂散电感和杂散电容会给高速脉冲电路带来低通滤波的不良影响。使用差分电流开关整形，以改善电流波形；电流开关为双边驱动，并且所有的晶体管都不进入饱和区，从而在由导通变为截止时，不会因为有过多的存储电荷而影响开关速度。

3.8.5 激光器控制电路

半导体激光器的性能对温度非常敏感，并且长时间的连续发光会导致器件老化，使功率降低。性能与温度的关系如下：

① 激光器的阈值电流随温度呈指数规律变化，并随器件的老化而增加，从而使输出光功率随工作时间增长而逐步降低，直到寿命终结。

② 随着温度的升高和器件的老化，激光器的外微分量子效率降低，从而使输出光信号功率降低。

③ 随着温度的升高，半导体激光器的发射波长的峰值位置移向长波。一般 GaAs 材料的温度系数为 0.25 nm/K 左右。

解决温度和功率的方法是自动温度控制和自动功率控制。

1. 自动温度控制（ATC）

自动温度控制系统是由制冷器 TEC、热敏元件 Thermistor 以及相关的 PID 控制电路组成。

其基本原理是热敏元件 Thermistor 监测半导体激光器芯片的结温，与设定的基准温度比较、放大后，驱动制冷器 TEC 的控制电路工作，改变制冷量的驱动大小，构成以温度循环为目标的负反馈控制回路，从而保持激光器在恒定的设定温度下工作。为提高制冷效率和控制精度，通常采用内制冷方式，即将微型 TEC 制冷器和热敏元件封装在激光器管壳内部。温度稳定性达到 0.001 °C。

微型制冷器一般为利用珀尔帖效应制成的半导体热电制冷器（TEC）。当电流通过两种半导体（P 型和 N 型）组成的电偶时，可以使一端吸热（制冷）而另一端放热，这种现象称为珀尔帖效应。

2. 自动功率控制（APC）

为了精确控制激光器的输出功率，主要考虑两个方面：

① 控制激光器的偏置电流，使其自动跟踪阈值变化，从而使激光器总是偏置在最佳的工作状态。

② 控制激光器调制脉冲电流的幅度，使其自动跟踪外微分量子效率的变化，从而保持输出光脉冲信号的幅度恒定。

这两方面的考虑，最终保证了功率输出恒定和规定的消光比 *EXT*。但是，根据这种思想设计电路，将会使得电路复杂，调整不方便。一般来说，激光器的外微分量子效率对温度变化不是很敏感，为降低成本、简化控制电路，在工程中常常只监控激光器发射的平均功率，以此作为反馈信号控制偏置电流，从而维持输出光功率恒定。在设计中采用半导体激光器组件，利用激光器谐振腔的后镜面发射的光作为反馈光信号，内部的光电二极管（PD）将平均光功率转换成光生电流，通过负载电阻取样转换为电压信号，然后与直流参考电平比较后输入运算放大器的同名端。放大器的输出控制激光器的直流偏置电流的幅度，从而维持激光器输出的平均功率恒定。

3.9　OptiSystem 仿真中测量元件的使用

3.9.1　激光测量元件的仿真

（1）设置满足如下物理变化参数的测量因子 Z，Y，P_1 和 I_{th}。

$P_1 = 1.36$ mW，$I_{bias} = 35$ mA，$I_{th} = 18$ mA，$Z_1 = 20.52 \times 10^{20}\,\text{Hz}^2$，$Y_1 = 21.87 \times 10^9\,\text{s}^{-1}$，测量因子设置如图 3.1 所示。

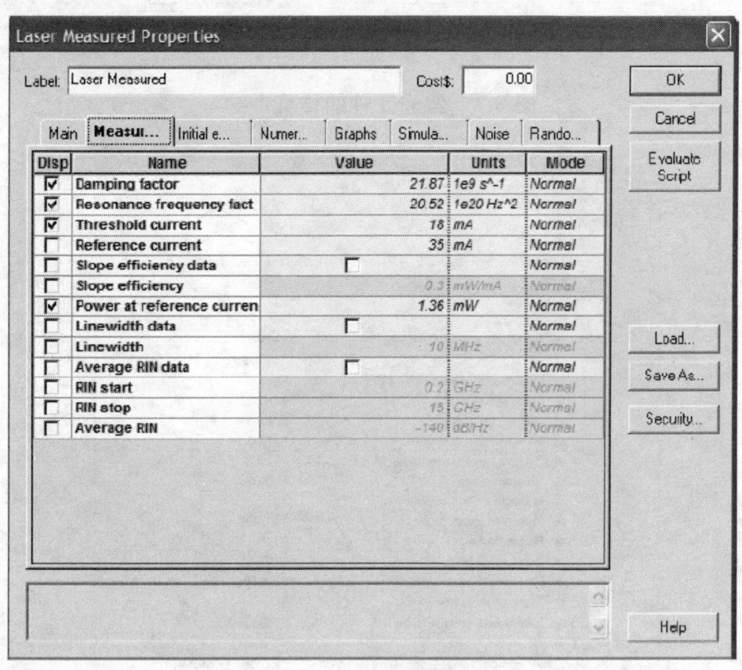

图 3.1　测量值设定

频率等主参数设置如图 3.2 所示。

Laser Measured Properties

Label: Laser Measured　Cost$: 0.00

OK　Cancel　Evaluate Script　Load...　Save As...　Security...　Help

Main | Measur... | Initial e... | Numer... | Graphs | Simula... | Noise | Rando...

Disp	Name	Value	Units	Mode
☑	Frequency	193.1	THz	Normal
☐	Calculate current	☐		Normal
☐	Power	10	dBm	Normal
☐	Power at bias current	0	dBm	Normal
☐	Bias current	35	mA	Normal
☐	Modulation peak current	20	mA	Normal

图 3.2　主参数菜单

在如图 3.3 所示的系统中，设定好参数和仿真系统后，服从设定参数的计算结果显示在工程浏览框中，如图 3.4 所示。

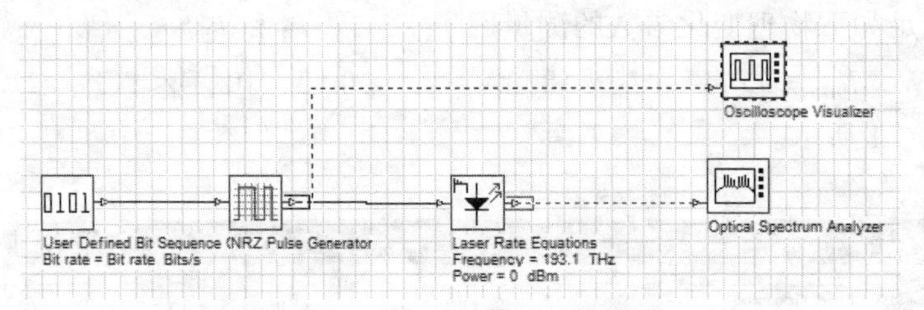

图 3.3　激光元件的仿真系统

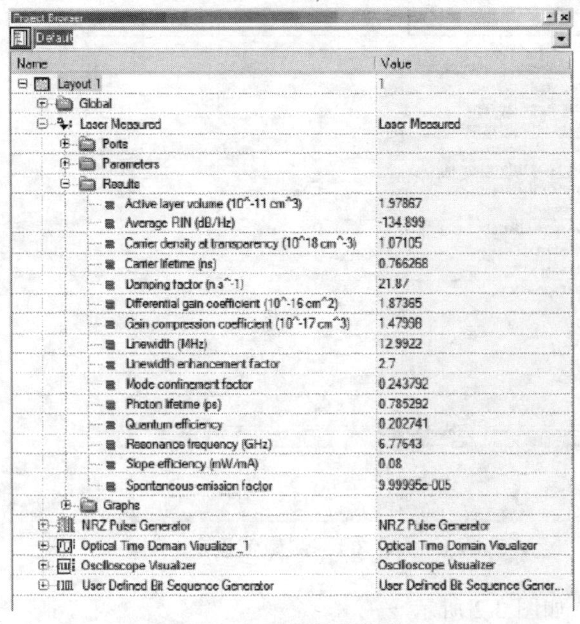

Project Browser

Default

Name	Value
Layout 1	1
Global	
Laser Measured	Laser Measured
Ports	
Parameters	
Results	
Active layer volume (10^-11 cm^3)	1.97867
Average RIN (dB/Hz)	-134.899
Carrier density at transparency (10^18 cm^-3)	1.07105
Carrier lifetime (ns)	0.766268
Damping factor (n s^-1)	21.87
Differential gain coefficient (10^-16 cm^2)	1.87365
Gain compression coefficient (10^-17 cm^3)	1.47998
Linewidth (MHz)	12.9922
Linewidth enhancement factor	2.7
Mode confinement factor	0.243792
Photon lifetime (ps)	0.785292
Quantum efficiency	0.202741
Resonance frequency (GHz)	6.77643
Slope efficiency (mW/mA)	0.08
Spontaneous emission factor	9.99995e-005
Graphs	
NRZ Pulse Generator	NRZ Pulse Generator
Optical Time Domain Visualizer_1	Optical Time Domain Visualizer
Oscilloscope Visualizer	Oscilloscope Visualizer
User Defined Bit Sequence Generator	User Defined Bit Sequence Gener...

图 3.4　工程浏览菜单

（2）设计两个激光元件。

① 一个测量元件与图 3.3 中是一样的；

② 另一个测量激光器的元件参数如图 3.5 所示。

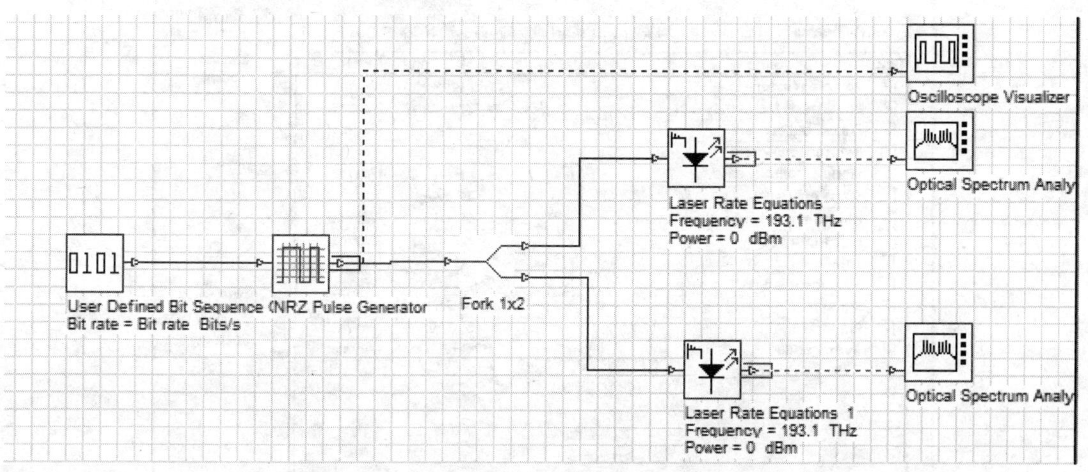

图 3.5 两个激光元件的测量仿真系统图

这样会有与图 3.3 相似的仿真结果。而图 3.5 所示的系统与图 3.3 的区别主要是因为在图 3.3 中没有设置 reference1 中的测量参数（产生的阈值电流为 17.22 mA 而不是 18 mA）。结果如图 3.6 所示。

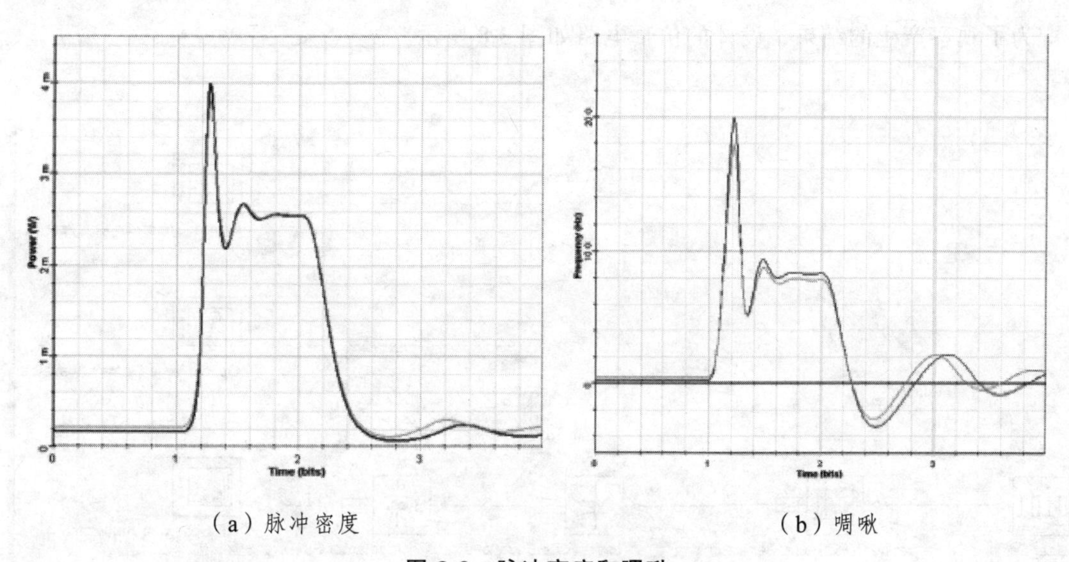

（a）脉冲密度　　（b）啁啾

图 3.6 脉冲密度和啁啾

3.9.2 设置服从物理参数变化的平均 RIN

此处 Z，Y，P，I_{th} 参数的值的设定与图 3.1 的设置相同，不同的是平均 RIN 值和带宽值的设定，如图 3.7 所示。

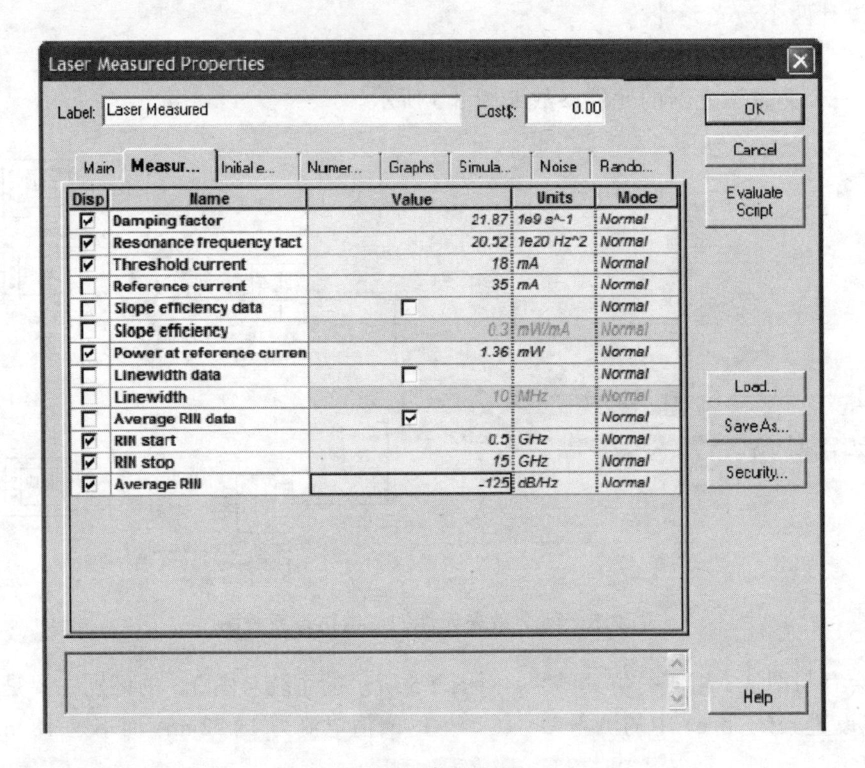

图 3.7　参数设置

为了观察产生的结果，设计的仿真电路如图 3.8 所示。

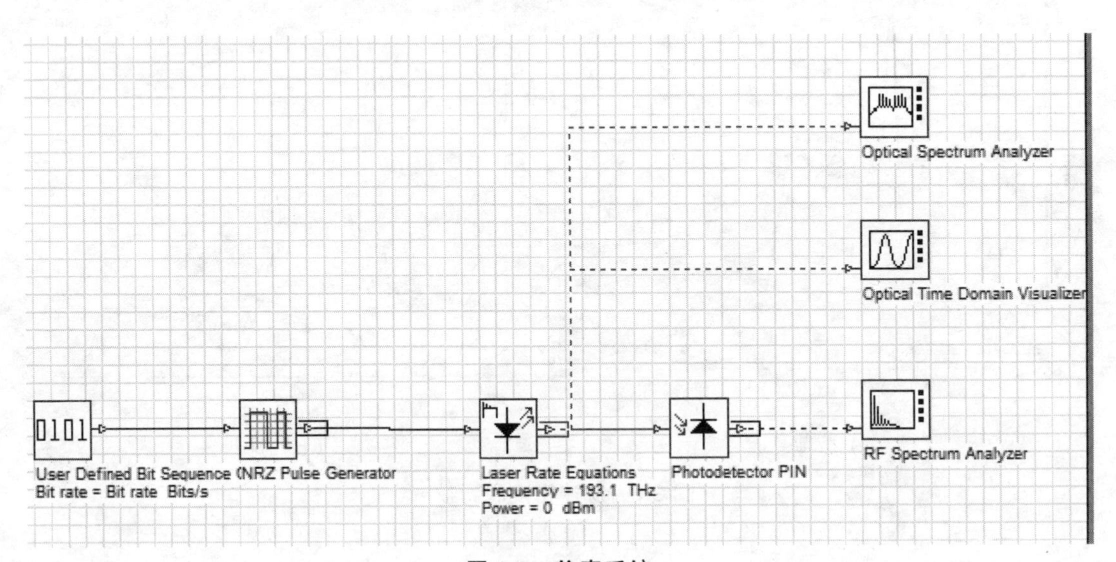

图 3.8　仿真系统

在运行仿真系统后，测量的输出能量设定在电信号衰减为 – 27.3 dB。为观察 RIN，需要进入【RF Spectrum Analyzer】属性列表进行设置，如图 3.9 所示。

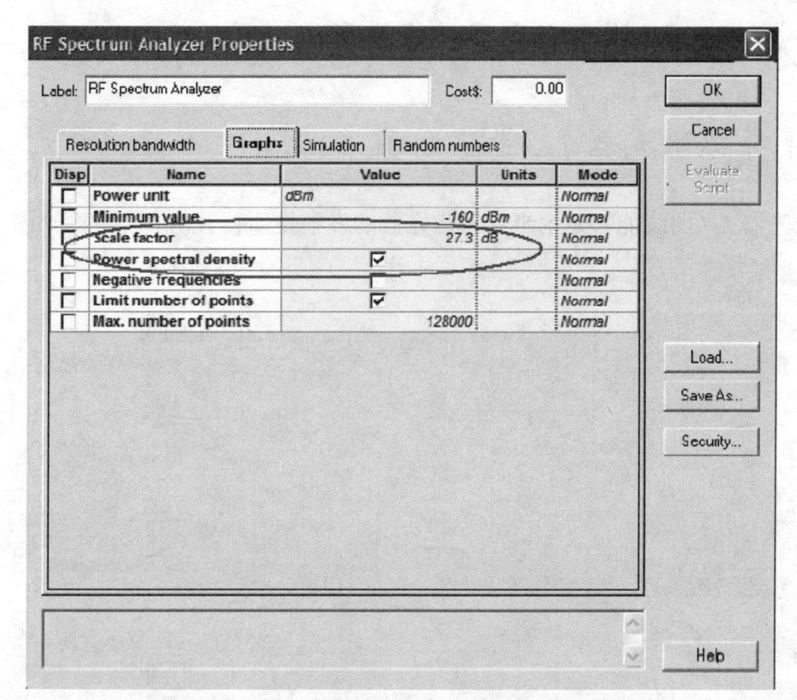

图 3.9 【RF Spectrum Analyzer】属性列表

更改这些参数以后，就可以在【RF Spectrum Analyzer】中观察到 RIN，如图 3.10 所示。

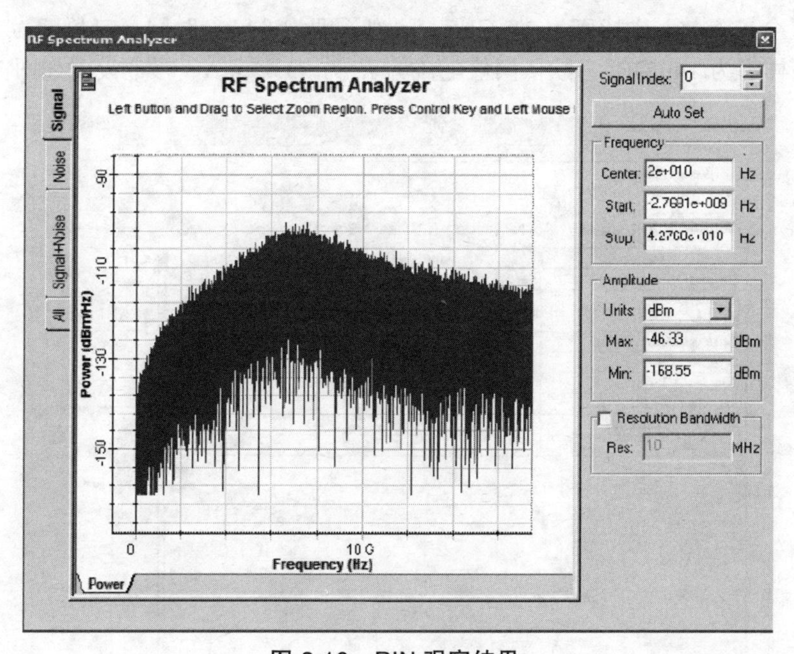

图 3.10 RIN 观察结果

图 3.8 中的 Laser Rate Equations 元件能够帮助使用者重新产生激光特性，但有时参数的设置过程不能只依靠单一的参数假设或者参数值的应用，同时这些参数是激光器不能重新产生的。

3.10 使用 OptiSystem 进行激光器性能仿真

3.10.1 半导体激光器 *L-I* 曲线仿真

半导体激光器 *L-I* 曲线能够显示半导体激光器的发射性质，其仿真原理图如图 3.11 所示。

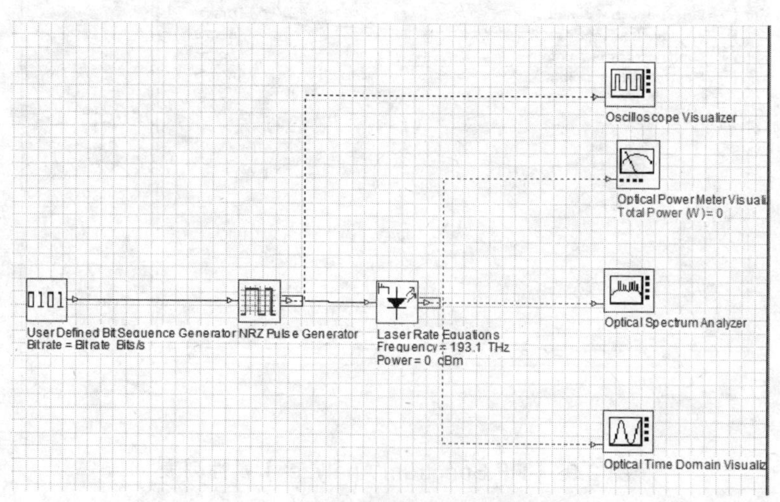

图 3.11 半导体激光器仿真原理图

首先设置全局参数：比特率为 2.5 Gb/s，序列长度为 8 bit，时间窗口长度为 3.2 ns，采样为 64 /bit，采样率为 160 GHz，默认阈值电流为 I_{th} 为 33.45 mA，参数设置如图 3.12 所示。

Version 1 Parameters

Label: Version 1

OK | Cancel | Add Param... | Remove Par | Edit Param.. | Help

Simulation | Signals | Spatial effects | Noise | Signal tracing

Name	Value	Units	Mode
Simulation window	Set bit rate		Normal
Reference bit rate	☑		Normal
Bit rate	2500000000	Bits/s	Normal
Time window	3.2e-009	s	Normal
Sample rate	160000000000	Hz	Normal
Sequence length	8	Bits	Normal
Samples per bit	64		Normal
Number of samples	512		Normal
Iterations	1		Normal

图 3.12 全局参数设置

激光器属性设置如图 3.13 所示，调制电流为 0 mA，偏置电流从 25 mA 变化到 125 mA。

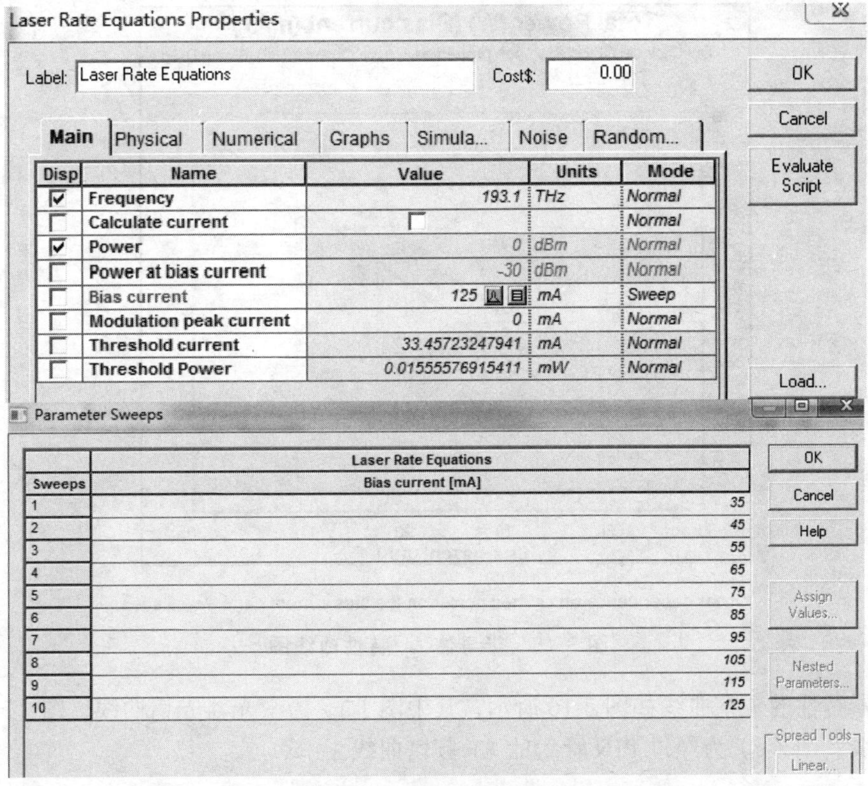

图 3.13 激光器属性设置

运行后，执行如图 3.14 所示的操作，即可观察 *L-I* 曲线，如图 3.15 所示。

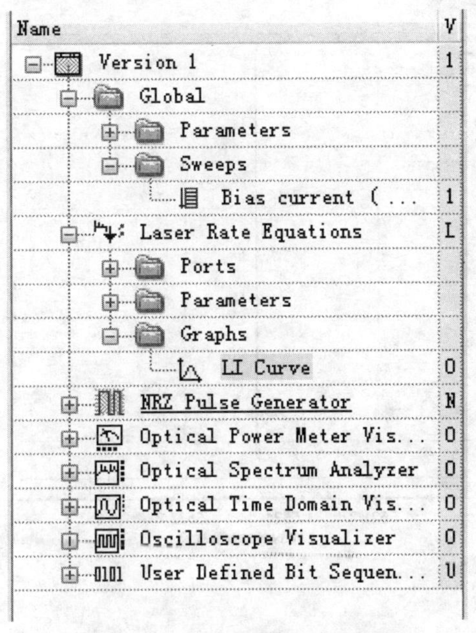

图 3.14 选择观察 *L-I* 曲线

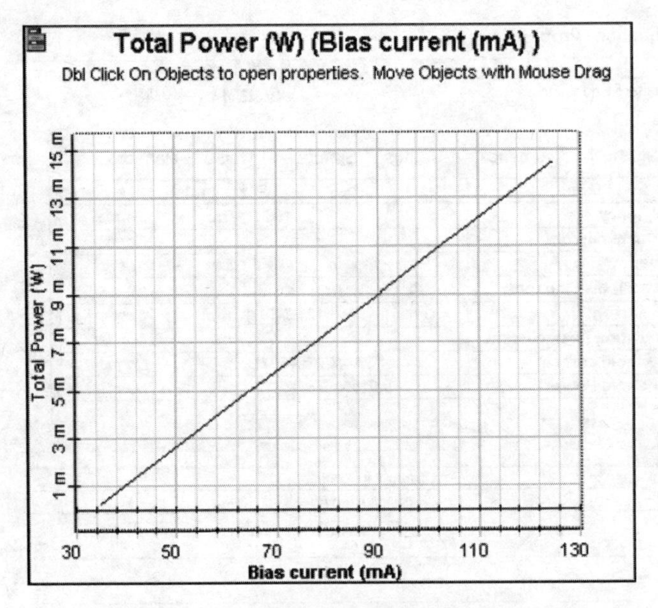

Linear dependence on emitted power on the bias current can be well seen.

图 3.15　半导体 *L-I* 特性曲线图

激光器特性的观察曲线如图 3.16 所示，其中图（a）为激光器光谱曲线，图（b）为激光器时域曲线，图（c）为经过 PIN 管后的 RF 频谱曲线。

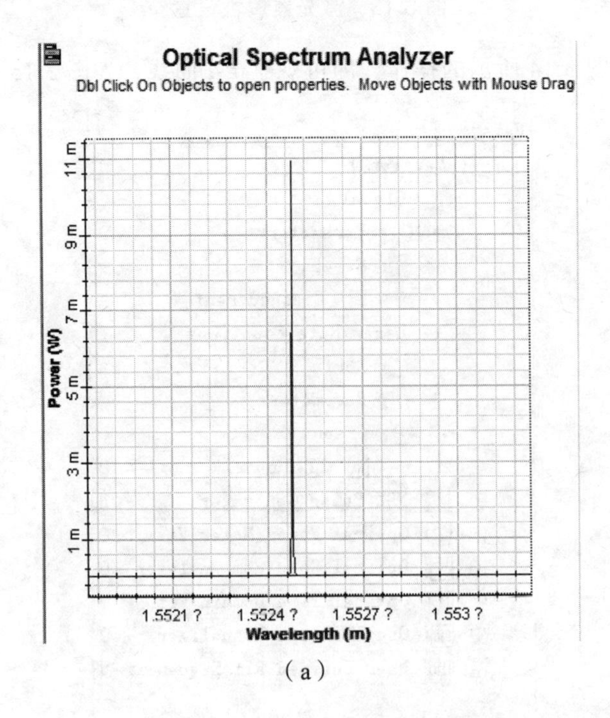

（a）

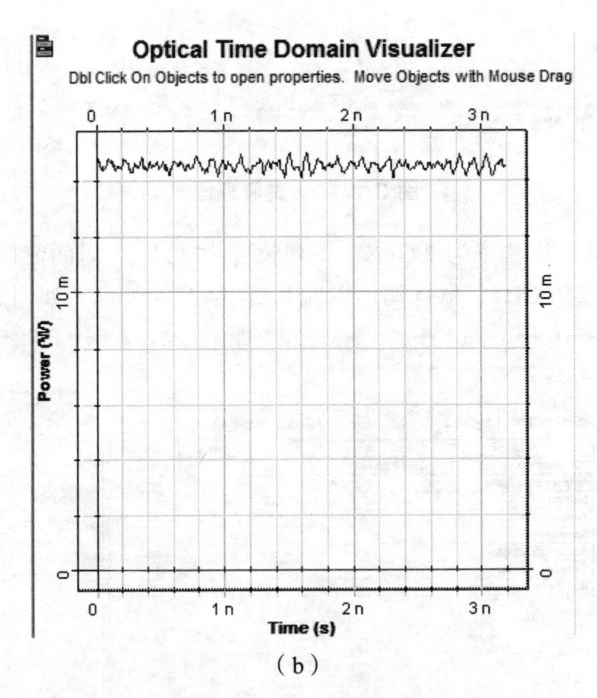

(b)

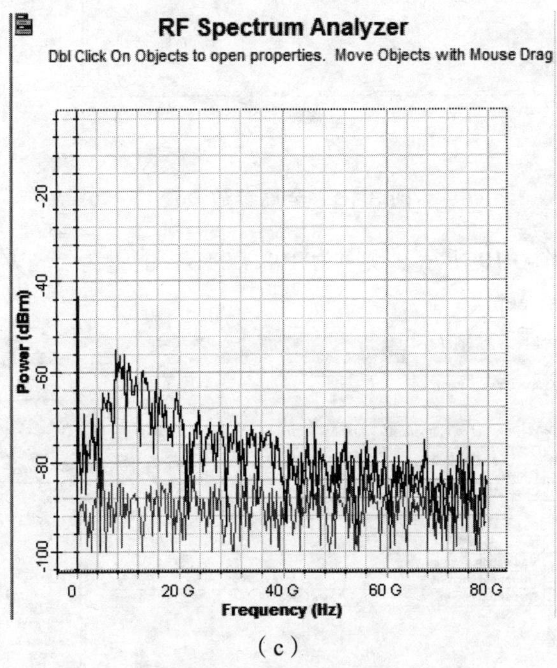

(c)

图 3.16 仿真结果参数

3.10.2 激光噪声密度仿真

使用 OptiSystem 对激光器连续工作模式下，激光器信号强度与噪声关系的仿真原理图如图 3.17 所示。

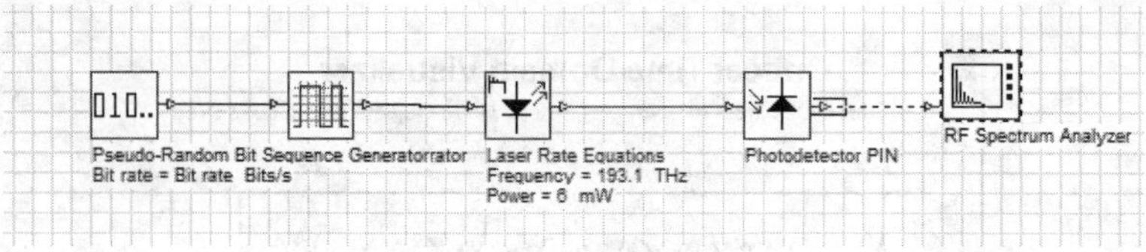

Pseudo-Random Bit Sequence Generatorrator
Bit rate = Bit rate Bits/s
Laser Rate Equations
Frequency = 193.1 THz
Power = 6 mW
Photodetector PIN
RF Spectrum Analyzer

图 3.17 仿真原理图

首先设置全局参数：比特率为 2 Gb/s，序列长度为 32 bit，时间窗口长度为 3.2 ns，采样为 128 /bit，采样率为 256 GHz，默认阈值电流为 I_{th} 为 33.45 mA，如图 3.18 所示。

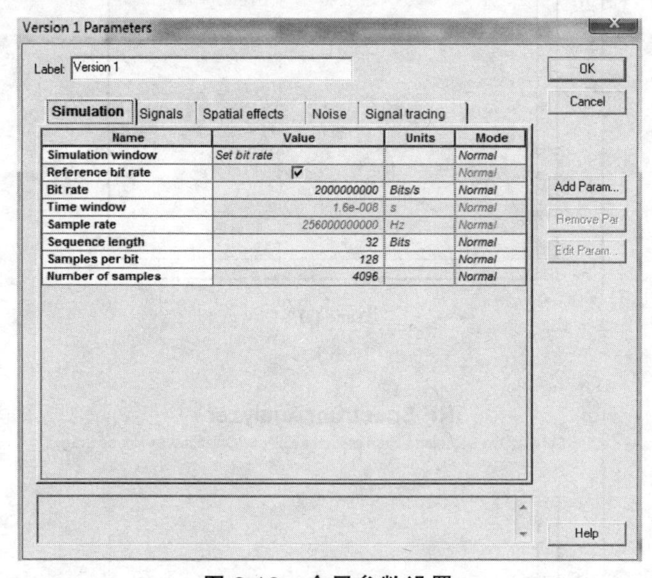
Version 1 Parameters

Label: Version 1

Simulation | Signals | Spatial effects | Noise | Signal tracing

Name	Value	Units	Mode
Simulation window	Set bit rate		Normal
Reference bit rate	☑		Normal
Bit rate	2000000000	Bits/s	Normal
Time window	1.6e-008	s	Normal
Sample rate	256000000000	Hz	Normal
Sequence length	32	Bits	Normal
Samples per bit	128		Normal
Number of samples	4096		Normal

OK
Cancel
Add Param...
Remove Par
Edit Param...
Help

图 3.18 全局参数设置

激光器参数设置如图 3.19 所示，频率为 193.1 THz，能量为 2 mW，4 mW，6 mW，设置能量模式为扫描模式（sweep）。

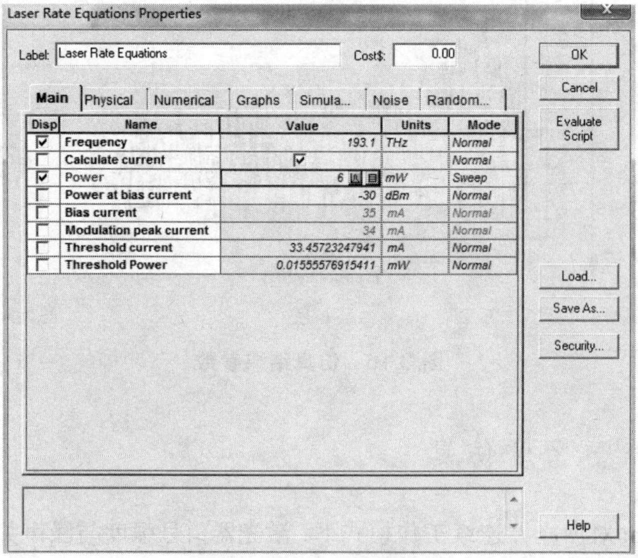

Laser Rate Equations Properties

Label: Laser Rate Equations Cost$: 0.00

Main | Physical | Numerical | Graphs | Simula... | Noise | Random...

Disp	Name	Value	Units	Mode
☑	Frequency	193.1	THz	Normal
☐	Calculate current	☑		Normal
☑	Power	6	mW	Sweep
☐	Power at bias current	-30	dBm	Normal
☐	Bias current	35	mA	Normal
☐	Modulation peak current	34	mA	Normal
☐	Threshold current	33.45723247941	mA	Normal
☐	Threshold Power	0.01555576915411	mW	Normal

OK
Cancel
Evaluate Script
Load...
Save As...
Security...
Help

图 3.19 激光器参数设置

连续工作频谱图如图 3.20 所示。从图中可以看出激光器连续工作模式下激光器信号强度与噪声的关系。

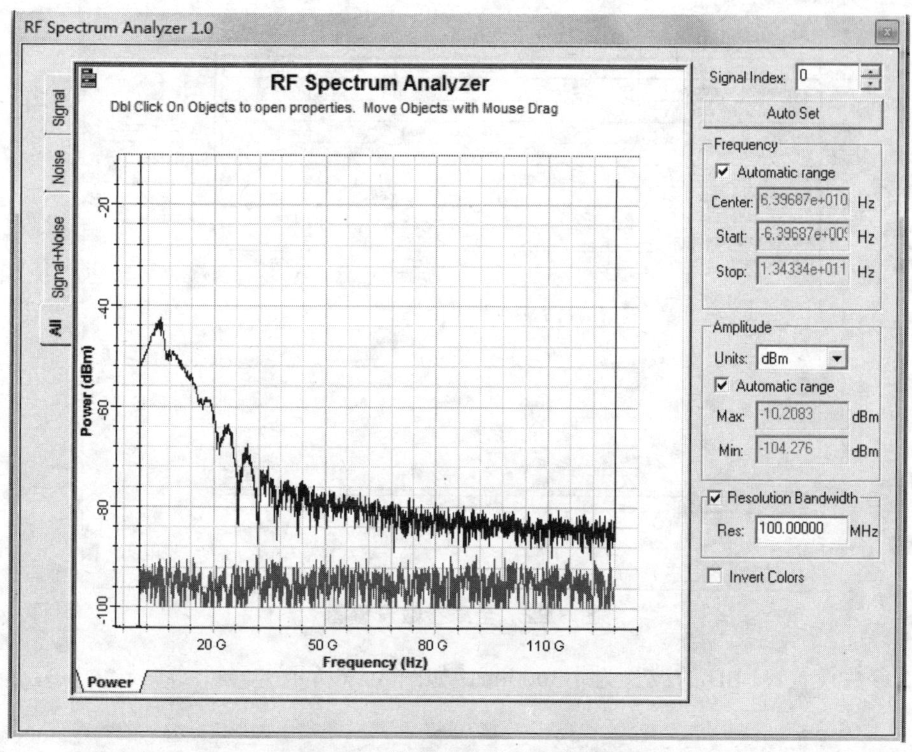

图 3.20 激光器连续工作频谱图

3.10.3 LED 频谱响应分布

LED 频谱响应测试原理图如图 3.21 所示，设置全局参数：比特率为 300 Mb/s，序列数位 2 bit，时间窗口长度为 6.66 ns。采样为 32 678 /bit，采样率为 10 THz，默认分辨率为 0.001 7 nm，如图 3.22 所示。

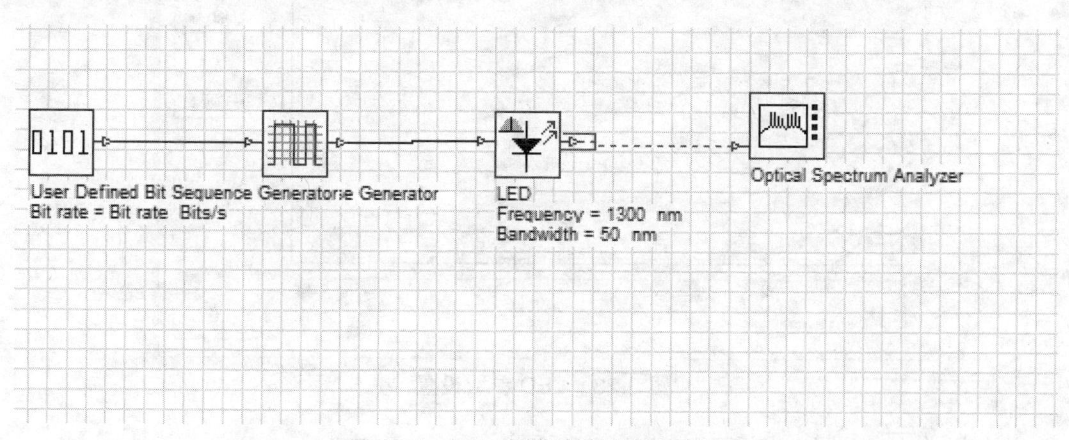

图 3.21 LED 频谱响应仿真原理图

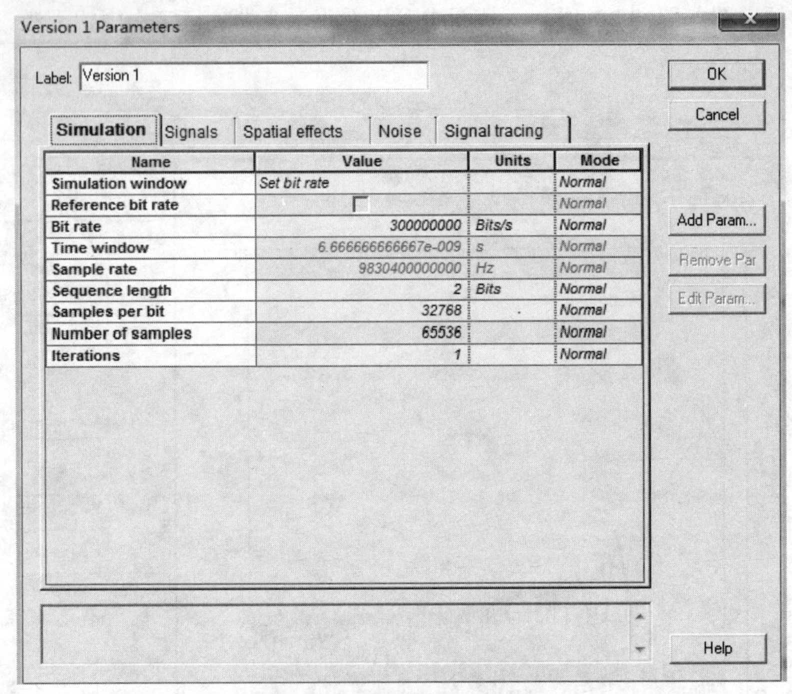

图 3.22　全局参数设置图

LED 参数设置：LED 的波长为 1 300 nm，如图 3.23 所示。

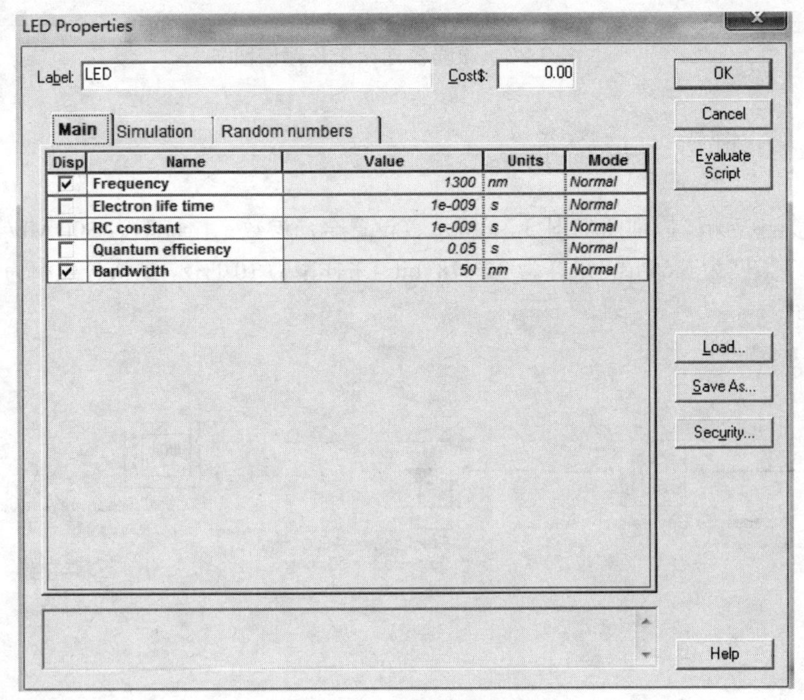

图 3.23　LED 参数设置

LED 频谱响应如图 3.24 所示。

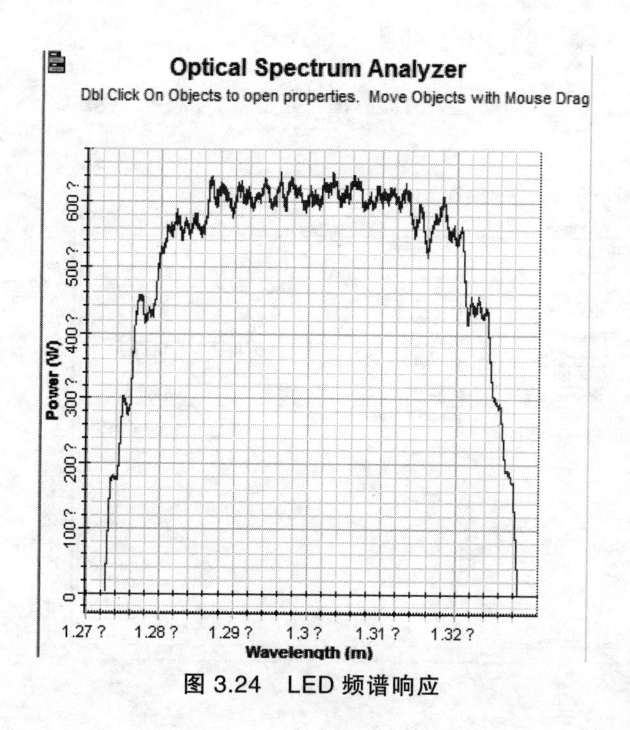

图 3.24 LED 频谱响应

3.10.4 半导体激光器大信号调制仿真

半导体激光器大信号的仿真原理图如图 3.25 所示。

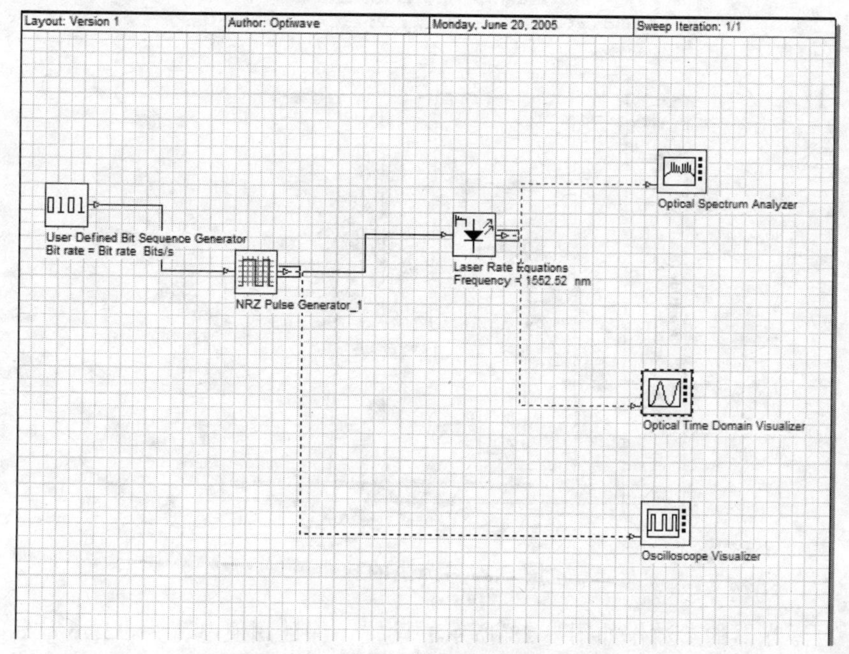

图 3.25 半导体大信号调制原理图

在这次仿真中，设置全局参数：比特率为 1 Gb/s，序列数位 8 bit，时间窗口长度为 8 ns，采样为 512 /bit，采样率为 500 GHz，如图 3.26 所示。

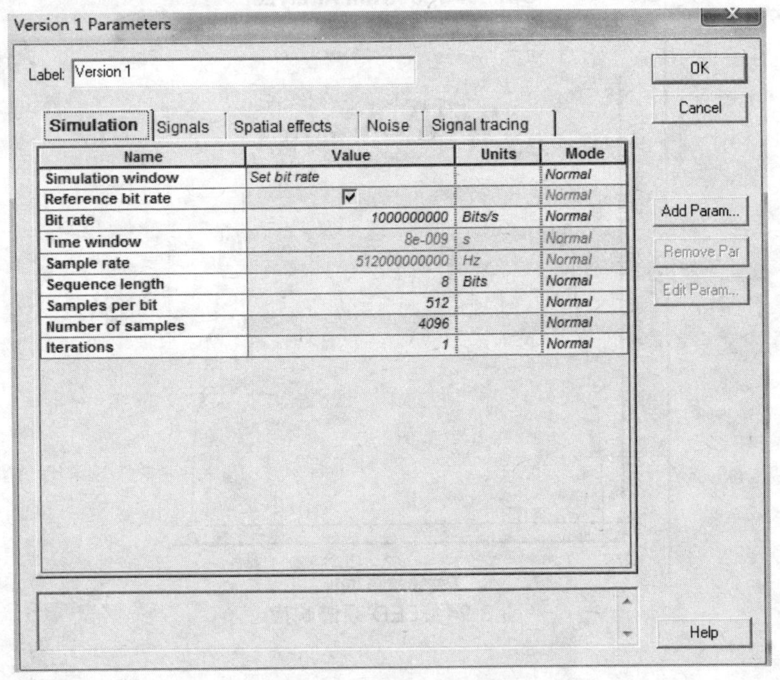

图 3.26 全局参数设置

脉冲发生器产生的脉冲如图 3.27 所示。

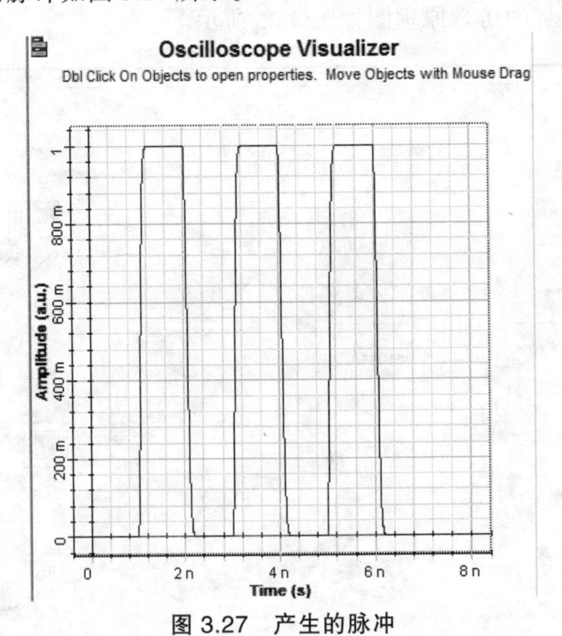

图 3.27 产生的脉冲

然后，对激光器的参数作如图 3.28 所示的设置，保证阈值电流为 33.46 mA，调制电流为 50 mA 不变，对偏电流进行设置。调制后的脉冲图如图 3.29 所示。

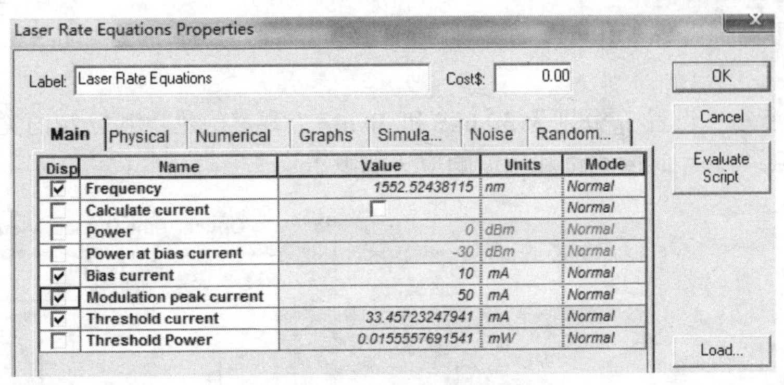

图 3.28 激光器参数设置

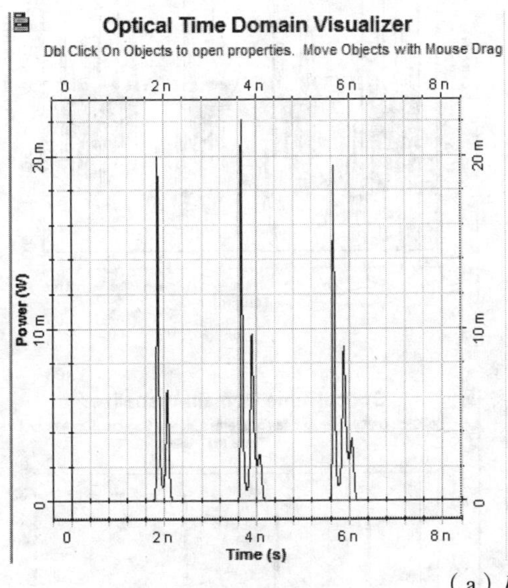

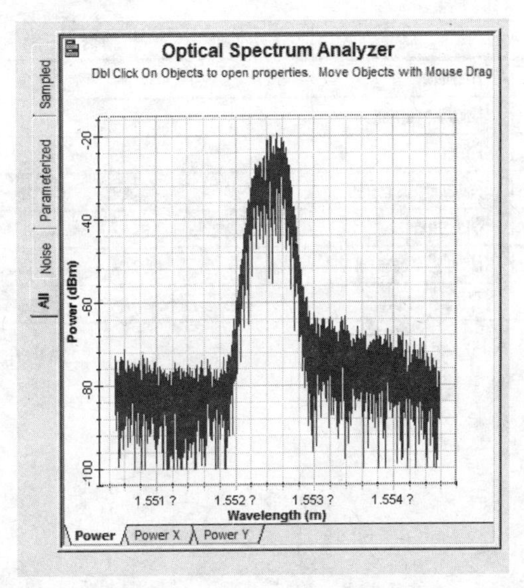

(a) $I_B = 10$ mA

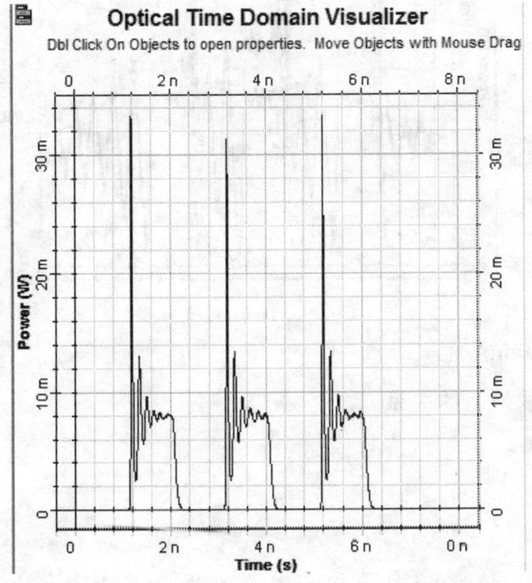

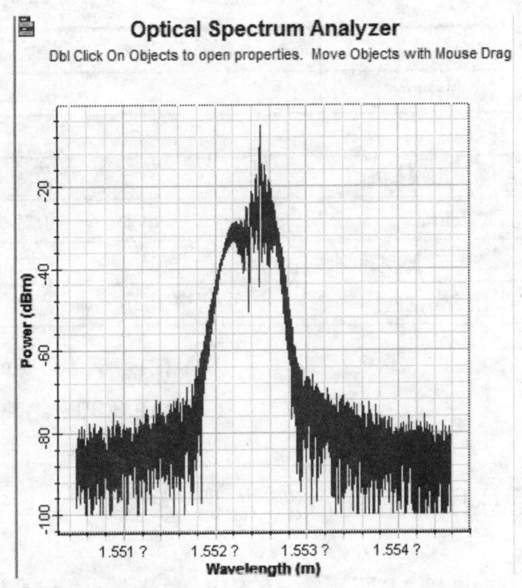

(b) $I_B = 33.46$ mA

图 3.29 调制后的脉冲图

通过对比可见，当 $I_B = 10$ mA 时，脉冲时间延迟 t_d 约为 0.6 ns；当 $I_B = 33.46$ mA 时，t_d 约为 0 ns。

如图 3.30 所示，设置 I_B 分别为 30 mA 和 40 mA，观察绝热啁啾与 I_B 的关系，可以观察到 $I_B = 30$ mA 和 40 mA 时的相位和幅度响应（啁啾）。

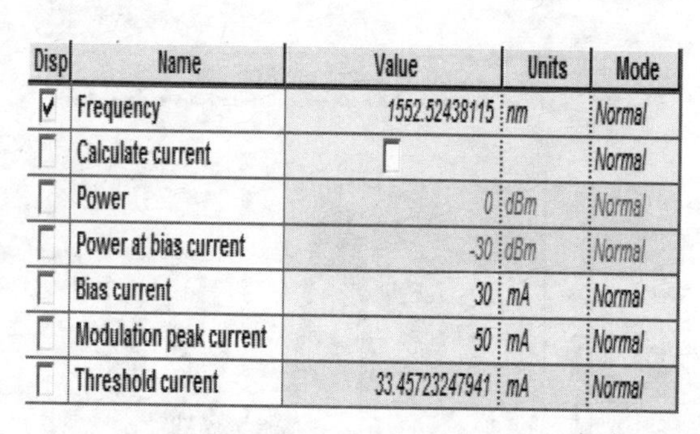

Disp	Name	Value	Units	Mode
☑	Frequency	1552.52438115	nm	Normal
☐	Calculate current	☐		Normal
☐	Power	0	dBm	Normal
☐	Power at bias current	-30	dBm	Normal
☐	Bias current	30	mA	Normal
☐	Modulation peak current	50	mA	Normal
☐	Threshold current	33.45723247941	mA	Normal

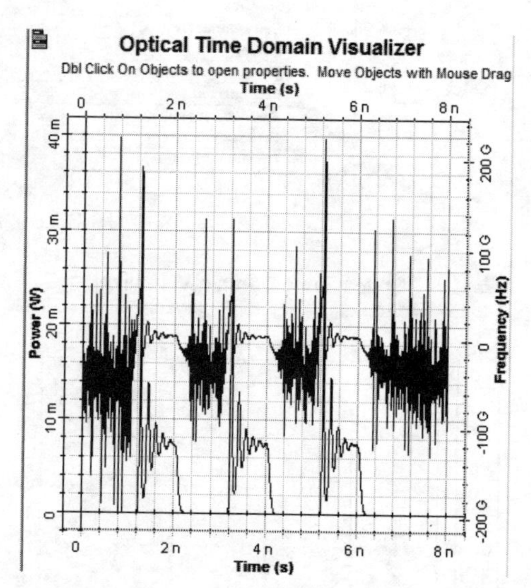

（a）$I_B = 30$ mA

Disp	Name	Value	Units	Mode
☑	Frequency	1552.52438115	nm	Normal
☐	Calculate current	☐		Normal
☐	Power	0	dBm	Normal
☐	Power at bias current	-30	dBm	Normal
☐	Bias current	40	mA	Normal
☐	Modulation peak current	50	mA	Normal
☐	Threshold current	33.45723247941	mA	Normal

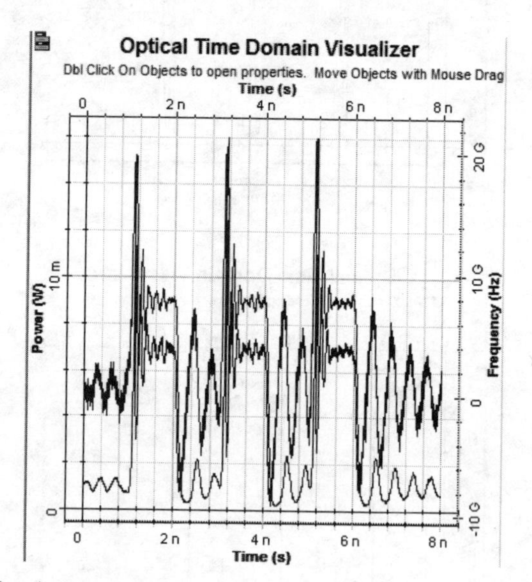

（b）$I_B = 40$ mA

图 3.30　绝热啁啾与 I_B 的关系

3.10.5　VCSEL 激光器仿真

如图 3.31 所示为 VCSEL 激光器仿真原理图。该系统由脉冲产生器、非归零脉冲产生器以及 VCSEL 激光器组成。

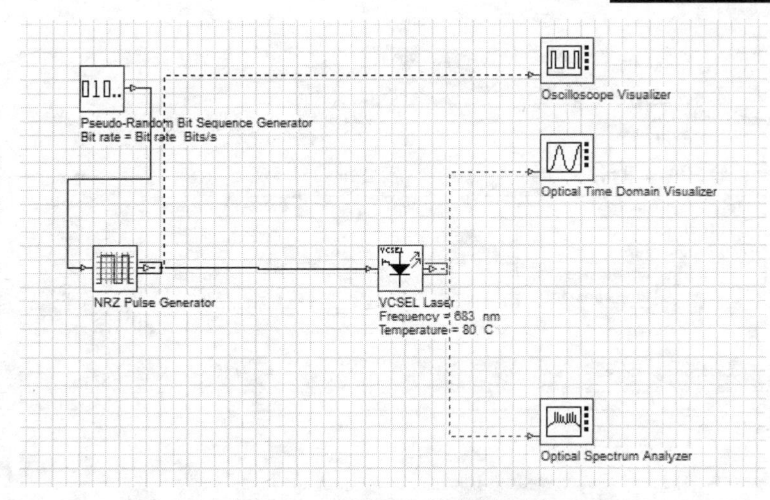

图 3.31　VCSEL 仿真原理图

该仿真中 VCSEL 激光器的波长为 863 nm，其参数设置过程如图 3.32 所示。设置后的系统参数如表 3.1 所示。

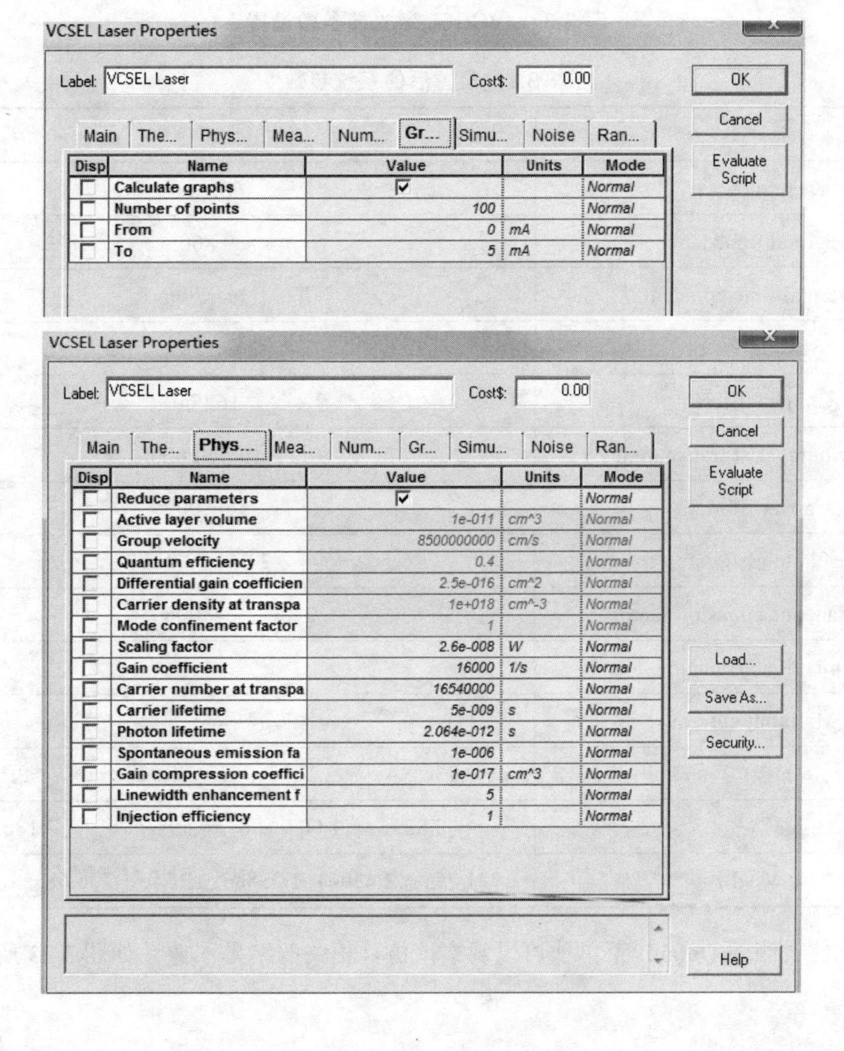

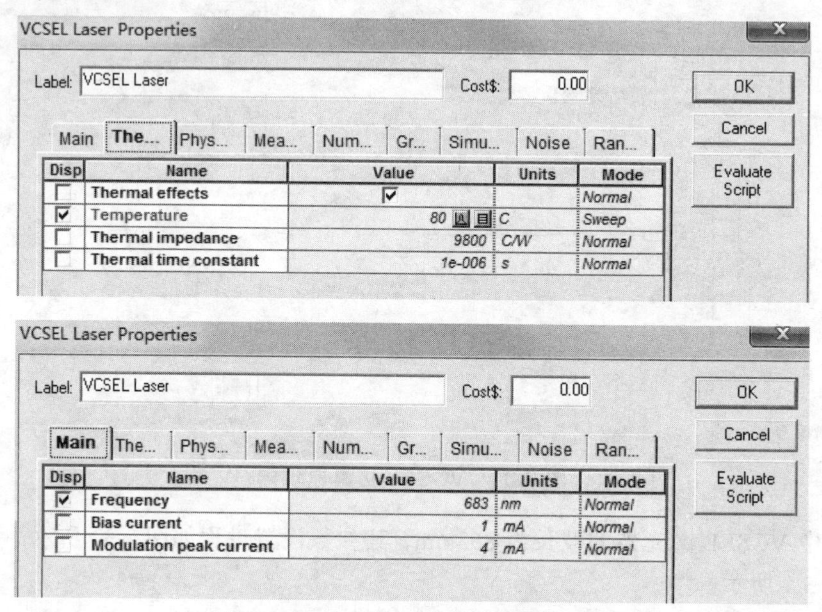

图 3.32 VCSEL 激光器参数设置

表 3.1 设置后的系统参数

参 数	设定值
Frequency	683 nm
Thermal impedance	9 800
Thermal time constant	1e－006
Scaling factor	2.6e－008
Gain coefficient	16 000
Carrier number at transparency	16 540 000
Carrier lifetime	5e－009
Photon lifetime	2.064e－012
Spontaneous emission factor	1e－006
Injection efficiency	1
Mx inout current	5
a-loff（T）	－2.73e－4，－2.125e－5，－1.837e－7，－3.183e－10
b-V（T）	0.829，－1.007e－3，6.594e－6，－2.18e－8
c-V（I）	1.721 75，－2.439e4，1.338e6，4.154e－7，6.683e8，－4.296e9

通过软件右侧的 Default 菜单项可以观察该仿真相关的结果图像，如图 3.33 所示。

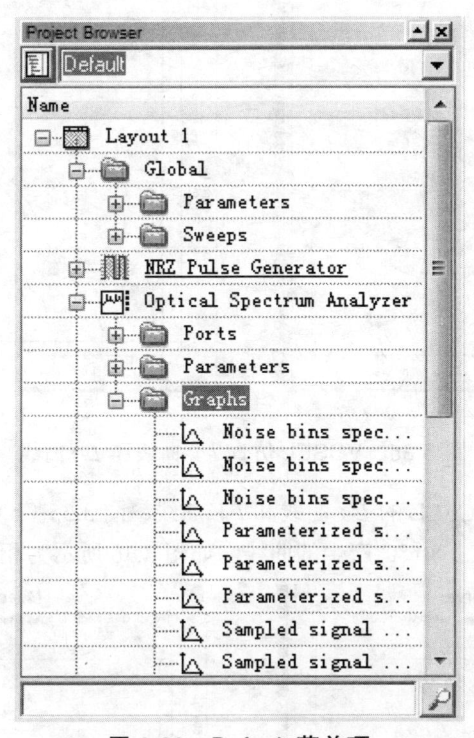

图 3.33 Default 菜单项

在如图 3.34 所示的下拉条中打开 *I-V* 曲线和 *L-I* 曲线。观察到的曲线如图 3.35 所示。

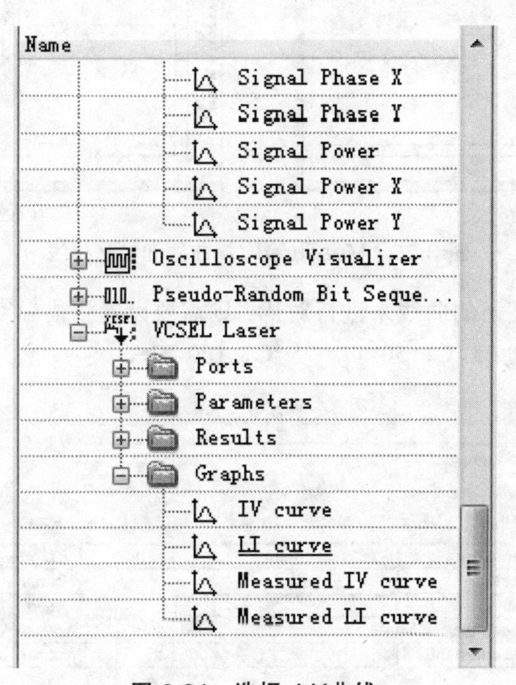

图 3.34 选择 *I-V* 曲线

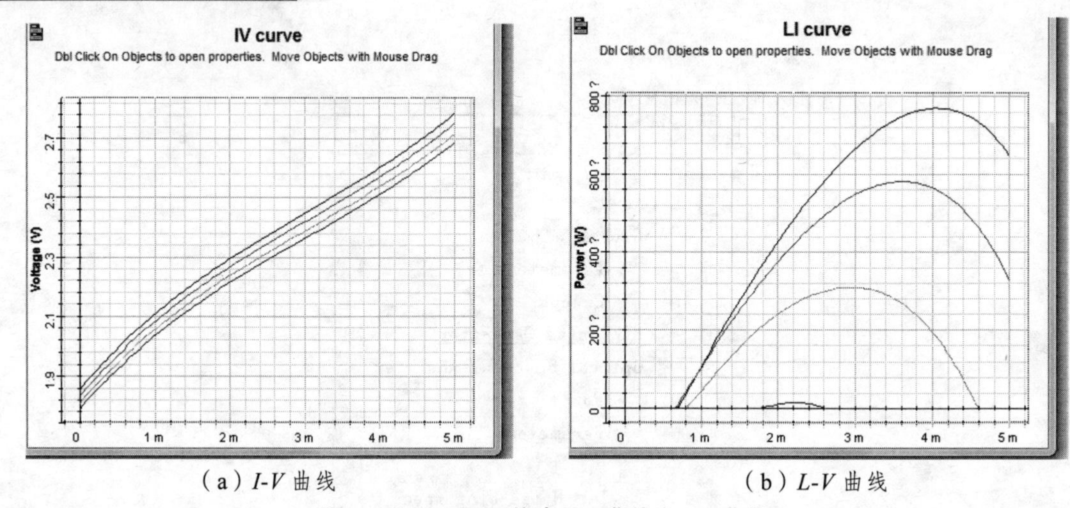

（a）*I-V* 曲线　　　　（b）*L-V* 曲线

图 3.35　VCSEL 仿真 *I-V* 曲线和 *L-I* 曲线

通过该仿真可以观察 VCSEL 的 *L-I* 曲线和 *I-V* 曲线，图 3.35（b）中的曲线是改变激光器的温度从 25 °C，40 °C，60 °C，80 °C 产生的曲线。如图 3.36 所示为相应的 Measured 曲线。

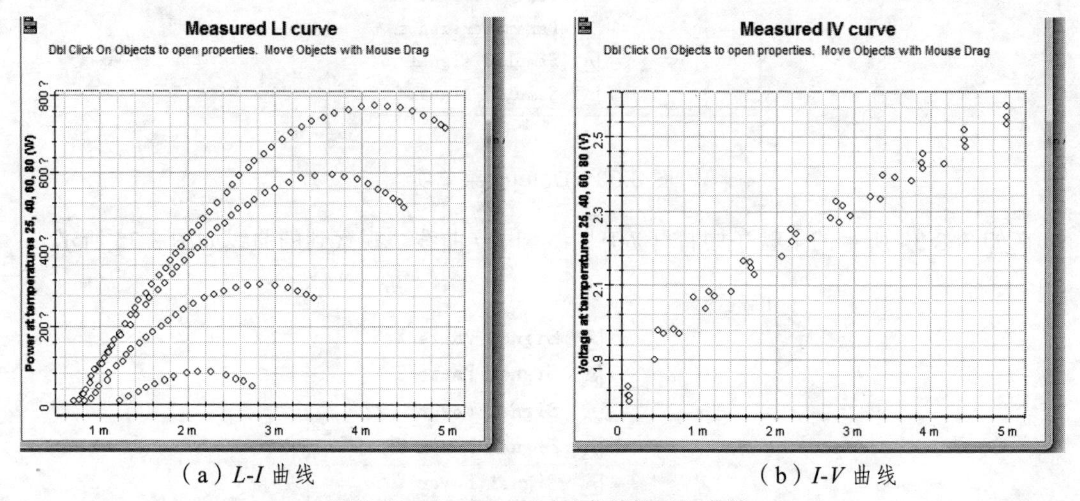

（a）*L-I* 曲线　　　　（b）*I-V* 曲线

图 3.36　Measured *L-I* 曲线和 *I-V* 曲线

如果要仿真不同温度下的曲线来进行对比，则需要设置扫描温度，设置过程如图 3.37 所示，本实例中设置温度为 25 °C，50 °C，75 °C，100 °C。

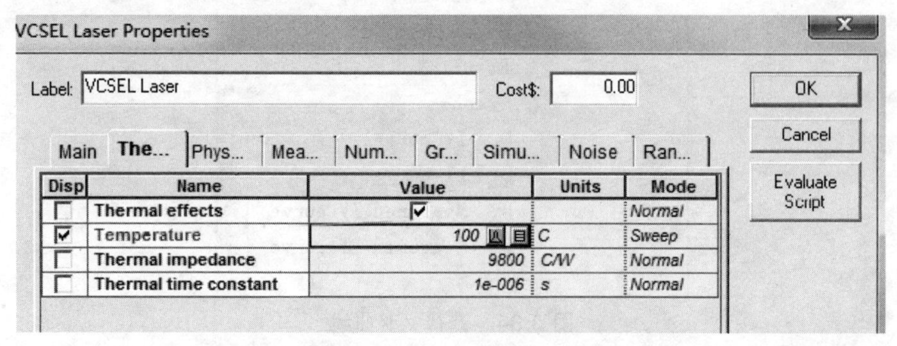

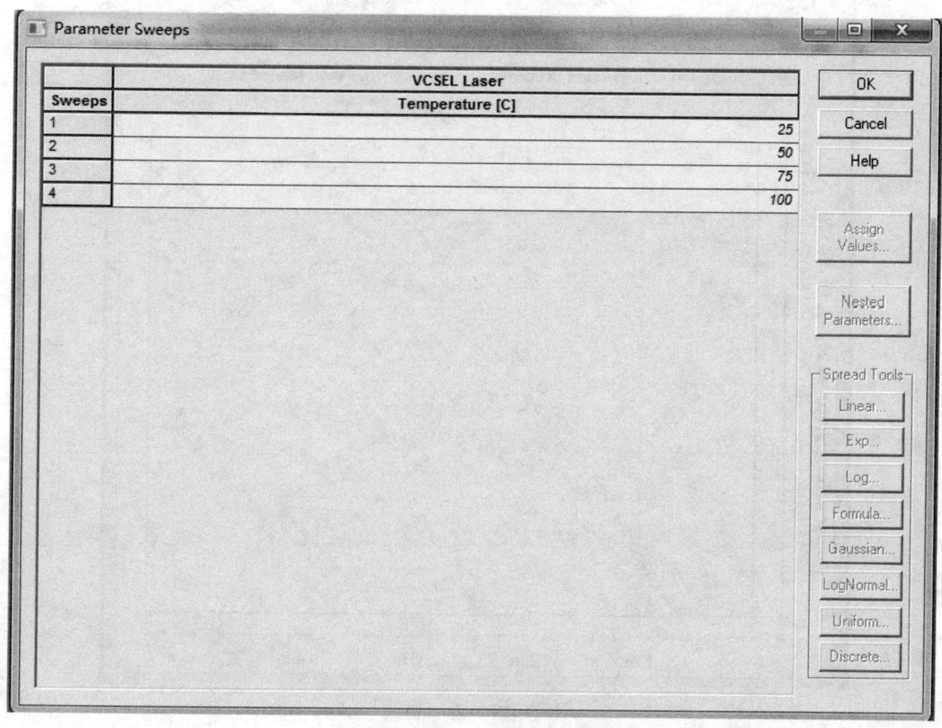

图 3.37 设置温度

运行仿真，执行如图 3.38 所示的操作，同时选中 LI curve 和 Measured LI curve，点击右键，选中 Quick View，则可得到如图 3.39 所示的 *L-I* 曲线。

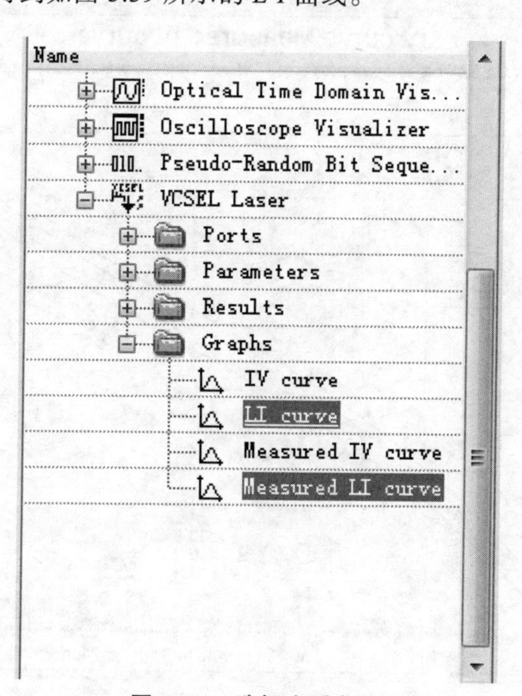

图 3.38 选择查看曲线

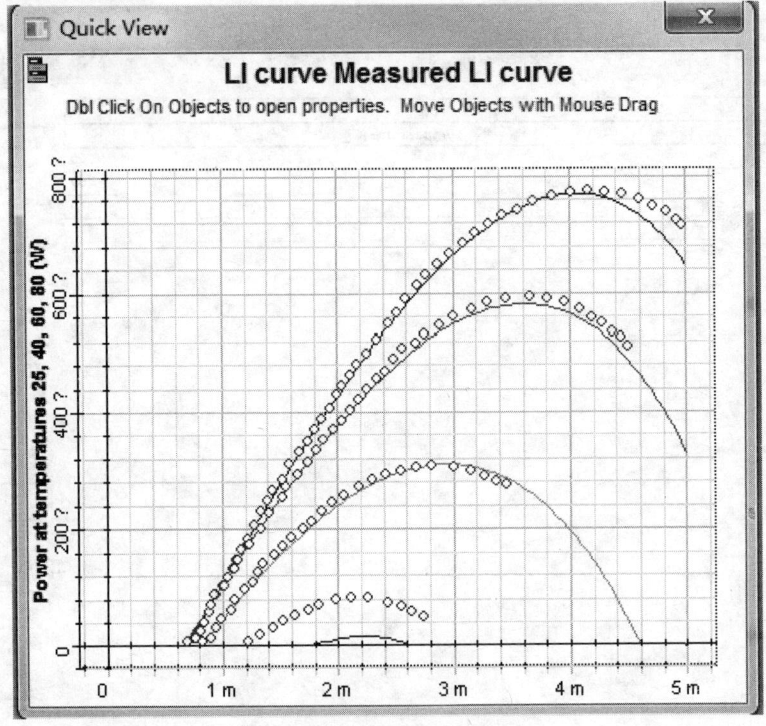

图 3.39　*L-I* 曲线

执行相似步骤，即可得到如图 3.40 所示的 *I-V* 曲线。

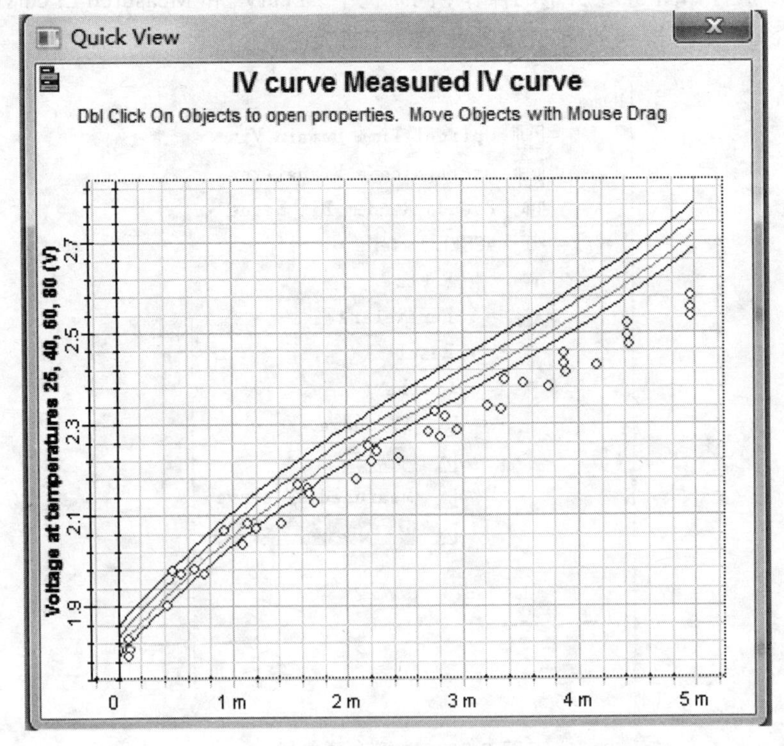

图 3.40　*I-V* 曲线

3.11 使用 OptiSystem 进行激光器发射和调制仿真

3.11.1 光发射系统

光发射系统由如下元件组成：光源、光脉冲产生器、光调制器，如图 3.41 所示。

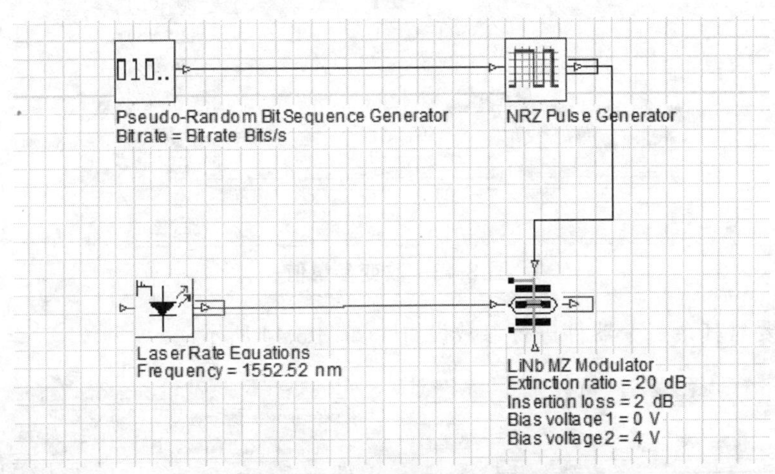

图 3.41 光发射系统的组成

在仿真时需要对仿真器件进行参数设置。对激光器设置参数：双击激光器，打开如图 3.42 所示的界面，单击每一个选项前的复选框即可对每一项进行修改，激光器的能量是以 dB/mW 衡量的，通过 Value 项可以设置该值的大小，具体操作如图 3.42 和图 3.43 所示。

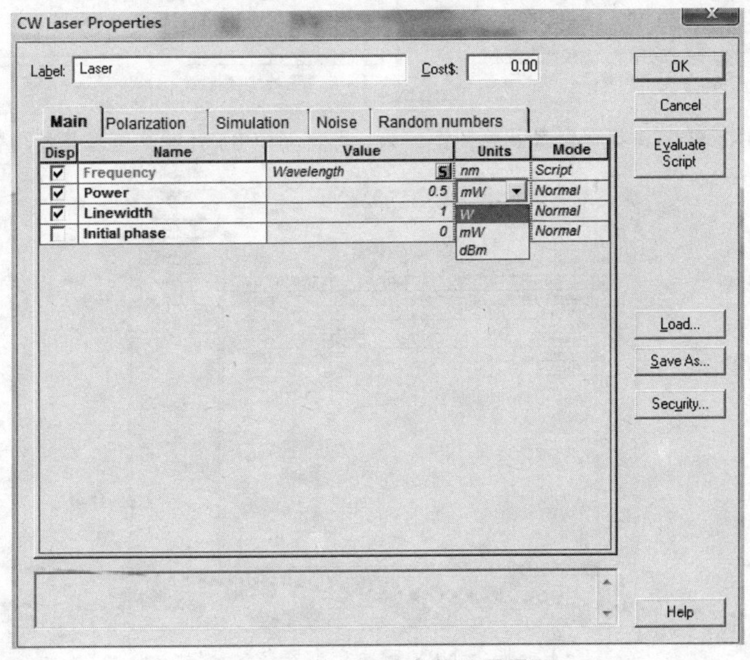

图 3.42 激光器的参数设置界面

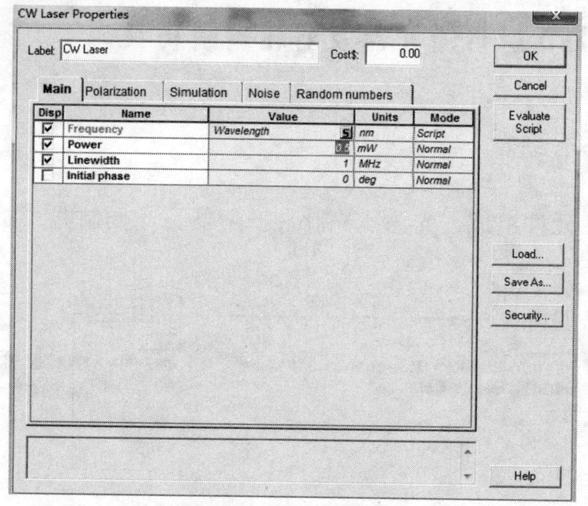

图 3.43 改变参量值

同理，需要对其余三个器件进行参数设置，如图 3.44 所示。

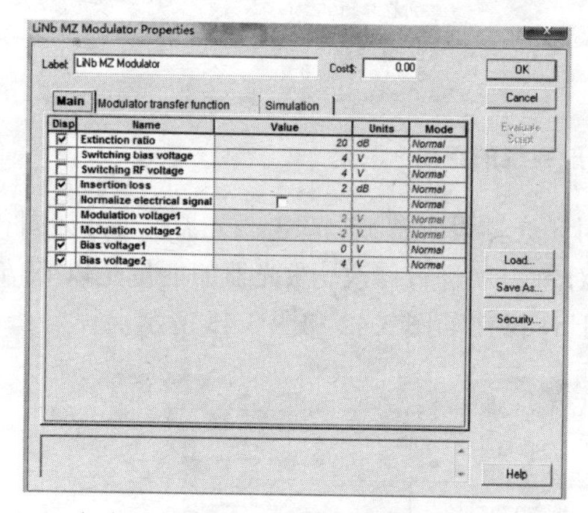

（a）LiNb 马赫-泽德调制器参数设置

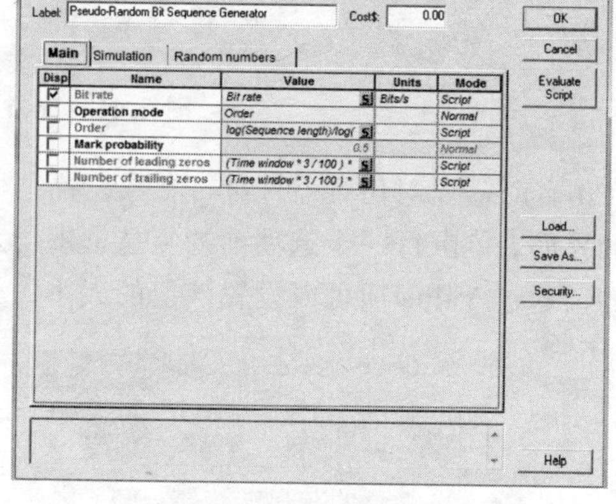

（b）序列产生器属性设置

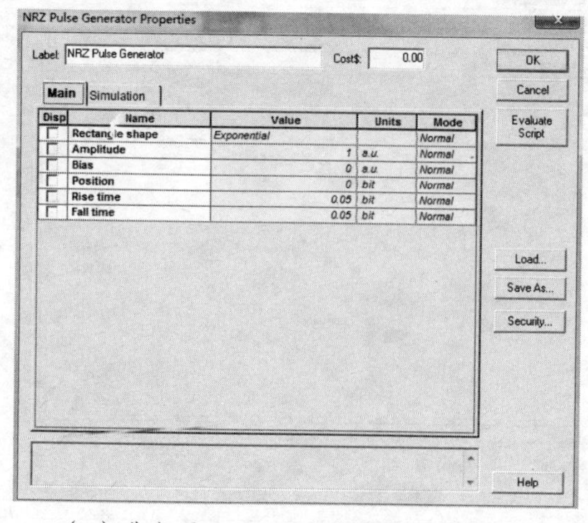

（c）非归零 NRZ 脉冲产生器参数设置

图 3.44 各器件参数设置

3.11.2 激光发射器——外调制激光器

激光调制电路如图 3.45 所示。

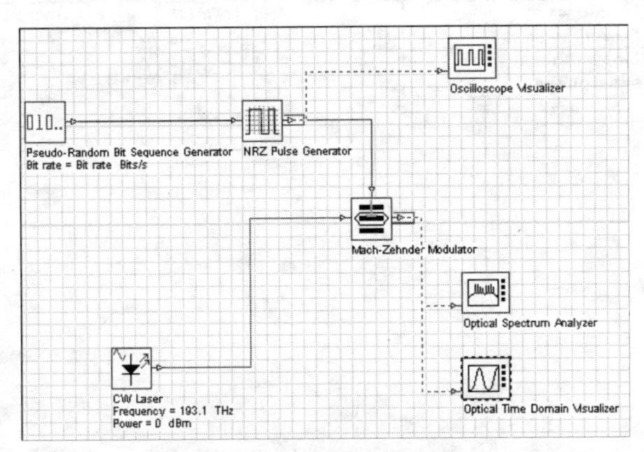

图 3.45 激光调制电路

1. CW 激光器参数配置

在主布局界面，双击 CW 激光器，打开 CW 激光器的属性对话框，如图 3.46 所示。组件按照类别分类参数。CW 激光器有五个参数类别。每个类别都有一组参数，而每个参数都有以下属性：选取、名称、值、单位、状态。

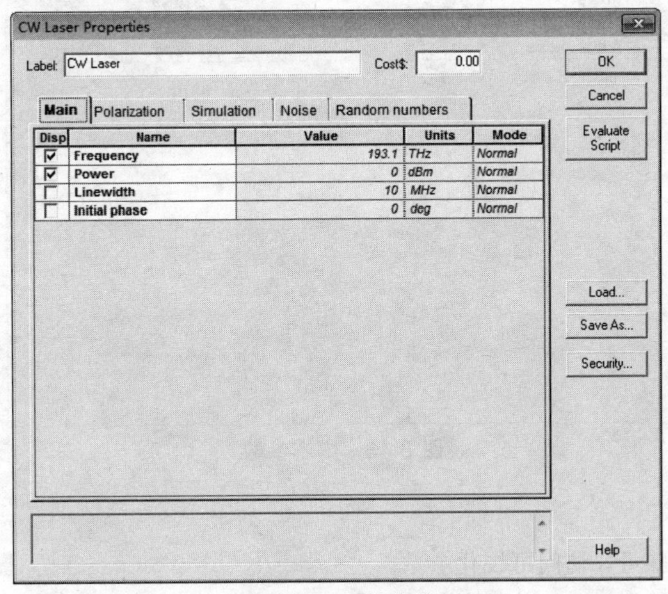

图 3.46 组件参数

2. 在布局界面显示参数

第一个属性是选取（disp），当选择这个属性时，参数名、值、单位将会出现在布局界面中。例如，如果选取频率和功率，这些参数将会出现在主布局界面中。

参数单位：一些参数，如频率和功率，可以有很多单位。频率的单位有 Hz、THz 或者 nm，功率的单位有 W、mW 和 dBm（分贝）（见图 3.47），数值在单位之间的转化是自动的。

注：可以按 ENTER 键或者点击另一个单元去更新值。

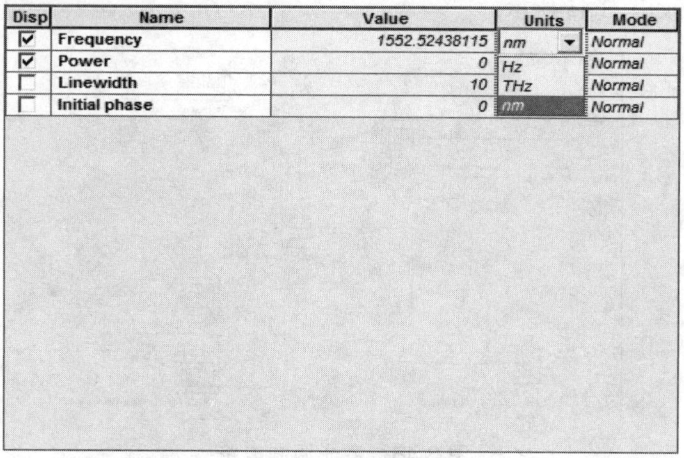

Disp	Name	Value	Units	Mode
☑	Frequency	1552.52438115	nm	Normal
☑	Power	0	Hz	Normal
☐	Linewidth	10	THz	Normal
☐	Initial phase	0	nm	Normal

图 3.47　参数单位

每一个参数拥有三个模式：常规、扫描和脚本。脚本模式可以允许写入算式表达式和访问全局定义参数，如图 3.48 所示。

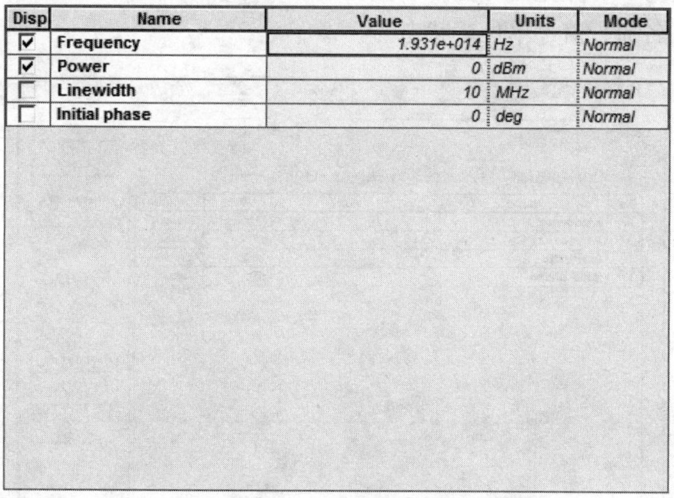

Disp	Name	Value	Units	Mode
☑	Frequency	1.931e+014	Hz	Normal
☑	Power	0	dBm	Normal
☐	Linewidth	10	MHz	Normal
☐	Initial phase	0	deg	Normal

图 3.48　脚本参数

3. 可视化参数

执行下面的步骤可以访问可视化参数。

注：右击可以访问一个组件的参数，双击可视化组件将会弹出一个对话框，以显示可视化的图表和在模拟过程中产生的结果，而不是参数。

步骤：

① 在主布局界面中，选择子系统并右击光谱分析仪，将会出现一个内容目录（见图 3.49）。

② 在内容目录中，选择组件属性，将会出现光谱分析仪的属性（见图 3.50）。

③ 保存并返回主布局界面，点击【OK】。

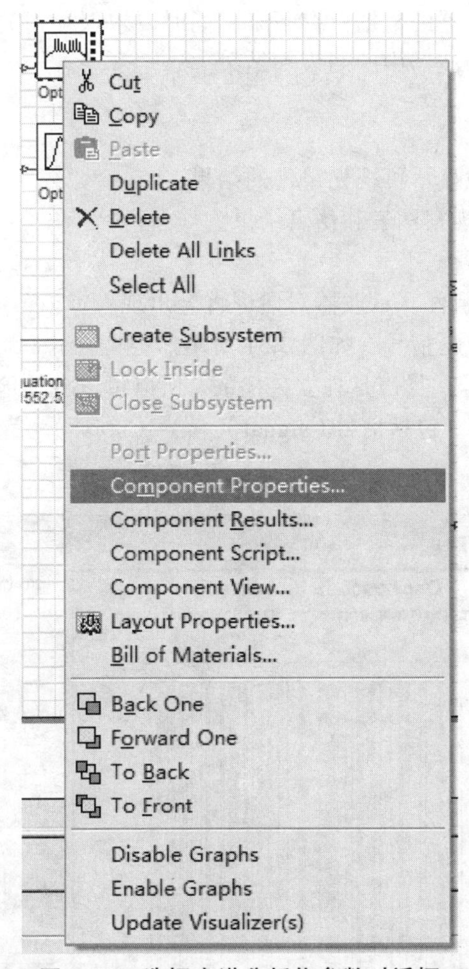

图 3.49 选择光谱分析仪参数对话框

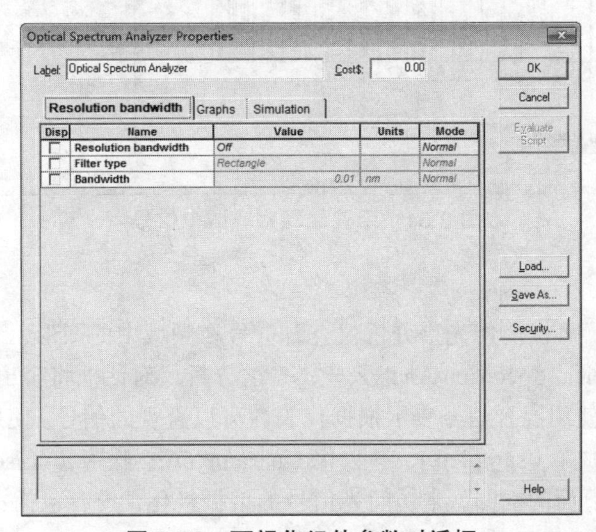

图 3.50 可视化组件参数对话框

4. 运行仿真

OptiSystem 允许将示波器的数据保存下来，同时要求保存相关的项目工程文件。下载文件，可视化组件将会计算示波器中的图表和结果。

5. 可视化组件显示结果

执行下面的步骤可实现显示可视化组件的结果：

① 双击可视化组件来观察图表和仿真结果。

注：再双击可关闭对话框。

② 双击示波器可视化组件，示波器对话框将会出现。

可以用示波器观察时域电信号，如图 3.51 所示。

由于 OptiSystem 的信号和噪声是独立传播的，所以可以单独地显示结果。使用图表左侧的标签来选择要查看的内容，包括信号（signal）、噪声（noise）、信号和噪声（signal + noise）、所有（all）。

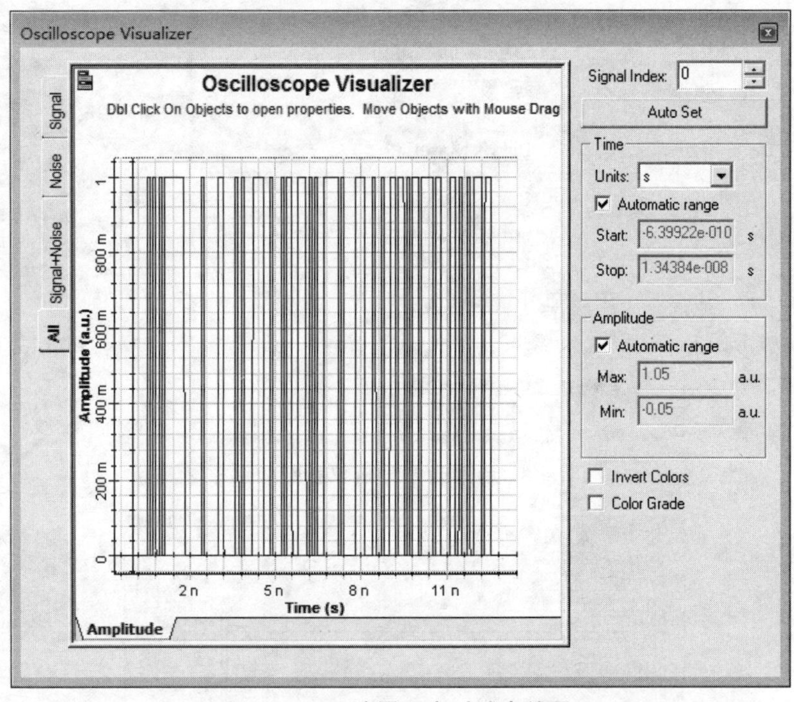

图 3.51 示波器观察时域电信号

6. 光谱分析仪

执行下面的步骤，可以使用光谱分析仪查看信号在频域中的图形，如图 3.52 所示。

步骤：双击“Optical Spectrum Analyzer”，光谱分析仪对话框将会出现。

由于 OptiSystem 使用混合信号表示根据代表性可以直观的信号。使用图表左侧的标签来选择要查看的内容：抽样（sampled）、参数化（parameter）、噪声（noise）、所有（all）。

可以通过对话框下面的框图，来访问光信号的偏振极化。内容包括：功率（总功率），功率 X（X 方向的功率），功率 Y（Y 方向的功率）。

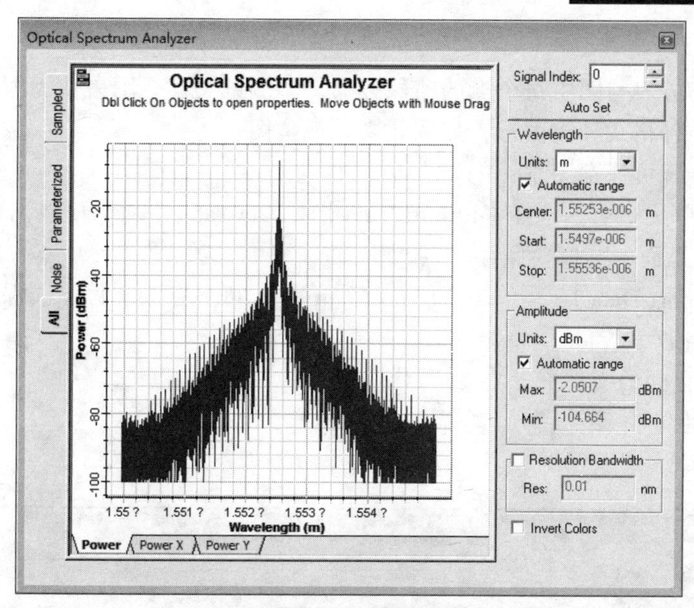

图 3.52 光谱分析仪

7. 光时域分析仪

可以使用光时域分析仪来观察信号在时域中的图形，步骤如下：

① 双击【Optical Time Domain Visualizer】，将会出现光时域分析仪对话框。

② 在时域中，OptiSystem 将光信号和噪声的功率谱密度转化为时域中的数字噪声。在图表下面的对话框中选择要查看的相关内容：功率（总的功率）、X 功率（X 极化方向上的功率）、Y 功率（Y 极化方向上的功率）。

注：当选择 X 或 Y 方向极化时，也可以选择显示特定极化的信号相位。

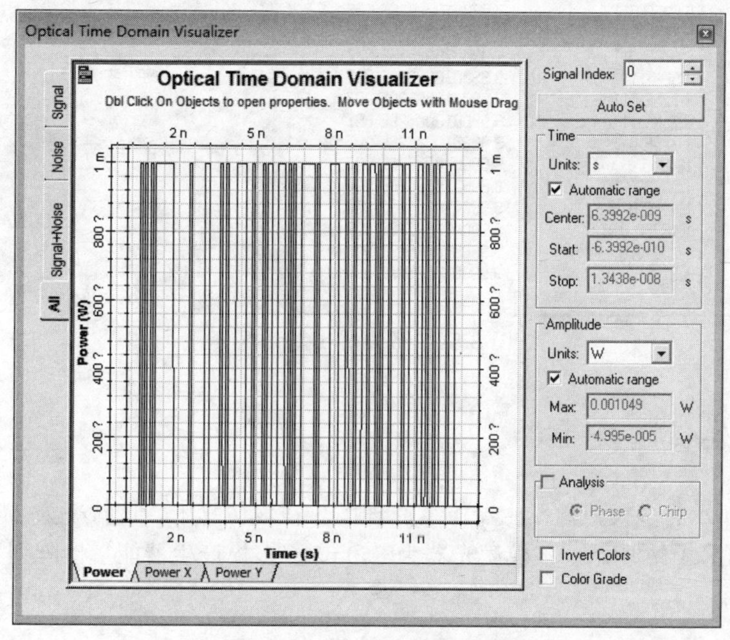

图 3.53 光时域可视化图

8. 保存图表

可以将得到的分表与图中每个点的值保存为一个测试文件。图表作为图形复制到剪贴板上，或以不同的文件格式导出图形，如图元文件或位图。

执行下面的步骤可保存图表：

① 在图表菜单按钮上，选择【Export Data】,【Data Table】对话框将出现。

② 在X值栏里面，选择要保存的点。

③ 选择【Export Data】，并单击【Export Curve】，可另存为文件形式保存数据。数据导出对话框如图3.54所示。

④ 选择要保存到的文件夹。

⑤ 输入文件名，并保存。

⑥ 点击【OK】，即返回图表。

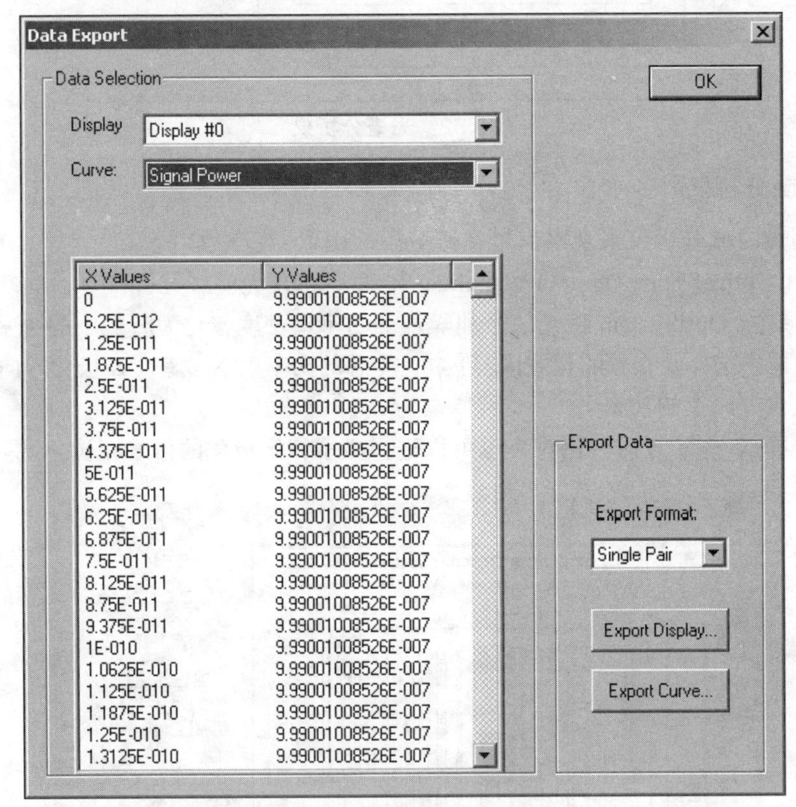

图3.54 数据导出对话框

3.11.3 多模传输发生器

如图3.55所示为多模传输发生器仿真原理图。在该仿真中，比特率为10 Gb/s，序列长度为128 bit，如图3.56所示。多模激光器为850 nm，多模产生器能量比阵列为1，2，3，4，如图3.57所示。

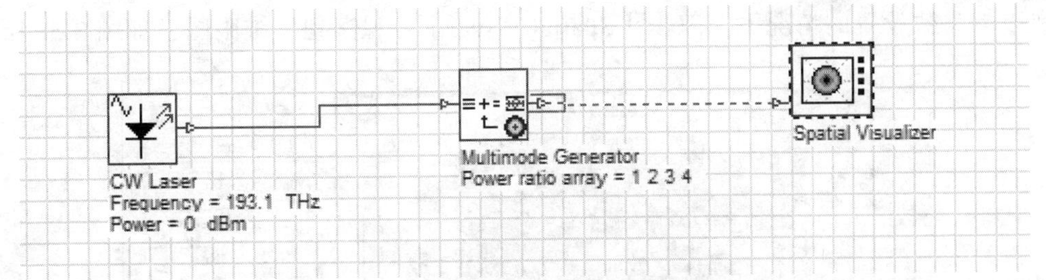

图 3.55 多模传输发生器原理图

Disp	Name	Value	Units	Mode
☑	Frequency	193.1	THz	Normal
☑	Power	0	dBm	Normal
☐	Linewidth	10	MHz	Normal
☐	Initial phase	0	deg	Normal

图 3.56 系统仿真全局参数设置

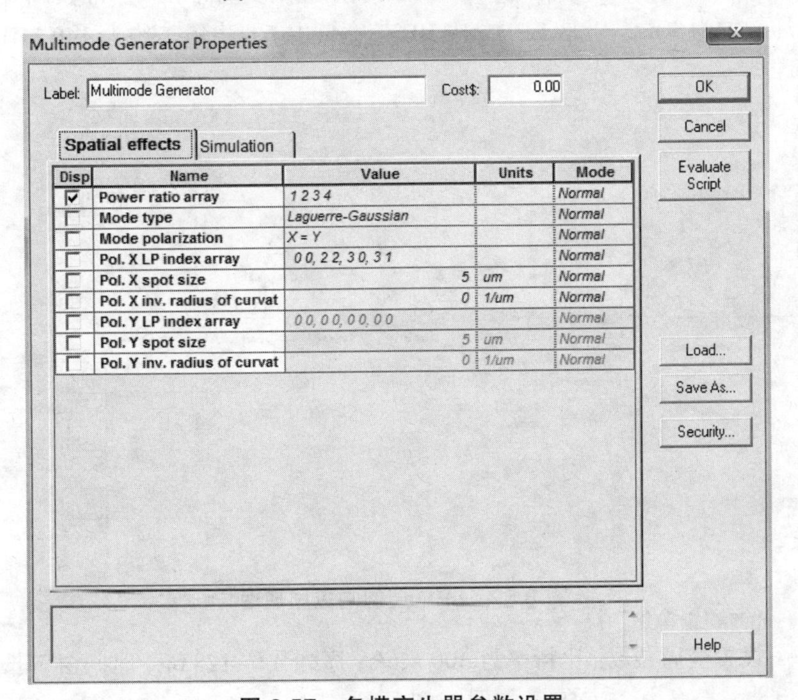

图 3.57 多模产生器参数设置

在以上参数设置的情况下，双击【Spatial Visual】可观察到三维眼图，如图 3.58 所示。

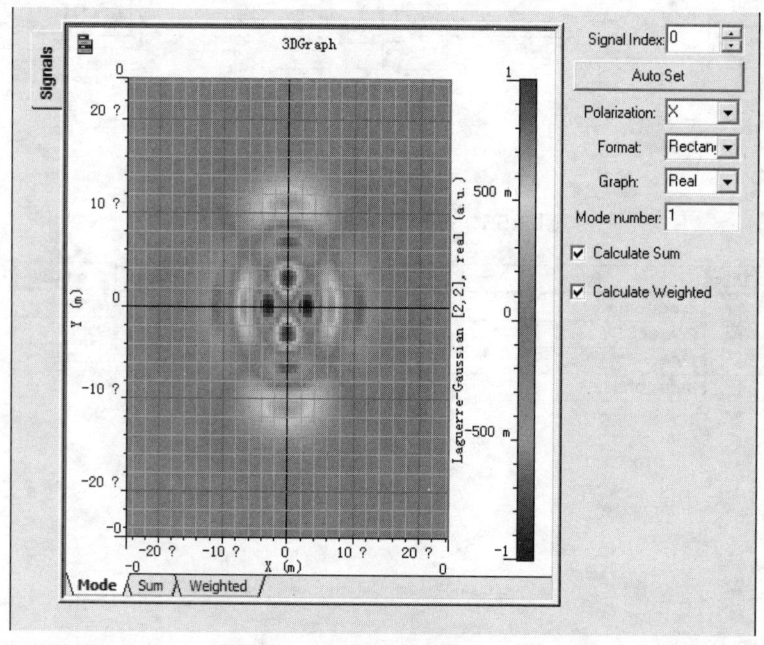

图 3.58　多模传输的 3D 图像

3.11.4　LED 的调制响应

LED 调制原理图如图 3.59 所示。LED 的调制响应主要与τ_n和 RC 常数τ_{RC}有关，在仿真中，τ_n和τ_{RC}均设置为 1 ns，于是 LED 的 3 dB 带宽可由f_{3dB}表示，约为 140 MHz。

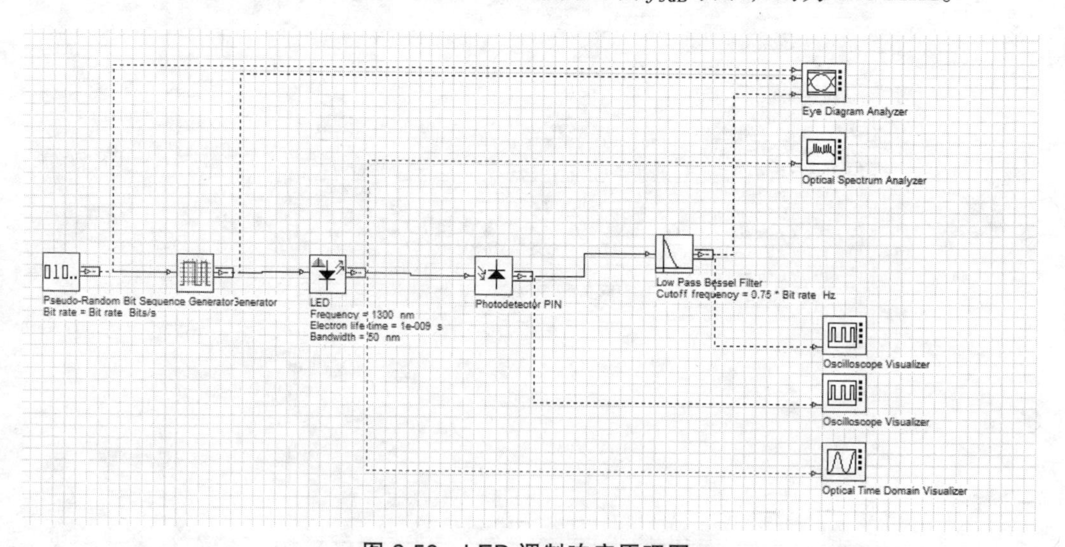

图 3.59　LED 调制响应原理图

在仿真中，设置全局参数：比特率为 300 Mb/s，序列数位 128 bit，时间窗口长度为 430 ns，采样为 256 /bit，采样率为 76 GHz，如图 3.60 所示。

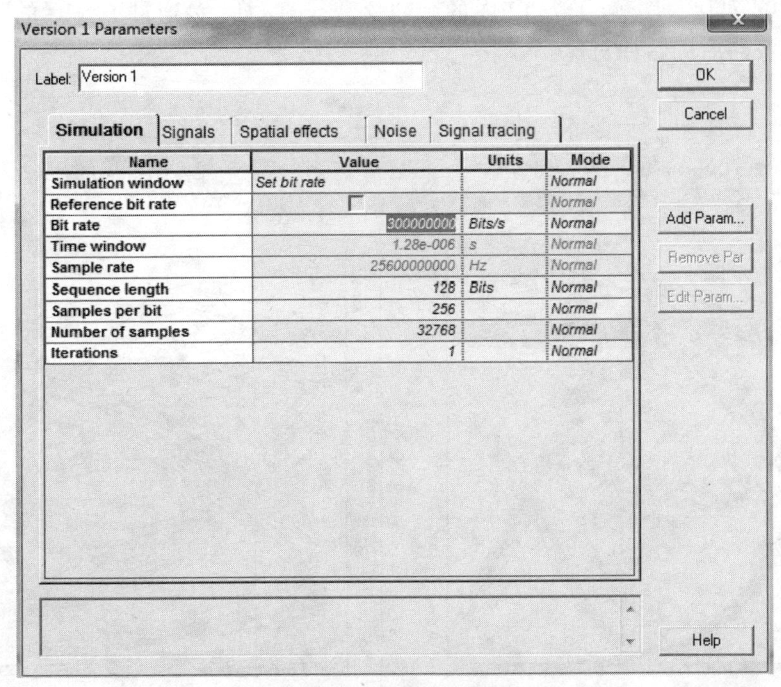

图 3.60 全局参数设置

如图 3.61 所示，将其比特率设置为 100 Mb/s 和 400 Mb/s，然后观察调制响应结果。其

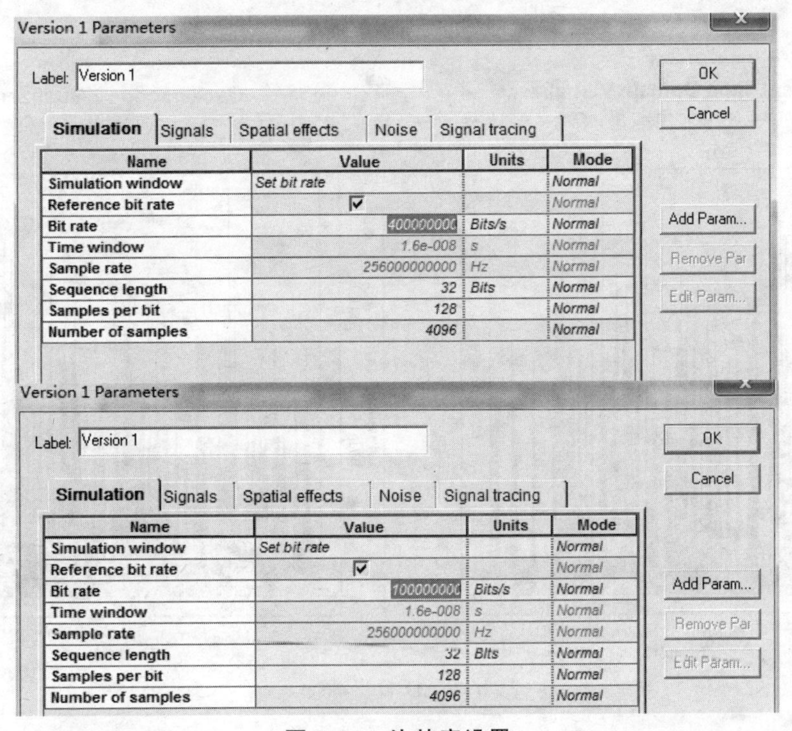

图 3.61 比特率设置

结果如图 3.62 所示，图（a）为眼图的对比，左边为 100 Mb/s，右边为 400 Mb/s；图（b）为 LED 输出脉冲的对比；图（c）为 LED 的脉冲频谱；图（d）为通过 PIN 后的脉冲对比；图（e）为通过滤波器后的脉冲对比。

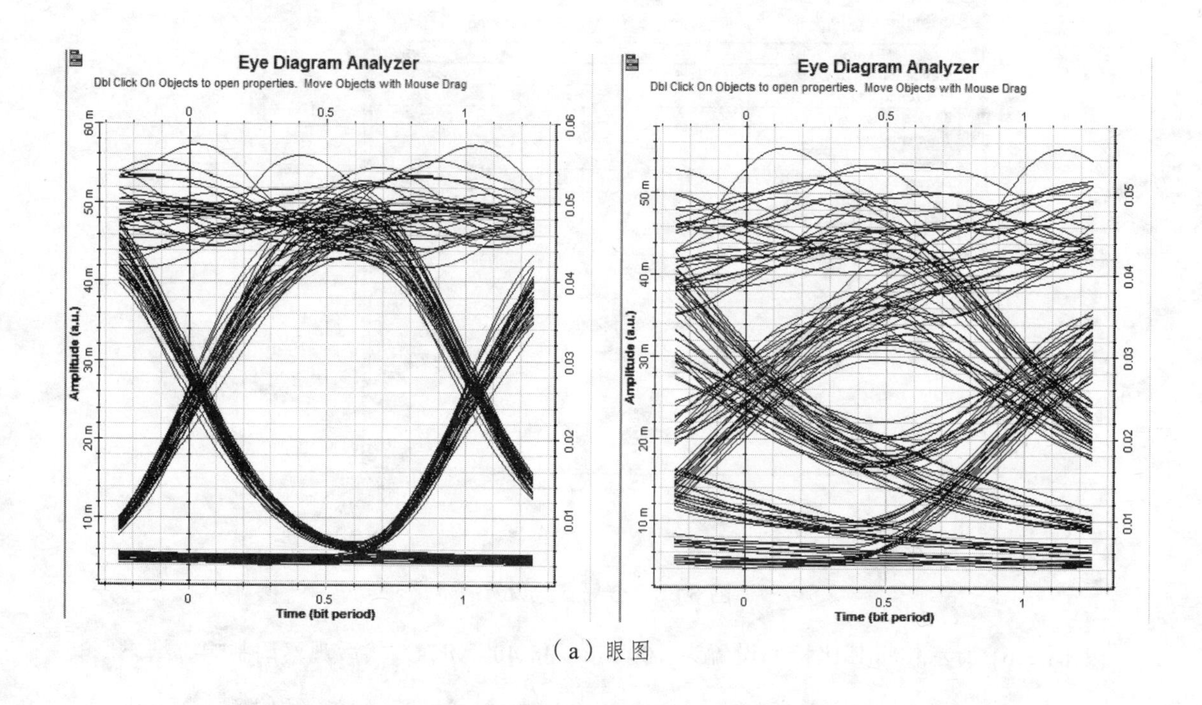

（a）眼图

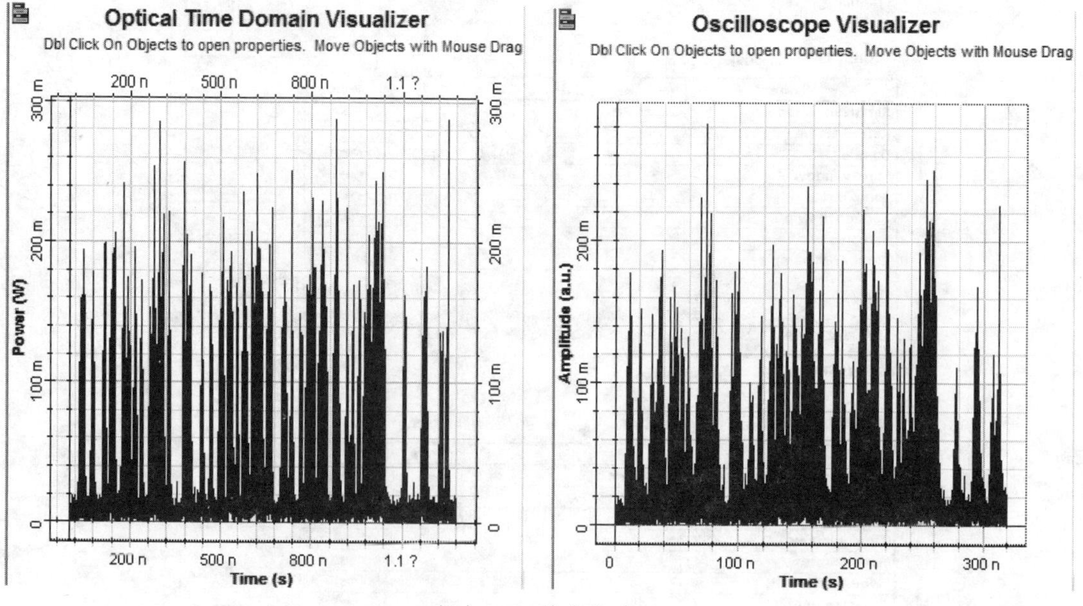

（b）LED 输出脉冲

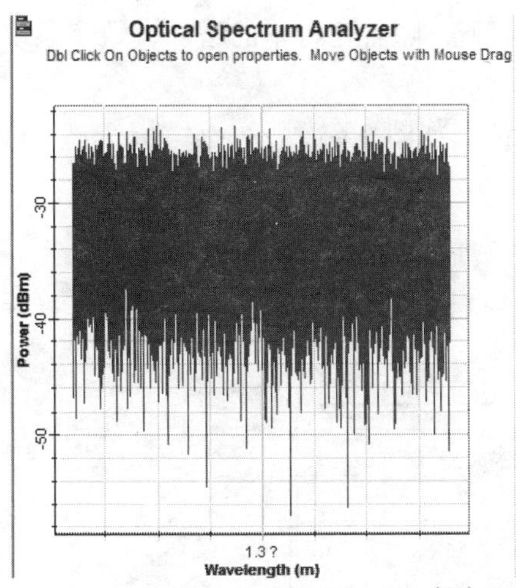

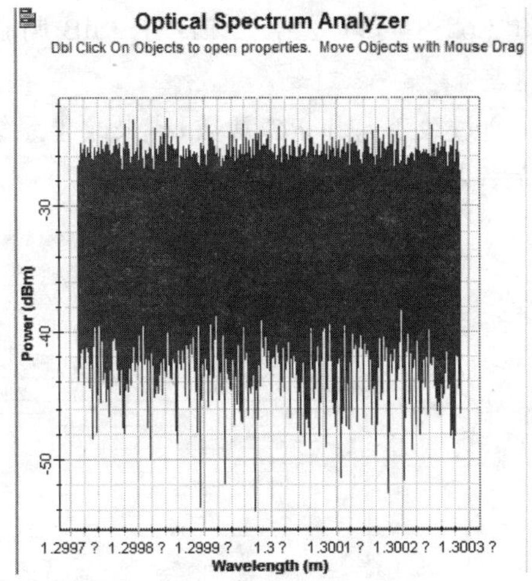

（c）LED 脉冲频谱

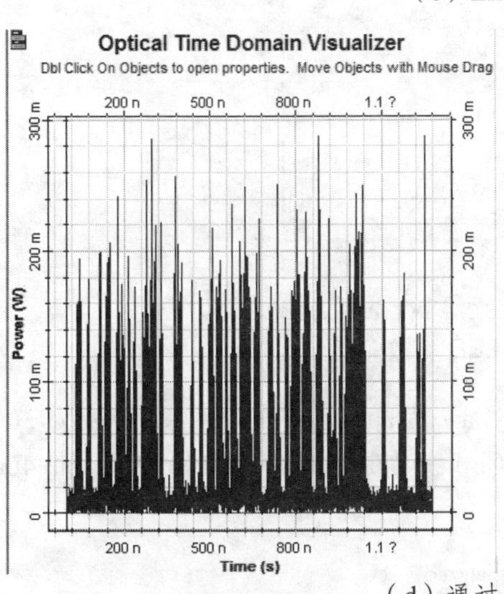

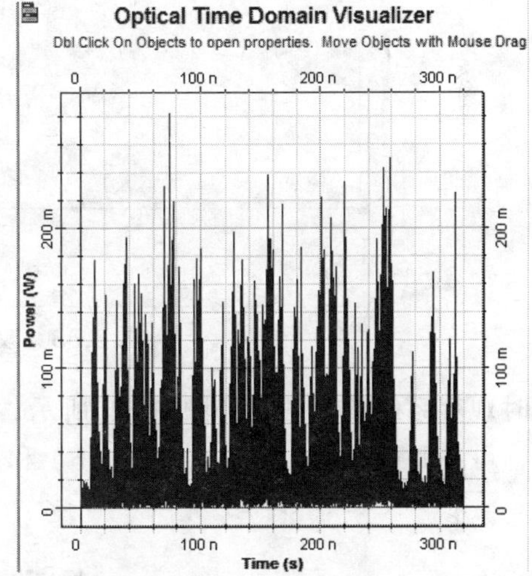

（d）通过 PIN 后的脉冲

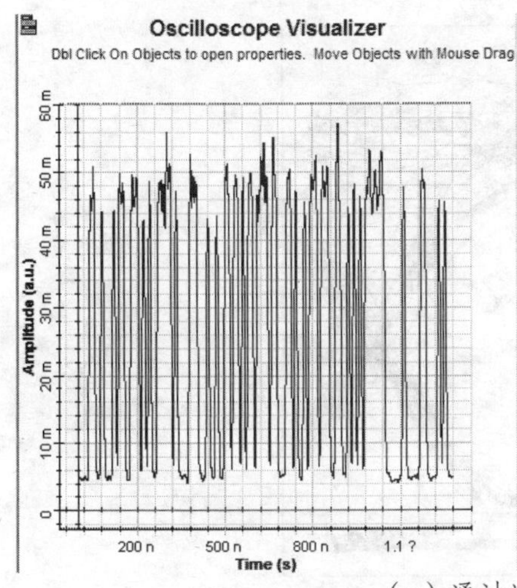

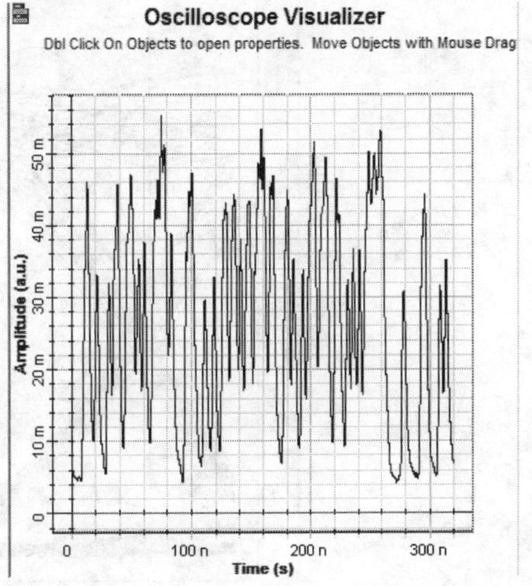

（e）通过滤波器后的脉冲

图 3.62 仿真结果对比

从图 3.62 中可以看出，LED 在 3 dB 调制带宽下，随着比特率的增加，数字系统的性能会越来越差。

下面通过改善τ_n和 RC 常数τ_{RC}来改善系统性能，如图 3.63 所示，设置$\tau_n = \tau_{RC} = 0.5$ ns，设置比特率为 300 Mb/s。

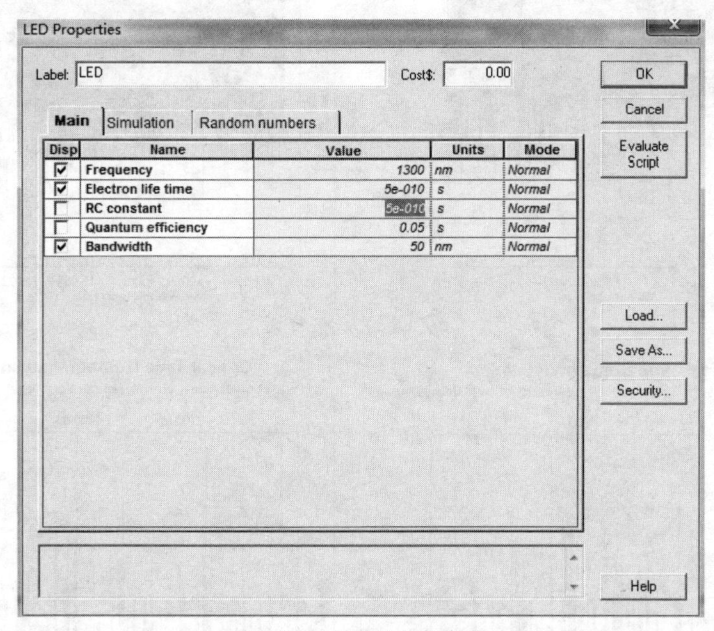

图 3.63 改变 LED 参数

此时观察系统的眼图，如图 3.64 所示，图（a）为$\tau_n = \tau_{RC} = 0.5$ ns，比特率为 300 Mb/s 的眼图，可见眼图性能大大改善。图（b）和图（c）分别是比特率为 100 Mb/s 和 400 Mb/s 的眼图。

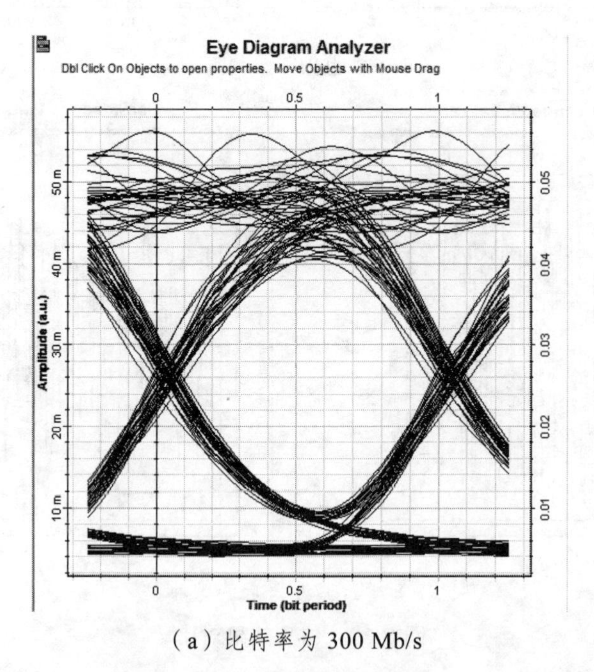

（a）比特率为 300 Mb/s

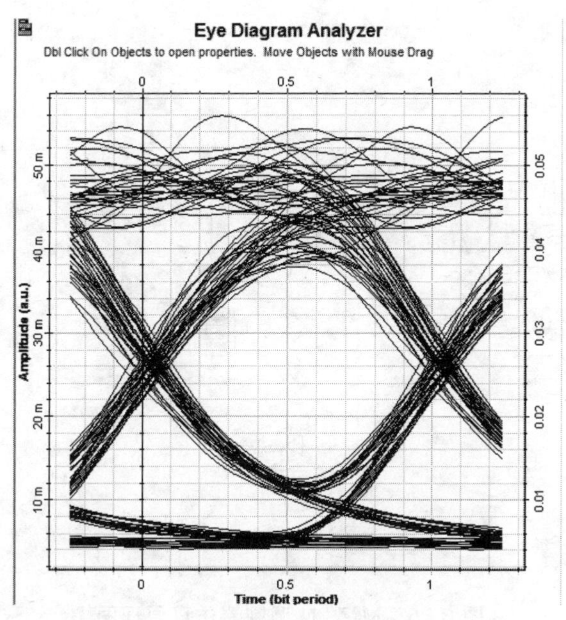

（b）比特率为 100 Mb/s

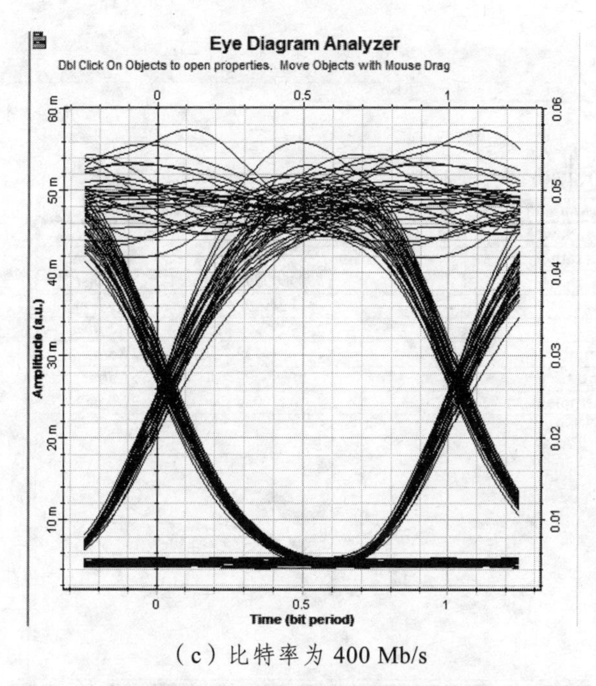

（c）比特率为 400 Mb/s

图 3.64 LED 调制后眼图对比

3.12 使用 OptiSystem 进行 M-Z LN 调制仿真

M-Z LN 调制器仿真原理如图 3.65 所示。设置全局参数：比特率为 10 Gb/s，序列长度为 8 bit，如图 3.66 所示。

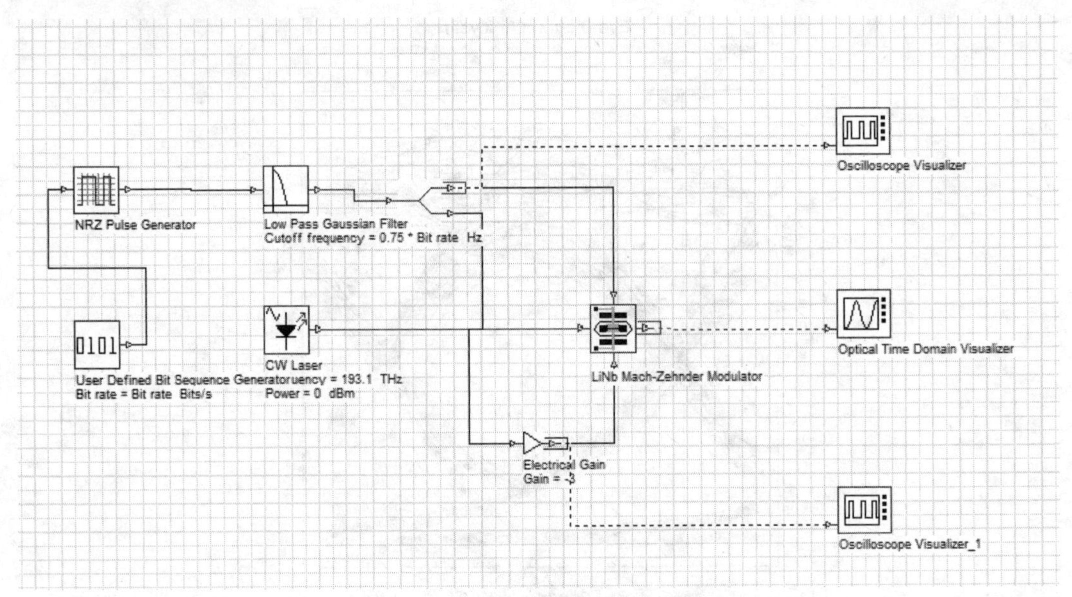

图 3.65　M-Z LN 调制器仿真原理图

Layout 1 Parameters

Label: Layout 1

Simulation | Signals | Spatial effects | Noise | Signal tracing

Name	Value	Units	Mode
Simulation window	Set bit rate		Normal
Reference bit rate	☑		Normal
Bit rate	10000000000	Bits/s	Normal
Time window	3.2e-009	s	Normal
Sample rate	320000000000	Hz	Normal
Sequence length	32	Bits	Normal
Samples per bit	32		Normal
Number of samples	1024		Normal

OK
Cancel
Add Param...
Remove Par
Edit Param...
Help

图 3.66　全局参数设置

如图 3.67 所示为激光器参数设置，如图 3.68 所示为低通滤波器参数设置，如图 3.69 所示为增益器参数设置。

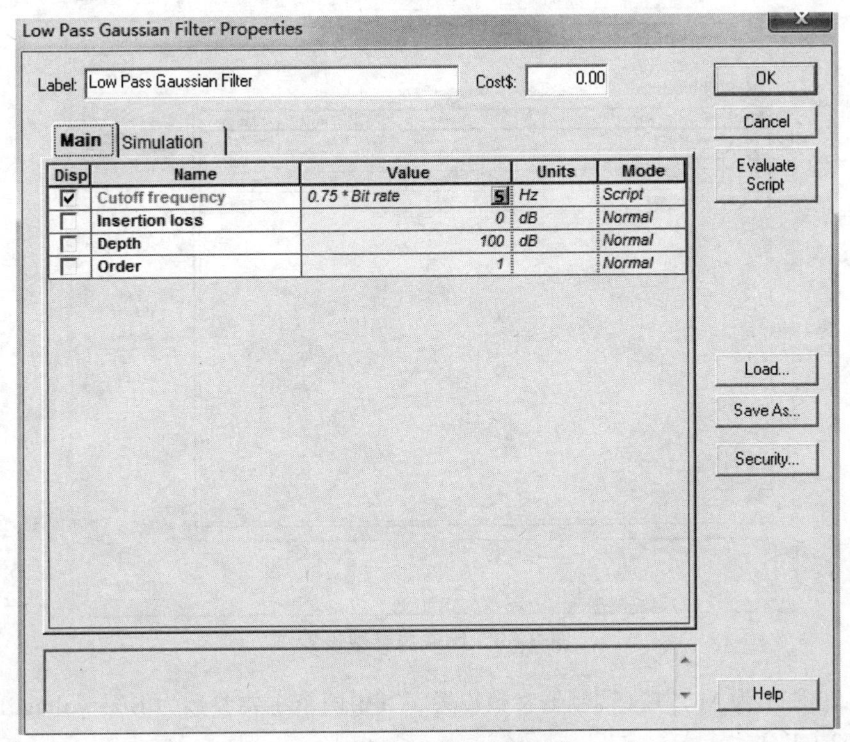

图 3.67 激光器参数设置

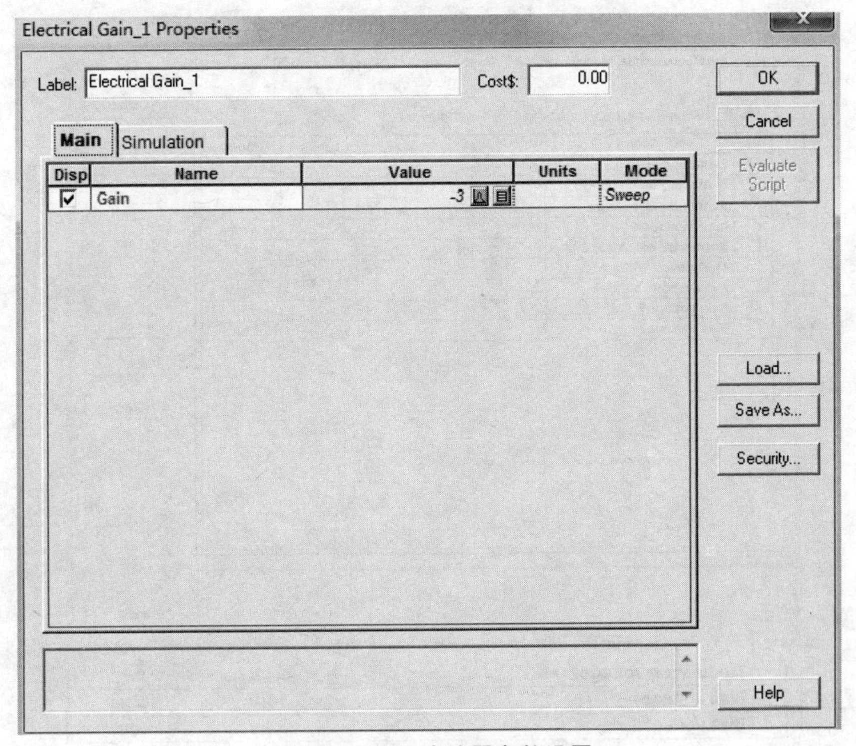

图 3.68 低通滤波器参数设置

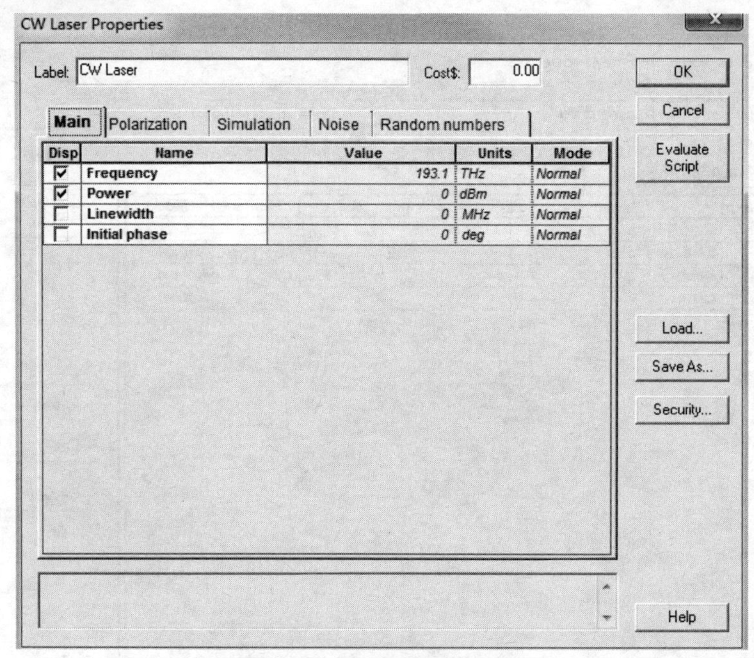

图 3.69　增益器参数设置

如图 3.70 所示为 M-Z LN 调制器参数设置，其中两个主要参数为 Bias voltage1（V_1）和 Bias voltage2（V_2）。

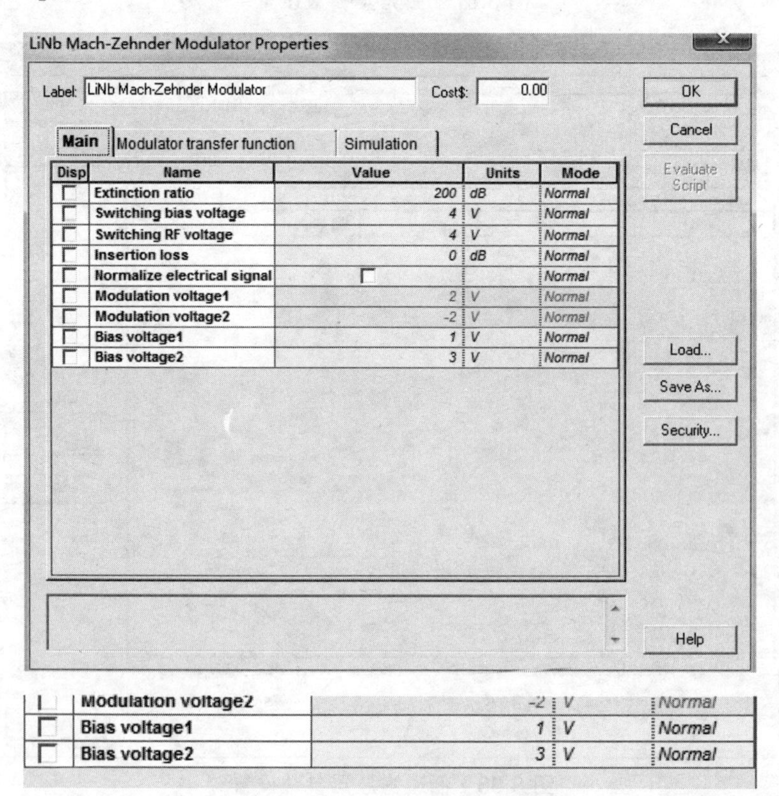

图 3.70　M-Z LN 调制器参数设置

当设置 $V_1 = V_2 = 2$ V 时，两个输入端的电信号如图 3.71 所示。

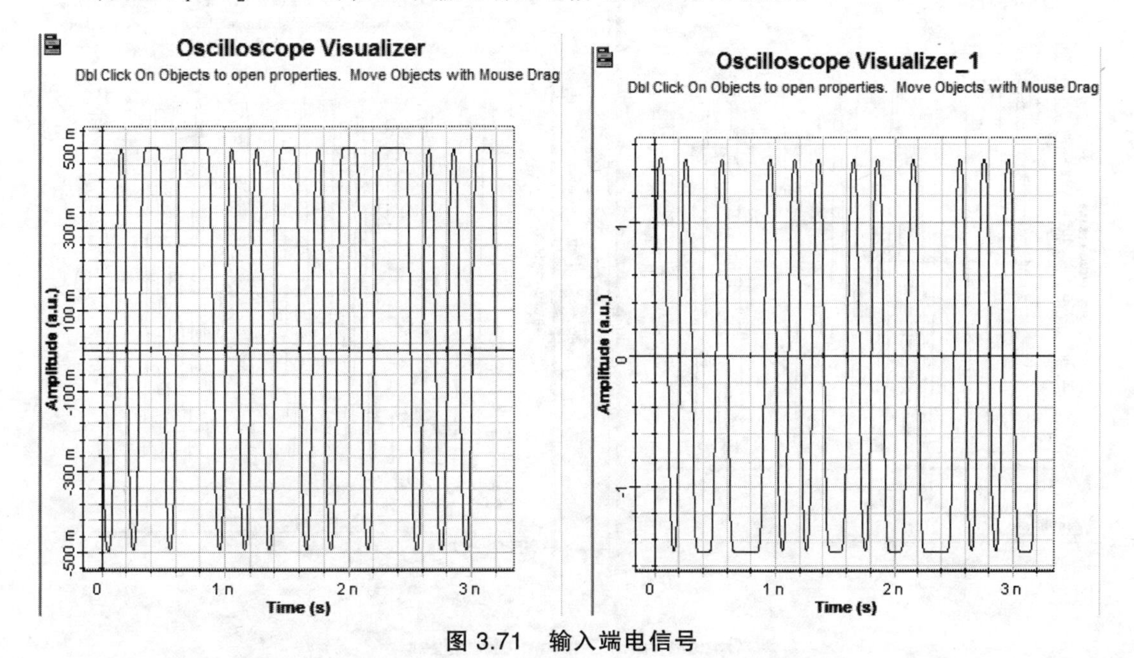

图 3.71 输入端电信号

调制器输出端光信号如图 3.72 所示。从图中可以看出啁啾的频率约为 100 Hz。

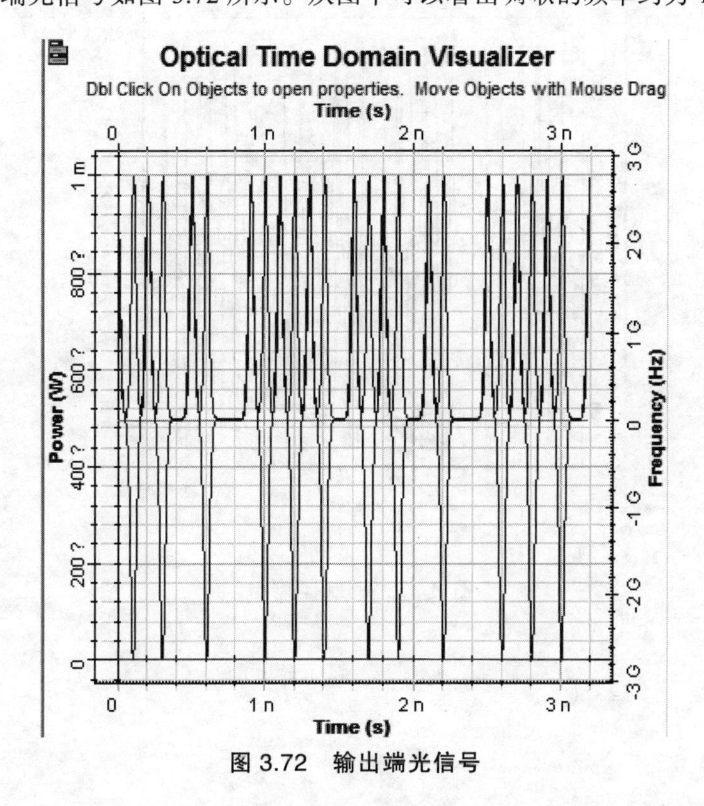

图 3.72 输出端光信号

如图 3.73 所示为 $V_1 = 3$ V，$V_2 = 1$ V 时的结果，图（a）为两个输入的电信号，图（b）为调制输出。

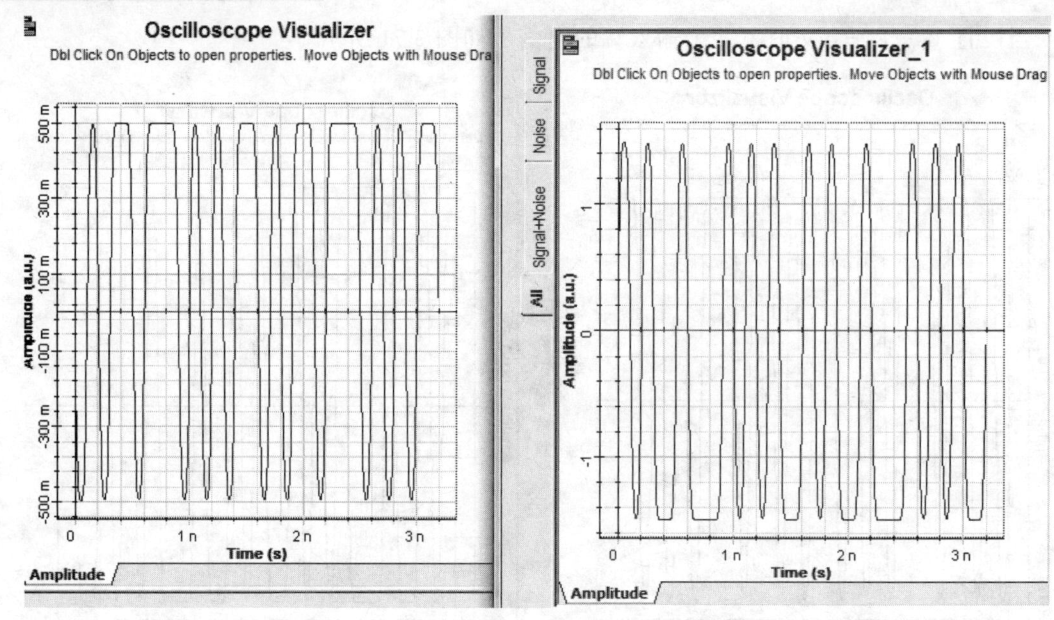

（a）输入电信号

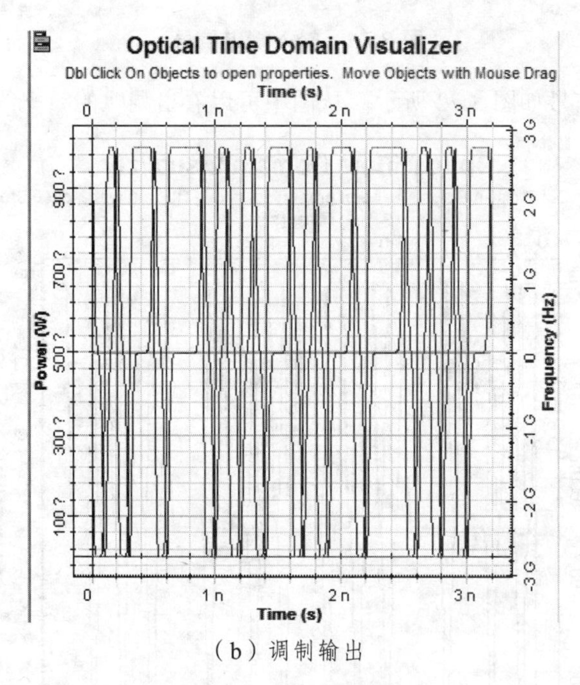

（b）调制输出

图 3.73　调制器输出

光接收机原理与仿真

【学习目标】

☆ 掌握光接收机的基本结构

☆ 了解光接收机的性能指标

☆ 掌握前置放大电路的特点及其噪声分析

☆ 掌握光接收机灵敏度的分析

☆ 了解影响光接收机灵敏度的主要因素

☆ 掌握光接收机 OptiSystem 仿真

4.1 光接收机的基本结构

4.1.1 光接收机的分类

① 模拟光接收机：适合于有线光纤 CATV 系统，接收的是模拟信号，如图 4.1 所示。

② 数字光接收机：适合于通信系统，采用数字信号通信，如图 4.2 所示。

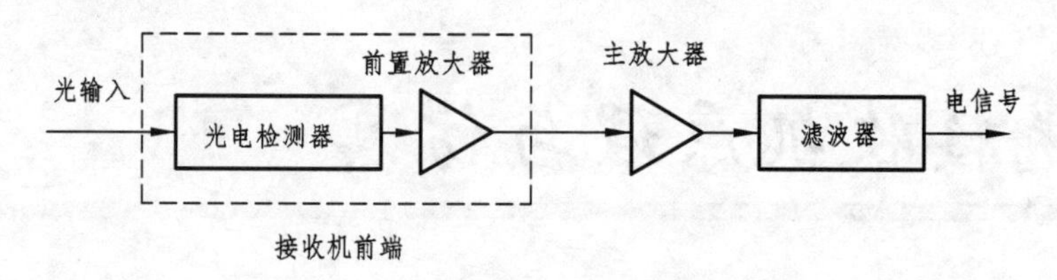

图 4.1 模拟光接收机示意图

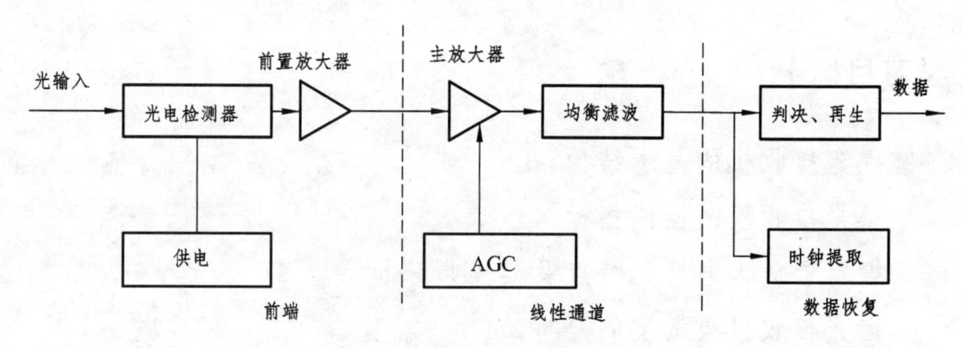

图 4.2 数字光接收机示意图

4.1.2 检测方式

① 相干检测：将接收到的光信号与一个本地激光振荡器的参考信号进行混频，再被光电检测器变换成中频电信号，类似于无线接收机。

② 非相干检测：直接功率检测方式，通过光电二极管直接将接收的光信号恢复成基带调制信号，需要有同步采样时钟。

4.1.3 数字光接收机

数字光接收机由以下几个部分组成。

① 光电检测器：实现光信号转换成电信号。

② 前置放大器：对光电检测器产生的微弱光电流信号进行放大。由于前端的噪声对整个放大器的输出噪声影响很大，因此，前置放大器必须是低噪声和高带宽的，其输出一般是 mV 量级。在接收机的设计中，最重要的就是前置放大器，因为它可以尽量减少热噪声、散粒噪声的引入。

③ 主放大器：提供足够的增益，将输入信号调理到判决电路所需要的电平值，一般峰值达到伏特水平。

④ 自动增益控制（AGC）电路：根据输出信号的幅度自动控制主放大器的增益，使得输出信号的幅度在一定范围内不受输入信号幅度的影响，从而提高动态响应范围。

⑤ 均衡滤波器：对主放大输出的失真数字脉冲进行时域和频域的补偿，保证判决时不存在码间干扰，以得到最小的误码率。

⑥ 判决器：在时钟同步的条件下，对信号进行抽样、判决和再生。

⑦ 时钟恢复电路：从信号码流中提取准确的时钟信息作为基准时钟，用以精确地确定判决时刻，以保证与发送端抽样点一致。一般时钟恢复采用锁相环电路。

一般在发射端进行了线路编码或扰乱，而在接收端同样有对应线路译码或解扰的电路。

从研究和设计角度看，光接收机的研究内容为：接收机前端，研究光检测器和前置放大器，研究重点是测量原理和噪声的关系；线性通道，研究主放大器信号调理、均衡滤波器信号补偿及自动增益控制信号恒定，研究重点是模拟电路控制；判决、再生，研究判决器、译码器和时钟恢复电路，研究重点是数字电路、通信技术和锁相环电路。

在光接收机的理论中，其中心问题是如何降低输入端的噪声，提高接收灵敏度。灵敏度主要取决于检测器和放大器引入的噪声。噪声的分析和灵敏度的计算是研究的重点。

4.2 光接收机的性能指标

4.2.1 光接收机主要的性能指标

光接收机主要通过衡量功率来确定其性能。

（1）误码率（BER）：

这些噪声经过接收机转换为光电流噪声，叠加在接收机前端的信号上，降低接收机正确接收微弱信号的能力。一般国际电信联盟远程通信标准化组织（ITU-T）规定，在码型为伪随机二进制码元（PRBS，$2^{23}-1$）时，光同步传输系统（SDH）的误码率要求达到10^{-9}，而密集波分复用系统（DWDM）的误码率要求达到10^{-12}。

（2）灵敏度：

$$S_{\mathrm{r}}=10\lg\left(\frac{P_{\min}(\mathrm{W})}{10^{-3}}\right)(\mathrm{dBm})\bigg|_{\mathrm{Condition=Ber}} \tag{4.2.1}$$

（3）动态范围：

$$\begin{aligned}D(\mathrm{dB})&=10\lg\left(\frac{P_{\max}}{P_{\min}}\right)\bigg|_{\mathrm{Condition=Ber}}\\&=P_{\max}(\mathrm{dBm})\big|_{\mathrm{Condition=Ber}}-P_{\min}(\mathrm{dBm})\big|_{\mathrm{Condition=Ber}}\end{aligned} \tag{4.2.2}$$

4.2.2 光接收二极管的主要性能指标

光接收二极管的主要性能指标是用于衡量光接收机物理和电子学的参量。

1. 光电二极管的波长响应（光谱特性）

（1）响应波长的上限（频率下限）。

在光电二极管中，入射光的吸收伴随着导带和价带之间的电子跃迁。光电效应必须满足条件：

$$h\nu > E_g, \quad \lambda < \frac{hc}{E_g} \tag{4.2.3}$$

一般的响应范围为 Si：0.5 ~ 1 μm，Ge：1 ~ 1.6 μm。

（2）响应波长的下限（频率上限）。

当入射光波长太短时，光子的吸收系数很强，使大量入射光子在 PN 结的表面层被吸收，但中性区中产生的“电子-空穴”对在扩散进入耗尽区之前很容易再被复合掉，使光电转换效率大大下降，从而决定了响应波长的下限。

2. 光电转换效率

一般使用量子效率和响应度来衡量光电转换效率。

（1）光生电流。

设光接收二极管表面的反射率是r，入射光功率为p_0，零电场表面层的厚度为w_1，表面层的光电吸收系数为α_1，耗尽区的厚度为w，耗尽区的吸收系数为α，则光生电流I_p可以表示为

$$I_p = \frac{e_0}{h\nu}(1-r)p_0\exp(-\alpha_1 w_1)[1-\exp(-\alpha w)] \tag{4.2.4}$$

（2）量子效率η。

入射光子能够转换成光电流的概率，即光生“电子-空穴”对和入射的光子数的比值为

$$\eta = \frac{I_p / e_0}{p_0 / h\nu} = (1-r)\exp(-\alpha_1 w_1)[1-\exp(-\alpha w)] \tag{4.2.5}$$

3. 响应度 *R*

$$R = \frac{I_p}{p_0} = \frac{\eta e_0}{h\nu} \quad (\mu\text{A}/\mu\text{W}) \tag{4.2.6}$$

4.2.3 光电转换的时间和速度响应

光电转换的时间和速度响应用以衡量光电传输网络的时域和频域特性的参数。

响应时间分为上升时间和下降时间。光生电流脉冲从前沿幅度的 10% 上升到 90%、后沿从 90% 下降到 10% 的时间定义为脉冲上升时间和下降时间。

影响响应时间和速度的因素主要有：光电二极管和其负载电阻的 RC 时间常数，载流子在耗尽区里的渡越时间，耗尽区外产生的载流子由于扩散而产生的时间延迟。

一般对于光电二极管的等效电路可以表示为一个理想的光电二极管并联一个结电容 C_d 和串联一个耗尽区电阻 R_s，然后通过放大电路的负载转换为电压，因此并联一个负载电阻 R_L。在设计中还要考虑放大器的电容。

4.2.4 光电二极管的暗电流

暗电流是指无光照时光电二极管的反向电流，表示为 I_d。暗电流的随机起伏会形成暗电流噪声。一般硅材料 $I_d \leqslant 1\,\text{nA}$，锗材料 $I_d \leqslant 100\,\text{nA}$，而 InGaAs 的暗电流噪声为皮安（pA）水平。光通信中使用最普遍的接收器为 PIN 光电二极管。

4.2.5 雪崩光电二极管 APD 的特性

1. APD 的平均雪崩增益

雪崩倍增过程是一个非常复杂的随机过程，满足统计学规律，求解对于大量的多途径多次倍增的随机统计过程是非常困难的。一般使用平均雪崩增益（倍增因子）G_{APD} 来表示雪崩光电二极管 APD 的倍增大小（一般为 40 ~ 100）

$$G_{APD} = \frac{I_M}{I_p} = \frac{1}{\left[1 - \frac{(V - IR_s)}{V_B}\right]^m} \tag{4.2.7}$$

式中，m 为平均培增次数；I_M 为 APD 输出光电流；I_p 为 APD 输入光电流，与光电二极管一样；V 为 APD 反向工作电压；I 为 APD 的内部平均电流/单位光强；V_B 为 APD 反向击穿电压。

为了获得高的倍增增益，需要较高的反向偏压，一般情况下非常接近 APD 的反向击穿电压。

2. APD 的平均雪崩增益与偏压和温度

APD 的雪崩增益随偏压变化的非线性变化十分明显。为了获得高的增益，要求在接近击穿电压下工作，而击穿电压是温度的函数，当温度低时，反向击穿电压低；当温度高时，反向击穿电压高。因此，温度变化时雪崩增益也会发生较大的变化。为了稳定雪崩增益，要求在使用中，APD 有一个随着温度变化的偏压补偿电路，用来矫正非线性的偏压。

3. APD 的过剩噪声

雪崩倍增过程是一个复杂的随机过程，引入随机噪声。使用 APD 的过剩噪声系数来描述。

$$(i_M)^2 = (I_M + \Delta i_M)^2 = I_M^2 + 2I_M \Delta i_M + (\Delta i_M)^2 \tag{4.2.8}$$

$$E(i_M)^2 = I_M^2 + E(\Delta i_M)^2 \tag{4.2.9}$$

$$\sigma^2 = E\xi^2 - E^2\xi, \quad E\xi^2 = E^2\xi + \sigma^2 \tag{4.2.10}$$

$$E\xi^2 = E(i_M)^2,\quad E^2\xi = I_M^2,\quad \sigma^2 = E(\Delta i_M)^2 \tag{4.2.11}$$

$$F(G_{APD}) = \frac{E(i_M)^2}{I_M^2} = \frac{\dfrac{E(i_M)^2}{I_p}}{\left(\dfrac{I_M}{I_p}\right)^2} = \frac{\langle g^2\rangle}{G_{APD}^2} = \frac{E\left(\dfrac{I_M}{I_p}\right)^2 + E\left[\left(\dfrac{\Delta i_M}{I_p}\right)^2\right]}{\left(\dfrac{I_M}{I_p}\right)^2}$$

$$= \frac{\langle g\rangle^2 + \langle \Delta g\rangle^2}{\langle g\rangle^2} = \frac{G_{APD}^2 + \sigma_{APD}^2/I_p^2}{G_{APD}^2} = 1 + \frac{\sigma_{APD}^2/I_p^2}{G_{APD}^2} = G_{APD}^x \tag{4.2.12}$$

$$\langle g^2\rangle = F(G_{APD})\cdot G_{APD}^2 \tag{4.2.13}$$

式中，符号〈 〉表示平均值计算符；倍增的随机增益 g 是每个初始的“电子-空穴”对生成的二次“电子-空穴”对的随机倍数，包括初始“电子-空穴”对本身；G_{APD} 是平均雪崩增益；$F(G_{APD})$ 是由于雪崩效应的随机性引起的过剩噪声 σ_{APD}^2 的一种描述方式，体现了信号增益与噪声增益的比例关系。在工程上，为简化计算，常用过剩噪声指数 x 来表示过剩噪声系数。

在光接收机灵敏度要求较高的场合，采用 APD 比采用 PIN 光电接收管附加外部前置放大器具有更好的性能，有利于延长系统的传输距离。在灵敏度要求不高的场合，一般采用 PIN 光电检测器。

4.3 前置放大电路的特点及其噪声

从光电检测器出来的电信号是很微弱的，必须得到前置放大。尽管放大器的增益可以做得足够大，但在微弱信号被放大的同时，噪声也被放大了，当接收信号太弱时，可能会被噪声所淹没。为了改善光接收机的噪声特性，应该考虑输入信噪比、放大器引入的噪声以及带宽对信号的影响，然后选择放大倍数和带宽，进而确定信号调理的放大倍数和带宽，使放大过程中尽可能少地引入噪声。由于光电接收器件都是以光电流形式输出的，所以在设计前置放大器时，一般都是采用跨阻放大器，实现电流到电压的变换，并为了尽量缩短连线，一般集成在接收器内部。放大器的噪声主要来源于放大器内部的电阻和有源器件。所以，放大器的噪声与电路结构和所用的有源器件有关。不管前置放大器的具体结构如何，从低噪声角度出发，第一级采用共射极是比较好的。

放大器的输出噪声主要由前置放大级所决定，这是因为对于一个多级放大器，在输入信号被各级放大的同时，输入端的噪声也以同样的倍数被放大。尽管各级放大器中的任何电阻和有源器件也会引入附加噪声，但只要放大器第一级的增益很大，以后各级引入的噪声就可以忽略。因此，在分析中把所有的噪声源都等效到输入端，对放大器的噪声进行控制和优化，关键在于前置放大器。

4.3.1 放大器输入端的噪声源分布

放大器的噪声包括电阻的热噪声及有源器件的散粒噪声。这些噪声源都是由无限多个统计独立的不规则电子的运动所产生，服从正态分布的。放大器噪声电压或电流的概率密度函数可以表示为高斯函数：

$$f(x_n)=\frac{1}{\sqrt{2\pi}\sigma_n}\exp\left[-\frac{x_n^2}{2\sigma_n^2}\right] \tag{4.3.1}$$

均值为零的高斯噪声的 σ_n^2 实际上就代表噪声电压或噪声电流均方根值，即 1 欧姆电阻上的噪声功率。对于概率密度为高斯函数的各个热电阻和散粒随机噪声源，它们之和的概率密度仍是高斯函数，而且总噪声的方差等于各个噪声源的方差之和。

4.3.2 放大器电路及噪声

对于前置放大器，图 4.3 所示是几种常见的电路，其等效电路如图 4.4 所示，它可划分为三部分。

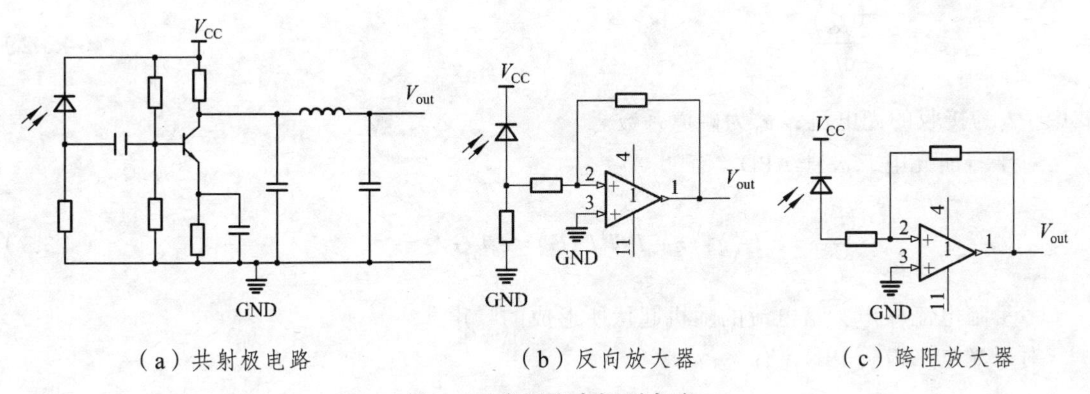

图 4.3 常见光电探测电路

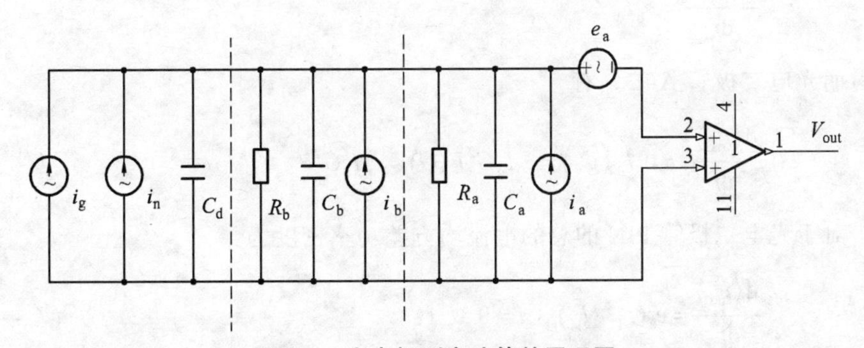

图 4.4 光电探测电路等效原理图

（1）光电检测器。

$i_g(t)$——光电流信号；$i_n(t)$——光电接收器的散粒噪声电流源；C_d——光电接收器的结电容。

（2）偏置电路。

R_b——偏置电阻；C_b——偏置电路的杂散电容；$i_b(t)$——偏置电阻的并联热噪声电流源，

也可用 $v_b(t)$（偏置电阻的串联热噪声电压源）表示。

（3）放大器。

R_a——放大器的输入电阻；C_a——输入电容；$i_a(t)$——三极管或运放的并联噪声电流源；$v_a(t)$——三极管或运放的串联噪声电压源。

4.3.3 噪声源

1. 光检测器的噪声

光检测器的噪声是半导体的电子和空穴复合产生的散粒噪声和暗电流噪声，一般用噪声电流源 $i_n(t)$ 表示。

（1）散粒噪声：光电转换和碰撞电离过程中的随机起伏，导致输出光电流的随机起伏引起的噪声。

对于光电二极管 PIN，有

$$\frac{\mathrm{d}\left\langle i_{\mathrm{ds}}^2\right\rangle}{\mathrm{d}f}=e_0 I_{\mathrm{s}} \tag{4.3.2}$$

式中，I_s 为接收的光电流；e_0 为碰撞系数。

对于雪崩光电二极管 APD，有

$$\frac{\mathrm{d}\left\langle i_{\mathrm{ds}}^2\right\rangle}{\mathrm{d}f}=e_0 I_{\mathrm{s}}\left\langle g^2\right\rangle=e_0 I_{\mathrm{s}} G^2 F(G)\approx e_0 I_{\mathrm{s}} G^{2+x} \tag{4.3.3}$$

（2）暗电流噪声：暗电流的随机起伏所形成的噪声。

对于光电二极管 PIN，有

$$\frac{\mathrm{d}\left\langle i_{\mathrm{dark}}^2\right\rangle}{\mathrm{d}f}=e_0 I_{\mathrm{d}} \tag{4.3.4}$$

对于雪崩光电二极管 APD，有

$$\frac{\mathrm{d}\left\langle i_{\mathrm{dark}}^2\right\rangle}{\mathrm{d}f}=e_0 I_{\mathrm{d}}\left\langle g^2\right\rangle=e_0 I_{\mathrm{d}} G^2 F(G)\approx e_0 I_{\mathrm{d}} G^{2+x} \tag{4.3.5}$$

所以，对于光电二极管 PIN 的总的电流均方差功率密度为

$$\frac{\mathrm{d}\left\langle i_{\mathrm{nd}}^2\right\rangle}{\mathrm{d}f}=e_0(I_{\mathrm{d}}+I_{si}),\quad i=0\text{ 或 }1 \tag{4.3.6}$$

对于雪崩光电二极管 APD 的总的电流均方差功率密度为

$$\frac{\mathrm{d}\left\langle i_{\mathrm{nd}}^2\right\rangle}{\mathrm{d}f}=e_0(I_{\mathrm{d}}+I_{si})G^{2+x},\quad i=0\text{ 或 }1 \tag{4.3.7}$$

因此，光电检测器的噪声与接收光的光电流 I_s 有关，这是光接收机与电接收机噪声特性的重要区别。

2. 偏置电阻的热噪声

在温度 T 下，电阻导体中的大量电子在热扰动下做不规则的起伏运动，产生电流微弱的起伏噪声，其特点是具有起伏性。起伏噪声的脉宽为 $10^{-13} \sim 10^{-14}$ s，通过随机叠加而形成热噪声，它与电阻值和温度有关。带限宽度为 B 的热噪声有两种等效方式，即噪声电压源和噪声电流源。

$$S_{nv}(\omega)=\frac{\mathrm{d}\left\langle u_{\mathrm{n}}^{2}\right\rangle}{\mathrm{d}f}=4kTR_{\mathrm{b}} \tag{4.3.8}$$

$$\left\langle u_{\mathrm{n}}^{2}\right\rangle=S_{nv}(\omega)\cdot B=4kTBR \tag{4.3.9}$$

式中，k 为玻尔兹曼常数，T 为绝对温度。

噪声也可表示为一个无噪声电阻和一个噪声电流源并联，电流均方差功率谱密度 $S_{ni}(\omega)$ 表示如下：

$$R_{\mathrm{b}}\left\langle i_{\mathrm{n}}^{2}\right\rangle=\frac{\left\langle v_{\mathrm{n}}^{2}\right\rangle}{R_{\mathrm{b}}} \tag{4.3.10}$$

$$\left\langle i_{\mathrm{n}}^{2}\right\rangle=\frac{4kTB}{R_{\mathrm{b}}} \tag{4.3.11}$$

$$S_{ni}(\omega)=\frac{\mathrm{d}\left\langle i_{\mathrm{n}}^{2}\right\rangle}{\mathrm{d}f}=\frac{4kT}{R_{\mathrm{b}}} \tag{4.3.12}$$

无论等效为电压源还是电流源，热噪声都将随温度的升高而加大，同时应根据接收机的放大器特性决定应该采用哪一种等效方式，最终等效的噪声源将参与输入端的激励。

3. 放大器的噪声

将第一级有源器件的各种噪声源等效到输入端，分为两种情况：

- 等效为与输入端并联的基极电流噪声源 $\left\langle i_{\mathrm{na}}^{2}\right\rangle$，使用电流噪声功率谱密度 S_{nia}，应用到三极管基极端或运算放大器的输入端。
- 等效为与输入端串联的基极电压噪声源 $\left\langle v_{\mathrm{na}}^{2}\right\rangle$，使用电压噪声功率谱密度 S_{nva}，应用到三极管的集电极端和运算放大器的输入端。

一般设计前置放大器，使用场效应管和双极结晶体管，它们的噪声机理有所不同。

（1）场效应管的噪声源。

场效应管是电压控制器件，其最大特点是输入阻抗很高，栅漏电流很小，噪声也较小，适合作高阻前置放大器。场效应管的主要噪声源有两个：栅漏电流的散粒噪声和沟道热噪声。

① 散粒噪声：该噪声是由于栅极电流的随机起伏所形成的，在输入端等效为并联电流噪声源，其功率谱密度为

$$S_{\mathrm{I}}=e_0 I_{\mathrm{gate}}$$

② 沟道热噪声：由于沟道的电导在输出回路（漏极回路）中产生一个噪声电流，其功率谱密度为

$$S_{\mathrm{dI}}=\frac{d\left\langle i_{\mathrm{out}}^{2}\right\rangle}{\mathrm{d}f}=4kT\tau g_{\mathrm{m}} \tag{4.3.13}$$

$$S_{\mathrm{E}}=\frac{4kT\tau}{g_{\mathrm{m}}} \tag{4.3.14}$$

式中，g_{m} 是场效应管的跨导；τ 是器件的数值系数。将漏极回路中的这个噪声电流折算到输入端，得到一个等效串联电压噪声源。因此，电导 g_{m} 越大，噪声越小。

一般情况下，场效应管的散粒噪声远小于沟道热噪声。选用跨导大、结电容小的场效应管，可以减小场效应管的前置放大器的噪声。

（2）双极结晶体管的噪声源。

双极结晶体管主要的噪声源有基区的散粒噪声、基区电阻的热噪声和分配噪声。

① 基区的散粒噪声：由注入基区中的载流子的随机涨落所引起，进而使基极电流存在着随机起伏。在输入端，它作为并联电流噪声源，其功率谱密度为

$$S_{\mathrm{bI}}=\frac{\mathrm{d}\left\langle i_{\mathrm{ba}}^{2}\right\rangle}{\mathrm{d}f}=e_{0}I_{\mathrm{b}} \tag{4.3.15}$$

② 基区电阻的热噪声：由晶体管基区的体电阻 R_{bb} 引起的热噪声，在输入端，它作为串联电压噪声源，其功率谱密度为

$$S_{\mathrm{be1}}=\frac{d\left\langle e_{\mathrm{be1}}^{2}\right\rangle}{\mathrm{d}f}=4kTR_{\mathrm{bb}} \tag{4.3.16}$$

③ 分配噪声：由基区中载流子复合速率的起伏所引起。发射极电流注入基区以后，一部分载流子越过基区被集电极吸收，形成集电极电流；还有一部分载流子在基区复合成为基极电流。复合是存在随机涨落的，结果造成 I_{b} 和 I_{c} 的分配比例发生变化。分配噪声存在于集电极电流回路里，其功率谱密度为

$$S_{\mathrm{cI}}=\frac{\mathrm{d}\left\langle i_{\mathrm{c}}^{2}\right\rangle}{\mathrm{d}f}=e_{0}I_{\mathrm{c}} \tag{4.3.17}$$

$$S_{\mathrm{bE2}}=\frac{d\left\langle e_{\mathrm{a2}}^{2}\right\rangle}{\mathrm{d}f}=\frac{e_{0}I_{\mathrm{c}}}{g_{\mathrm{m}}^{2}} \tag{4.3.18}$$

将集电极回路中的电流噪声源等效到输入端，可等效为一个串联电压噪声源。

4.3.4 放大器输出噪声均方差电压的计算

1. 计算步骤

放大器输出噪声电压的均方差可以通过以下步骤来计算。

① 对输入端并联电流源，用输入端各噪声源的功率谱密度乘以放大器的传递函数的平方（功率增益因子），就可以得到输出端的功率谱密度：

$$P_{\xi_0}(\omega)=\left|H(\omega)\right|^2 P_{\xi_i}(\omega)=\left|\frac{v_0(\omega)}{i_{\mathrm{i}}(\omega)}\right|^2 P_{\xi_i}(\omega)=\left|Z_{\mathrm{T}}(\omega)\right|^2 P_{\xi_i}(\omega) \tag{4.3.19}$$

② 对输入端串联电压源，先将其功率谱密度乘以输入导纳的平方，转换为电流源，再乘以放大器的传递函数，就可以得到输出端的功率谱密度。

③ 输出端功率谱密度对带限内的频率 ω 积分，就可以得到输出端噪声电压的方差（噪声功率）。

④ 由于放大器各个噪声源的概率分布函数服从高斯概率分布，所以输出端的总噪声电压方差 σ_{n}^2 等于各噪声源方差 σ_{ni}^2 之和。

2. 计算过程

放大器输出噪声电压的均方值可以表示为

$$\begin{aligned}S_{\mathrm{no}}(\omega)&=\left|H(\omega)\right|^2\left(S_{\mathrm{photon}}(\omega)+S_{\mathrm{RI}}(\omega)+S_{\mathrm{I}}(\omega)+\frac{S_{\mathrm{E}}(\omega)}{Z_{\mathrm{in}}^2}\right)\\&=\left|Z_{\mathrm{T}}(\omega)\right|^2\left\{e_0(I_{\mathrm{d}}+I_{\mathrm{si}})G^{2+x}+\frac{2kT}{R_{\mathrm{b}}}+S_{\mathrm{I}}(\omega)+S_{\mathrm{E}}(\omega)\left(\frac{1}{R_{\mathrm{t}}^2}+\omega^2C_{\mathrm{t}}^2\right)\right\}\end{aligned} \tag{4.3.20}$$

式中，$R_{\mathrm{t}}=R_{\mathrm{b}}//R_{\mathrm{a}}$；$C_{\mathrm{t}}=C_{\mathrm{d}}+C_{\mathrm{s}}+C_{\mathrm{a}}$；$Z_{\mathrm{T}}(\omega)$ 是放大器、均衡滤波器的传递函数，它表示输入电流与输出电压之间的传递关系，称为转移阻抗或跨阻。放大器输出噪声的功率（均方差值）为

$$\begin{aligned}\left\langle v_{\mathrm{na}}^2\right\rangle=&\left(e_0(I_{\mathrm{d}}+I_{\mathrm{si}})G^{2+x}+\frac{2kT}{R_{\mathrm{b}}}+S_{\mathrm{I}}\right)\cdot\\&\int_{-\infty}^{+\infty}\left|Z_{\mathrm{T}}(\omega)\right|^2\frac{\mathrm{d}\omega}{2\pi}+S_{\mathrm{E}}\int_{-\infty}^{+\infty}\left|Z_{\mathrm{T}}(\omega)\right|^2\left(\frac{1}{R_{\mathrm{t}}^2}+\omega^2C_{\mathrm{t}}^2\right)\frac{\mathrm{d}\omega}{2\pi}\end{aligned} \tag{4.3.21}$$

在光电检测过程中，偏置电阻 R_{b} 越大，电阻的热噪声越小；输入电阻 R_{t} 越大、输入电容 C_{t} 越小，串联电压噪声源对总噪声的影响越小；放大器的输入电流噪声是一定的；检测到的信号强弱影响噪声变化，信号越大，对噪声的影响越大；对于光电二极管 PIN 的倍增增益 $G=1$。

4.3.5 前置放大器的设计

输入端偏置电阻越大，放大器的输入电阻越高，输出端噪声就越小。然而，输入电阻的加大，会使输入端 RC 时间常数加大，放大器的高频特性变差。因此，根据系统的要求适当地选择前置放大器的形式，使之能兼顾噪声和频带两个方面的要求。一般前置放大器有 3 种类型，分别是低阻型、高阻型和跨阻型前置放大器。

（1）低阻型前置放大器。

设计原则：按照频带的要求，选择适当的偏置电阻，满足：$R_t \leqslant \dfrac{1}{2\pi BC_t}$。

特点：线路简单，接收机不需要均衡，前置级的动态范围较大，但电路的噪声较大。

（2）高阻型前置放大器。

设计原则：按照噪声要求，尽量加大偏置电阻，把噪声减小到尽可能小的值。

特点：静态偏置电阻和输入电阻大，静态工作点 Q 在伏安特性 V-I 曲线的底部，动态范围小；当比特速率较高时，在输入端信号的高频分量损失太多，对均衡电路要求很高，所以一般在码速率较低的系统中使用。

（3）跨阻型前置放大器。

跨阻型前置放大器是电压并联负反馈放大器。它实质是一个性能优良的电流-电压转换器，具有低噪声、高灵敏度和宽频带的特点。光纤通信中一般采用跨阻放大器作为前置放大器。

4.4 光接收机灵敏度的分析

在数字光纤通信系统中，接收端的光信号经检测、放大、均衡后，进行抽样、判决和再生，引起错误的概率来源于三个方面。一是信噪比问题，随机的产生错误。它可能来源于发射机的噪声、光纤中的噪声、接收机的噪声。二是光脉冲的展宽引起的码元串扰，它的误码与码元结构有关。它可能是光纤色散引起的码元畸变，使相邻码元之间发生串扰，或接收机的带宽不够引起码元拖尾，从而引起码元串扰。三是码元的稳定性，也就是时钟的抖动和漂移。码元的抖动可以理解为一方面是抖动使相邻码元靠拢，引起码间串扰，另一方面可以理解为抖动是抽样点偏离最佳抽样位置，从而相对提高了阈值门限，从而使判“0”和“1”的概率变化，导致误码。

一般光接收灵敏度计算可以划分为光电检测过程的统计分布和灵敏度的精确计算过程。光电接收器分为光电效应和雪崩倍增两个阶段。光电效应是一个随机过程，即使入射光功率是恒定的，光生电流也是无规则涨落的，这种涨落反映出微观世界的量子起伏，光生电子-空穴对的概率密度函数服从泊松分布。而雪崩倍增过程的统计性质比较复杂，每一次雪崩具有一定的概率，为了研究它的宏观特性，一般使用倍增增益 G 表示，而引入的噪声使用剩余噪声系数 $F(G)$ 表示。由于计算过程非常复杂，一般采用近似方法计算。

4.5 影响光接收机灵敏度的主要因素

4.5.1 灵敏度与比特速率的关系

随着比特速率的提高，放大器和均衡滤波器的带宽增加，噪声等效带宽随之增加，放大器和光电检测器的噪声影响加剧，灵敏度会下降。对比特速率较高的系统，接收机灵敏度与比特速率的关系大致为：对于光电二极管 PIN，比特率加倍频程，灵敏度大约下降 4.5 dB；

而对于雪崩光电二极管 APD 时，比特率加倍频程，灵敏度大约下降 3.5 dB。由此可以看出，对于高速信号采用 APD 比 PIN 更为有效。

4.5.2 灵敏度与输入波形的关系

对于不同宽度、不同形状的光脉冲输入光电检测器时，经过均衡滤波电路后输出的都是具有升余弦频谱结构的波形。因此，接收机所需要的输入带宽是由输入波形的脉宽所决定的。输入脉冲宽度越窄，它的频谱越宽，而输出波形的频谱宽度是由传输速率决定的。因此，输入脉冲越窄，谱宽越宽，速率越小，使得谱宽抑制比越大，对高频噪声的抑制能力越强，从而信噪比越高，灵敏度越高。由此可见，在高速光纤通信中，发送 RZ 码的接收机的灵敏度比 NRZ 码要高。

4.5.3 灵敏度与消光比的关系

消光比是发射机中由运行电流和调制电流所决定的重要参数，它体现在三个方面。第一方面光发射脉冲的时间性，由于“0”码直接影响光脉冲延时，从而造成与抽样时钟造成偏差，产生误码，所以为了克服脉冲延时，需要一个“0”码的预偏置光能量；第二方面，由于噪声的均方差值 σ_n，决定了“1”码和“0”码的扩展范围必须大于噪声的均方差值 σ_n，由此决定了消光比的大小；第三方面，激光器从自发辐射到受激辐射转变过程中，是一个由噪声转信号的过程，需要一个跨越噪声门限的受激辐射光功率，由此决定了“0”码的光功率值不能太低。

4.5.4 灵敏度与激光器和光纤系统的关系

激光器和光纤系统的噪声主要有：激光器的量子噪声、多模传输途径不同的模式分配噪声、多模光纤干涉图样的模式噪声、单模光纤的极化噪声、光纤端面的反射噪声，它们将叠加到光电接收机，使灵敏度下降。

4.5.5 灵敏度与放大器噪声的关系

（1）对于光电二极管 PIN 或光电雪崩二极管 APD 作为检测器，放大器的热噪声都是影响接收机灵敏度的重要因素。

（2）当采用光电二极管 PIN 作为检测器时，散粒噪声一般可以忽略，放大器噪声是影响接收机灵敏度的主要因素。

（3）当采用光电雪崩二极管 APD 作为检测器时，APD 的过剩噪声是影响接收机灵敏度的重要因素，放大器噪声对灵敏度的影响相对较小。

4.6 光接收机 OptiSystem 仿真

4.6.1 调制格式

如何将电信号转换为比特流是光通信系统设计的首要问题，有两种调制格式：

- 归零波形（RZ）；
- 非归零波形（NRZ）。

可以通过仿真对两种调制格式进行比较。

（1）仿真原理图如图 4.5 所示。伪随机码序列产生后进入两个通道，上面通道进行非归零（NRZ）波形调制，下面通道进行归零（RZ）波形调制，通过虚拟示波器和频谱分析仪观察两种调制格式的调制结果。

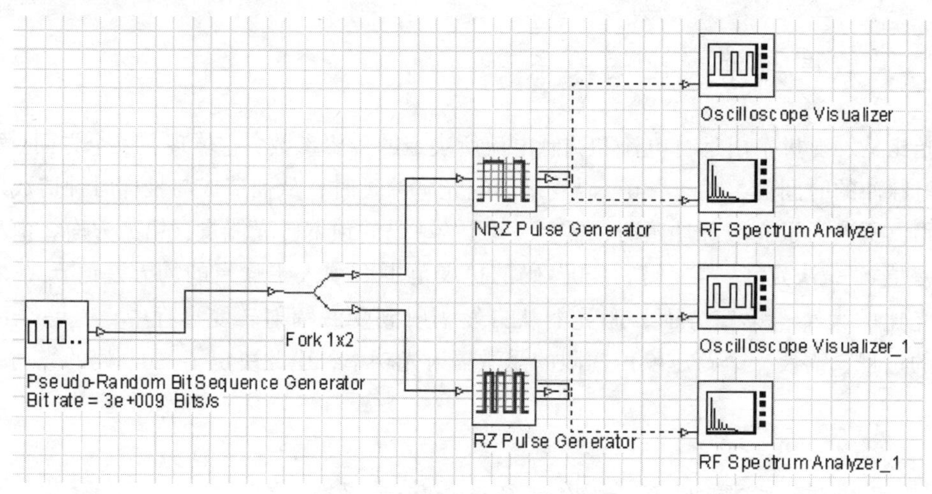

图 4.5 调制格式仿真原理图

（2）主要仿真参数。

主要仿真参数的设定如图 4.6 ~ 4.8 所示。

Pseudo-Random Bit Sequence Generator Properties

Label: Pseudo-Random Bit Sequence Generator　Cost$: 0.00

OK　Cancel　Evaluate Script

Main　Simulation　Random numbers

Disp	Name	Value	Units	Mode
☑	Bit rate	3e+009	Bits/s	Script
☐	Operation mode	Order		Normal
☐	Order	log(Sequence length)/log(2		Script
☐	Mark probability	0.5		Normal
☐	Number of leading zeros	(Time window * 3 / 100) * B		Script
☐	Number of trailing zeros	(Time window * 3 / 100) * B		Script

图 4.6 伪随机比特序列仿真参数

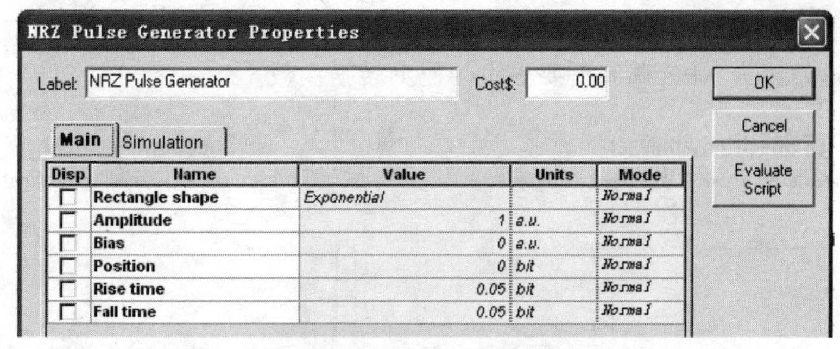

NRZ Pulse Generator Properties

Label: NRZ Pulse Generator　Cost$: 0.00　OK　Cancel　Evaluate Script

Main | Simulation

Disp	Name	Value	Units	Mode
☐	Rectangle shape	Exponential		Normal
☐	Amplitude	1	a.u.	Normal
☐	Bias	0	a.u.	Normal
☐	Position	0	bit	Normal
☐	Rise time	0.05	bit	Normal
☐	Fall time	0.05	bit	Normal

图 4.7　NRZ 脉冲产生参数

RZ Pulse Generator Properties

Label: RZ Pulse Generator　Cost$: 0.00　OK　Cancel　Evaluate Script

Main | Simulation

Disp	Name	Value	Units	Mode
☐	Rectangle shape	Exponential		Normal
☐	Amplitude	1	a.u.	Normal
☐	Bias	0	a.u.	Normal
☐	Duty cycle	0.5	bit	Normal
☐	Position	0	bit	Normal
☐	Rise time	0.05	bit	Normal
☐	Fall time	0.05	bit	Normal

图 4.8　RZ 脉冲产生参数

（3）仿真结果及分析。

如图 4.9（a）所示为 NRZ 波形，在整个比特周期内脉冲保持，并且其幅度在两个或多个连“1”之间不会降到零。如图 4.9（b）所示为 RZ 波形，表示比特“1”的每一个脉冲都比一个比特周期短，并且其幅度在比特周期结束之前回到零位。可见，对于 NRZ 调制，脉冲宽度随比特流的形式而变化，但在 RZ 调制中，脉冲宽度始终保持一致。

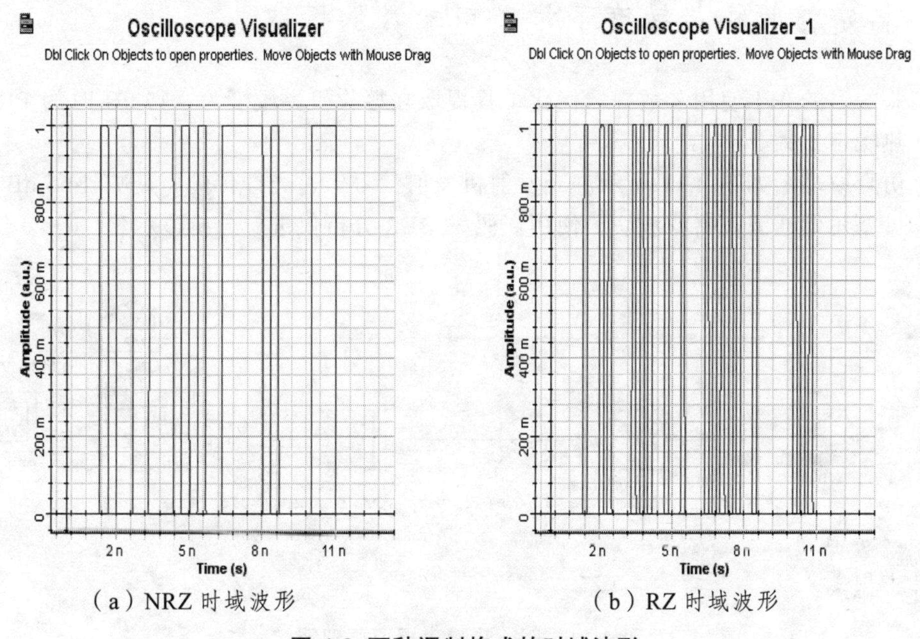

（a）NRZ 时域波形　　　　（b）RZ 时域波形

图 4.9　两种调制格式的时域波形

如图 4.10 所示，NRZ 调制较 RZ 调制的一个优势是，其与比特流相关的带宽大约是 RZ 调制的两倍，这是因为 NRZ 调制需要更少的码型转换次数。

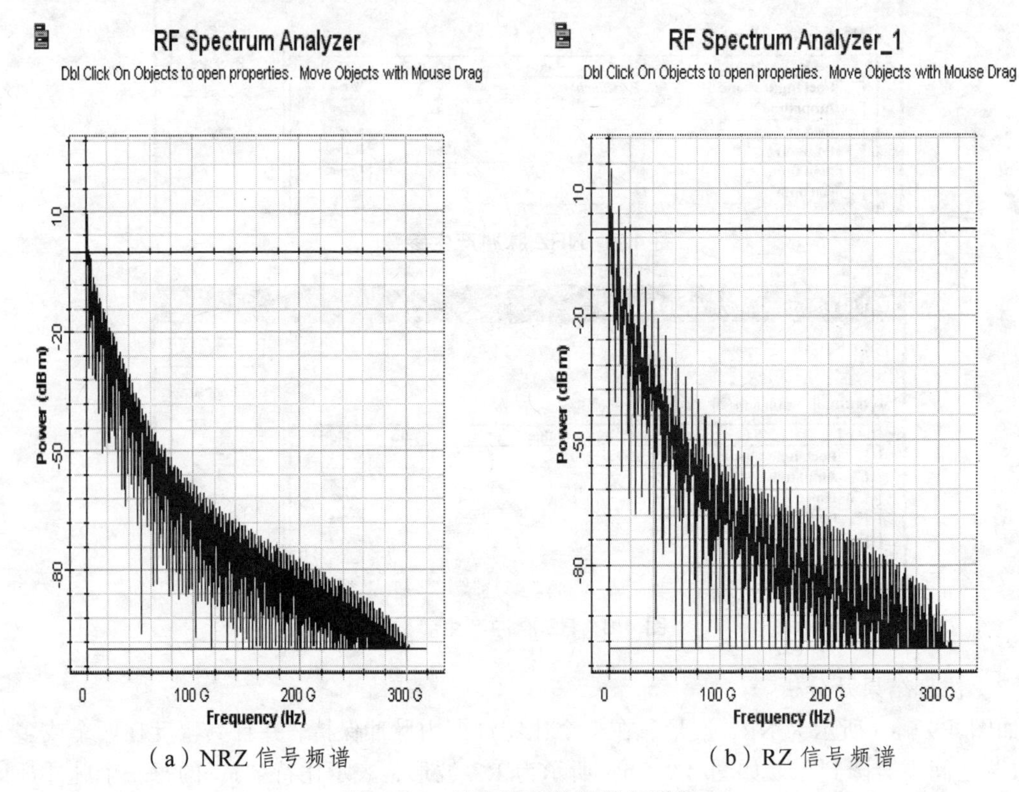

（a）NRZ 信号频谱　　（b）RZ 信号频谱

图 4.10　两种调制信号的频谱图

4.6.2　特定接收机灵敏度下热噪声参数的提取

本实验的目的在于使用参数提取优化工具提取在接收机灵敏度为 – 17 dB 时的 PIN 光电二极管的热噪声参数。

（1）仿真原理图如图 4.11 所示。光发射机发射信号经过光纤传输，衰减 14.5 dB，然后经过一个贝塞尔低通滤波器滤波后，使用误码率 BER 分析仪进行分析显示。

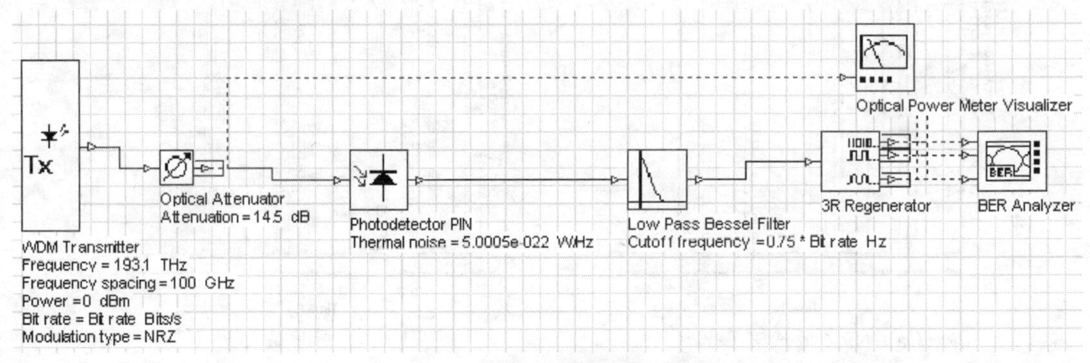

图 4.11　PIN 热噪声提取原理图

（2）仿真参数。

仿真参数设置如图 4.12 和 4.13 所示。

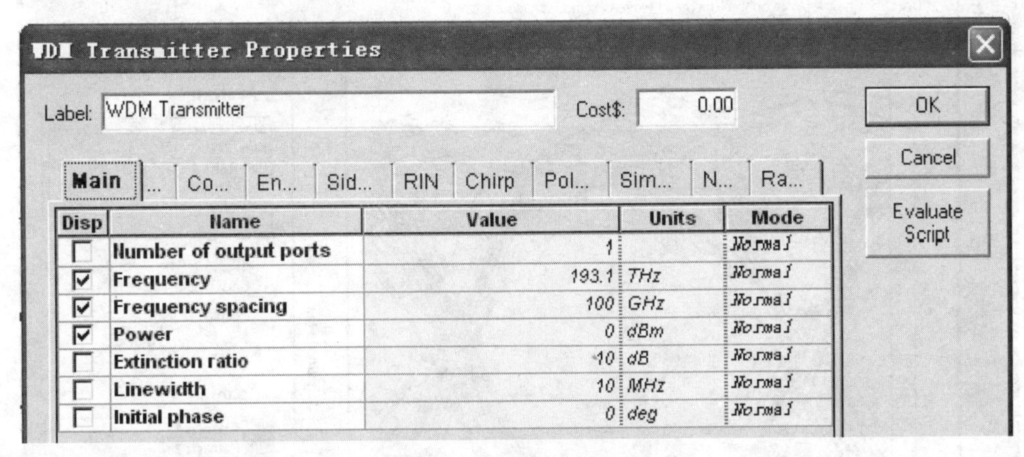

图 4.12　发射机主要参数

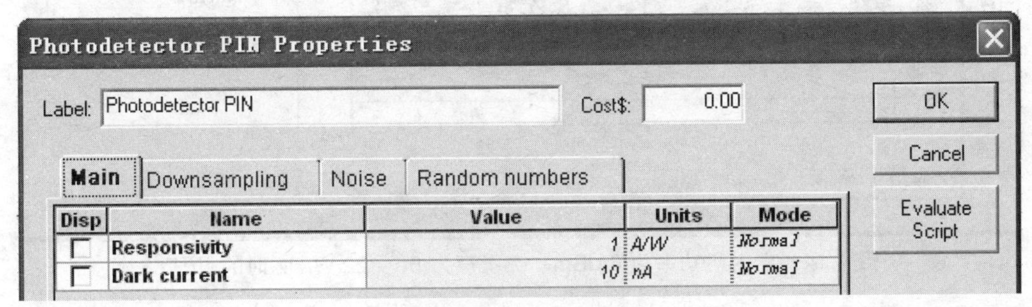

图 4.13　PIN 主要参数

（3）优化步骤。

① 选择菜单“Tools”→“Optimization”选项，打开优化设置对话框；

② 选择类型选项为“Receiver Sensitivity”；

③ 将“Optimization Type”项设置为“Goal Attaining”；

④ 设置“Result Tolerance”的值为 0.6；

⑤ 在“Paramters”一栏，从 PIN 的参数列表中选择热噪声参数“Thermal noise paramter”，并将其添加到可选列表中；

⑥ 分别设置最大值和最小值为：1.0e－25，1.0e－21；

⑦ 在“Result”一栏，从“Results”列表中选择“Max. Q Factor of BER analyzer”，并将其添加到可选列表；

⑧ 设置“Target Value”的值为 6；

⑨ 关闭“Optimization”优化设置对话框，运行优化设置后的工程。

（4）仿真结果及分析

仿真结果如图 4.14 和 4.15 所示。由图 4.15 可知，同一时刻，随着发射功率的增加，噪声的 Q 值也增加；不同发射功率下，噪声的 Q 值都在同一时刻取得最大值。

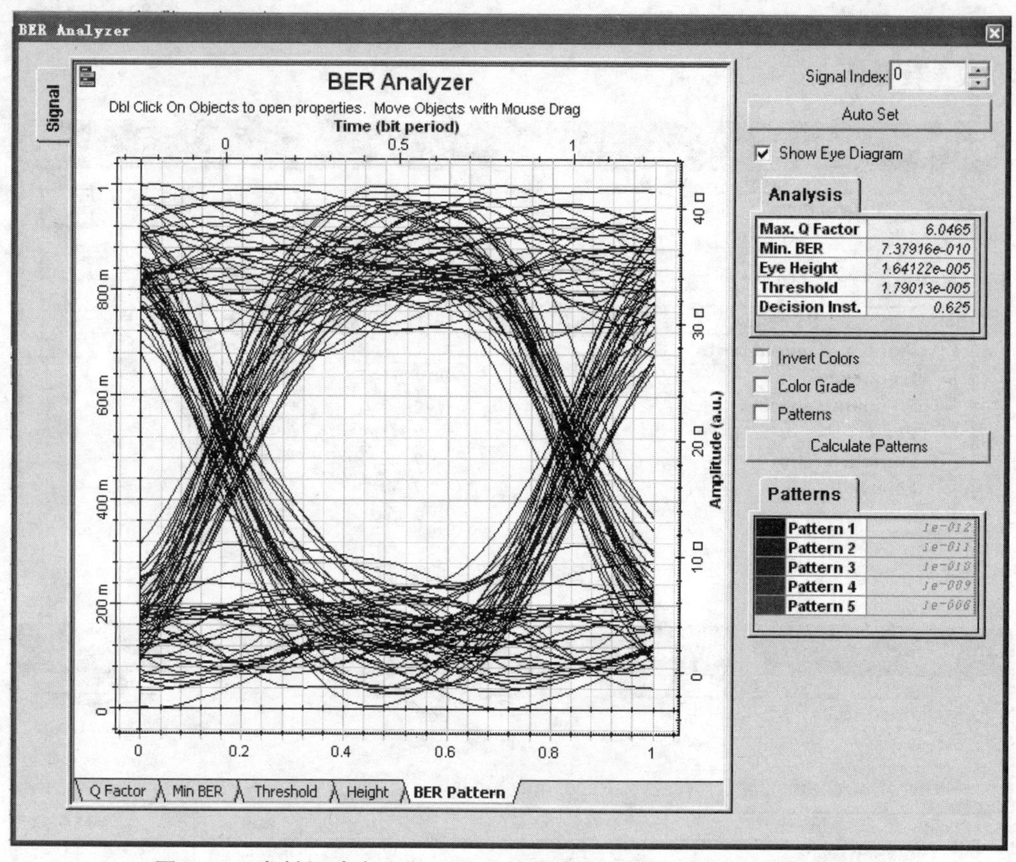

图 4.14　发射机功率为 0 dBm、热噪声为 5e－22 W/Hz 时的眼图

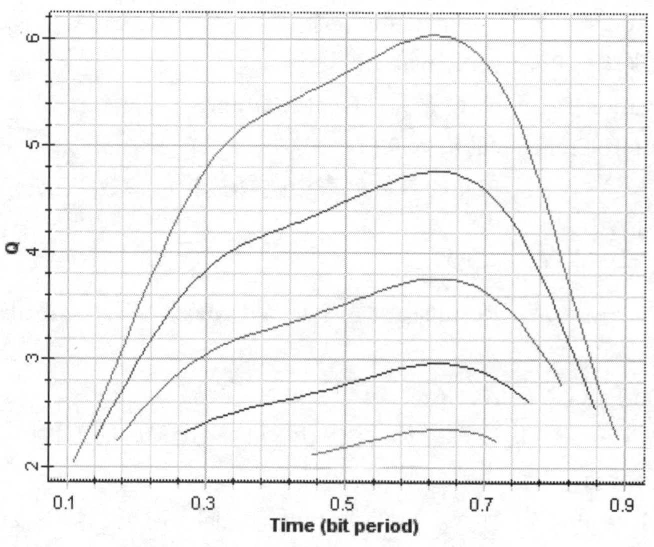

图 4.15　不同发射功率下 Q 值曲线

4.6.3　接收机噪声

1. PIN 接收机噪声

仿真 PIN 光电二极管的散粒噪声和热噪声对于信号的劣化影响。

① 仿真原理图。

如图 4.16 所示，上支路部分光电二极管没有热噪声，输出端产生散粒噪声；下支路部分光电二极管有散粒噪声，在输出端仅产生热噪声。图示系统其低通滤波器的截止频率为传输比特率。

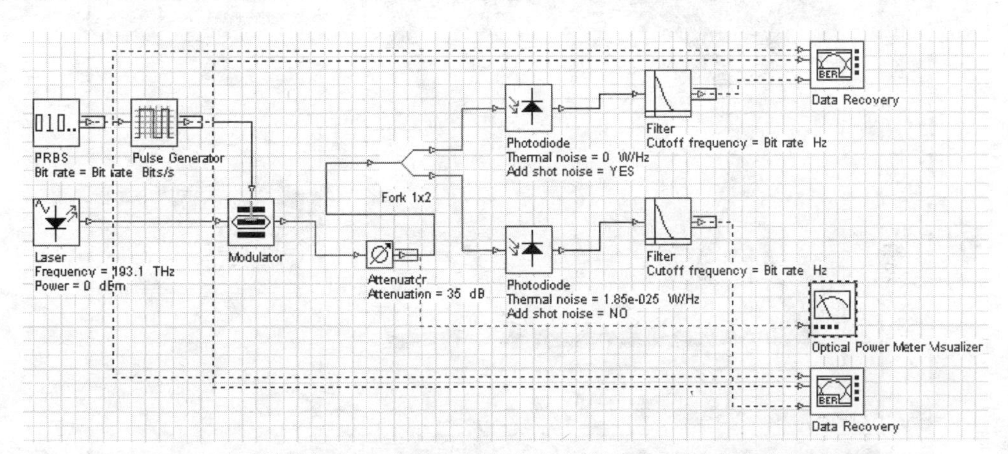

图 4.16　接收机 PIN 光电二极管的散粒噪声和热噪声仿真原理图

② 仿真参数。

仿真参数的设置如图 4.17 和 4.18 所示。

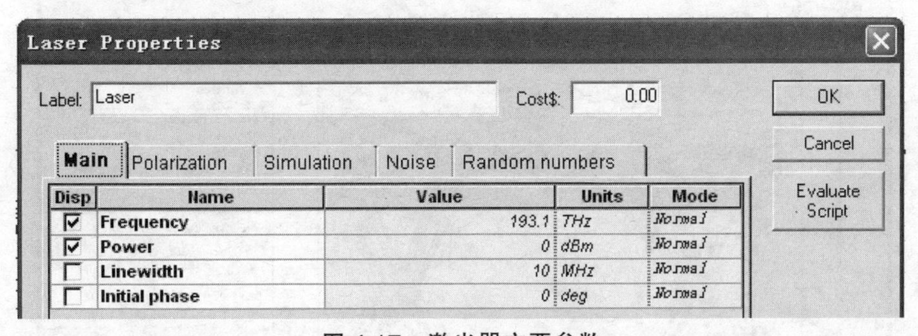

图 4.17　激光器主要参数

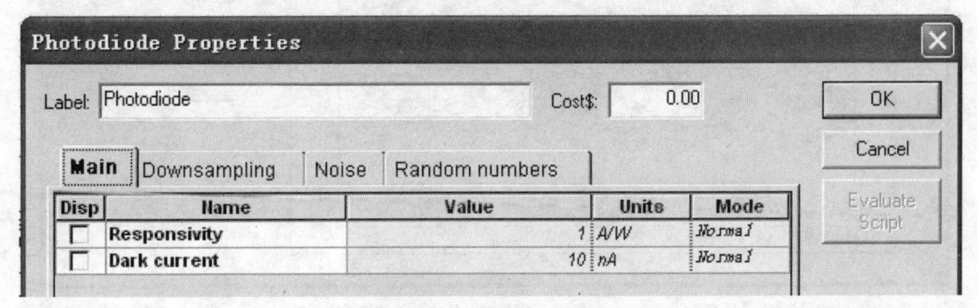

图 4.18　PIN 主要参数

③ 仿真结果及分析。

如图 4.19 所示，散粒噪声依赖于信号幅度。如图 4.20 所示，热噪声和信号幅度相互独立。

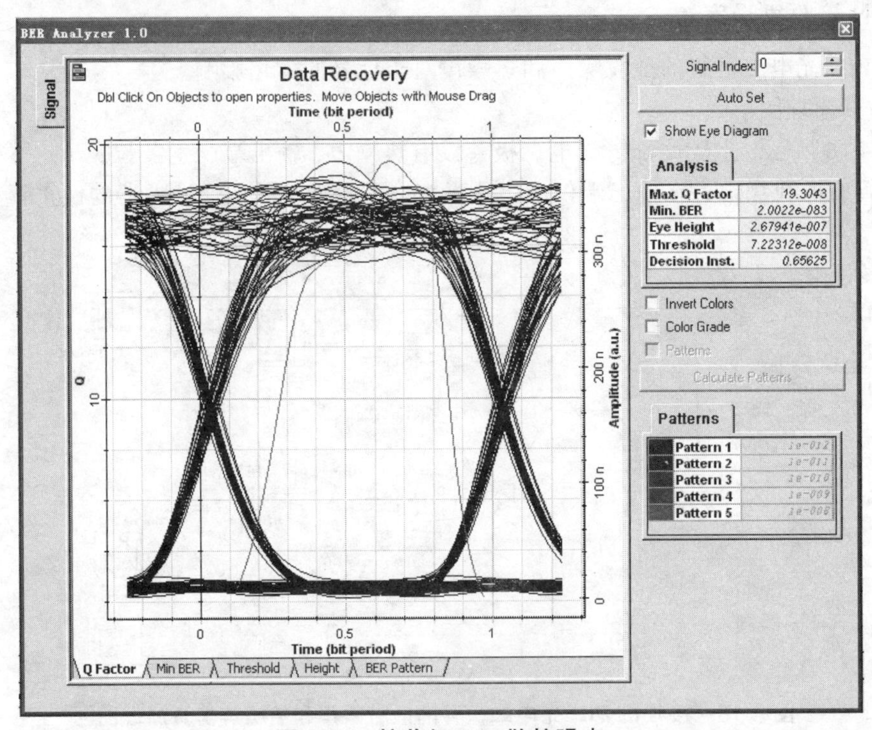

图 4.19 接收机 PIN 散粒噪声

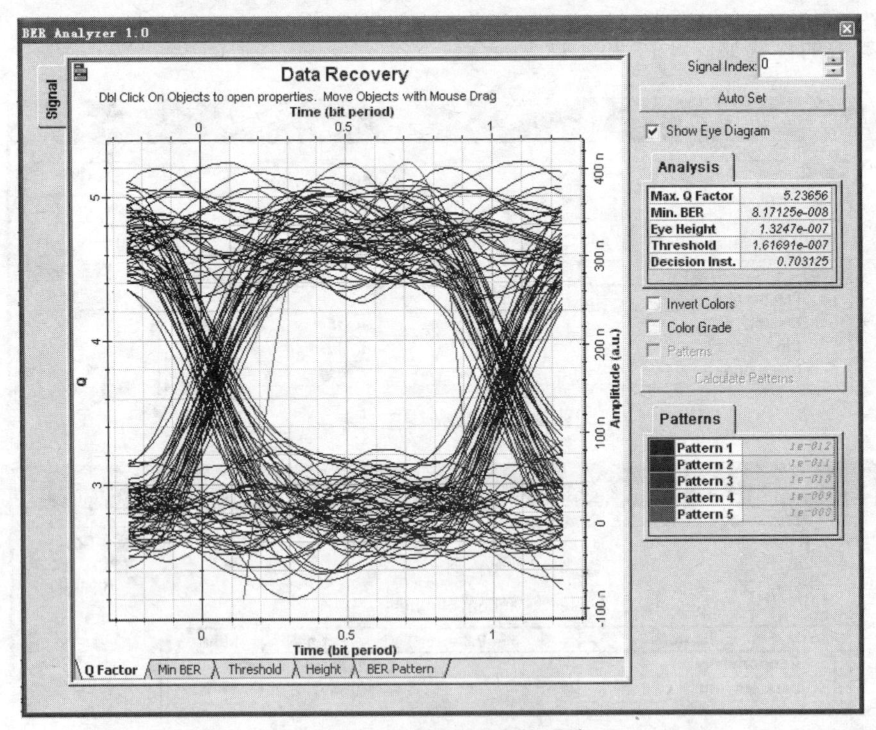

图 4.20 接收机 PIN 热噪声

2. APD 接收机散粒噪声增强

本仿真用于实现光接收机使用 PIN 光电二极管和 APD 雪崩光电二极管时接收信号的噪声性能。

① 仿真原理图，如图 4.21 所示。

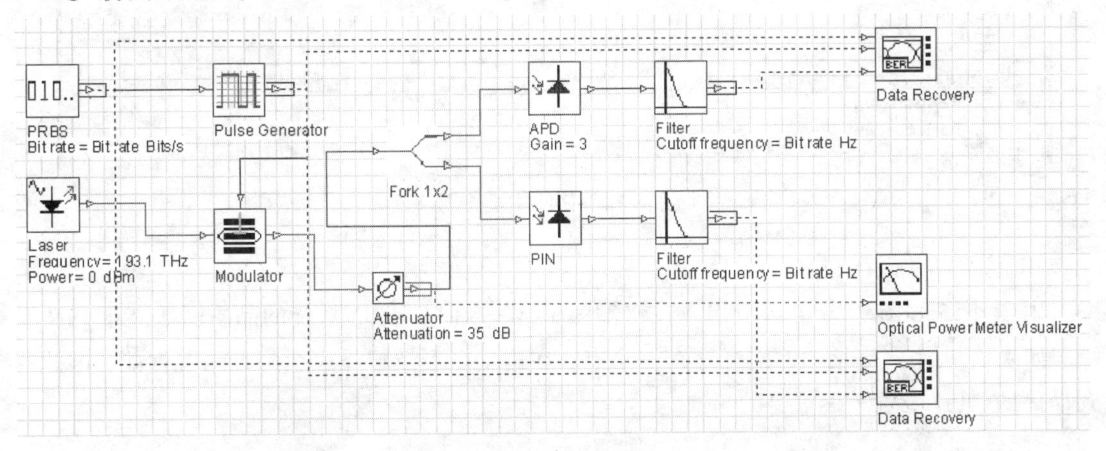

图 4.21　接收机使用 PIN 和 APD 性能比较原理图

APD 光接收机在相同入射光功率的情况下具有更高的信噪比 SNR，而其信噪比的改善来源于使光电流以倍增因子 M 增加的内增益。

② 仿真参数。

仿真参数的设置如图 4.22 ~ 4.24 所示。

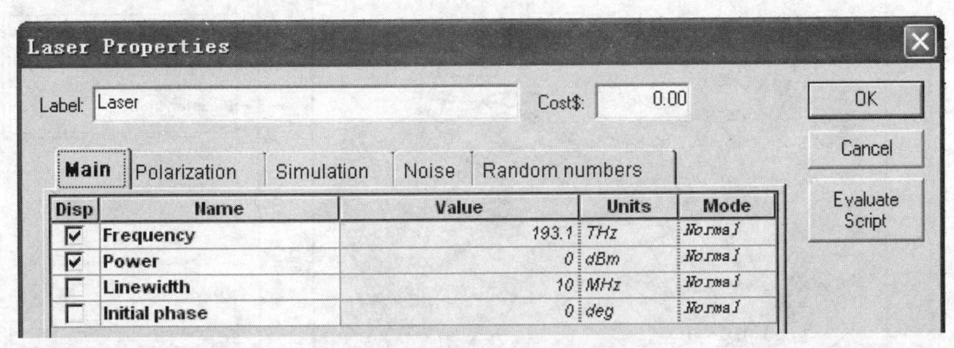

图 4.22　激光器主要参数

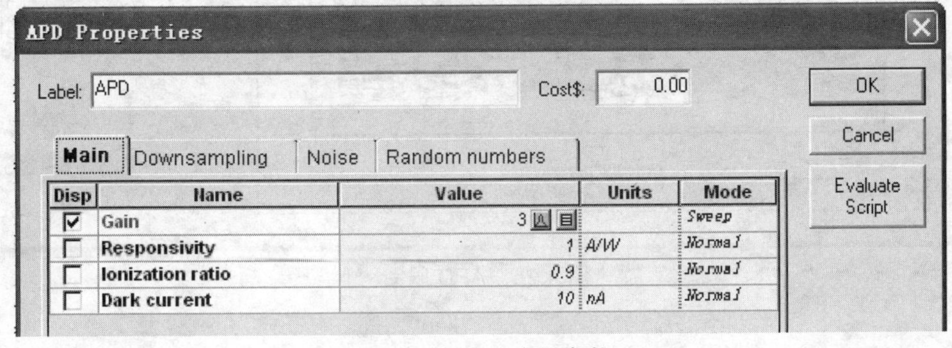

图 4.23　APD 主要参数

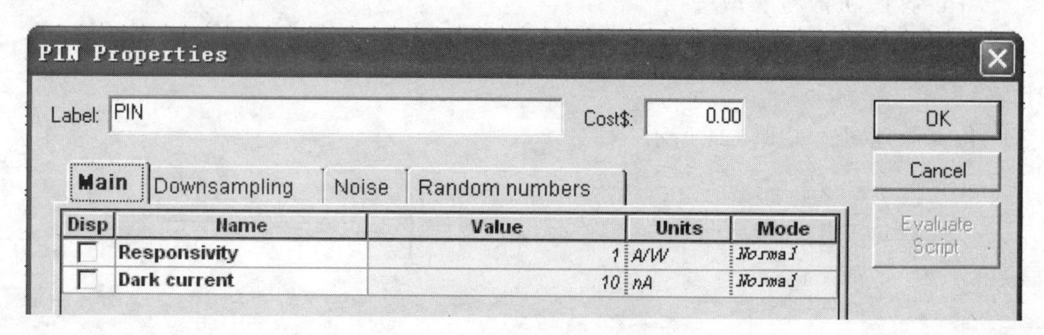

图 4.24 PIN 主要参数

③ 仿真结果及分析。

由图 4.25 和图 4.26 可以看出，在倍增因子 $M=3$ 时，APD 系统的品质因数高于 PIN 系统。如果倍增因子 M 增大，则会存在一个点，在这个点上散粒噪声会降低系统性能，因此找到最优的 APD 增益是很重要的。

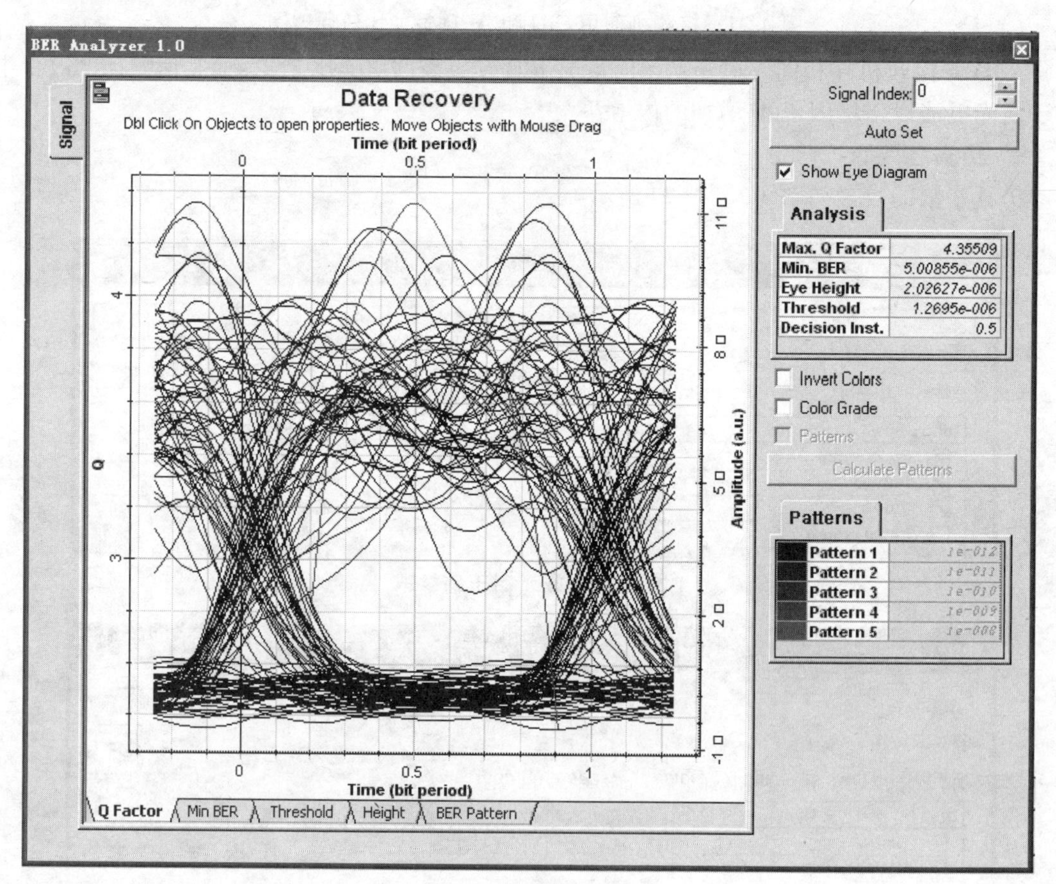

图 4.25 APD 眼图

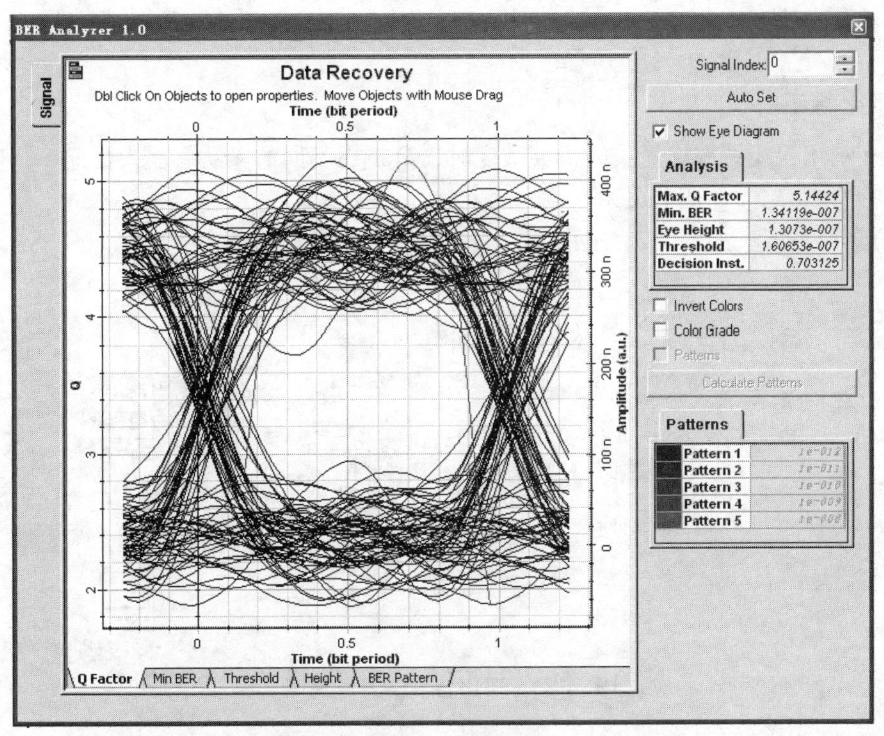

图 4.26　PIN 眼图

雪崩光电二极管 APD 在不同增益下的 Q 值分布曲线如图 4.27 所示。由图可知，增益越大，APD 的 Q 值越高。

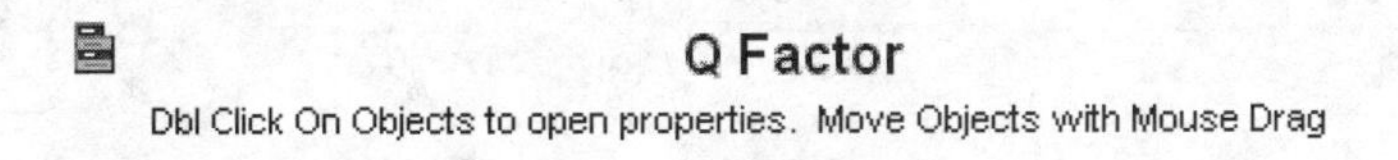

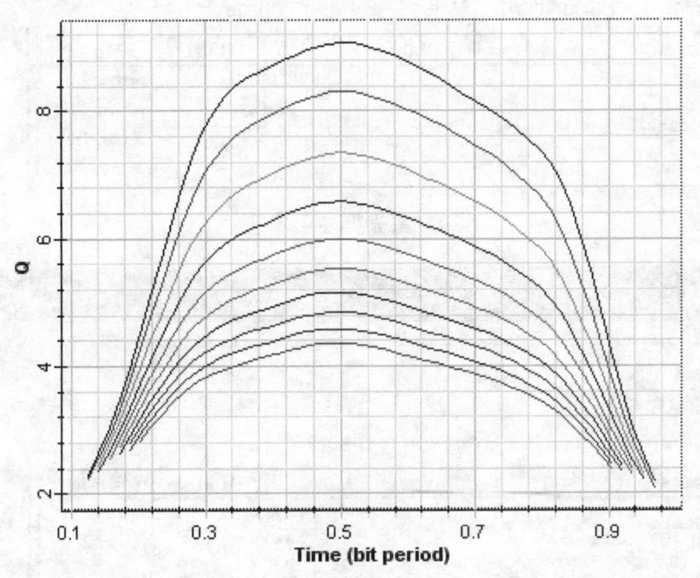

图 4.27　APD 不同增益下的 Q 值分布

4.6.4 误比特率和最小输入光功率对接收机灵敏度的影响

1. 误比特率

仿真在利用误比特率度量接收机灵敏度时，分析在不同的光功率输入情况下，数据恢复阶段误比特率 *BER* 与 *Q* 值的关系。

① 仿真原理图，如图 4.28 所示。

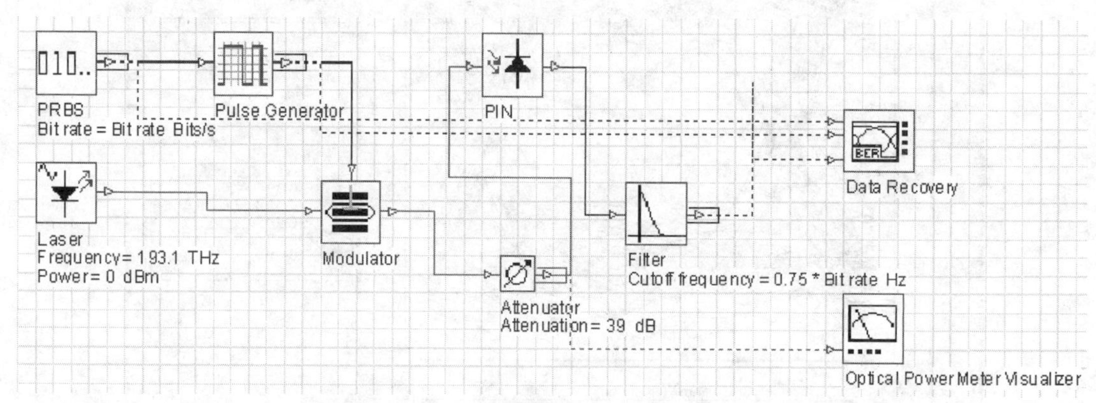

图 4.28 误比特率仿真原理图

② 仿真参数。

仿真参数的设置如图 4.29 和 4.30 所示。

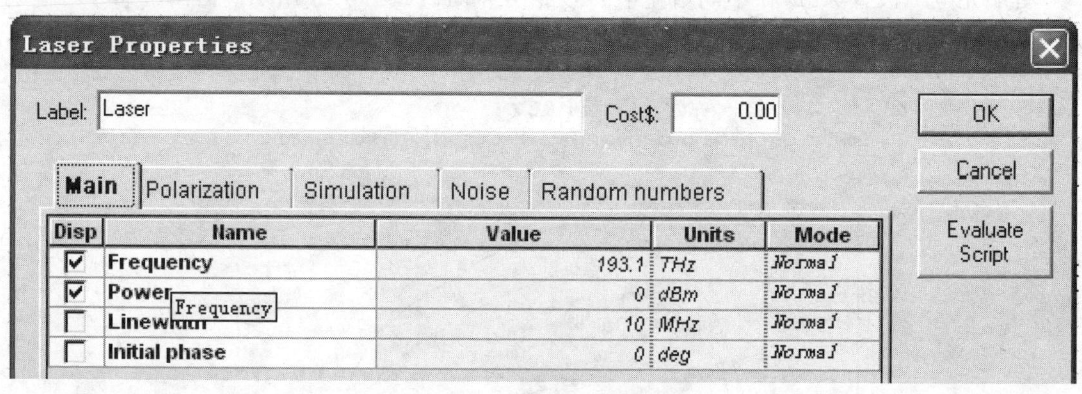

图 4.29 激光器主要参数

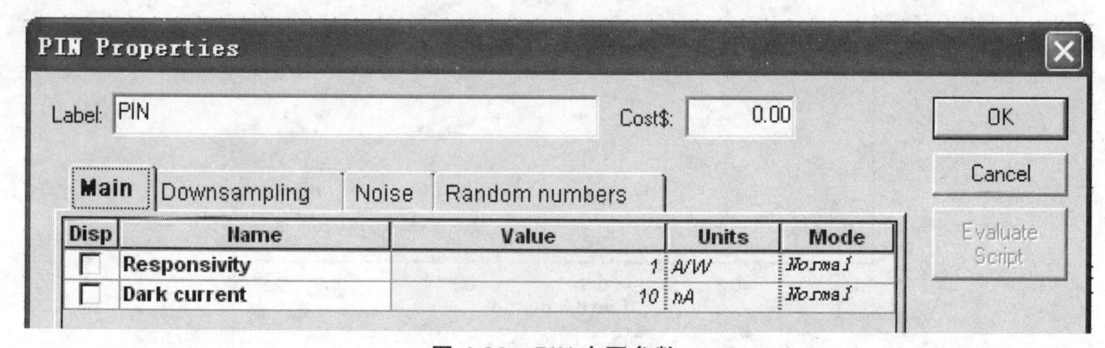

图 4.30 PIN 主要参数

③ 仿真结果及分析。

图 4.31、图 4.32 即不同衰减量下的 Q 值和 BER 曲线。

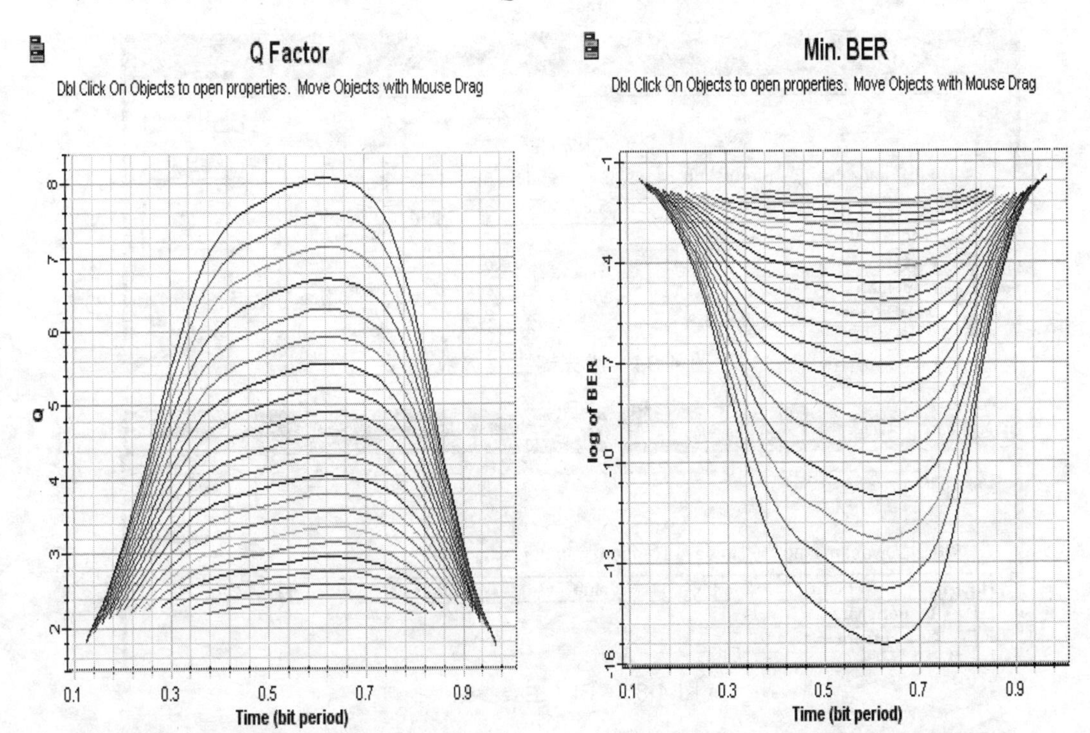

图 4.31 不同衰减量下的 Q 值曲线　　图 4.32 不同衰减量下的 BER 曲线

2. 最小输入光功率

仿真对于接收机灵敏度指定误比特率的条件下，所需要的最低输入光功率。

① 仿真原理图，如图 4.33 所示。

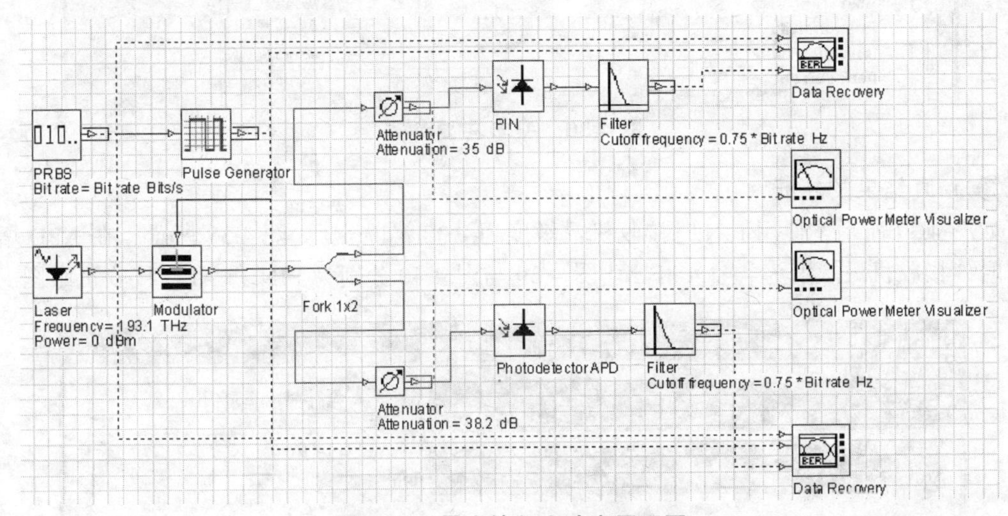

图 4.33 最小输入光功率原理图

在本例中，指定：$BER = 10^{-9}$，$Q = 6$，分别使用 PIN 和 APD 接收机。

② 仿真参数。

仿真参数的设定如图 4.34 ~ 4.36 所示。

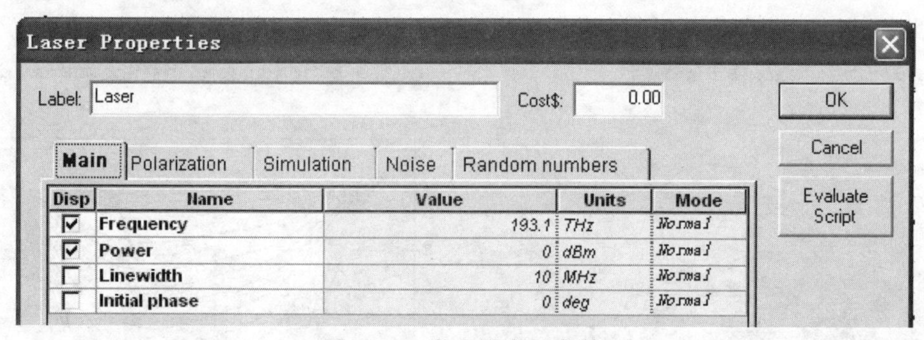

图 4.34 激光器主要参数

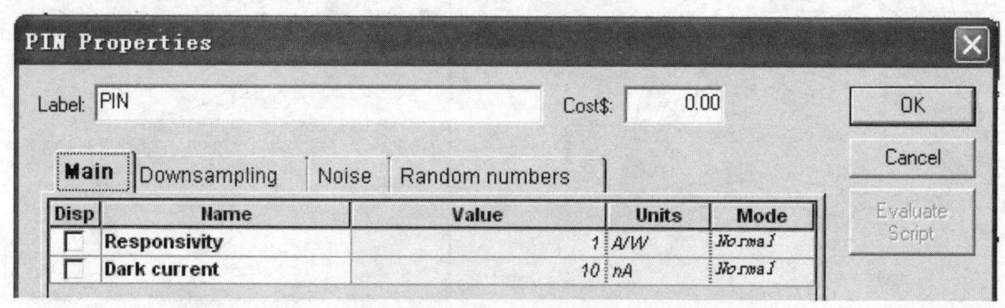

图 4.35 PIN 主要参数

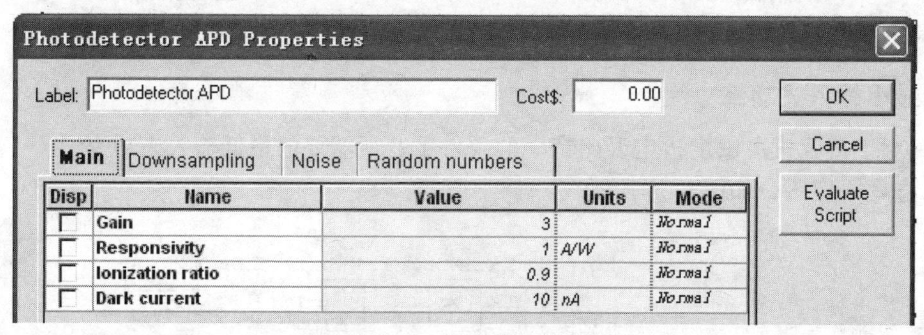

图 4.36 APD 主要参数

③ 仿真结果及分析。

如图 4.37 所示，使用 PIN 时接收机灵敏度为 – 38.2 dBm。如图 4.38 所示，在 APD 增益为 3 时，接收机灵敏度为 – 41.4 dBm。图 4.39 与图 4.40 分别为 PIN 和 APD 接收机眼图。

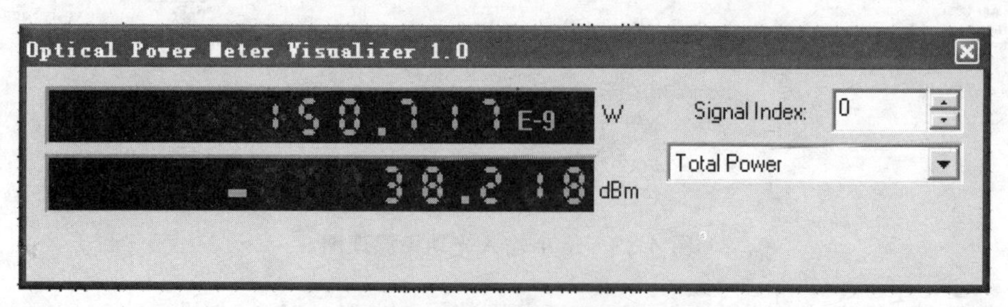

图 4.37 PIN 输入光功率

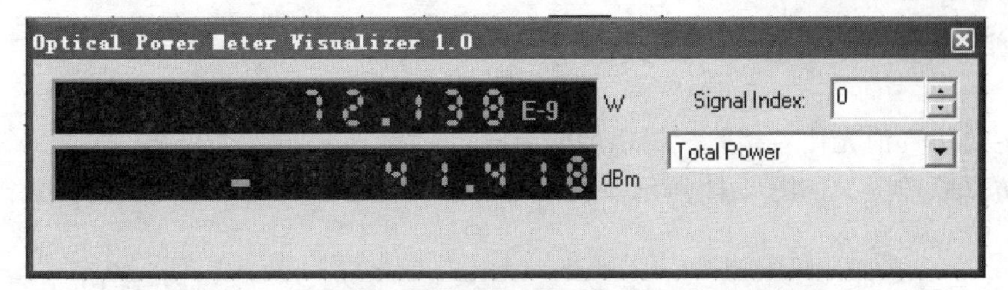

图 4.38　APD 输入光功率

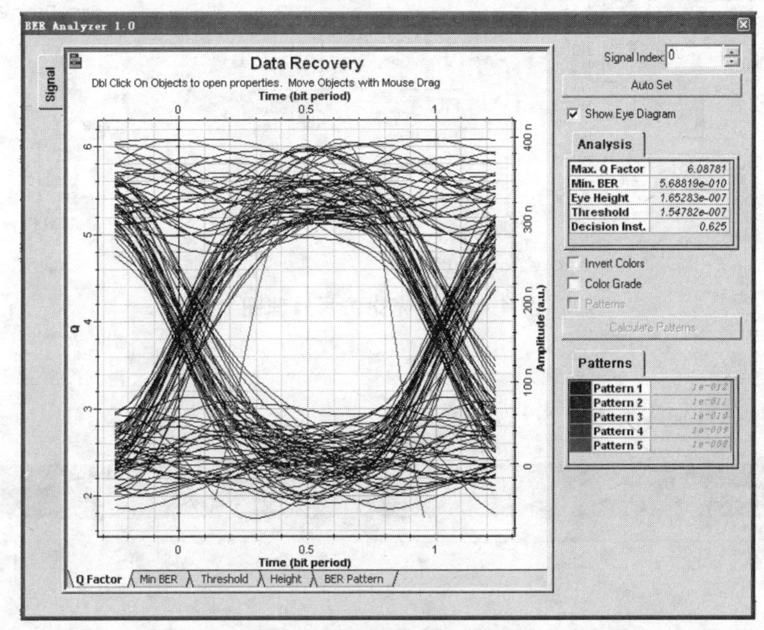

图 4.39　PIN 接收机眼图

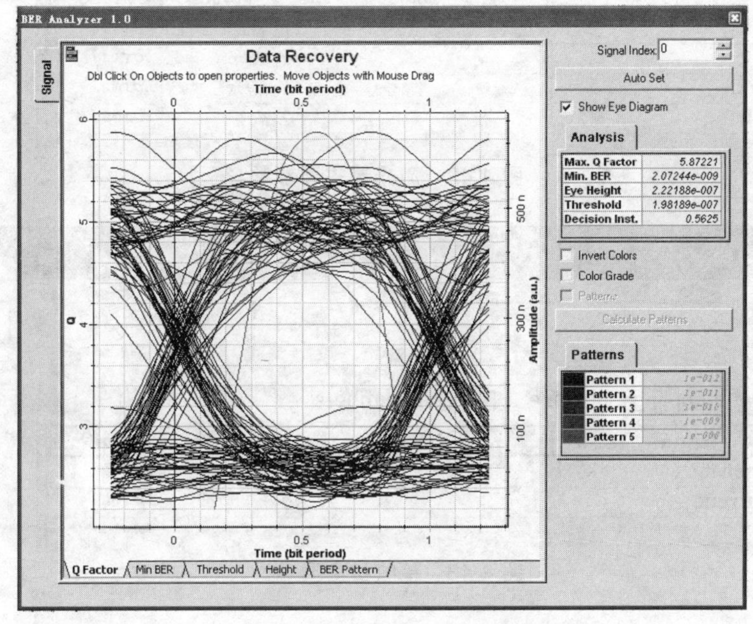

图 4.40　APD 接收机眼图

4.6.5 消光比对光接收机灵敏度的衰减

本节主要仿真消光比对接收机灵敏度的影响。

（1）仿真原理图，如图 4.41 所示。在调制器中可以指定外调制激光器的消光比。

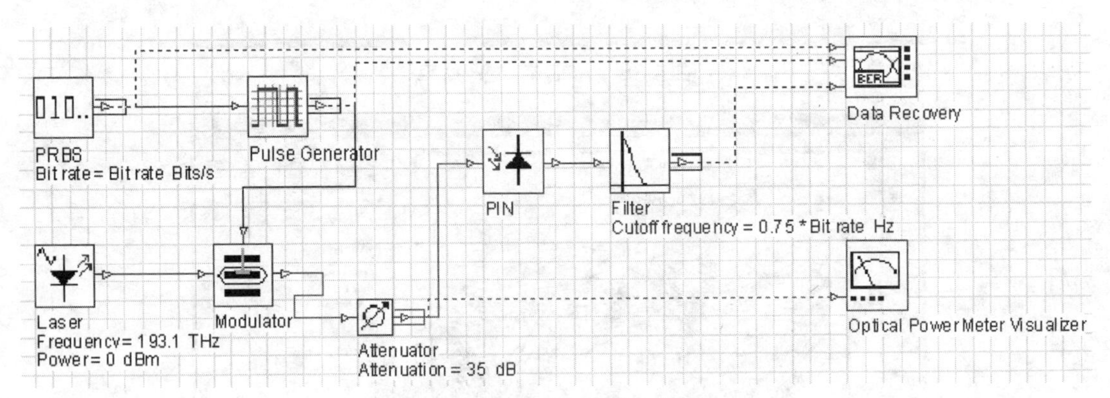

图 4.41　消光比仿真原理图

（2）仿真参数。

仿真参数的设置如图 4.42 ~ 4.44 所示。

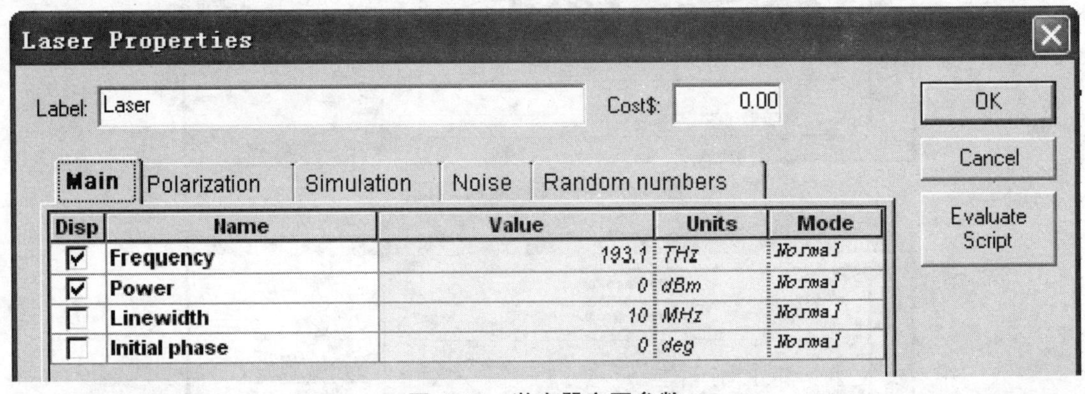

图 4.42　激光器主要参数

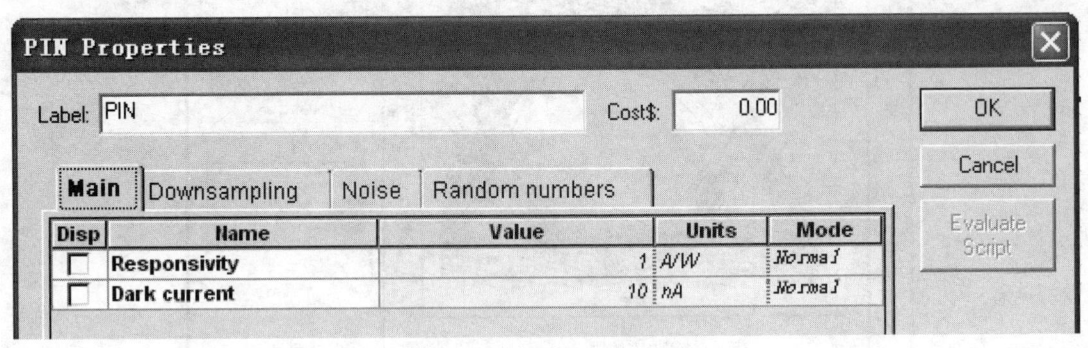

图 4.43　接收机主要参数

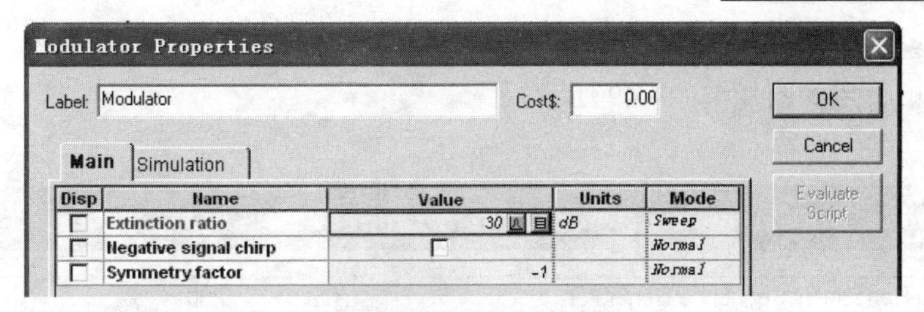

图 4.44　调制器主要参数

（3）仿真结果及分析。

不同消光比下的 Q 值曲线如图 4.45 所示。

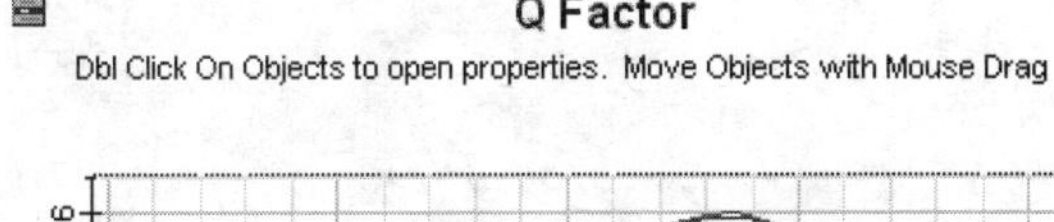

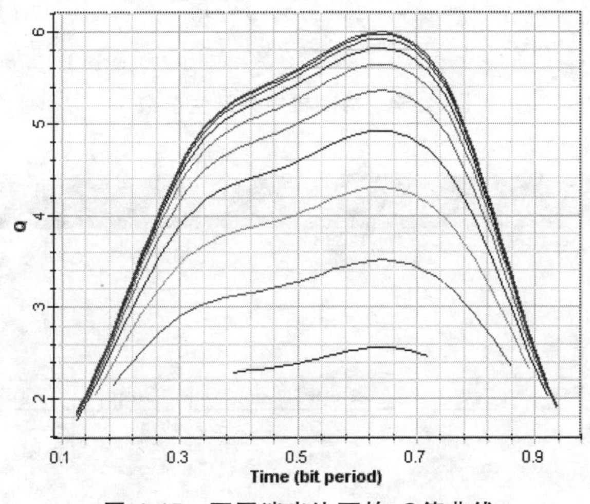

图 4.45　不同消光比下的 Q 值曲线

4.6.6　抖动引起的信号衰减

1. 抖动的测量

① 如图 4.46 所示为抖动测量的仿真原理图，信号经过非归零调制后进行电子抖动，与功率为 – 100 dBm 的噪声叠加，形成抖动的噪声信号。

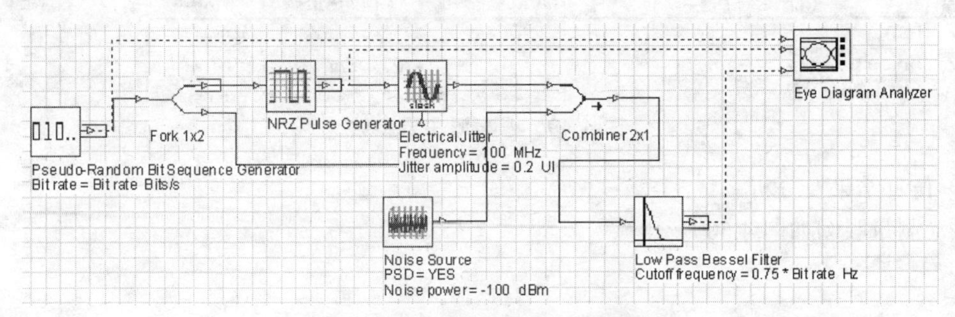

图 4.46　抖动测量仿真原理图

② 仿真参数。

仿真参数的设定如图 4.47 ~ 4.49 所示。

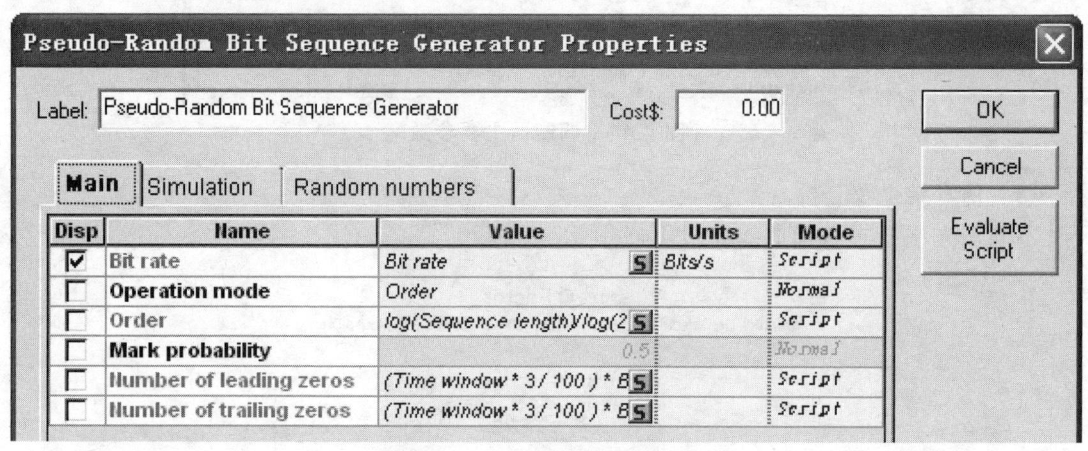

图 4.47 伪随机序列产生参数

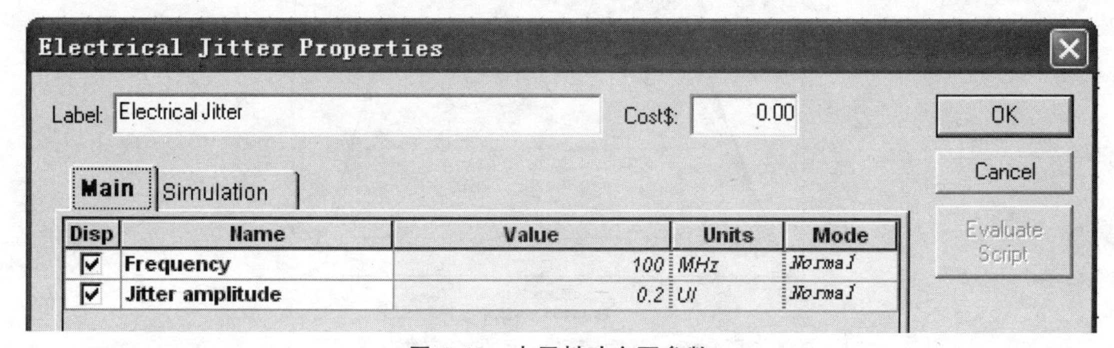

图 4.48 电子抖动主要参数

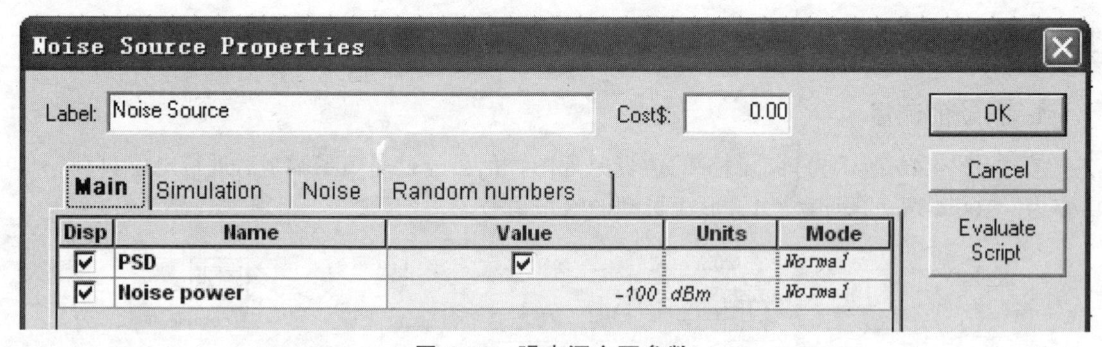

图 4.49 噪声源主要参数

③ 仿真结果及分析。

抖动测量眼图如图 4.50 所示。

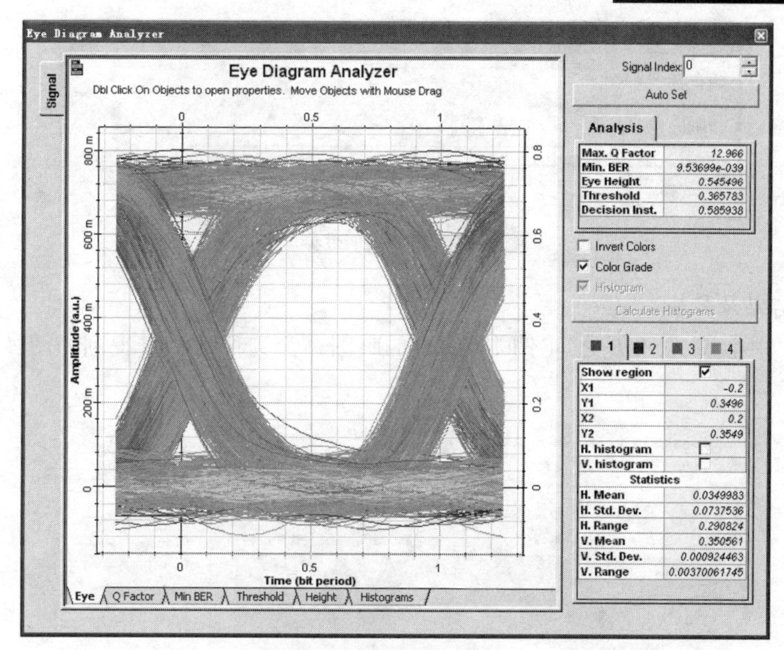

图 4.50 抖动测量眼图

2. 抖动引起的信号衰减

抖动定义为数字信号的有效时间从其理想时间位置的短暂变化。例如，有效时间可能是最佳采样时间。仿真中使用参数扫描的方式实现不同抖动幅度和抖动频率的多重眼图。

① 仿真原理图，如图 4.51 所示。

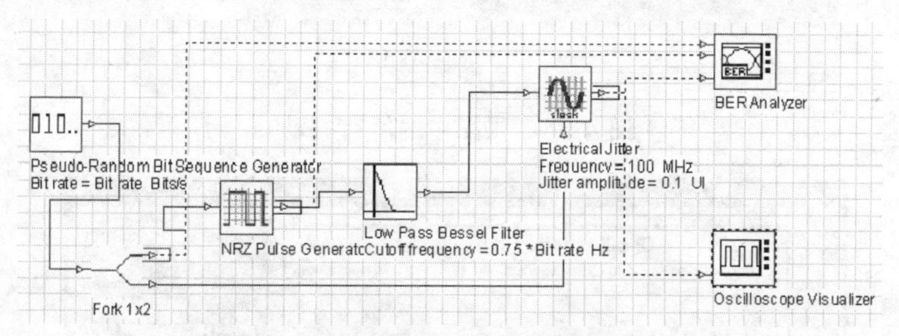

图 4.51 抖动引起信号衰减仿真原理图

② 仿真参数。

仿真参数的设定如图 4.52 和 4.53 所示。

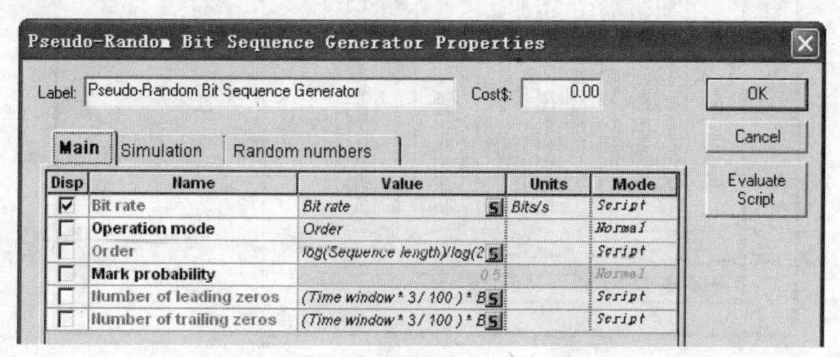

图 4.52 伪随机序列产生参数

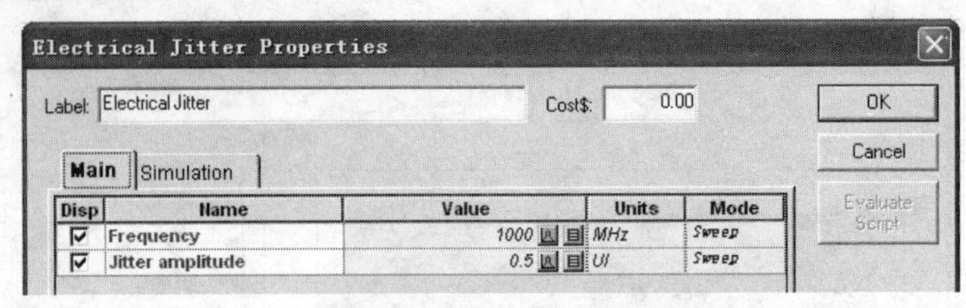

图 4.53 电子抖动参数

③ 仿真结果及分析。

在图 4.54 中标识 *A* 和 *B* 之间不同时间点的眼图，交叉位置测量得到如图 4.55 所示的抖动信号。

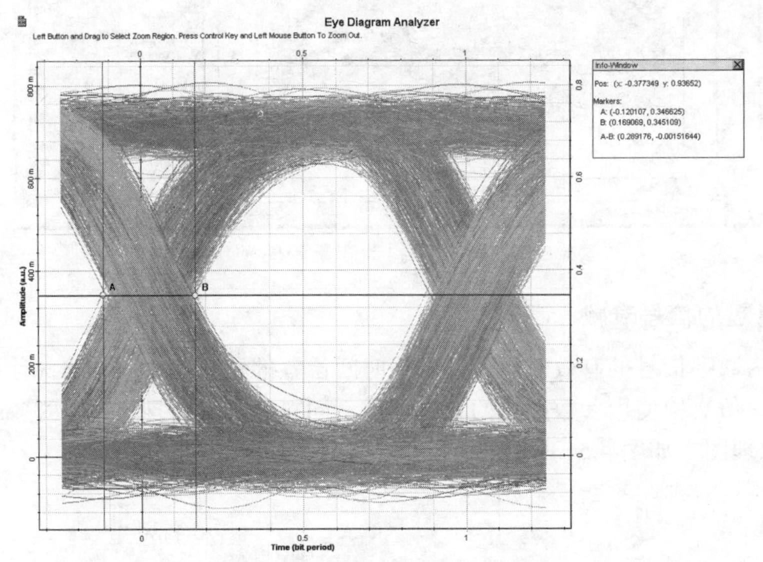

图 4.54 眼图中的所有抖动

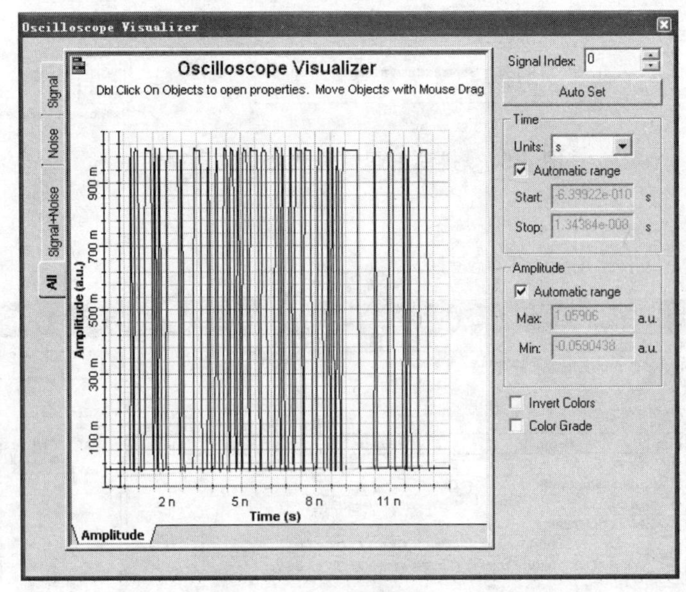

图 4.55 抖动信号

光纤通信系统与仿真

【学习目标】

☆ 了解光纤通信系统的构成

☆ 熟悉光纤通信的性能指标

☆ 理解数字通信系统的概念与原理

☆ 了解光同步数字传输体系

☆ 学会使用 OptiSystem 仿真 CATV 系统

☆ 掌握光时分复用的 OptiSystem 仿真

☆ 掌握波分复用（WDM）的 OptiSystem 设计

光纤通信系统可以分为模拟光纤通信系统 CATV（Cable Television，CATV）和数字光纤通信系统。对于数字光纤系统一般按照光同步传输体系 SDH 为构架搭建网络，配置掺铒光纤放大器 EDFA 和密集波分复用 DWDM 来延伸距离和扩大容量。在接入网方面采用无源光网络 PON 等，实现光纤到户。

5.1 模拟光纤通信系统

1. 基本结构

主要由发射台、光纤干线及放大、配线及分路，用户光纤或同轴电缆接收等几部分组成。网络结构采用副载波复用多路模拟电视频道光纤传输，分为 PAL 和 NTS 格式。

2. 性能要求

① 光发射机。

输出光功率：5 ~ 10 mW，20 mW；

波长：1 310 nm，1 550 nm + EDFA；

半导体激光器的 *P-I* 特性曲线的线性要好，以避免交调失真、谐波失真等；

复合二阶交调功率比 CSO（Composite Second Order Power）小于 – 60 dBc；

复合三重差拍功率比 CTB（Composite Tripe Beat）小于 – 65 dBc；

载噪比 CNR（Carrier to Noise Ratio）大于 50 dB；

半导体激光器的调制特性要好，即调制带宽要宽，幅频特性平坦，带宽≥15 GHz。

② 光接收机。

要求较大的载噪比 CNR 或信噪比 SNR，以保证电视信号质量；

要有足够大的工作带宽和频带平坦度。

③ 光通道。

对于 1 310 nm 的激光器：一般发射、接收的计算是发射功率与接收灵敏度的差值，然后对应传输光纤：

$$L_{\mathrm{TX-RX}}=\frac{P_{\mathrm{TX}}(\mathrm{dBm})-P_{\mathrm{RX}}(\mathrm{dBm})}{0.2} \tag{5.1.1}$$

对于 1 550 nm 的 DFB MQW 激光器的发射和 EDFA 的放大，可以传输几百千米。

5.2 数字光纤通信系统

5.2.1 光纤通信系统网络结构

光纤通信系统网络结构主要有点对点的局部网络、链形网络、环形网络、星形网络、树形网络以及网格网络，其中网格网络具备自愈环的特征。

5.2.2 数字光纤通信系统组成

（1）信源通过复用构成基本的 E1 接口信号或更高速率等级的信号。

（2）通过复用、开销、指针等，逐步建立起满足 SDH 系统网络传输的帧结构，为系统和网络的运行维护管理插入 OAM 开销，并进一步为接收端定时提取时钟进行扰码，破坏长连“0”和长连“1”码元。

（3）在物理层对光源进行数字调制；光纤传输过程中由于受光纤衰减和色散的影响，光信号随传输距离的增大而功率变弱、波形变差；在满足色散受限的要求情况下，通过 EDFA 放大器提升功率，并加入色散补偿器来延伸距离。

（4）光电检测器完成光电转换，放大均衡，提取时钟信号，在时钟信号的作用下判决再生出数字信号。

（5）经过帧定位和解扰，提取出 OAM 开销进行处理，然后进行线路解码，恢复信宿信号；最后进一步解复用出各支路数字信号。

5.2.3 数字光纤通信 OAM 开销的作用

（1）根据用户业务需求和系统/网络资源来配置系统/网络，开通业务。

（2）对系统运行状况进行在线实时监测。

（3）故障告警并为故障定位和其他维护需求而提供环回控制。

（4）提供数字通道，为系统/网络 OAM 信息提供传输通道。

（5）提供话音通道，为维护管理人员提供话音通信的手段。

5.2.4 数字光纤通信系统扰码的作用

扰码有两个作用：一是消除因长连“0”和长连“1”码而失去时钟的情况；二是保证信号扰码后的随机性和帧定位码元的特殊性位置。

5.2.5 数字光纤通信系统中继和再生

中继和再生器的功能包括：实现光电转换，完成接收信号整形、定时和再生信号，即 3R（Reshaping，Retiming，Regenerating），处理开销，最后实现电光转换和发射。

一般无中继传输的距离为激光器的色散容限比光纤的色散系数：

$$\frac{12\ 800\ \text{ps/nm}}{17\ \text{ps/nm}\cdot\text{km}}=752\ (\text{km}) \tag{5.2.1}$$

5.3 光同步传输系统SDH的特点

5.3.1 光同步传输网络结构

光同步传输网络按照物理结构和信息结构统一管理的理念，分层次建立传输模型，即电路层网络、通道层网络、传输媒质层网络，并可按照树形结构细分内层。

5.3.2 光同步传输网络单元

由光同步传输 SDH 的基本网络单元构建完整的光同步传输 SDH 网络，其基本网元 NE 分为 4 种类型。

（1）同步数字交叉连接设备（SDXC）。

SDXC 允许接入不同等级速率的数字信号，能对接入信号的全部或一部分进行交叉连接（交换），也能从高阶信号中分出和插入低阶信号。例如从 STM-1 信号中分/插 E1 的 2 Mb/s 信号。

（2）分/插复用设备（ADM）。

ADM 能够从线路信号中分出和插入低阶信号，既适用于同步传输的不同等级，也适用于 PDH 的不同群。例如从 STM-16 中分/插 STM-1 信号。

（3）同步复用设备（MUX）。

MUX 能把 PDH 信号复用进 SDH 信号，还能将低阶 SDH 信号复接成高阶 SDH 信号。MUX 也可能是 SDXC 或 ADM 的一个部分。

（4）同步再生器（REG）。

同步再生器（REG）的基本功能是接收来自光纤线路的信号，实现 3R 再生后，进一步传送，同时恢复再生段开销，并加入新的再生段开销进传输。

为了方便网元及其构成的网络系统进行运行维护管理，网元的开销 OAM 都能够和传输网管理系统相连，实现网管功能。

5.3.3 光同步传输网络节点的接口

光同步传输网是由传输网络节点和传输线路构成的，传输线路有光缆线路、微波接力系统和卫星通信系统。网络节点接口（NNI）的定义是网络节点之间的接口。SDH 传输网络规定了 6 个传输比特率系列模块，记为 STM-N，$N=0$，1，4，16，64，256，表示第 N 级同步传送模块。STM（Synchronous Transport Module）的基础速率是 155 520 Kb/s，称 STM-1，该速率的 N 倍构成更大容量的 STM-N 信号模块。在长途干线使用 STM-64，信号速率为 10 Gb/s，并且 STM-256 已经开通试验线，速率为 40 Gb/s。

5.3.4 光同步传输网络 SDH 的开销

光同步传输体系网络 SDH 的一个主要特征就是标准化的、贯穿全网的运行、管理和维护（OAM）功能，它在帧结构中安插了开销（overhead）来实现 OAM 功能。对于通道层的再生段、复用段、高阶通道和低阶通道，使用各自的开销来承载相应的运行维护管理信息。它们分别为再生段开销（RSOH）：用于各个再生器之间的管理；复用段开销（MSOH）：用于各个复用器之间的管理；高阶通道开销（HPOH）：用于高阶通道的管理；低阶通道开销（LPOH）：用于低阶通道的管理。

5.3.5 光同步传输体系的帧结构

将在物理媒质层上传送的光同步传输模块 STM-*N* 信号，按照一定的数字序列，排列成二维的矩形结构，构成了固定信息比特的连续群，称为帧，它的大小与 STM-*N* 的速率相等。STM-*N* 帧的大小：以字节为基本单位，每字节为 8 个比特，9 行，270 × *N* 列字节。传送一帧的时间周期为 125 μs，即帧频为 8 kHz（每秒传送 8 000 帧），正好是 PAM 电话的采样速率。对于 STM-1 帧有 2 430 个字节，分为 9 段，每段 270 个字节，依序作为第 1 ~ 9 行构成平面帧。

光同步传输体系根据传输的物理信息层次，分为再生段和复用段。将传送的发送端与接收端构成一个物理层，称为再生段。为了保证在物理层发送和接收的可靠运行，实现物理层面的运行维护管理任务，需要通过加入再生段开销来实现。而这种为了保证在物理层设备的复用和交换的可靠运行，实现物理层面上复用信号的运行维护管理任务，在再生段外的信号通道，称为复用段。其功能如下：

（1）再生段上传送的信号帧：它由再生段的净负荷和再生段开销组成，构成了再生段的传输信息。再生段的净负荷支撑了复用段信号传送，而再生段开销用于再生段的监控和维护管理。再生段开销在再生段的始端产生，并加入帧结构中，在再生段的末端终结，实现从帧结构中取出进行处理和服务的功能。所以，在 SDH 网中每个网元处，再生段开销只能始于和终结于再生段，只有再生段净负荷能够完全透明地通过再生器。

（2）复用段上传送的信号帧：它由复用段净荷和复用段开销组成。复用段净荷支撑通道层信号传送，而复用段开销用于复用段的监控和维护管理。复用段开销在复用段的始端产生，加入帧中，并在复用段的末端终结，实现从帧中取出进行处理和服务的功能。所以，在 SDH 网中每个网元处，复用段开销只能始于和终结于复用段，只有复用段净荷能够完全透明地通过复用器。

（3）复用段信号适配：将复用段信号放进再生段净荷区的过程叫做适配。由于在 SDH 体系中复用段信号和再生段信号完全同步，既无频差又无相差，复用段信号在再生段帧中有固定的位置，适配就非常简单。

5.3.6 光同步传输体系 SDH 帧的开销

对于 STM-1 传送模块，再生段开销 RSOH：在帧的左上角 3 行 × 9 列字节；复用段开销 MSOH：在帧的左下角 5 行 × 9 列字节；管理单元指针 AU：在帧的中部第 4 行的前 9 个字节。

1. 再生段开销 RSOH

① 帧定位字节：A1，A2。

用于 STM-1 帧定位，规定为两种固定代码：

A1 = 11110110B = F6H，A2 = 00101000B = 28H。

② 再生段踪迹：J0。

它是再生段接入点的识别符，通过重复发送一个代表段接入的标志，从而使段的接收端能够确认收发双方是否保持着连接与连续连接。使用连续发送 16 个 STN-1 帧内的 J0 字节，组成一个 16 字节的子帧来传送接入点识别符。

③ 再生段误码监测：B1。

用于再生段误码监测，使用 8 比特作奇偶校验，称为比特间插奇偶 BIP 校验-8 比特，简称 BIP-8。产生 B1 字节的方法是对前一个 STM-*N* 帧扰码后的所有比特进行 BIP 运算，将得到的结果置于当前这一个 STM-*N* 帧扰码前的 B1 字节位置。

④ 公务通信：E1。

用于再生段公务联络线（EOW），可提供速率为 64 Kb/s 的通路。

⑤ 使用者通路：F1。

为网络运营者提供速率为 64 Kbit/s 的通路，为特殊维护目的提供临时的话音通路。

⑥ 数据通信通路（DCC）：D1，D2，D3。

用于再生段传送再生器的运行、维护和管理信息，可提供速率为 192 Kb/s 的数据通路。

除此之外，在开销中将为企业、国籍、传输设备的属性等提供一定的开销，以及预留的字节。

2. 复用段开销 MSOH

① 复用段误码监测：B2。

用于复用段的误码监测，G.707 建议：规定使用 3 个 B2 共 24 比特作奇偶校验，即 BIP-24。产生 B2 字节的方法是对前一个 STM-*N* 帧中除再生段开销以外的所有比特作 BIP 运算，将其结果置于当前 STM-*N* 帧扰码前的 B2 字节处。

② 数据通信通路：D4-D12。

用于复用段传送运行、维护和管理信息，可提供速率为 576 Kb/s 的通路。

③ 公务通信：E2。

用于复用段公务联络线 EOW，可提供速率为 64 Kb/s 的通路。

④ 自动保护倒换通路（APS）：K1，K2（b1-b5）。

用于复用段保护倒换信令。根据 G.783 建议的“复用段保护协议、命令和操作”中规定，K1（b1-b4）指示倒换请求的原因，K1（b5-b8）指示提出倒换请求的工作系统序号，K2（b1-b5）指示复用段接收侧备用系统倒换开关所桥接到的工作系统序号。

⑤ 复用段远端缺陷指示（MS-RDI）：K2（b6-b8）。

用于向复用段发送端回送接收端状态指示信号，告诉发送端，接收端检测到上游段的缺陷或收到复用段告警指示信号（MS-AIS）。

⑥ 同步状态：S1（b5-b8）。

用于传送同步状态信息（SSM）。

⑦ 复用段远端差错指示（MS-REI）：M1。

用于将复用段远端检测到的差错信息往回传送，远端差错信息由检测 BIP-24（B2）来获得。

5.3.7 SDH 的映射和复用

（1）映射。

在传送过程中，当把单位时间传输的速率看成一种模块和大小时，把一个低速率的模块放入 SDH 传送的速率容器中，需要附加一些开销比特，才具备独立传送能力的容器和传送管理的开销，称为映射。

（2）复用。

将具备了独立传送能力的容器和传送管理开销的虚拟容器支路，组合为较大速率的容器的过程，称为复用。

（3）适配。

将不同速率的模块大小，通过适当地附加一些比特，以匹配 SDH 的低阶或高阶容器的大小，称为速率的适配或速率匹配。

虽然 SDH 的传送具备标准的速率模块，但是为了兼容 PDH 的传送，规定了不同的容器，以满足不同支路群信号的传送，其复用和映射参加相关协议。

5.3.8 光接口

为了实现不同厂商的 SDH 设备在光链路上互通，SDH 光接口的光特性需要标准化。因此，在同步光传送体现 SDH 中，规范了 STM-1 到 STM-256 的光接口标准。

根据 SDH 系统中是否使用光放大器，以及速率是否达到 STM-64，将 SDH 光接口分为两大系统：

第 I 类系统是不包括任何光放大器，速率低于 STM-64 的系统；

第Ⅱ类系统是包括光放大器或速率为 STM-64、STM-256 的系统。

对于第 I 类和第Ⅱ类系统的光接口，还可以按照使用场合和传输距离分为三种：局内、局间短距离、局间长距离。不同种类的光接口用不同的代码来表示，代码由一个字母和两个数字组成：第 1 位是字母，表示应用场合和传输距离；第 2 位是数字（即第一个数字），表示光同步传送模块 STM-N 的等级；第 3 位是数字（即第二个数字），表示光纤类型和激光器的工作波长。

5.3.9 数字光纤传输系统传输距离的计算

光纤网络系统的基础是发射端点与接收端点 S-R 之间的光传输距离。传输距离主要由光纤衰减系数、色散系数、传输速率、激光器工作波长等因素决定。在实际工程应用中，设计方式将根据影响传输的限制条件，分为两种情况：一种情况是衰减受限系统，根据 S-R 点之间的光通道衰减的限制确定传输距离；另一种情况是色散受限系统，根据 S-R 点之间的光通道色散的限制确定传输距离。

1. 传输损耗受限系统计算

S-R 点之间的传输距离就是同步光传输网再生段的距离。一般设计中使用最坏值设计方法。计算方法是发射和接收的差，扣除所有损耗的累计，得到传输距离的净功率，然后根据光纤的损耗，计算出传输距离。

$$L_1 = \frac{P_{Tm} - P_{Rm} - 2A_{Cm} - P_{Pm}}{A_{fm} + A_{Sm} / L_f + M_C} \tag{5.3.1}$$

式中 P_{Tm}——激光器的最坏发射功率，dBm；

P_{Rm}——光接收器的最坏灵敏度功率，dBm；

A_{Cm}——传输链路中的活动连接器的最大损耗，dB；

P_{Pm}——激光器的最大功率代价，包括色散、啁啾和反射的影响；

A_{fm}——S-R 段平均光缆损耗系数，dB/km；

A_{Sm} / L_f——光缆的焊接损耗系数，dB/km；A_{Sm} 为单盘光缆的焊接损耗，L_f 为单盘光缆的长度；

M_C——每千米的光缆预设富余度，dB/km。

2. 传输色散受限系统计算

色散受限系统的最大传输距离受链路中光学反射、码间干扰、模式分配噪声，特别是激光器啁啾等因素的影响。为了计算方便，通过无光纤的衰减系统和有光纤的色散系统的比较，定义出由于色散作用，获得相同性能的功率差，即功率退化。为了弥补色散作用使性能的退化，需要发射端激光器提高相应的功率，以弥补性能的下降。这样的一个由光纤的色散引起的性能退化，所需克服退化的功率值，称为功率代价。随着传输速率的提高，色散的功率代价就越大。ITU-T 建议 G.957 规定的光通路功率代价主要包括：发送眼图、消光比、模式分配噪声、频率啁啾、码间干扰、偏振模色散、光放大器的噪声引入和光反射。其中影响较大的是码间干扰、频率啁啾和模式分配噪声的功率代价。

对于色散受限系统，根据再生段的总色散量（ps/nm），选择合适的光接口及相应的一整套光参数，以使最大色散值大于实际系统设计色散值。对于色散受限系统最大无再生传输距离的最坏值为

$$L_d = \frac{D_{SR}}{D_m} \tag{5.3.2}$$

式中 D_{SR}——S 和 R 点之间允许的最大色散值，ps/nm；

D_m——最大光纤色散值，ps/nm · km。

5.4 数字光纤传输系统的性能指标

数字光纤传输系统的主要性能指标，包括误码性能和时间的抖动性能。

5.4.1 误码概念及其性能参数的定义

误码是指经光接收机再生后的码流发生比特差错，使传输的质量损伤。对数字光纤传输

系统，误码产生的主要原因如下：

① 噪声产生的误码：由接收端的热噪声、光电接收器的散粒噪声、发送端的模式分配噪声、光路的光反射引起的噪声等产生的误码。它们都是随机变量，因此产生的误码也是随机分布的。

② 光纤色散产生的误码：由色散导致的码间干扰、频率啁啾、偏振模色散等引起的误码。

③ 定时抖动产生的误码。

④ 外界因素产生的误码：由电源瞬态干扰、设备故障和电磁干扰等因素产生的误码，这类误码主要是突发性的。

5.4.2 误码率的表示

根据传输的复用程度、复用结构、传输模块的特性不同，以及误码与时间的关联等，进一步划分误码率。其中，“块”差错，用于描述误码呈突发性质，对速率等于或高于基群的数字通道的误码性能的度量都以“块”为基础。“块”就是传输通道或段中传送的一些关联的连续比特集合。每个比特仅属于一个块。以“块”为基础进行度量，便于进行在线误码性能监测，使用误块秒、严重误块秒、背景块差错、严重误码期、误块秒比、严重误块秒比、背景块差错比、严重误码期强度、可用时间、不可用时间等参量来表示。

5.4.3 抖动和漂移性能

1. 抖动（Jitter）

定时抖动（简称抖动）是一个数字信号的有效瞬时在时间上偏离其理想位置的短期的非积累性的偏离。抖动度量单位可以是相位单位 UI，也可以是时间单位秒。一般变化频率高于 10 Hz 的相位变化归为抖动。

抖动会影响传输质量，使信号失真，使抽样点的位置偏移，导致系统误码率上升。度量单位定义为单位间隔 UI（Unit Interval）。

$$1\ \mathrm{UI} = \frac{1}{B}\ (\mathrm{s}),\quad \mathrm{STM-1}:\ 155\ 520\ \mathrm{Kb/s},\ 1\ \mathrm{UI} = 6.43\ \mathrm{ns} \tag{5.4.1}$$

产生抖动的机理比较复杂，如系统中的时钟不稳定、各种噪声（热噪声、散粒噪声及倍增噪声等）、码间干扰以及 SDH 中的映射、指针调整等都可引起抖动。在数字编码的模拟信号中，解码后数字流的随机相位抖动使恢复后的样值具有不规则的相位，从而造成输出模拟信号的相位失真，形成抖动噪声。

2. 漂移（Wander）

漂移是一个数字信号的有效瞬时在时间上偏离其理想位置的长期的非积累性的偏离。一般变化频率低于 10 Hz 就归于较慢的变化漂移。引起漂移的主要原因是环境温度的变化。环境温度的变化导致光纤传输性能变化、时钟变化以及激光二极管发射波长偏移等。

5.5 使用 OptiSystem 仿真 CATV 系统

5.5.1 非线性失真

1. 谐波失真

主要的原理架构如图 5.1 所示。

参数设定：调制频率为 $f_1 = 500$ MHz。

载波产生器幅度为：0.001，0.1，0.2，0.8，1，1.2 和 1.5。

RIN 和相位噪声都选为禁用。

图 5.2 给出第一次和第四次迭代的时域与频域波形。

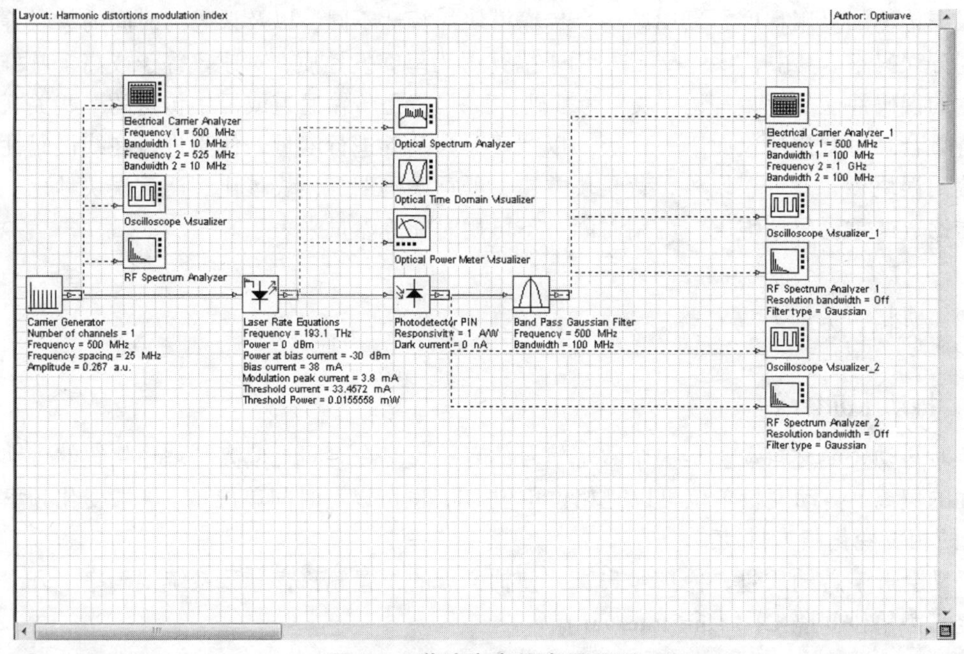

图 5.1 谐波失真仿真原理图

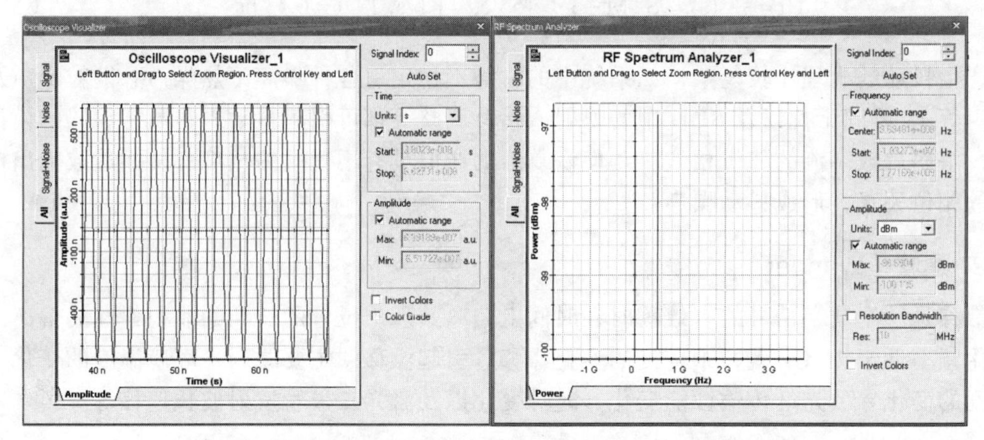

（a）第一次迭代（幅度为 0.001）的时域与频域波形

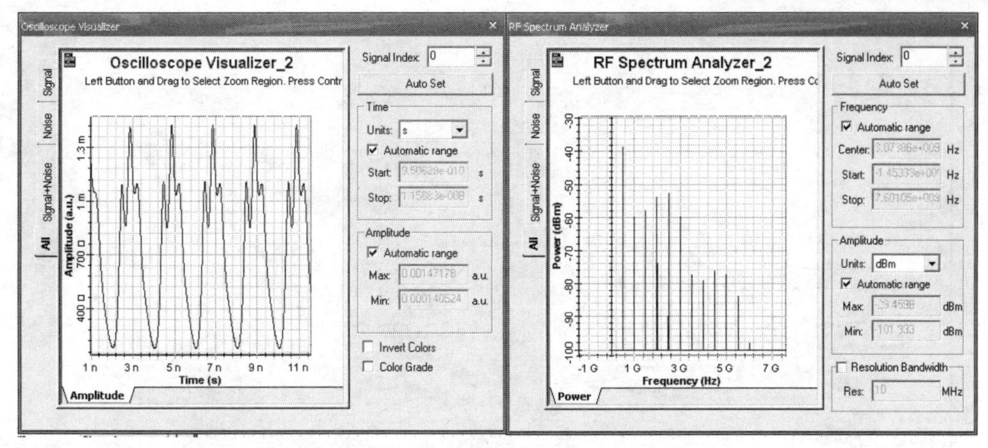

（b）第四次迭代（幅度为 0.8）的时域与频域波形

图 5.2 谐波失真

图 5.3 给出载波幅度与信号功率的关系。

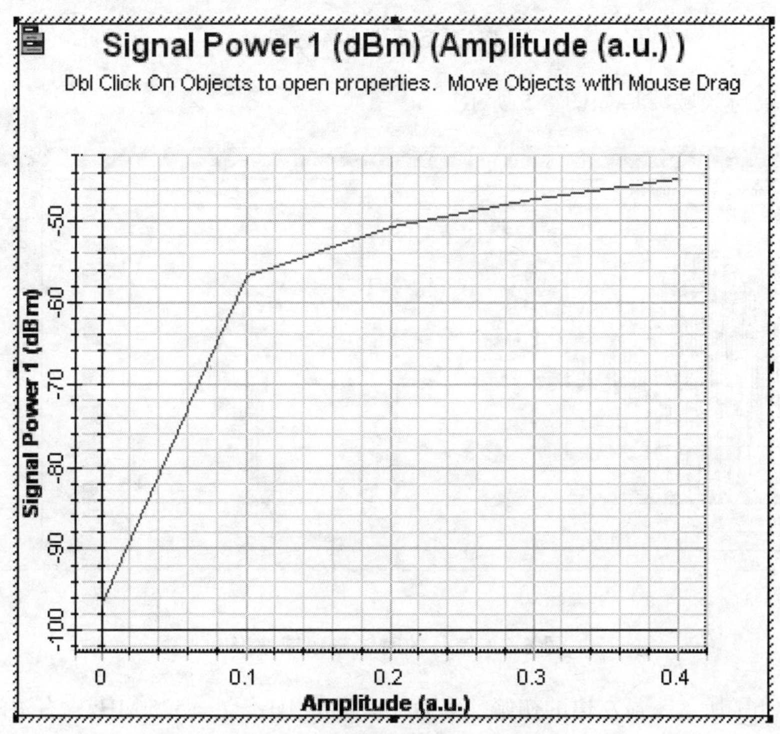

图 5.3 载波幅度与信号功率曲线

2. 互调失真

参数设定：两个调制频率分别设定为 $f_1 = 500$ MHz，$f_2 = 525$ MHz。

载波产生器幅度：0.001 ~ 0.15。

RIN 和相位噪声禁用。

互调失真的 Optiwave 仿真原理图如图 5.4 所示。

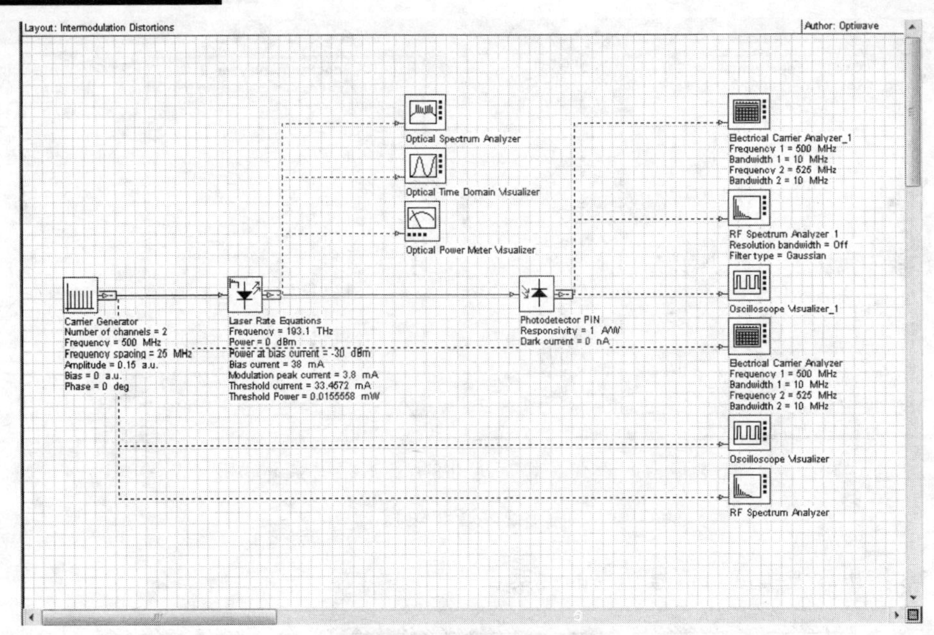

图 5.4　互调失真原理图

信号的时域与频域波形如图 5.5 所示。

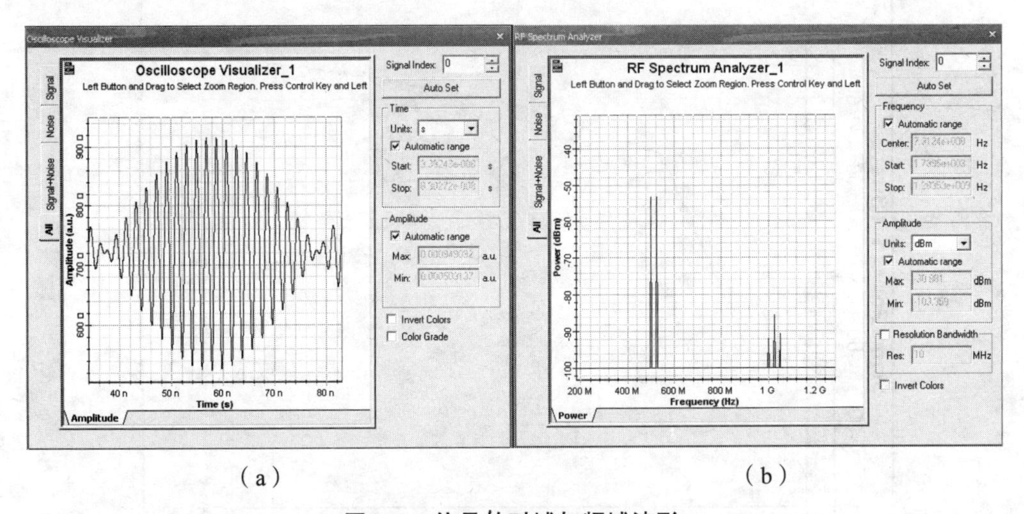

（a）　　　　　　　　（b）

图 5.5　信号的时域与频域波形

如图 5.5（b）所示，最左边的初始频率为 $f_1 = 500$ MHz，$f_2 = 525$ MHz；右边的二阶失真为 $|f_1 + f_2| = 1\,025$ MHz（三个波形中最大的），二阶失真的下一阶失真在 $f_3 = |f_1 + f_2| = 1\,025$ MHz 与 $f_4 = |f_1 - f_2| = 25$ MHz 之间，即 $f_5 = |f_3 + f_4| = 1.05$ GHz，$f_6 = |f_3 - f_4| = 1$ GHz。

5.5.2　激光二极管的直接调制

1. 激光频率响应

激光频率响应仿真原理图如图 5.6 所示。使用载波从 50 MHz 产生 298 路间隔 25 MHz 的波，如图 5.7 所示。该信号用于激光二极管。在 PIN 后的 RF 频谱分析仪用于显示激光频率响应。噪声和激光噪声禁用。在这个工程中，载波幅度选用 0.001，0.01 和 0.8。

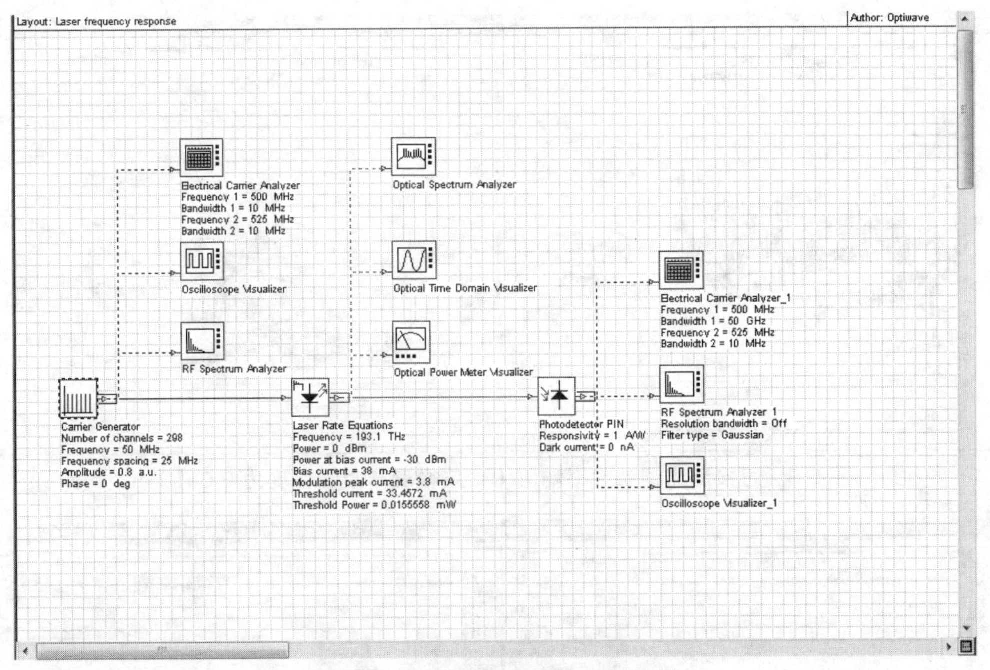

图 5.6　激光频率响应仿真原理图

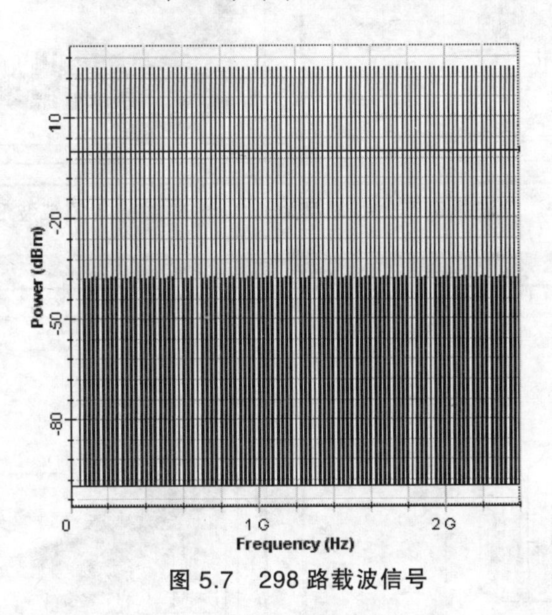

图 5.7　298 路载波信号

对于第一个值，激光器的驱动没有非线性（迭代次数为 1，载波幅度产生器幅度为 0.001），观察到的频率响应为直接激光调制，如图 5.8 所示。从图中可以看出激光模型的物理参数，松弛频率约为 2 GHz。

通过增加载波产生器的幅度值，将引起非线性，使观测到的频率响应有了明显的变化。所得结果如图 5.9、5.10 所示。

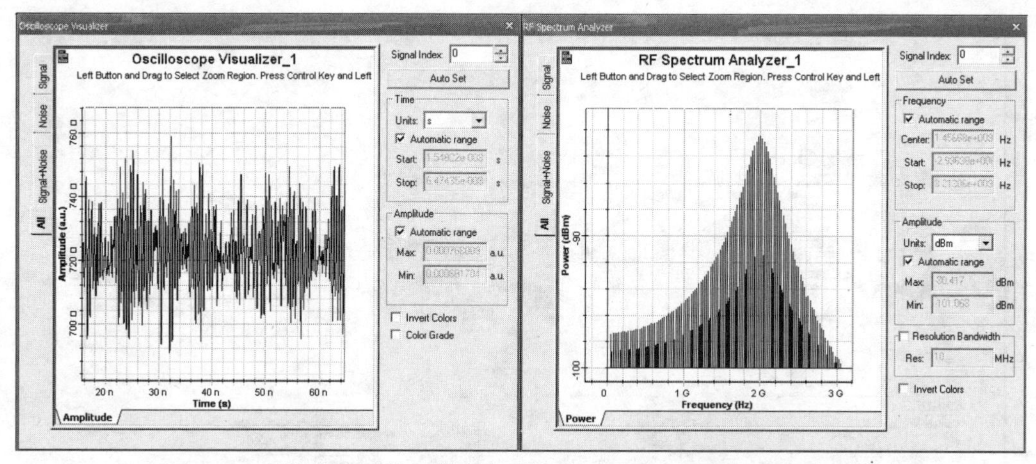

图 5.8　直接激光调制频率响应（载波幅度产生器幅度为 0.001）

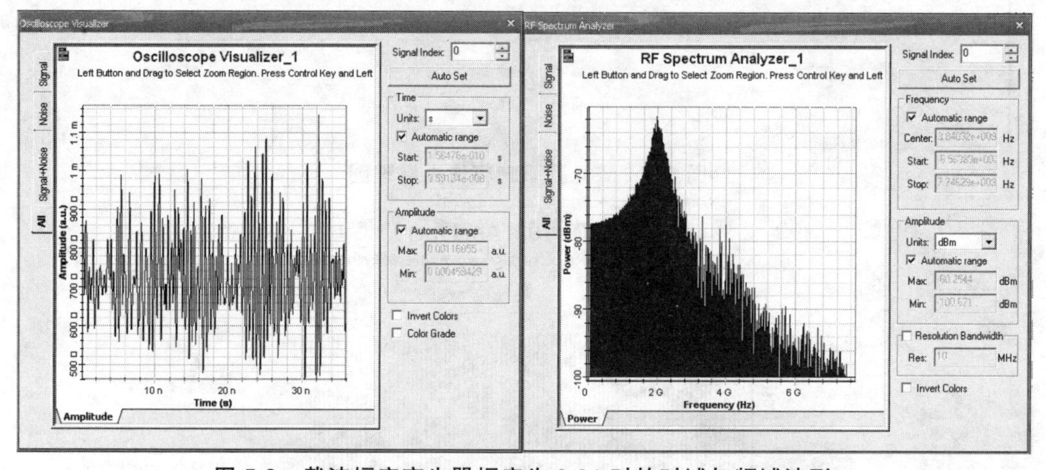

图 5.9　载波幅度产生器幅度为 0.01 时的时域与频域波形

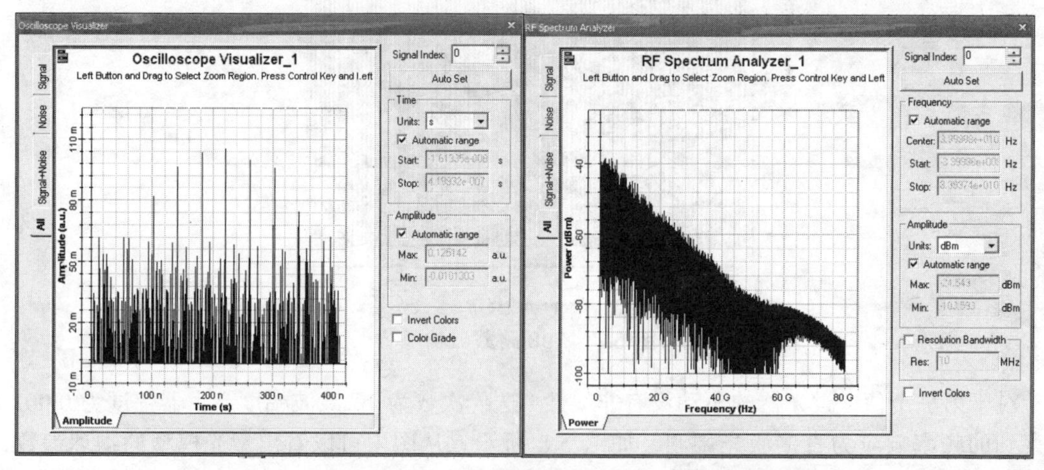

图 5.10　载波幅度产生器幅度为 0.8 时的时域与频域波形

2. 截　波

截波分析中，载波产生器的幅度定为 0.25。在这种情况下，调制的峰值电流为 0.2，11.5，21，30.5，40。激光速率方程的噪声和相位噪声以及 PIN 中的噪声源设为禁用。

可以观测到第一次迭代中电信号到光信号再到电信号的线性传输，如图 5.11 所示。

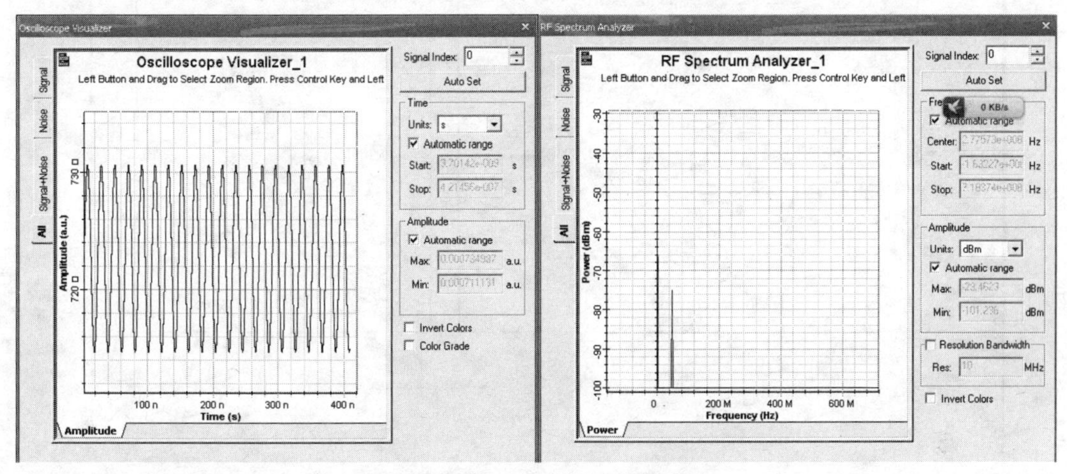

图 5.11　第一次迭代的线性传输

在三次迭代之后，驱动电流将低于阈值，激光在时域的输出为零，这种现象称为截波，如图 5.12 所示。

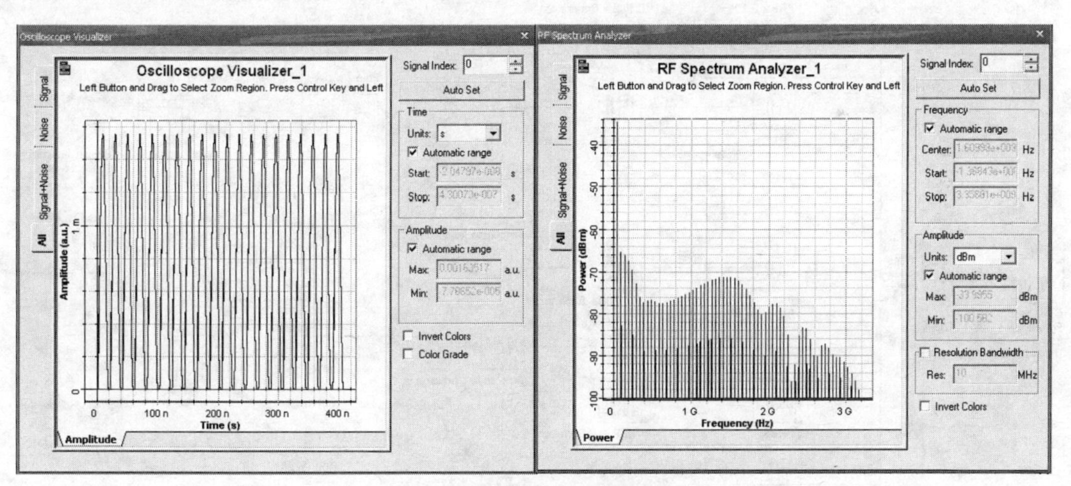

图 5.12　第三次迭代情况

5.6　光时分复用的 OptiSystem 仿真

在光时分复用（OTDM）系统中，很多路的光信号使用同频率载波的 B 比特率的信号复用成一个 NB 比特率的混合信号。如图 5.13 所示即为光时分复用的仿真模型，其中左边为复用端，右边为解复用端。

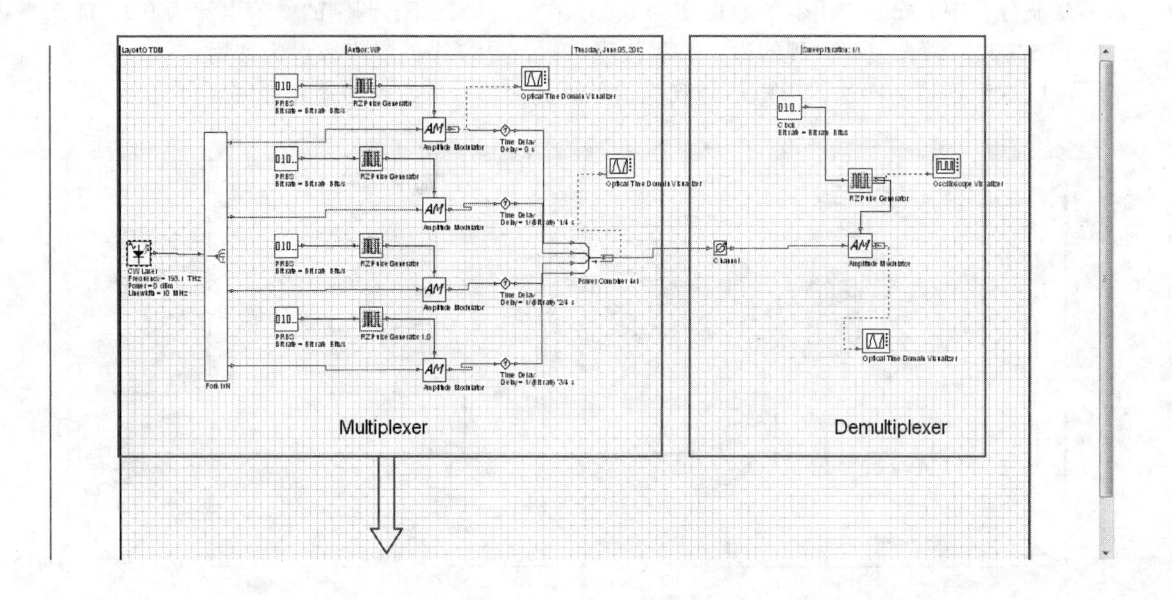

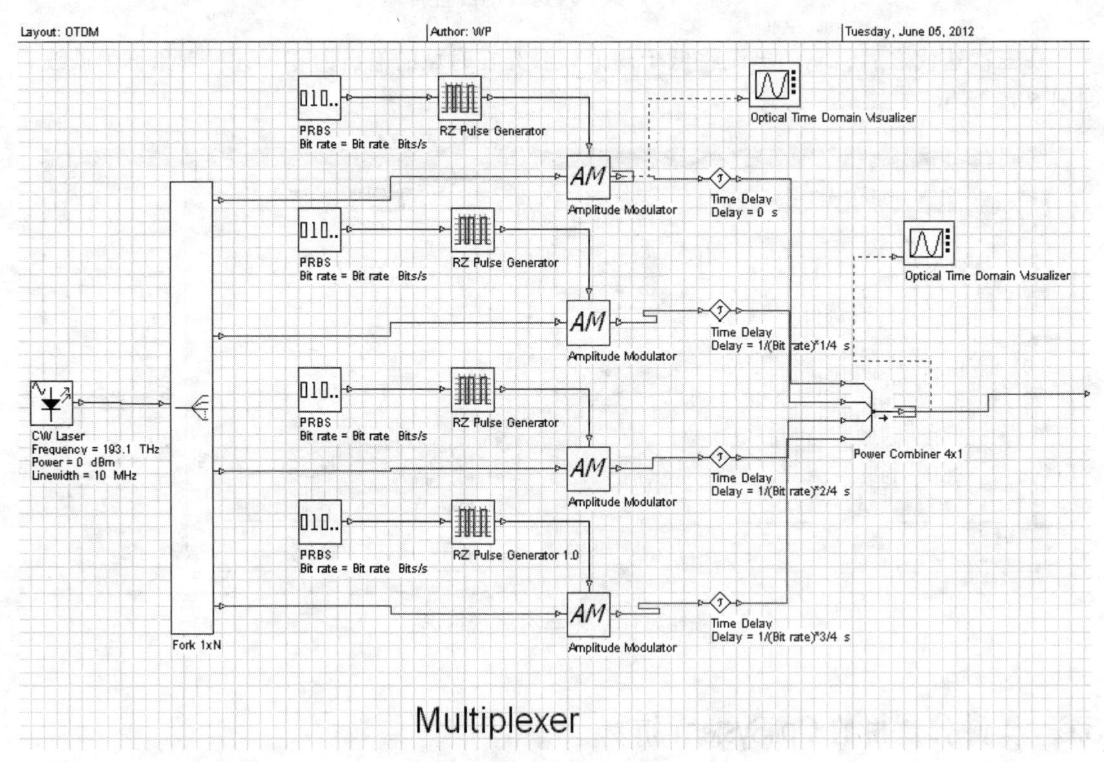

图 5.13 光时分复用

每一个调制器产生 10 Gb/s 比特率的短脉冲，3 dB 脉宽为 0.05 倍的比特周期，如图 5.14 所示。

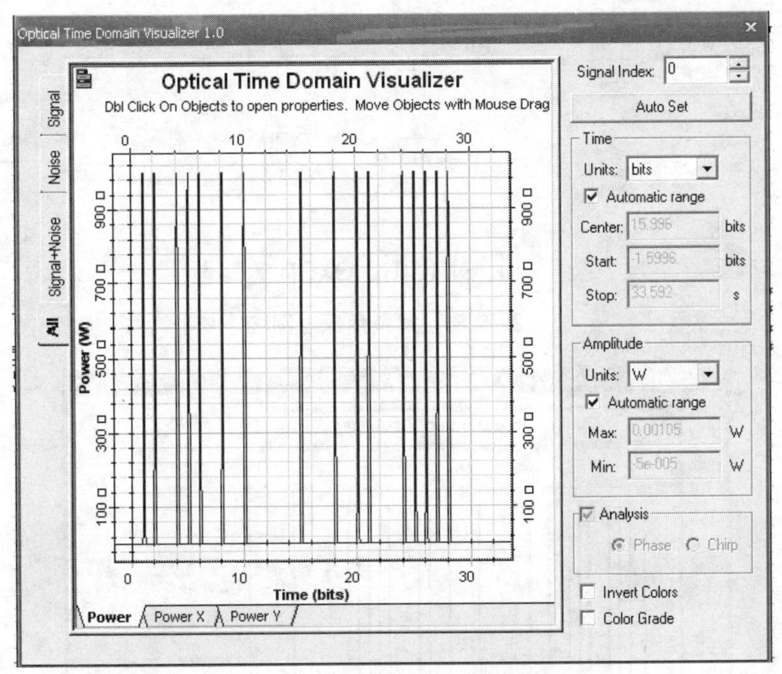

图 5.14 10 Gb/s 的时分复用

这些信号复用后产生 40 Gb/s 比特率的输出，如图 5.15 所示。

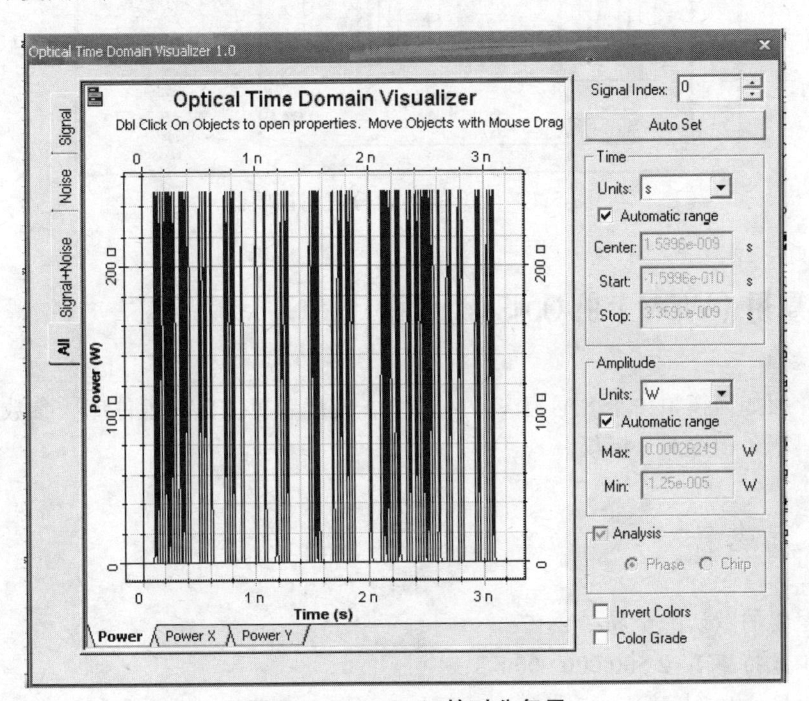

图 5.15 40 Gb/s 的时分复用

解调时使用工作在 10 Gb/s 的时钟，其原理如图 5.16 所示。如图 5.17 所示为第一通道的输出信号。

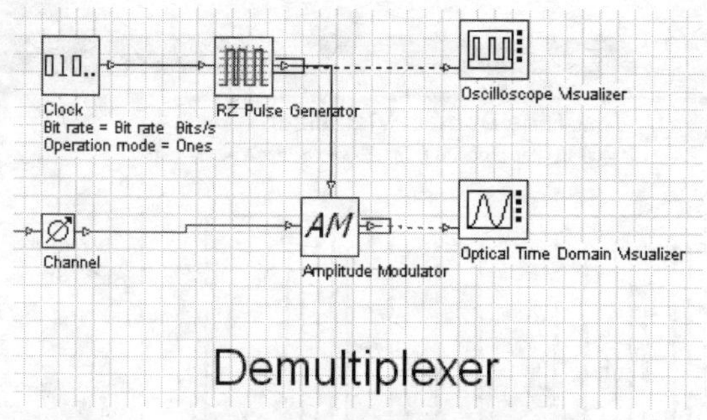

图 5.16 解复用原理图

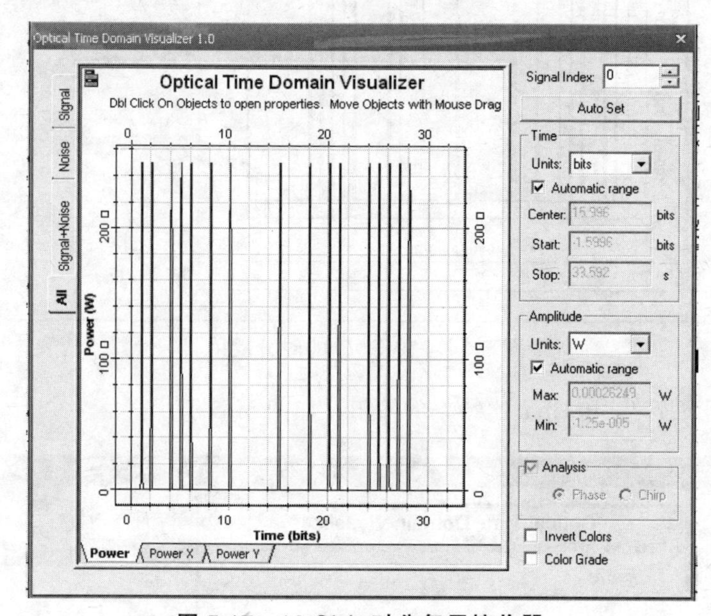

图 5.17 10 Gb/s 时分复用接收器

5.7 波分复用（WDM）的 OptiSystem 设计

本节将介绍如何模拟一个 8 通道 WDM 系统，使读者更加熟悉组件库、参数组和可视化工具，如误码率（BER）分析仪。

5.7.1 全局参量

仿真所需要的默认的全局参数有：

Bit rate（比特率）：2 500 000 000 b/s；

Sequence length（长度）：128 bit；

Time window（时间窗口）：5.12e－008。

其参数设置如图 5.18 所示。

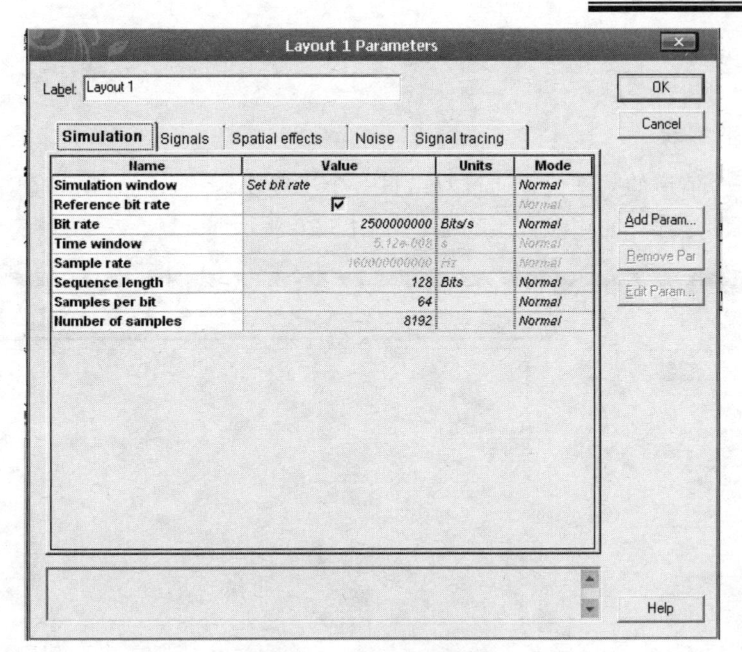

图 5.18　布局参数设置

5.7.2　发射器模型

建立一个 8 通道的 WDM 系统的发射器，如图 5.19 所示。

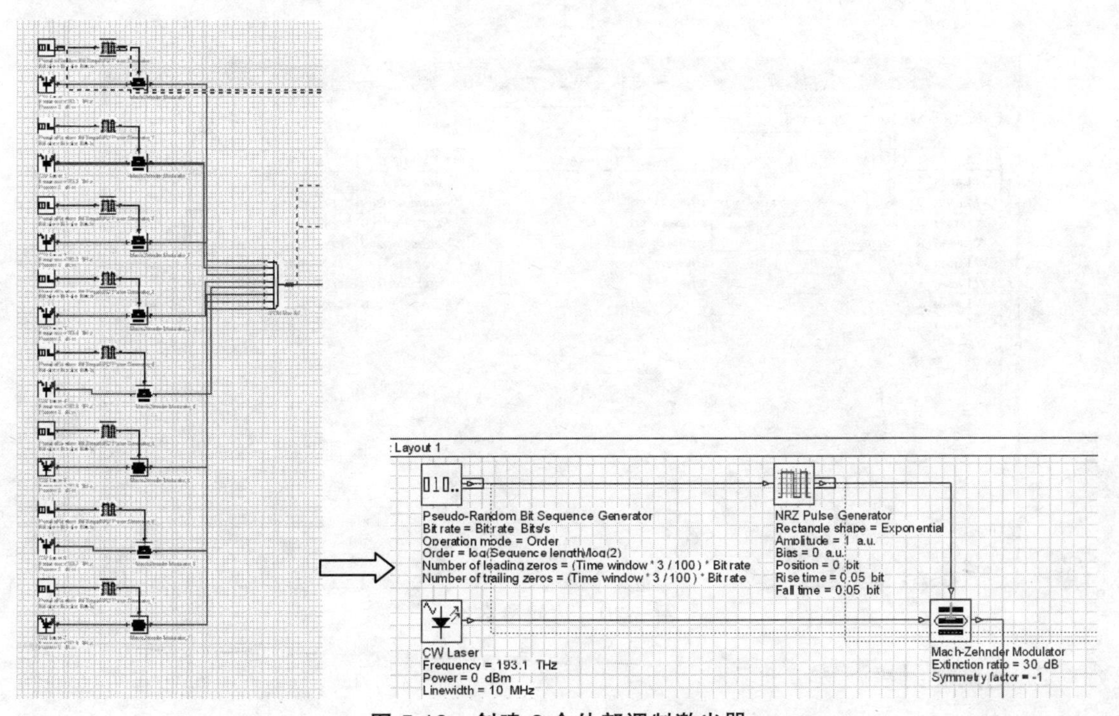

图 5.19　创建 8 个外部调制激光器

5.7.3 参数组

1. 访问参数组表

为了输入每个信道的频率值，通过双击每一个 CW Laser 来输入频率值。为了简化进入每个元件参数值的过程，使用参数组功能，如图 5.20 所示。

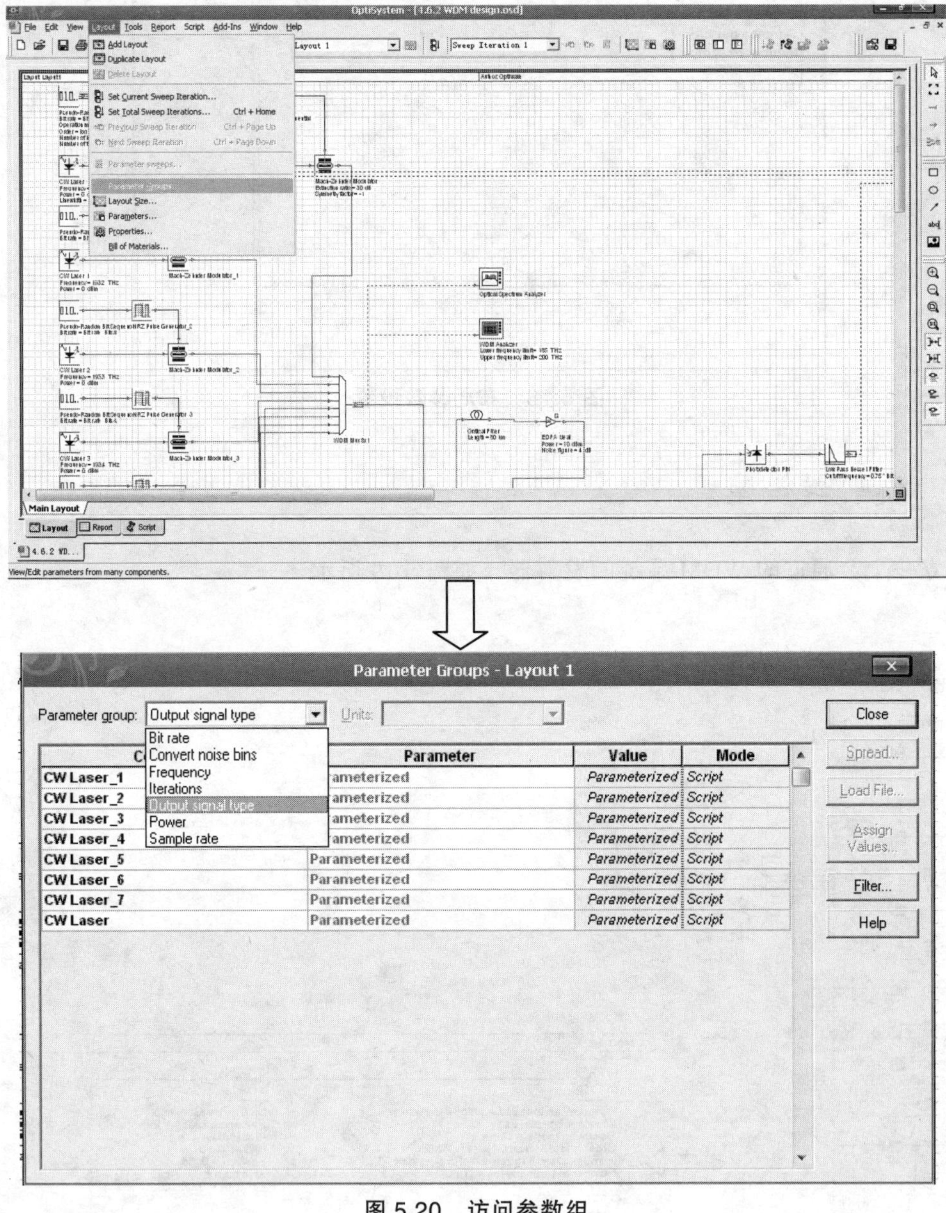

图 5.20 访问参数组

2. 测试发射机

为了验证这个设计系统设置，使用 Optical Spectrum Analyzer（光学频谱分析仪）和 WDM Analyzer（波分复用分析仪）来获得信号的频谱和每个信道的总功率，其结果如图 5.21 所示。

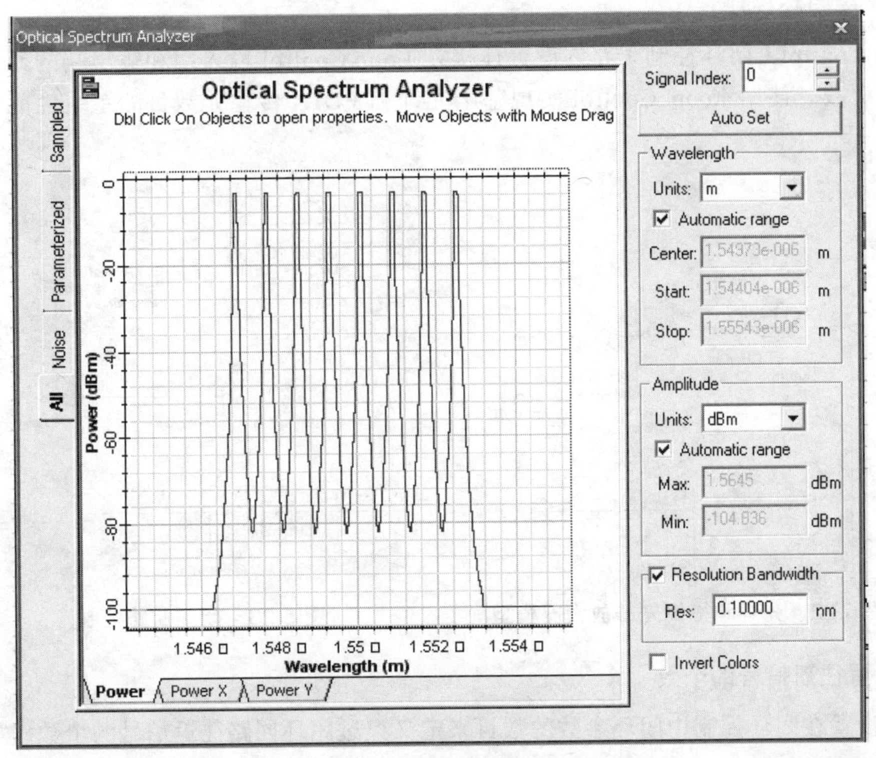

（a）光学频谱分析仪所得结果

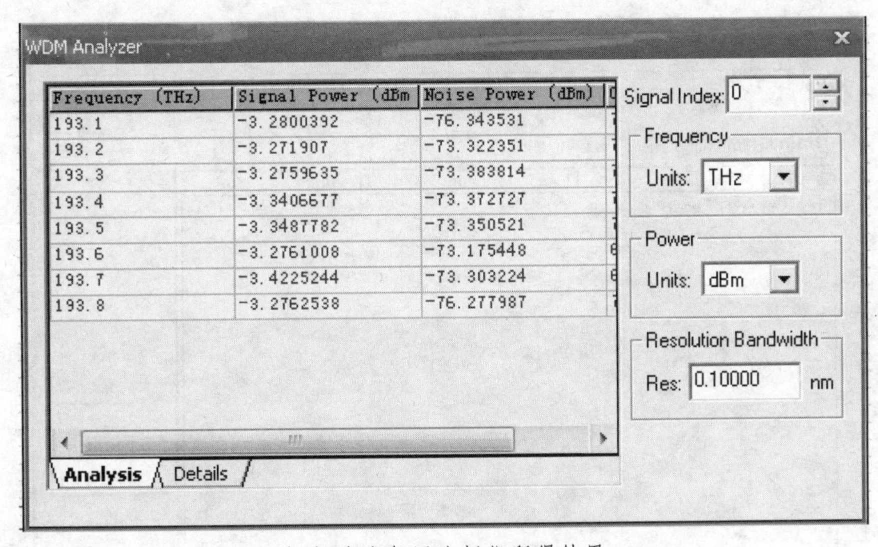

（b）波分复用分析仪所得结果

图 5.21 仿真结果

5.7.4 光纤和掺铒光纤放大器模型

创建一个连接到 EDFA（掺铒光纤放大器）的光纤，如图 5.22 所示。

1. 连接闭环控制

Loop Control（闭环控制）允许设置连接在 Loop Control 输入端和输出端的元件中的信号传播的次数。使用 Loop Control 实现基于光纤和 EDFA 传输元数目的系统性能计算，如图 5.23 所示。

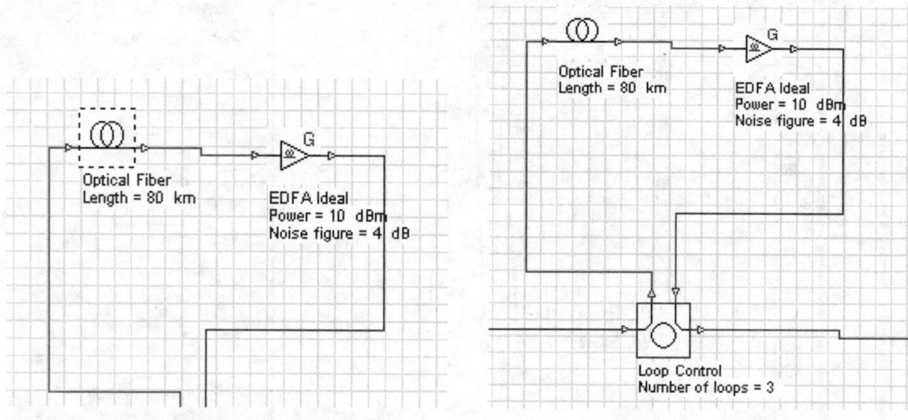

图 5.22　光纤和掺铒光纤放大器模型　　　　图 5.23　闭环回路控制

2. 设置往返信号的个数

通过设置在闭环控制中闭环参数的数目来定义穿过闭环回路往返信号的个数，如图 5.24 所示。

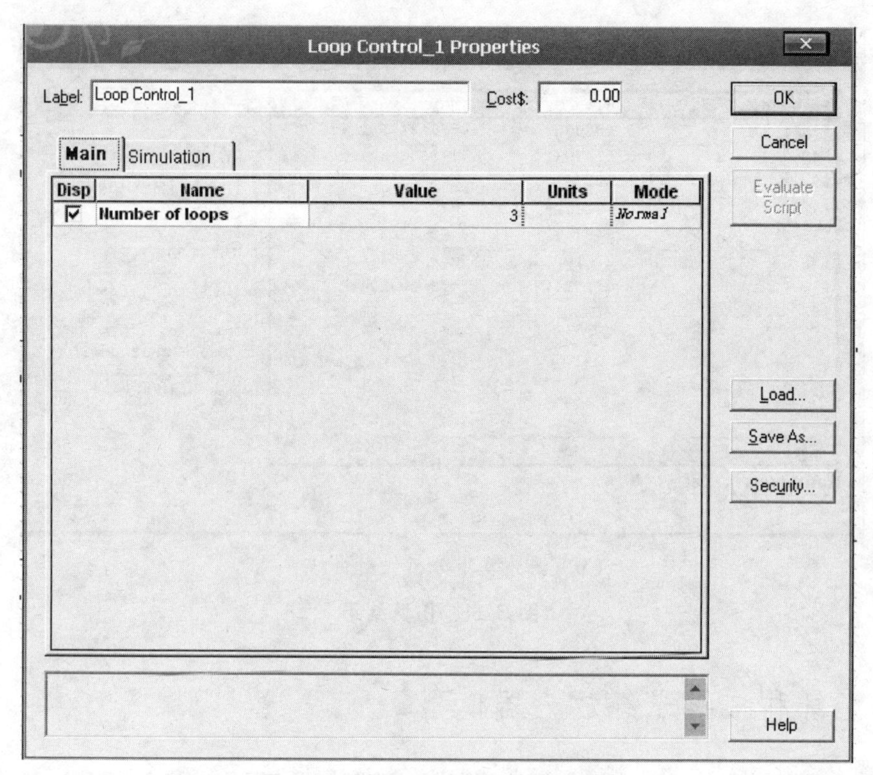

图 5.24　闭环回路控制参数设置

3. 解复用后获取结果

为了验证设计的系统设置，需要使用一个“Optical Spectrum Analyzer”、一个“WDM Analyzer”和一个“Optical Time Domain Visualizer”（光时域显示器），如图 5.25 所示。

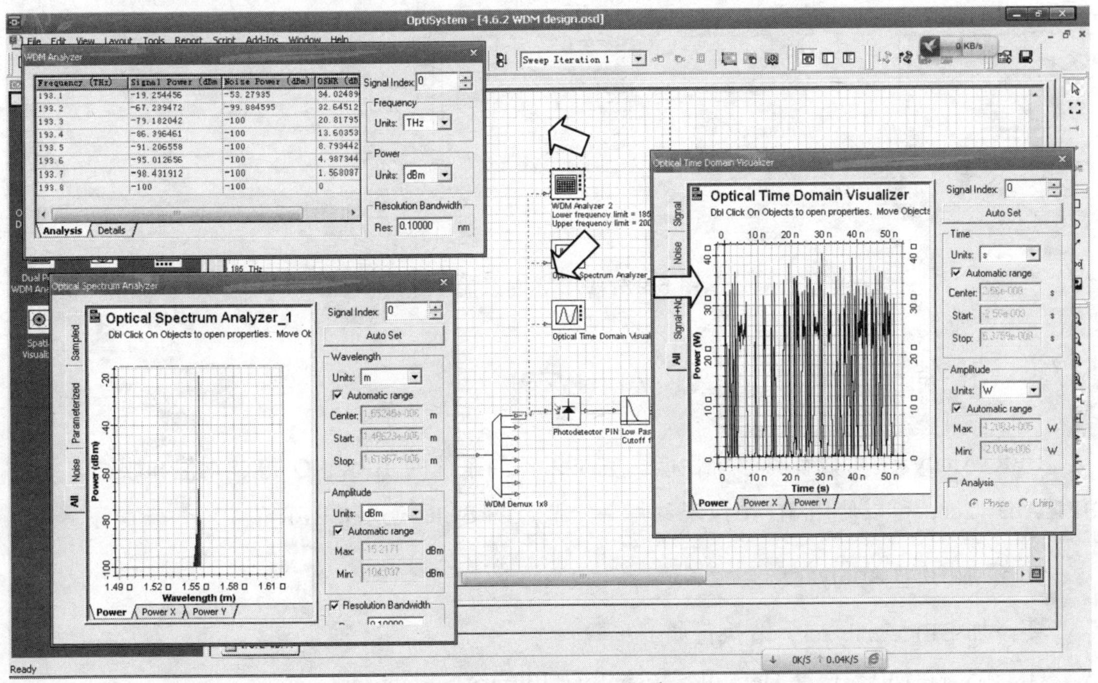

图 5.25 可视化仿真结果

4. 添加接收机

仿真还要添加一个光探测器、一个电子放大器和一个贝塞尔滤波器，如图 5.26 所示。

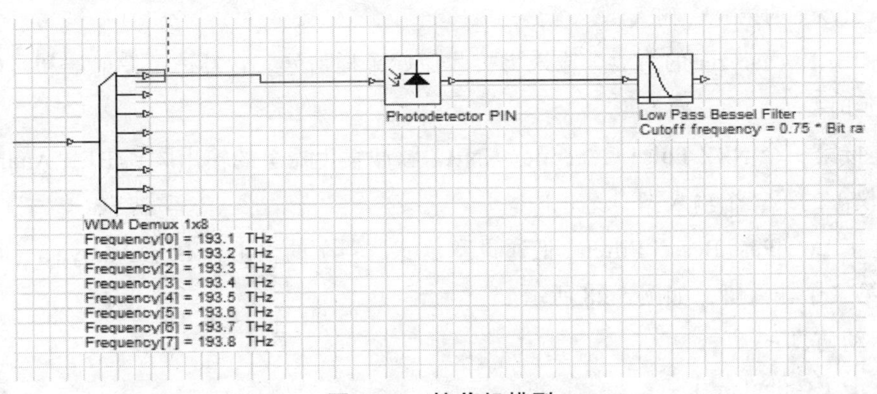

图 5.26 接收机模型

注意：本设计可以使用“Optical Transmitter”库中的“WDM Transmitter”元件来实现。如果使用该元件会减少很多步骤。在使用“WDM Transmitter”时，接收机需要来自“Receivers”库中的“3R Regenerator”元件，如图 5.27 所示。

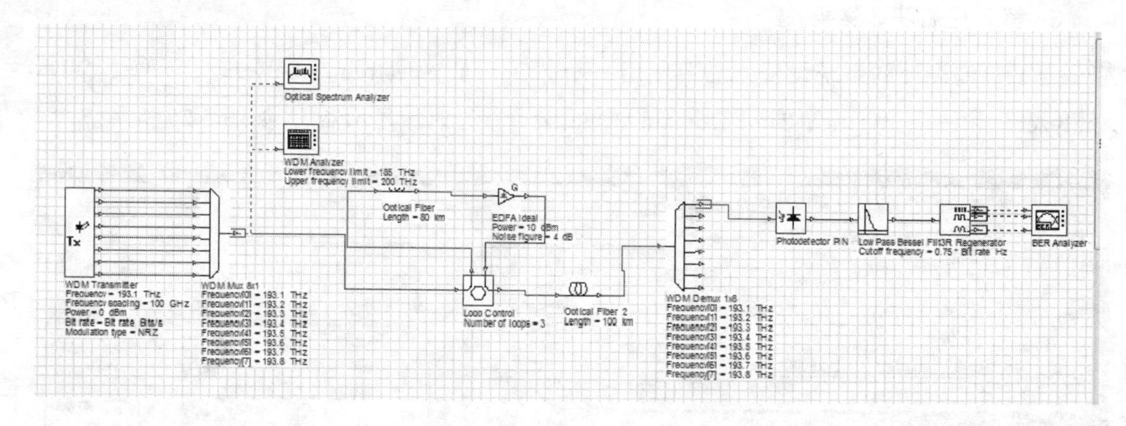

图 5.27 WDM 发射器设计

5.7.5 比特率分析仪（BER Analyzer）

BER Analyzer 可以计算系统性能。它可以预测系统的 BER、Q 值、阈值和眼图。添加 BER Analyzer，可以使用 3D 图像观察每一个节点的 BER 模式和 BER 值。

1. 添加 BER Analyzer

要添加 BER Analyzer，请执行如下步骤：

① 在元件库中，选择 Default > Visualizer Library > Electrical。

② 拖动 BER Analyzer 到 Main layout。

注意：BER Analyzer 的第一个输入脚接收二进制信号。

③ 连接第一个 Pseudo-Random Bit Sequence Generator（伪随机位序列发生器的输出脚）到 BER Analyzer 的第一个输入脚。

注意：BER Analyzer 的第二个输入脚接收原始采样信号。它补偿了发射端和接收端之间的信号的延时。

④ 连接第一个 NRZ Pulse Generator（NRZ 脉冲发生器）的输出脚到 BER Analyzer（比特率分析仪）的第二个输入脚。

⑤ 连接 Low Pass Bessel Filter（低通贝塞尔滤波器）的输出到 BER Analyzer（比特率分析仪）的第二个输入脚，如图 5.28 所示。

⑥ 启动仿真：

- 点击【Calculate】。
- 点击【Run】按钮。

在【Calculate】对话框中会出现计算进度。

注意：这个仿真会花一些时间。

⑦ 要显示图像和结果，请双击 BER Analyzer。

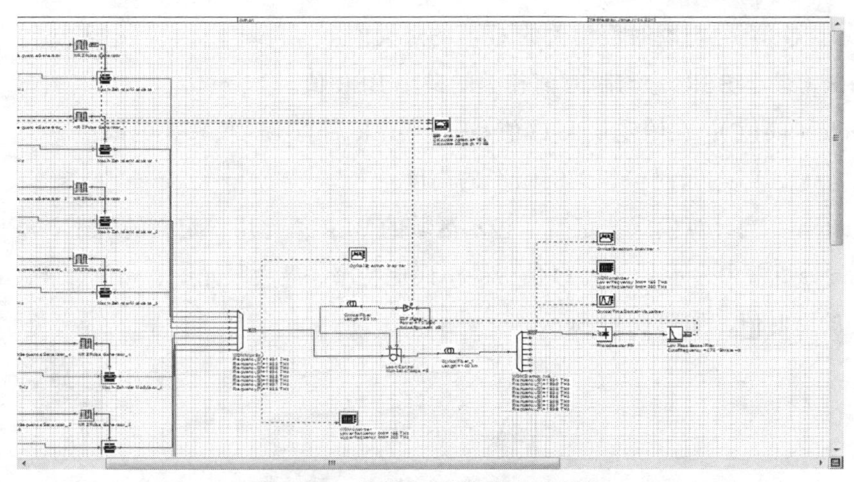

图 5.28 连接到误比特率分析仪

2. 观察 BER Analyzer 的图像和结果

观察 BER Analyzer 的图像和结果，请执行如下步骤：

① 双击 BER Analyzer，出现 BER Analyzer 窗口，显示图像。

② 选择 Show Eye Diagram，图像将会重新绘制，并显示图像。

注意：当打开 BER Analyzer 后，图 5.29 所示的图像的眼图将会一起出现。

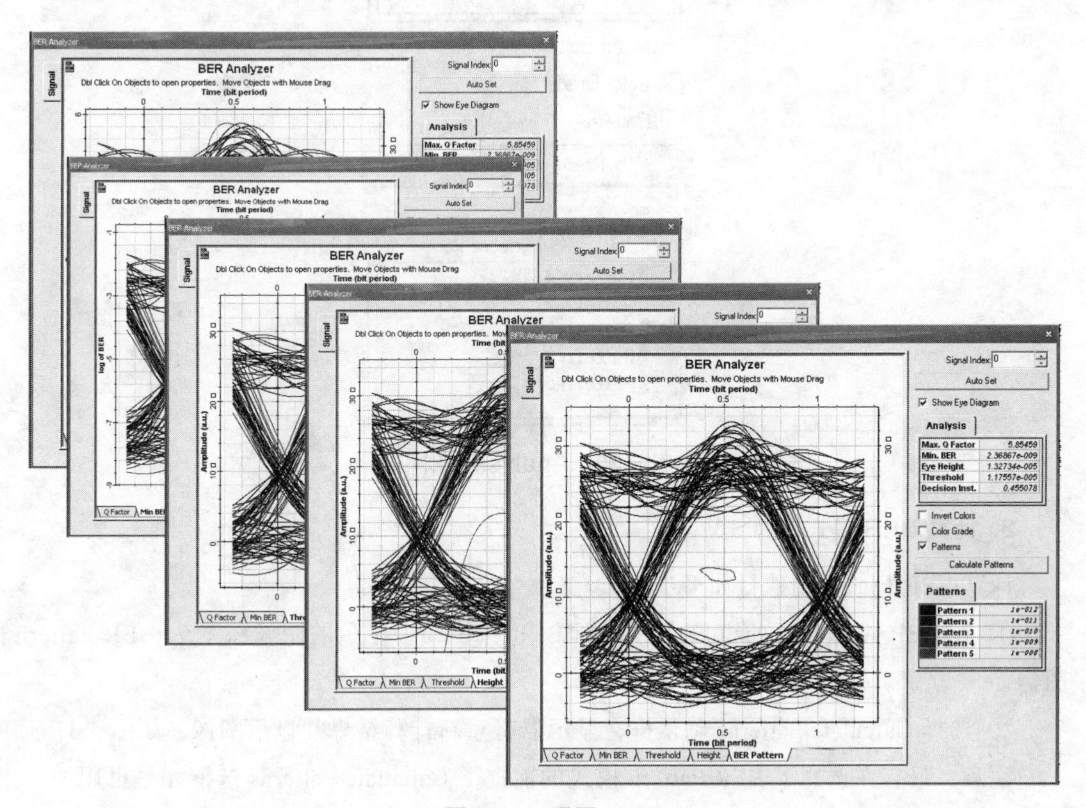

图 5.29 眼图

Q-Factor（Q 值）：与瞬时值相关的 Q 值的最大值。

Min BER（最小 BER）：与瞬时值相关的最小 BER 值。

Threshold（阈值）：在给定最大 Q 值和最小 BER 后与瞬时值相关的阈值。

Height（高度）：与瞬时值相关的眼图的高度。

BER Pattern：当计算模式选定后，显示区域的 BER 值比用户定义的值小。

Analysis 分析框中显示了最大 Q 值、最小误比特率、最大眼光圈、阈值、最大 Q 值/最小误比特率时的瞬时值，如图 5.30 所示。

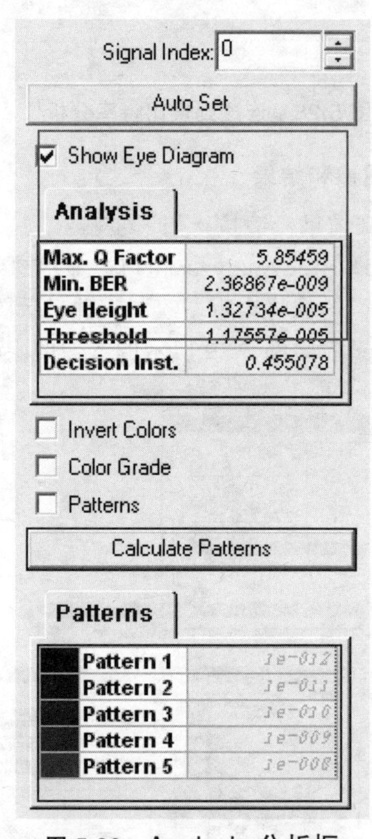

图 5.30　Analysis 分析框

3. 计算 BER 模式

计算 BER 模式，请执行如下步骤：

① 在 BER Analyzer 的窗口中，选择 BER Pattern，显示的图像将变为 BER Pattern 的图像。

② 选择 Calculate Patterns 确认框，显示器将重新计算结果并显示图像，如图 5.31 所示。

注意：只有在选择了 BER Pattern 模式的前提下 Calculate Patterns 选框才是可用的。

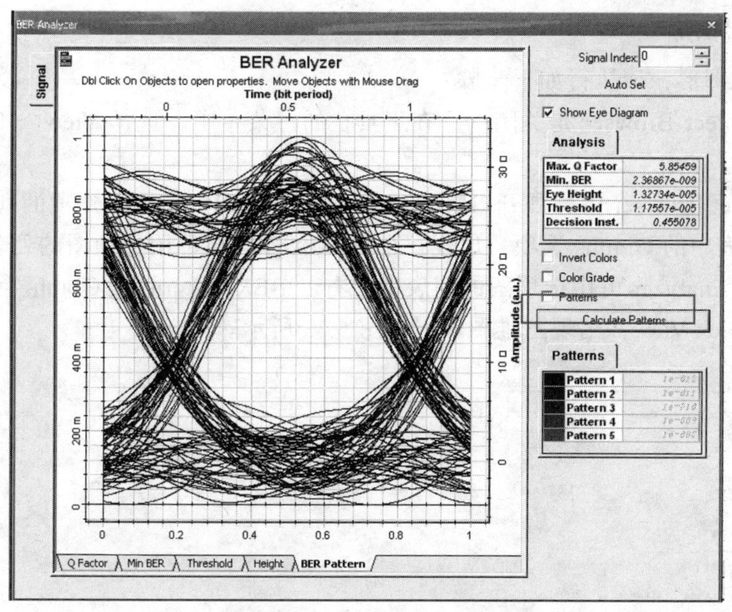

图 5.31 计算 BER 模式

4. 计算 3D BER 图像

计算 3D BER 图像，请执行如下步骤：

① 右击 BER Analyzer，出现一个下拉菜单。

② 选择 Component Properties，出现 BER Analyzer Properties 对话框。

③ 选择 BER Patterns 选项卡。

④ 选择 Calculate Patterns 之后的 Value 项。

⑤ 选择 Calculate 3D graph 之后的 Value 项。

⑥ 在 Disp 项中，选择 Calculate Patterns 和 Calculate 3D graph。

⑦ 要重新计算结果或者回到 Main layout，点击【OK】。

注意：必须打开 BER Patterns 和 3D graph。

可视化工具将重新计算图像和结果，如图 5.32 所示。

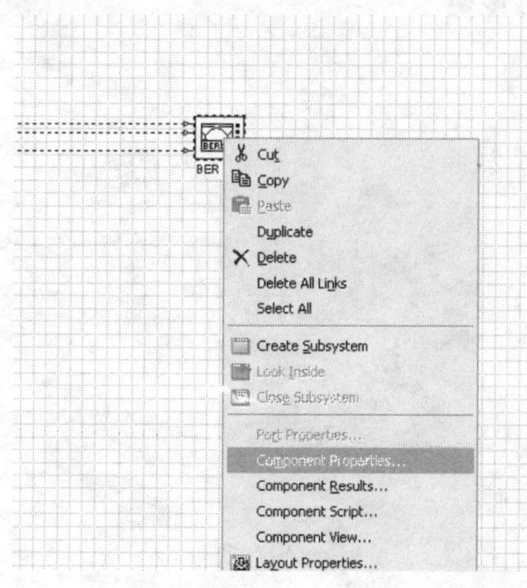

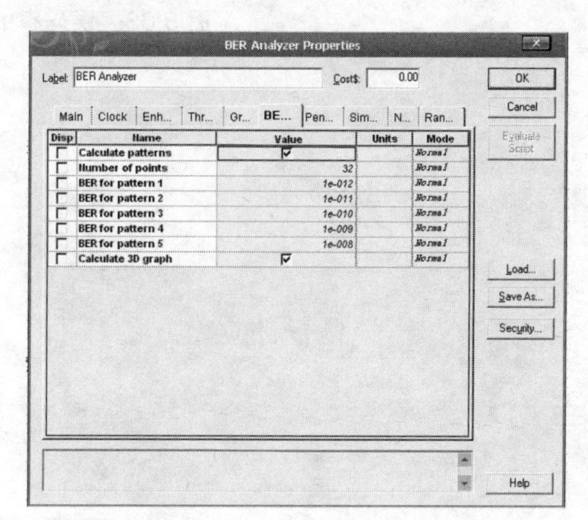

图 5.32 计算 3D 图像

5. 查看三维图形

要查看三维图形，请执行如下步骤：

① 如果 Project Browser 是关闭的，在工具栏的主菜单中，选择 View > Project Browser 或者使用快捷键“Ctrl + 2”。

② 在 Project Browser 中，展开 BER Analyzer 项，出现一个可用选项的列表。

③ 展开列表中的 Graphs 选项，出现一个 BER Analyzer 可用选项图的列表。

④ 在 BER Analyzer 可用选项图的列表中，右击 BER Pattern 3D Graph。

⑤ 点击 Quick View，出现三维图像，如图 5.33 所示。

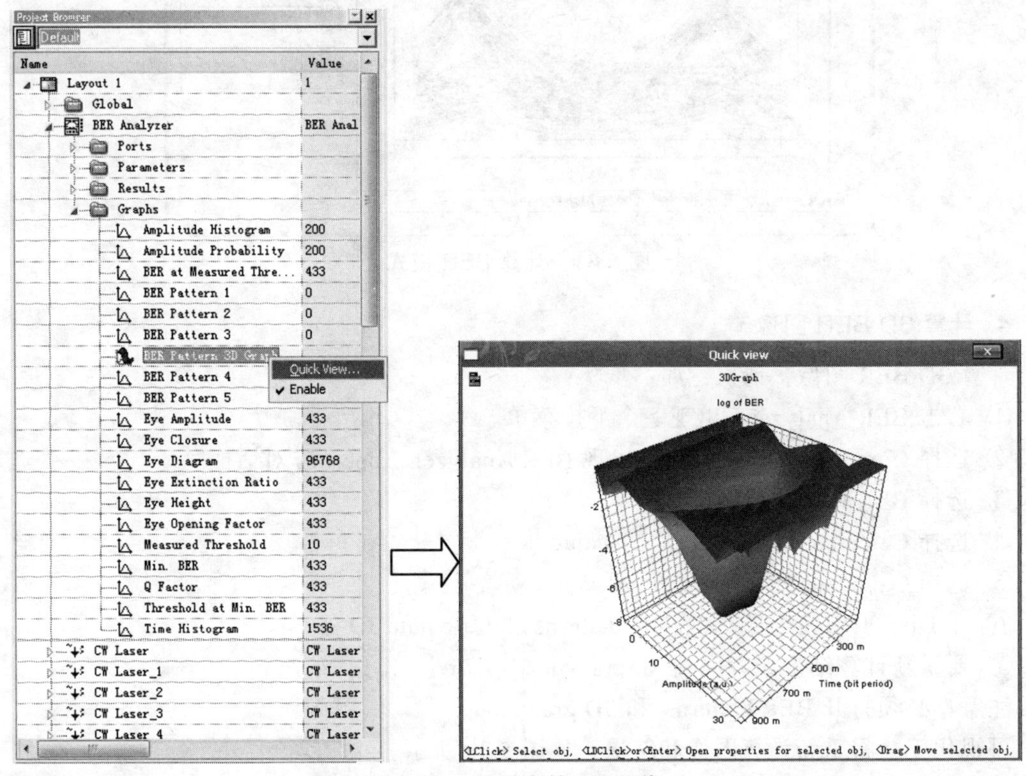

图 5.33 误码率的 3D 图像

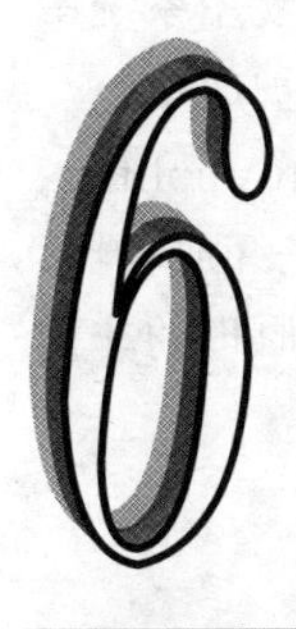

光纤放大器与仿真

【学习目标】

☆ 掌握掺铒光纤放大器（EDFA）的基本工作原理

☆ 掌握掺铒光纤放大器（EDFA）的基本结构

☆ 了解掺铒光纤放大器（EDFA）的基本性能

☆ 学会光放大器的自动增益与功率控制

☆ 了解长距离传输的应用技术与案例

☆ 学会如何仿真和参量配置

在光纤传输链路中，光信号的调理，包括发射端的光功率推动放大器、线路中的线路光放大器、接收端的光前置放大器，可以在色散受限下，通过调理光信号的功率达到最长的传输距离。它不仅解决了光纤损耗对光传输网络传输距离的限制，而且在密集波分复用系统中采用光放大器可以对多路不同波长信号同时放大，降低了系统设备成本和运行维护成本。

光放大器分为光纤放大器和半导体光放大器两类。光纤放大器（Optical Fiber Amplifier，OFA）分为以掺杂离子携带能量转移的掺铒光纤放大器和以散射转移能量的拉曼光纤放大器，而半导体光放大器（Semiconductor Optical Amplifier，SOA）是基于半导体激光器原理的非谐振的有源放大。

6.1 掺铒光纤放大器（EDFA）的基本工作原理

掺铒光纤放大器（EDFA）是以铒离子为媒介，实现能量转换。能量放大的工作波长窗口为 1 550 nm，宽度为 50 nm，与光纤的低损耗窗口吻合，能量的注入窗口为 980 nm 和 1 480 nm。一般制成掺铒离子光纤作为 EDFA 放大核心，即有源介质。放大系统是一个激光三能级系统，注入的 980 nm 的光能，被铒离子吸收到高能级 $^4I_{11/2}$，通过弛豫振荡跃迁到激光的跃迁能级 $^4I_{13/2}$，由于能级的寿命长，积累大量的激活粒子，储备大量的能量，然后通过与信号光的受激辐射，得到倍增的同频、同相位的信号光，使粒子回到基态 $^4I_{15/2}$。放大过程中引入的噪声是自发辐射（Amplified Spontaneous Emission，ASE），它与泵浦的波长有关。一般情况下，使用 980 nm 的激光器泵浦的效率低、噪声小；而使用 1 480 nm 的激光器泵浦的效率高、噪声大。所以在设计过程中，一般前置光纤放大器 EDFA 使用 980 nm 泵浦；发射端的推动放大器 Booster EDFA 使用 980 nm 和 1 480 nm 的混合泵浦方式，并根据 DWDM 对光学均衡滤波器的要求，专门设计介质膜片平坦滤波器。

6.2 掺铒光纤放大器（EDFA）的基本结构

一个典型的 EDFA 由掺铒光纤、泵浦源、波分复用器、光隔离器和光滤波器等组成。其中掺铒光纤提供放大，泵浦源提供足够强的泵浦功率，波分复用器将信号光与泵浦光合在一起输入掺铒光纤中，光隔离器保证光单向传输，以防由于光反射形成光振荡以及反馈光引起信号激光器工作状态的紊乱。光滤波器的作用是滤除光放大器中的 ASE 噪声，提高 EDFA 的信噪比。通常 EDFA 有 3 种泵浦形式：同向泵浦、反向泵浦和双向泵浦。

为了保证 EDFA 的放大倍数恒定（即前置和线路的线性放大器）或输出功率恒定（即发送端的饱和功率放大器），需要设计辅助电路对 EDFA 的输入和输出功率进行监测，以及对泵浦光源的工作状态进行监测和控制。根据所监测结果适当调节泵浦光源的工作参数，使 EDFA 工作在最佳状态。此外，辅助电路部分还包括自动温度控制和自动功率控制等保护功能的电路。

6.3 掺铒光纤放大器（EDFA）的基本性能

EDFA 的基本性能体现在增益、输出功率和噪声，以及带宽与均衡等。

1. 增益特性

增益特性表示了光放大器的输出功率与输入功率之比的放大能力，它与多种因素有关，一般使用 dB 表示，常用的放大系数为 15 ~ 40 dB。

一般情况下，增益与泵浦功率有直接的关系，也与掺铒光纤长度有关，通过实验可以找到它们的最佳值。

2. 输出功率特性

对于理想的线性光放大器，无论输入光功率多大，光信号都能按同样的增益被放大和输出。为了保证这个条件，一般只有当输入小的光信号时，通过足够的增益放大后的光信号输出，不足以减弱泵浦功率注入激光上能级的粒子数。但是当输入光功率足够大时，注入的功率不足以弥补放大后输出功率的大小，从而使反转的粒子数出现饱和而减少，于是输出光功率下降，影响到放大倍数的下降，即增益饱和，使放大进入非线性放大饱和区。EDFA 的最大输出功率常用 3 dB 饱和输出功率表示，指当饱和增益下降 3 dB 时所对应的输出功率，反映了 EDFA 的最大功率输出能力。EDFA 的饱和输出特性与泵浦功率大小、掺铒光纤长度和结构有关。泵浦光功率越大，3 dB 饱和输出功率越大；掺铒光纤长度越长，3 dB 饱和输出功率也越大。

3. 噪声特性

EDFA 在放大过程中引入的光噪声，主要是在激活的掺铒光纤中的自发辐射光功率，然后又经过掺铒光纤的有源区放大，它是一种被放大的自发辐射光噪声。噪声来源主要有 4 种：信号光的散粒噪声、被放大的自发辐射光 ASE 的散粒噪声、自发辐射 ASE 光谱与信号光之间的差拍噪声、自发辐射 ASE 光谱间的差拍噪声。其中，后两种影响最大，自发辐射 ASE 光谱与信号光之间的差拍噪声是决定 EDFA 性能的主要因素。衡量 EDFA 的噪声特性可用噪声系数 NF 来表示，即 EDFA 的输入信噪比与输出信噪比的比值，用 dB 表示。它与同相传输的自发辐射频谱密度和放大器增益密切相关，与输入信号功率、泵浦功率和泵浦方式等有关。

在小的光信号输入下，光放大器的噪声系数 NF 随着输入信号光功率的增大使受激辐射增大，而减弱了自发辐射的比率，从而使噪声系数 NF 减小。

在大的光信号输入下，光放大器的噪声系数 NF 随着输入信号功率的增大使放大倍率下降，而参与自发辐射的光功率增大，从而使噪声系数 NF 增大。

噪声系数随着泵浦功率的增加而减小。EDFA 的噪声功率由两部分组成，一部分是每一小段光纤产生的自发辐射，而大部分是该段光纤对前面部分光纤所产生的自发辐射的放大，即放大的自发辐射。泵浦功率越大，前一部分所占的比重就越小，因为虽然输出噪声功率随泵浦功率的增大而增大，但是信号同样也获得增益，因而每一段光纤产生的自发辐射的比重较小，所以总的信噪比提高，即噪声系数 NF 降低。

理论证明，对于受激辐射进行放大的光放大器，其噪声系数的最小值为 3 dB，这个极限就被称为量子极限。

6.4 光放大器的自动增益与功率控制

EDFA 在应用中有两个重要功能：进行自动增益放大的自动增益控制（AGC）和进行自动功率恒定控制的自动功率控制。在解决线性应用问题时，需要在放大器中引入自动增益控制功能，当光信号存在瞬态波动或者系统总损耗发生变化时，AGC 能使 EDFA 补偿掉这些瞬态波动和附加损耗。在解决非线性问题时，某些光功能模块和系统中的非线性光开关及光网，要求 EDFA 输出信号功率恒定，这就要求 EDFA 能够抑制其输出功率的波动，即需要设置自动功率控制功能。

6.5 长距离传输的技术方案

（1）为了最大限度地满足超长跨距无中继单通道 SDH 系统传输的需求，可以使用 EDFA 功率放大器（EDFA-Booster Amplifier，EDFA-BA），EDFA 前置放大器（EDFA-Pre Amplifer，EDFA-PA）、拉曼放大器（RFA）和前向纠错（FEC）。其中，EDFA-BA，EDFA-PA 均是目前应用最为广泛的光纤放大器。利用掺铒光纤这一介质，将泵浦光输入铒纤中，此时，信号光子通过掺铒光纤，在受激辐射效应作用下产生大量与自身完全相同的光子，使信号光子迅速增多，这样在输出端就可以得到被不断放大的光信号。

（2）基于受激拉曼散射理论制作的拉曼放大器 RFA，不仅可以起到信号放大的部分作用，同时，由于传输光纤本身就是增益介质，所以增益是沿传输光纤产生的，由此可以避免信号被衰减到很低的功率水平，从而改善了传输信号的光载噪比。

（3）FEC，即前向纠错（Forward Error Correction），是一种信道编码格式。FEC 方式是发送端的 FEC 编码器将待传输的数据信息按一定规则产生监督码元，形成有纠错能力的码字，接收端的 FEC 译码器将收到的码字序列按规定的规则译码。当检测到接收码组中有错误时，译码器就对其差错进行定位并纠错。这样，当采用 FEC 技术后，在满足相同误码率的要求的情况下，其所需要的最小信噪比比不采用 FEC 的更小，从而极大地改善了线路误码性能，延伸了传输距离。对于具有 FEC 设备的 2.5 G 速率系统，其编码增益典型值是 8 dB；对于 10 G 速率系统，其典型值是 6 dB。同时，可将 SBS（受激布里渊散射）抑制技术集成到 FEC 设备中，配合 EDFA-BA 可得到更高的入纤功率，从而进一步延伸了传输距离。典型情况下，采用集成 SBS 抑制技术的 FEC 支持的最大入纤功率可提升 5 dB 左右。

通过有效合理的配置，可以满足 300 km 左右的 2.5 G 系统的无中继传输以及 200 km 左右的 10 G 系统的无中继传输。

（4）特征：工作速率为 155 M，622 M，2.5 G，10 G；可广泛应用于电力、电信及其他各种长距离传输网络。

（5）典型应用如图 6.1 ~ 6.3 所示。

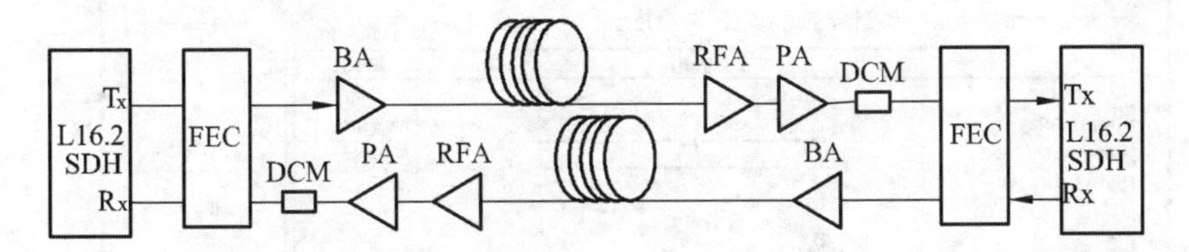

图 6.1 南方电网黔电送粤 500 kV 交流输变电工程（2.5 G 速率通信系统）

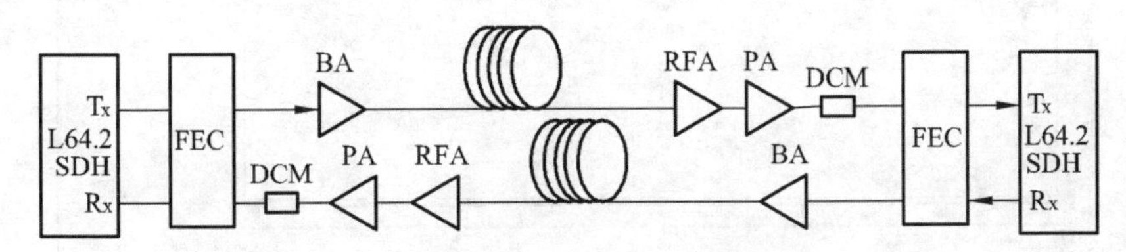

图 6.2 广西电网基建工程（10 G 速率通信系统）

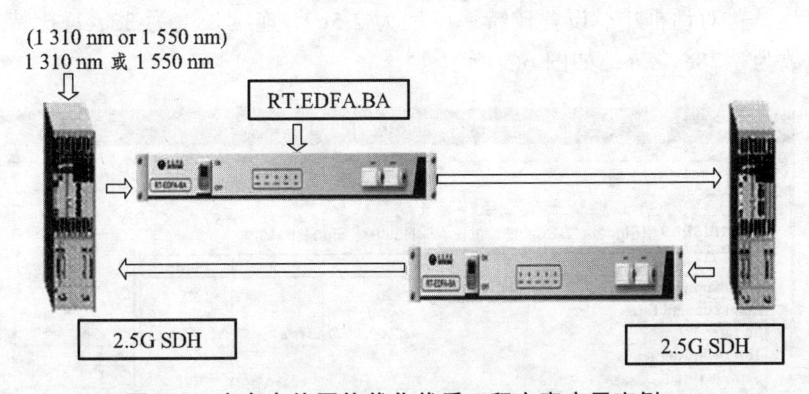

图 6.3 广东电信网络优化优质工程方案应用实例

6.6 光纤放大器激光器设计的 OptiSystem 仿真

1. 使用光系统设置总参数

正如前文所述，最主要的参数是时间窗口、比特率和连续长度。对于放大器和激光器的设计，还有其他重要的参数，这些参数是需要在模拟器中定义的循环数和在模拟器重新初始化的延迟时间。这些参数在总的参数窗口中可以获得，如图 6.4 所示。

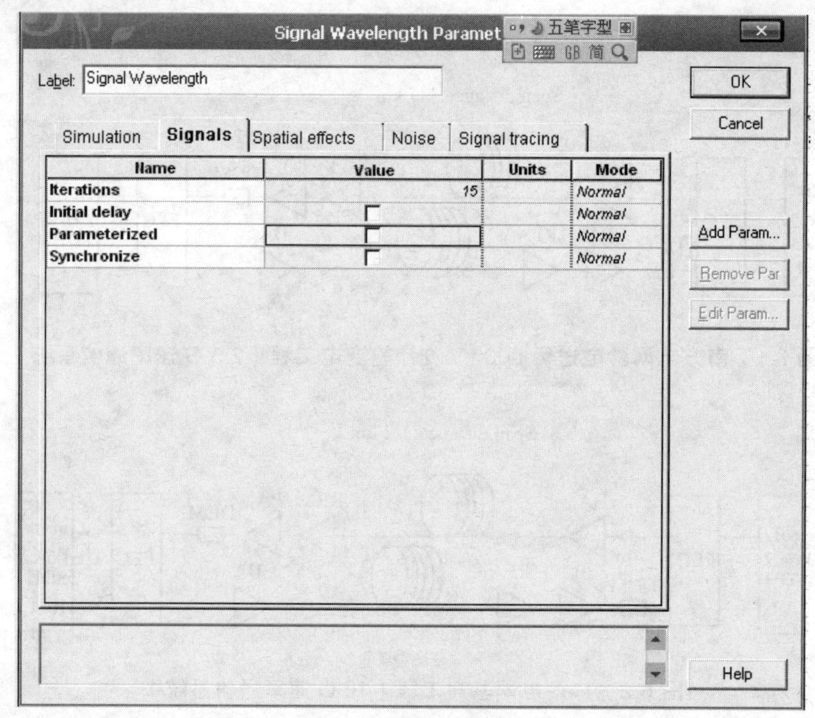

图 6.4　总参数设置

在总参数设置对话框中，设置比特率参数为 2.5e9，连续长度为 32，每比特采样数为 32，时间窗口参数为 1.28e－8 s，如图 6.5 所示。

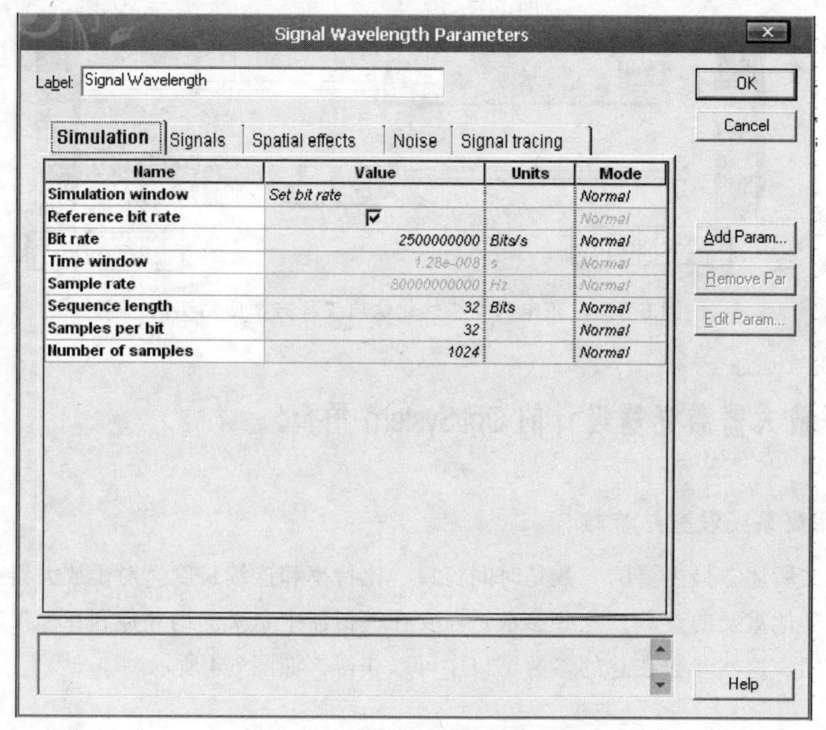

图 6.5　总参数：仿真参数实验

2. 系统设置

设置完总的参数后，可以增加部件，用以设计基本 EDFA（掺铒光纤放大器）参数。从部件收藏夹拖拉以下部件到页面：

① 从“预设/发射器收藏夹/光资源”中拖拉“CW 激光器”和“泵激光器”到设计页面中。

② 从“预设/发射器收藏夹/光资源/掺铒光纤放大器”中拖拉“掺铒光纤”部件到设计页面中。

③ 从“预设/被动收藏夹/光学”拖拉两个“双向隔离器”部件和一个“双向泵连接器”到设计页面中。

④ 从“预设/接收器收藏夹/光电探测器”中拖拉一个“光电探测器 PIN”部件到设计页面中。

⑤ 从“预设/观测仪收藏夹/光学”中拖拉“双重波分复用分析仪”到设计页面中。

如图 6.6 所示为仿真原理图，在隔离器中有一个输入口，因此可以在设计中进行光学上无效但在运行上必要的仿真。

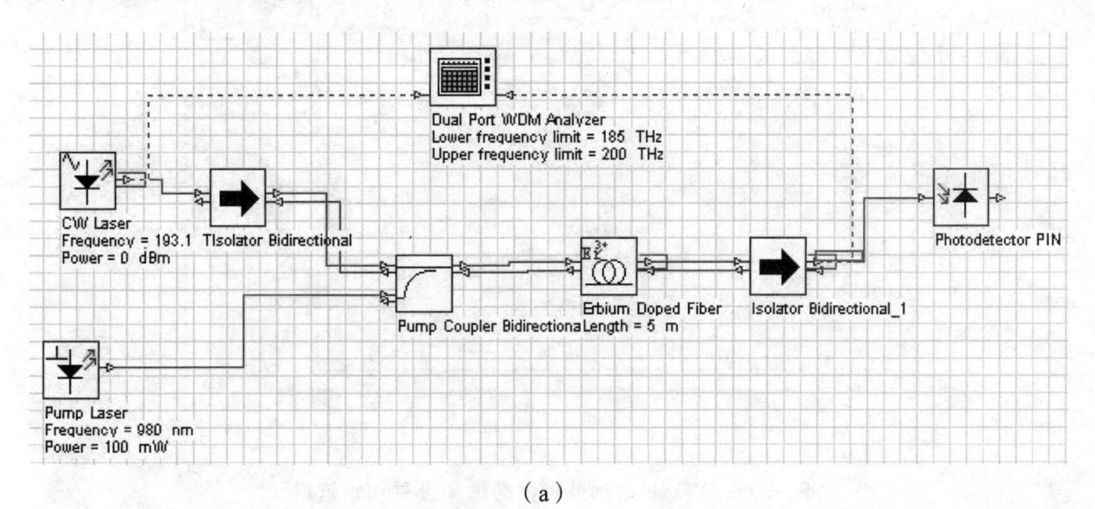

（a）

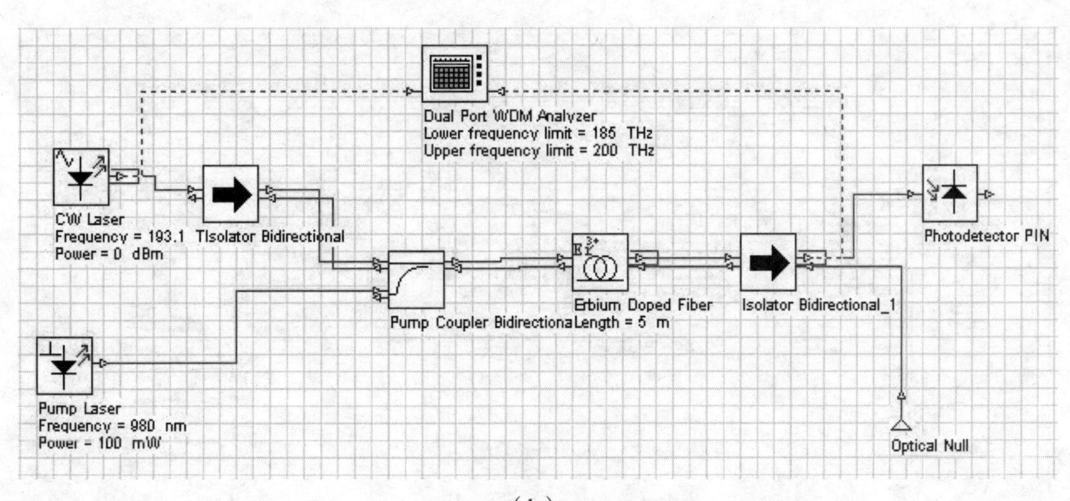

（b）

图 6.6　掺铒光纤放大器设计

3. 信号设置

即使所有的部件都在设计页面中并且正确地连接起来，也不能立即去运行仿真。

① 因为要考虑到信号在两个方向上传播，需要更多的总迭代器用于汇聚结果。

② 要检查在第一个迭代器中有无向后信号在双向器件的左输出部分,例如隔离器和泵浦激光器的连接器，这会使仿真停止。

解决①，只需要增加迭代器的数量。

解决②，有两个办法：其一，可以在信号窗口中初始化信号延迟参数，如图 6.7 所示；其二，可以增加设计部件“光延迟”，如图 6.8 所示。

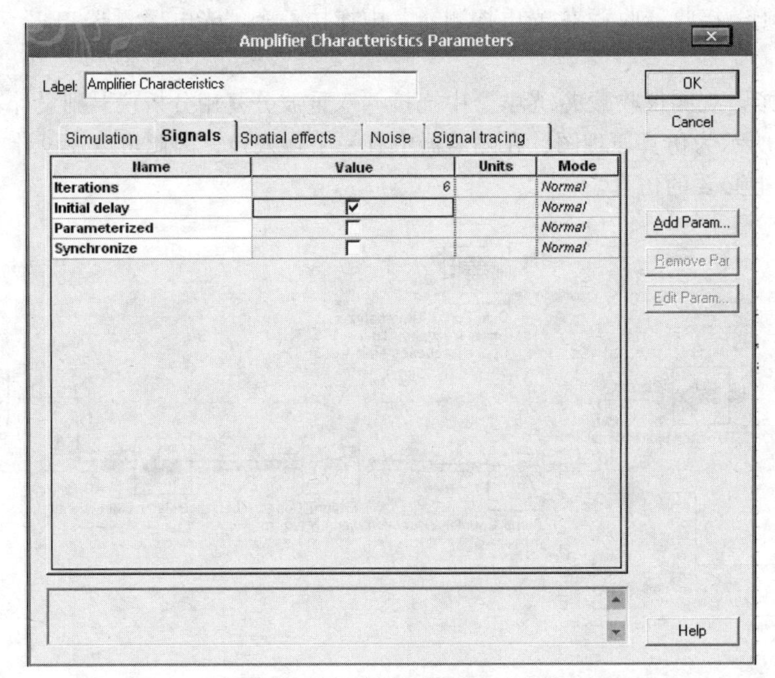

图 6.7　总参数-增加迭代器数量和设置初始延迟

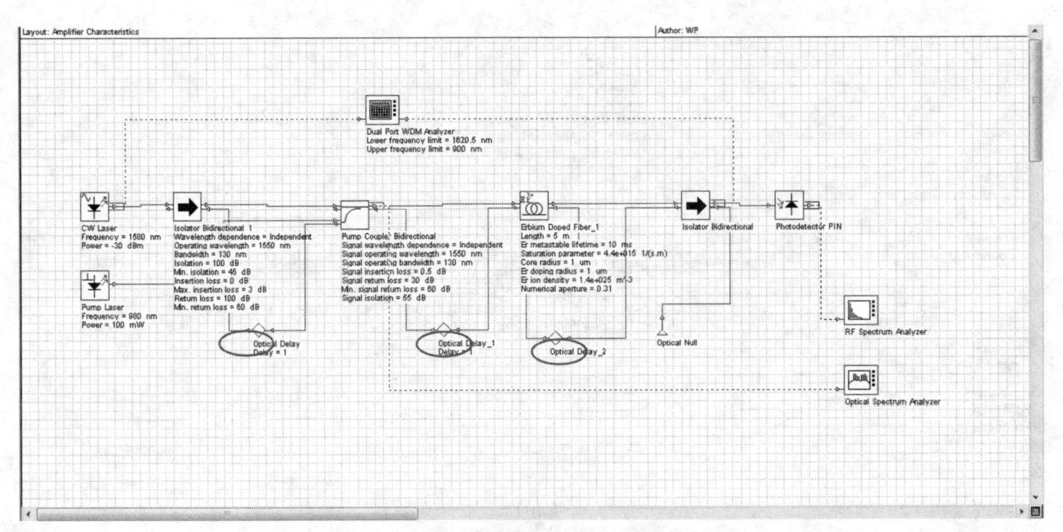

图 6.8　在设计页面包括“光延迟”部件

4. 运行仿真

搭建如图 6.6 所示的系统运行仿真并分析结果。

① 启动仿真运行：可在菜单【文件】下选择【计算】，或者直接按住快捷键“Ctrl + F5”，又或者在工具栏中点击【计算】按钮，然后选择计算。

② 在计算目录窗口，按【开始】按钮，计算将会无误运行。

5. 实验结果

查看结果，双击双口波分复用分析器，可以得到每一个在信号标志参数浏览下迭代器的结果，如图 6.9 所示。

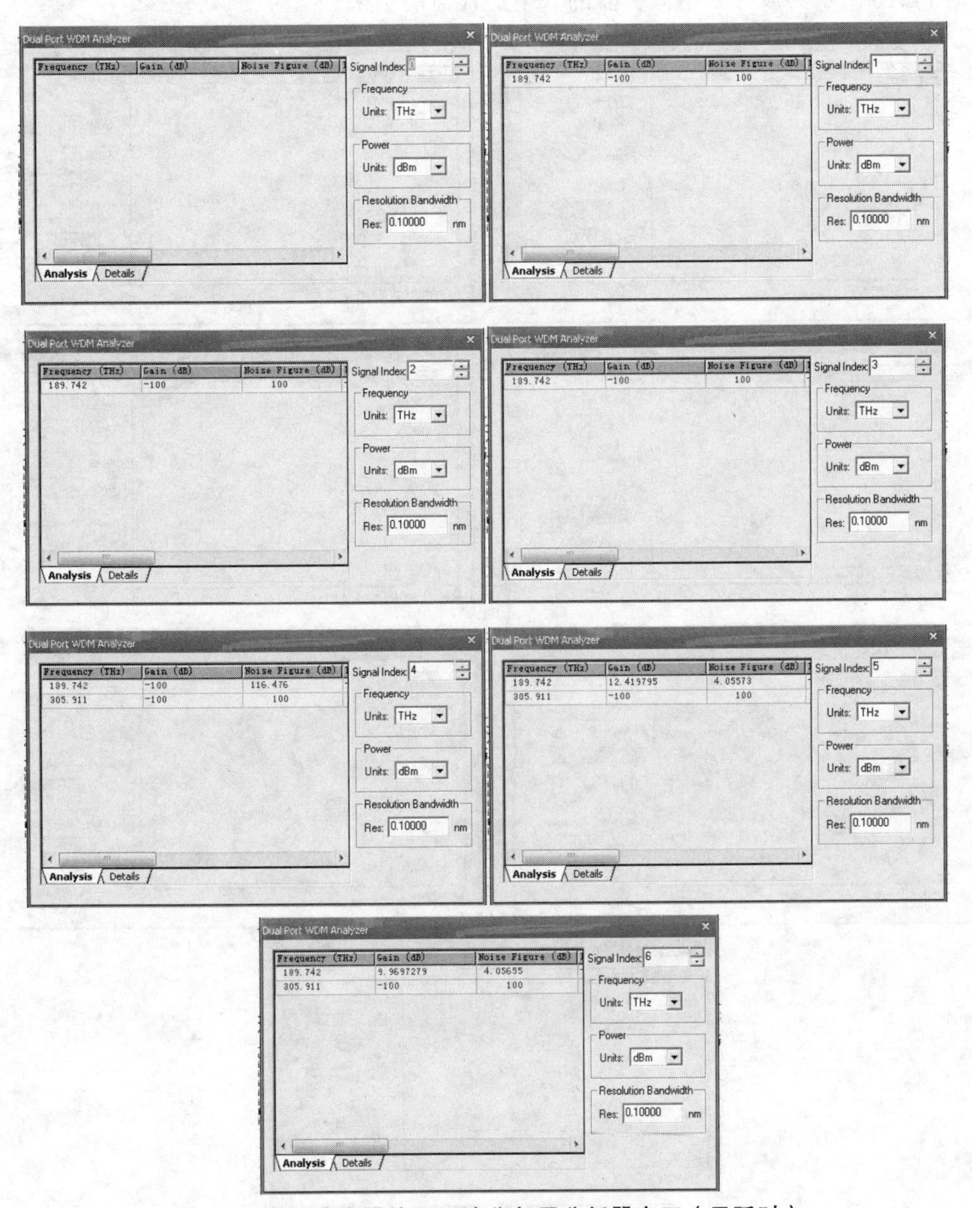

图 6.9 不同迭代器的双口波分复用分析器窗口（无延时）

6. 运行仿真

在两个不同的设计中比较结果，其原理图如图 6.6 和 6.8 所示，可以在如图 6.8 所示的系统中运行同样的仿真并且分析结果：

① 启动仿真运行：可在菜单【文件】下选择【计算】，或者直接按住快捷键“Ctrl + F5”，又或者在工具栏中点击【计算】按钮，然后选择计算。

② 在计算目录窗口，按【开始】按钮，计算器将会无误执行。

7. 观察结果

双击双口波分复用分析器，可以看到每一个在信号标志参数浏览下迭代器的结果。

如图 6.10 所示为波分复用分析器的 6 个迭代器的结果。

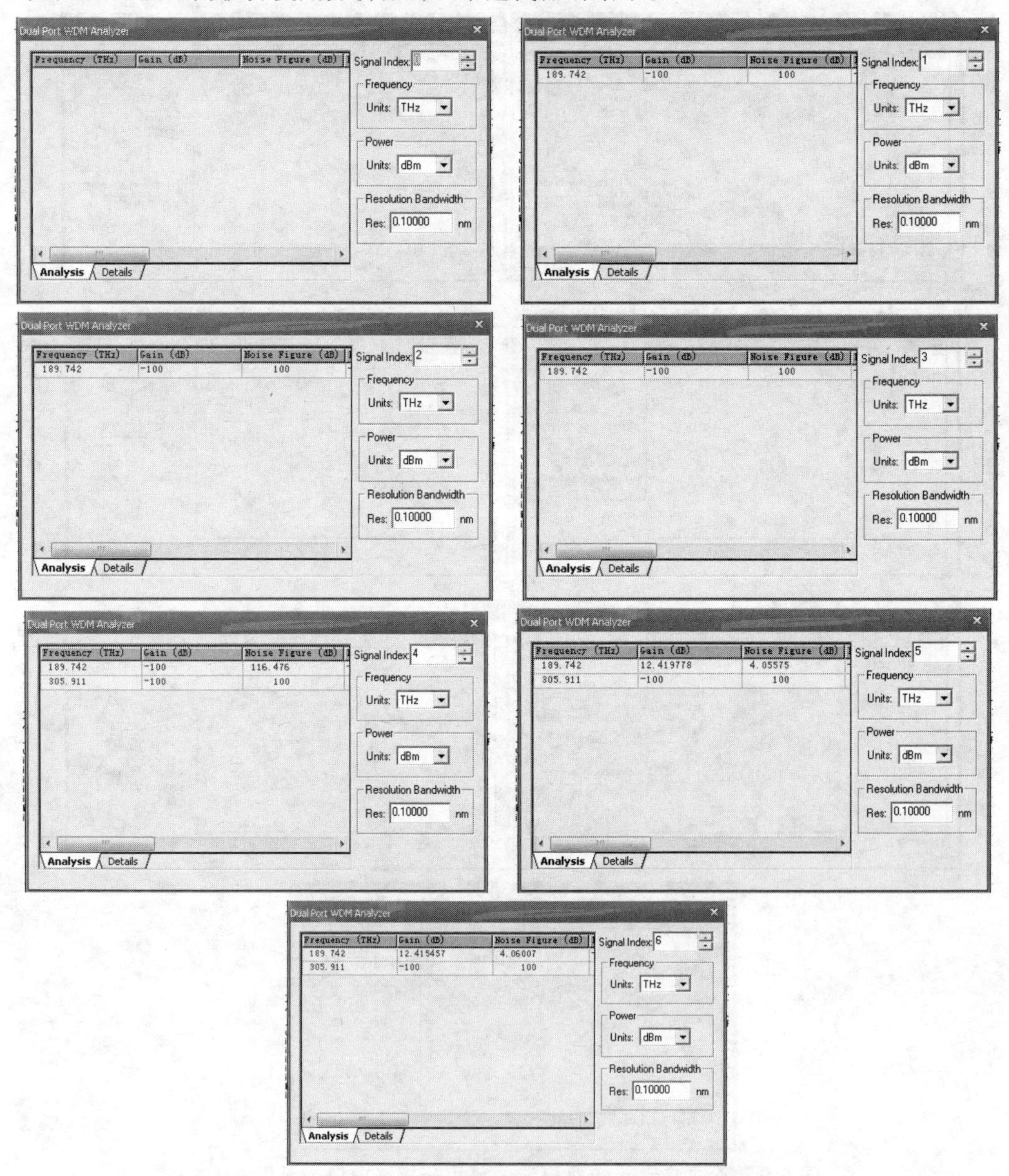

图 6.10　不同迭代器的双口波分复用分析器窗口（有光延时）

由分析结果可知，第二个设计比初始延时趋近更快。因为初始延迟这个设计与图 6.6 所示的设计相比需要更多迭代器。

6.7 使用 OptiSystem 进行 SOA 仿真

6.7.1 SOA 高斯脉冲恢复

（1）仿真原理图。

对 SOA 参数分析的仿真图如图 6.11 所示。

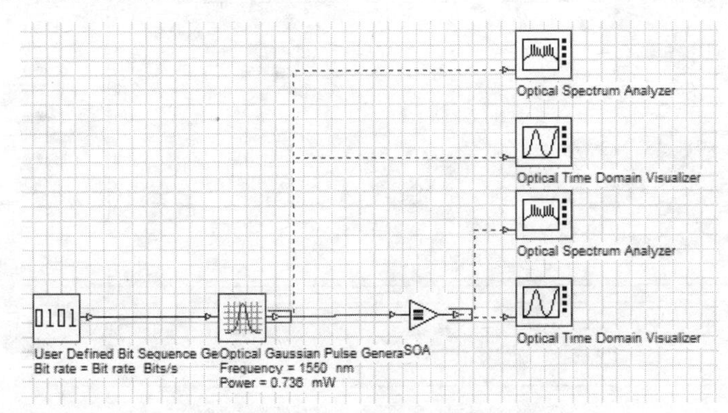

图 6.11 SOA 参数分析原理图

（2）仿真参数。

在该仿真中，比特率为 1 Gb/s，序列长度为 8 bit，采样率为 6.4 GHz，脉冲为高斯脉冲，如图 6.12 所示。

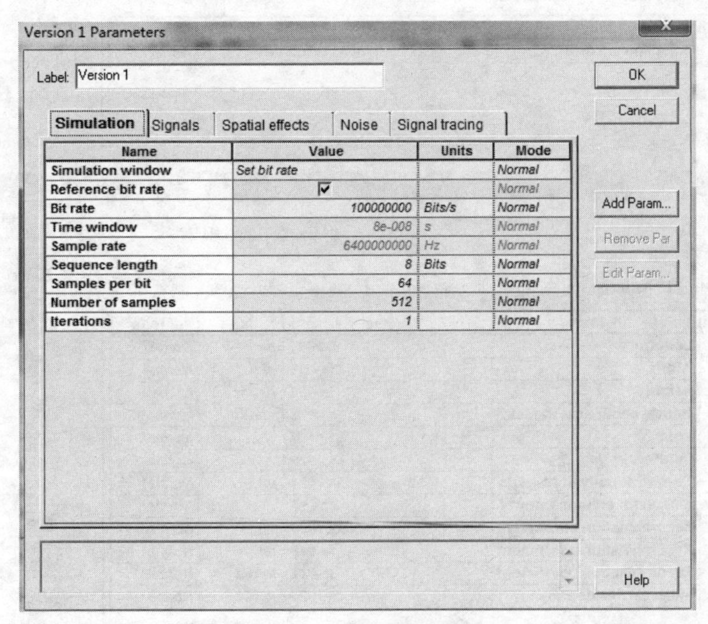

图 6.12 全局参数设置

如图 6.13 所示为仿真中各器件的参数设置，其中图 6.13（a）为光高斯脉冲产生器的参数设置，图 6.13（b）为 SOA 参数设置。

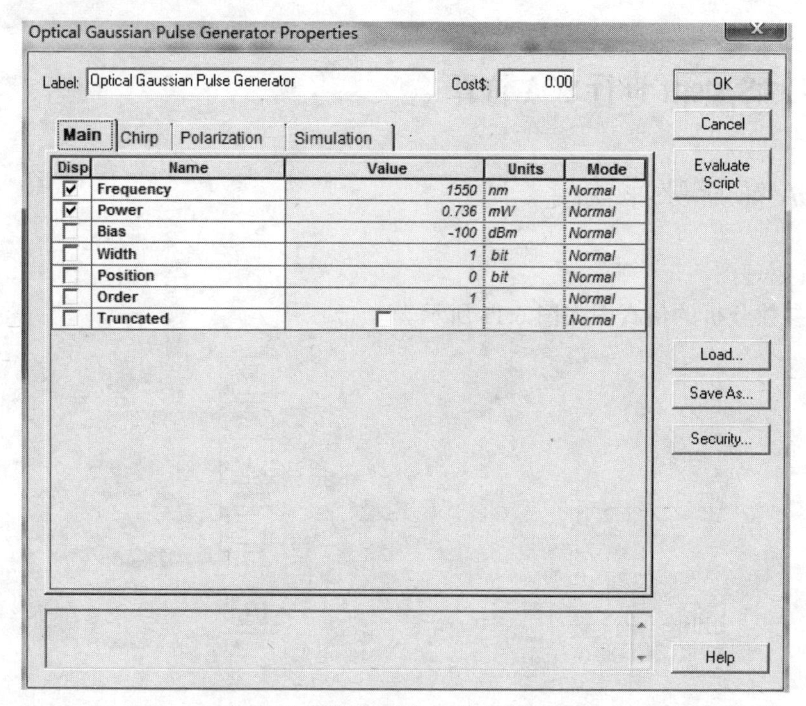

（a）光高斯脉冲产生器参数设置

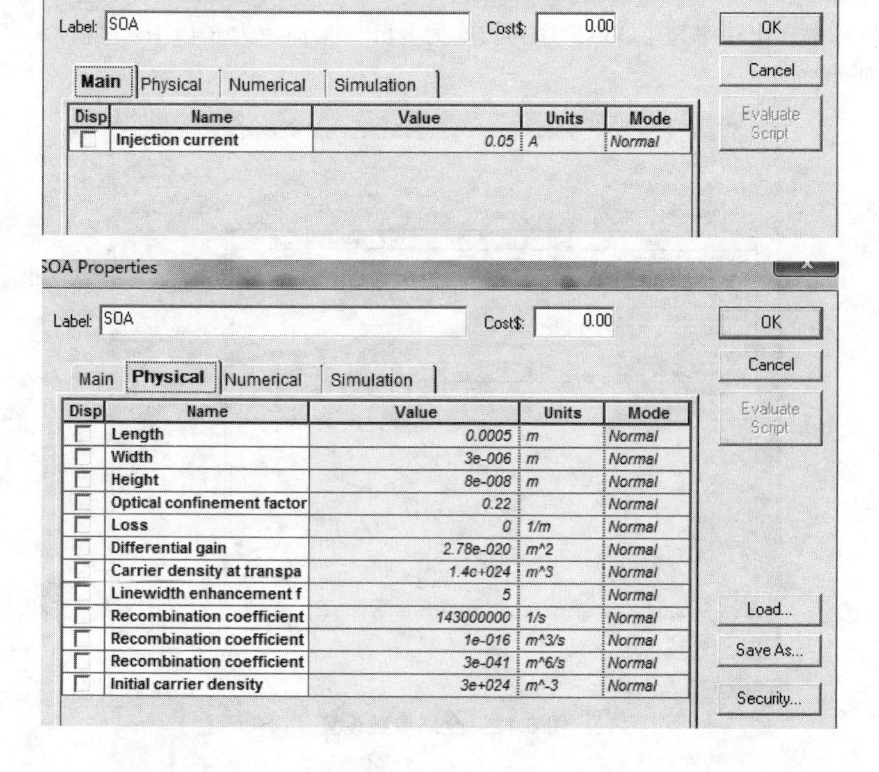

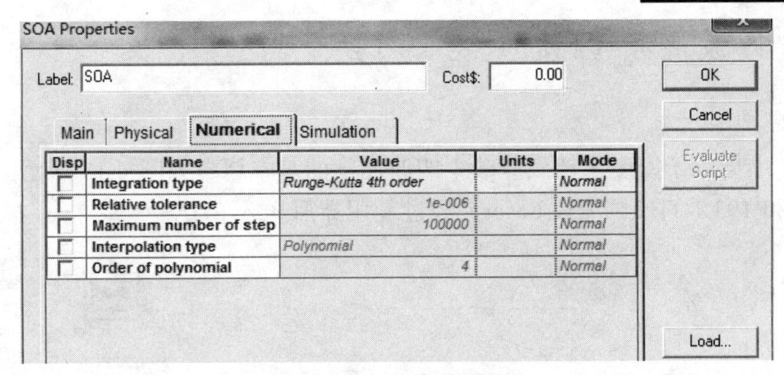

（b）SOA 的参数设置

图 6.13　器件参数设置

（3）仿真结果。

在该仿真中，脉冲周期为 0.25 ns，$T_{\mathrm{FWHM}} = 0.25$ ns，$T_0 = 0.14$ ns，$P_{\mathrm{in}} = 0.35$ mW，因此 $T_0/t_c = 0.1$，$E_{\mathrm{in}}/E_{\mathrm{sat}} = 0.1$。仿真结果如图 6.14 所示，其中图（a）、（b）分别为高斯脉冲的时域和频谱图，图（c）、（d）分别为信号经过 SOA 后的时域和频谱图。仿真中，通过改变器件参数，可以观察仿真结果随参数的变化。

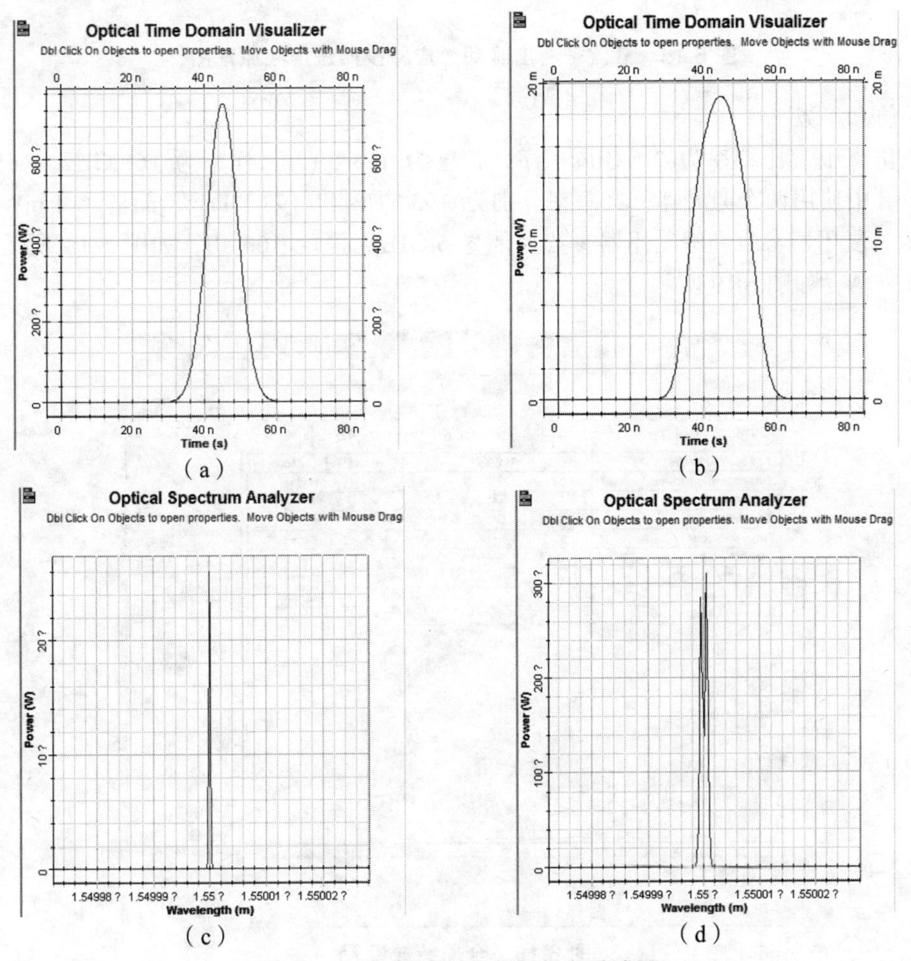

（a）　（b）

（c）　（d）

图 6.14　仿真结果光谱图和光时域图

6.7.2 SOA 四波混频（FWM）波长转换

（1）仿真原理图。

仿真 SOA 中载流子密度脉动效应减少四波混频的基本原理如图 6.15 所示。使用两个频率为 193 THz 和 193.1 THz 的 CW Laser，经过复用器后送入 SOA。

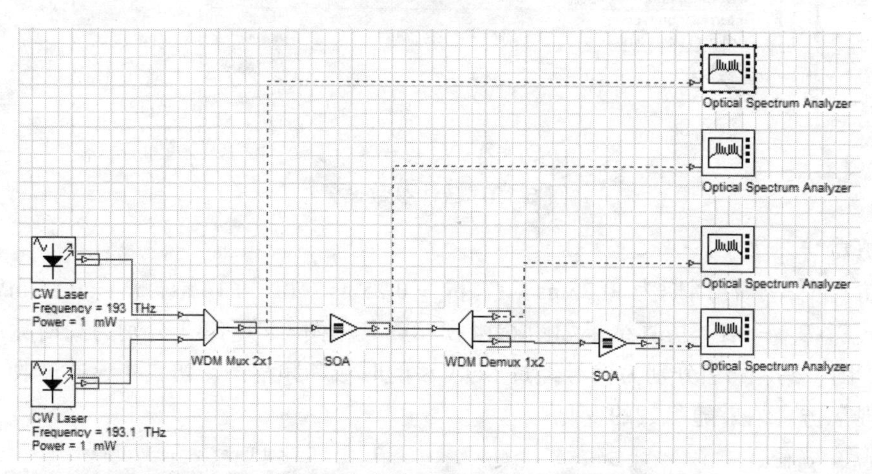

图 6.15 载流子密度脉动效应减少四波混频原理图

（2）仿真参数。

在该仿真中，比特率为 2.5 Gb/s，序列长度为 128 bit，采样率为 160 GHz，如图 6.16 所示。仿真中使用两个激光器，其频率分别为 193 THz 和 193.1 THz，能量为 1 mW，如图 6.17 所示。复用器参数和解复用器参数为带宽 5 GHz，深度 100 dB，如图 6.18 所示。SOA 电流为 0.15 A，如图 6.19 所示。

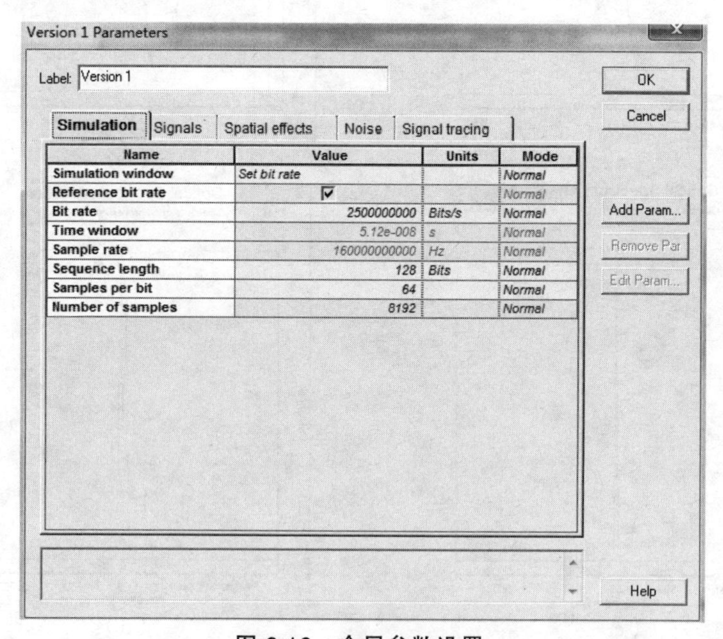

图 6.16 全局参数设置

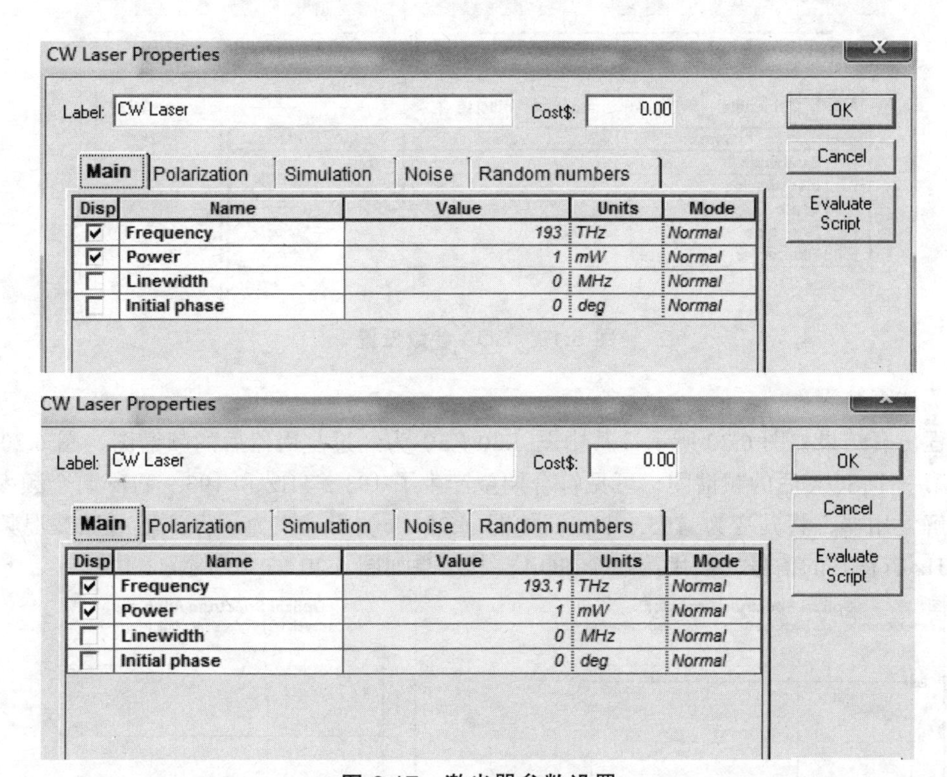

图 6.17 激光器参数设置

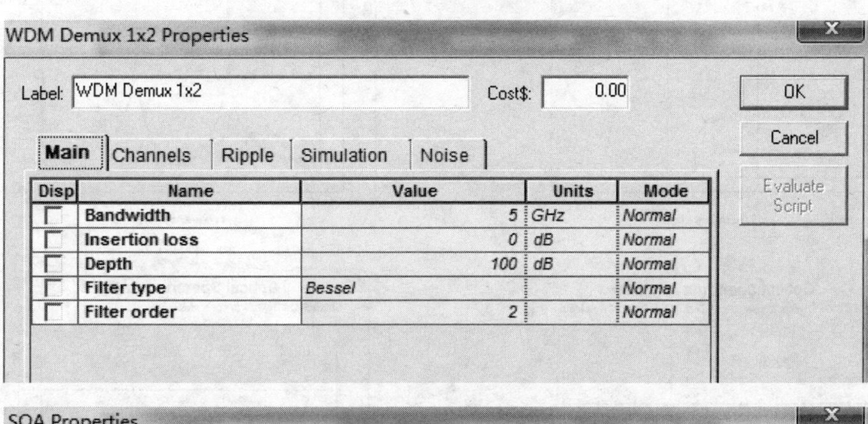

SOA Properties

Label: SOA　Cost$: 0.00　OK　Cancel　Evaluate Script

Main | Physical | Numerical | Simulation

Disp	Name	Value	Units	Mode
☐	Injection current	0.15	A	Normal

图 6.18 复用器和解复用器参数设置

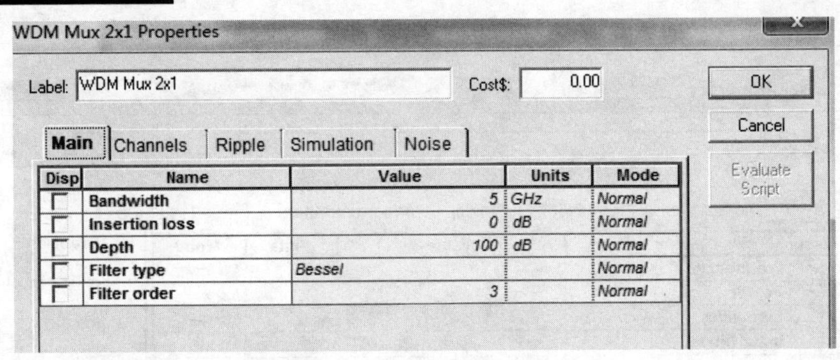

图 6.19　SOA 参数设置

（3）仿真结果。

工程仿真结果如图 6.20（a）为经过复用器后的频谱图，图 6.20（b）为经过第一个 SOA 后的频谱图，可见符合期望产生了 193.2 THz 和 193.9 THz 两个频率，然后经过解复用器，将其变为 193.1 THz，如图 6.20（c）所示；为了保证通过四波混频后在 193.2 THz 有良好的信号，使用第二个 SOA，其结果如图 6.20（d）所示。

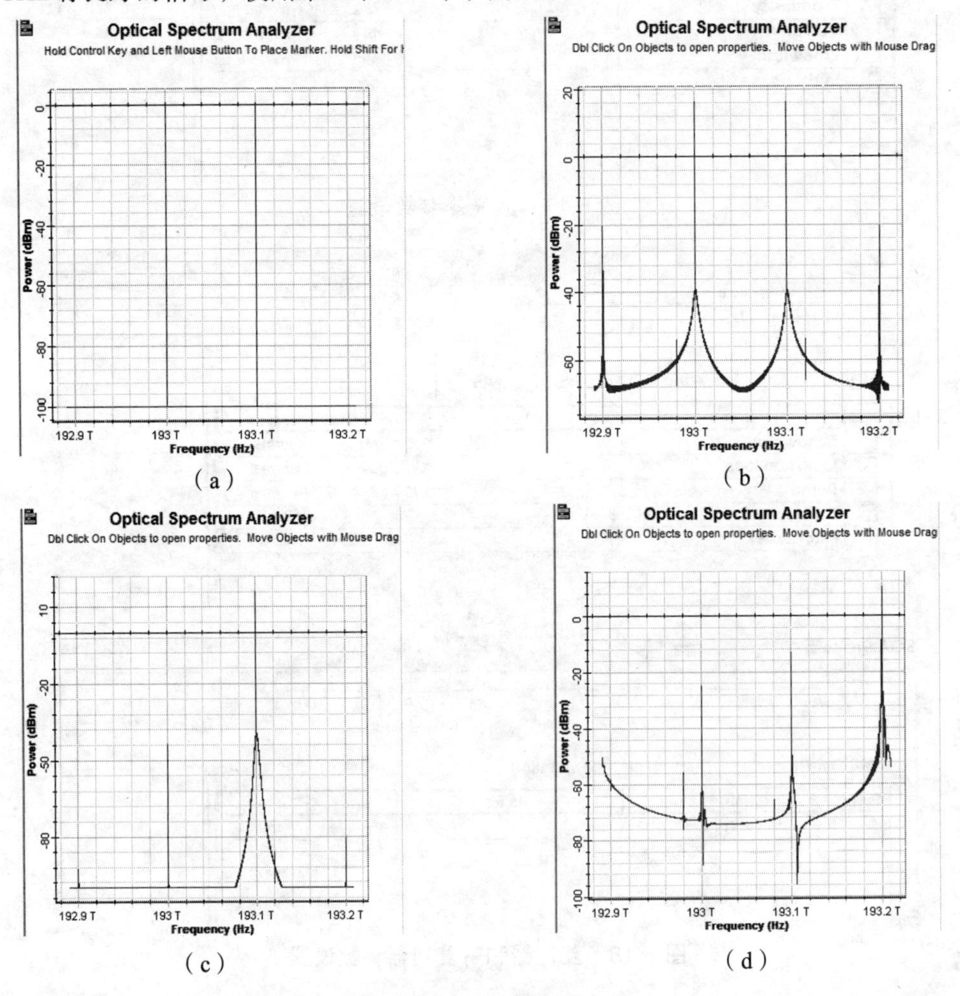

图 6.20　仿真结果

6.7.3 SOA 交叉增益饱和波长转换

（1）仿真原理图。

SOA 的交叉增益饱和效应仿真原理图如图 6.21 所示。将密度调制信号和 CW Laser 信号进行复用。

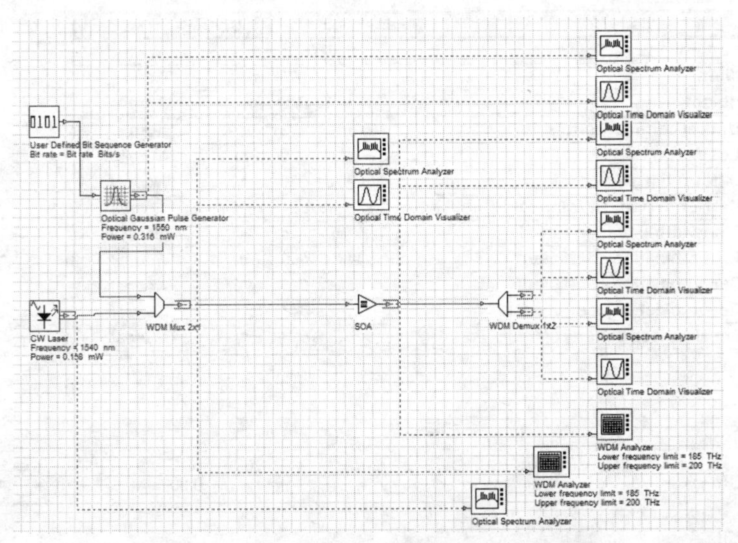

图 6.21　SOA 的交叉增益饱和效应原理图

（2）仿真参数。

为保证 10 Gb/s 的转换，设置比特率为 10 Gb/s，序列长度为 128 bit，如图 6.22 所示。SOA 参数设置如图 6.23 所示。密度调制信号的频率为 1 550 nm，功率为 0.316 mW。高斯脉冲产生器参数设置如图 6.24 所示。复用器和解复用器参数设置如图 6.25 所示，其中带宽为 20 GHz，深度为 100 dB。

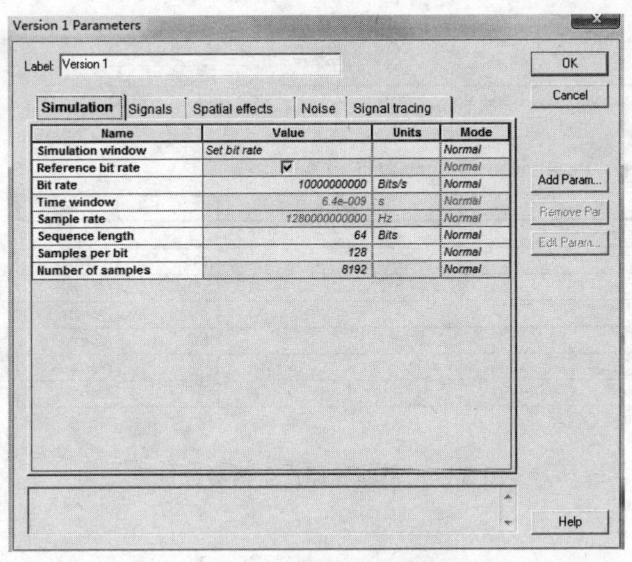

Name	Value	Units	Mode
Simulation window	Set bit rate		Normal
Reference bit rate	☑		Normal
Bit rate	10000000000	Bits/s	Normal
Time window	6.4e-009	s	Normal
Sample rate	1280000000000	Hz	Normal
Sequence length	64	Bits	Normal
Samples per bit	128		Normal
Number of samples	8192		Normal

图 6.22　全局参数设置

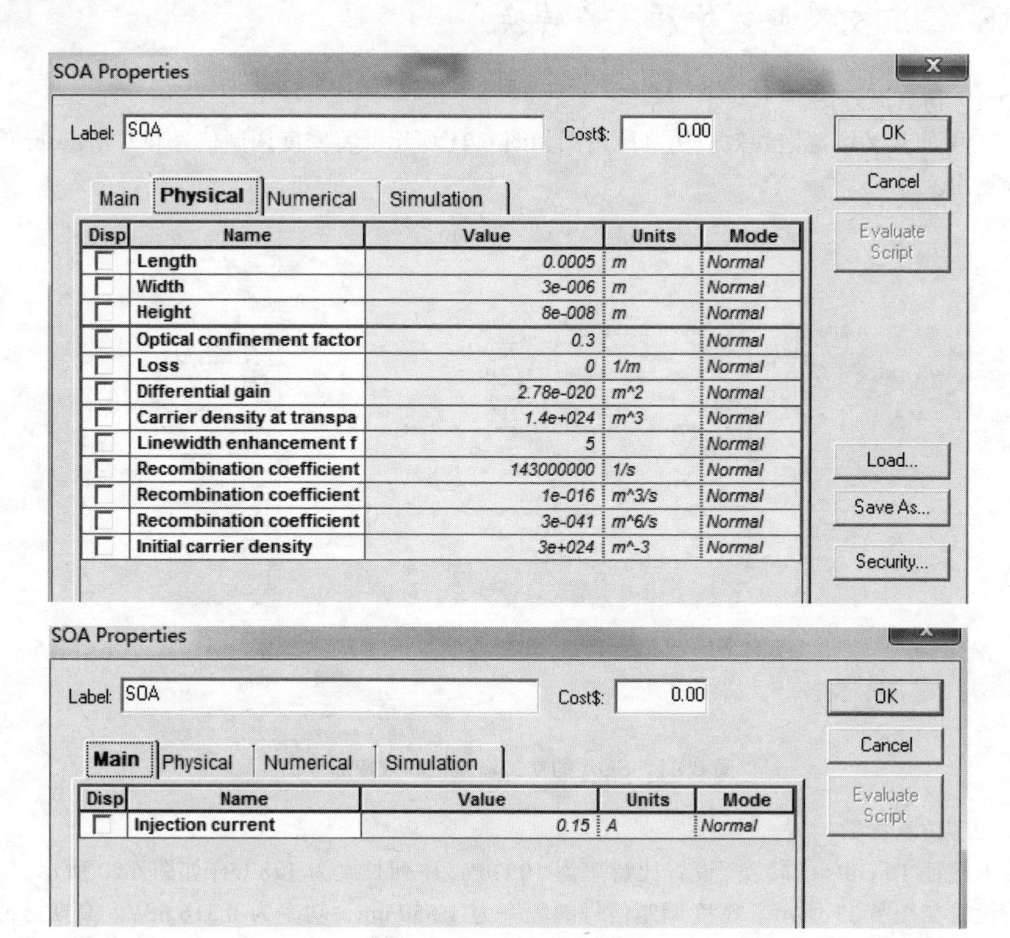

图 6.23 SOA 参数设置

Optical Gaussian Pulse Generator Properties

Label: Optical Gaussian Pulse Generator　Cost$: 0.00　OK　Cancel　Evaluate Script

Main　Chirp　Polarization　Simulation

Disp	Name	Value	Units	Mode
☑	Frequency	1550	nm	Normal
☑	Power	0.316	mW	Normal
☐	Bias	-100	dBm	Normal
☐	Width	1	bit	Normal
☐	Position	0	bit	Normal
☐	Order	1		Normal
☐	Truncated	☐		Normal

Load...

图 6.24 高斯脉冲产生器参数设置

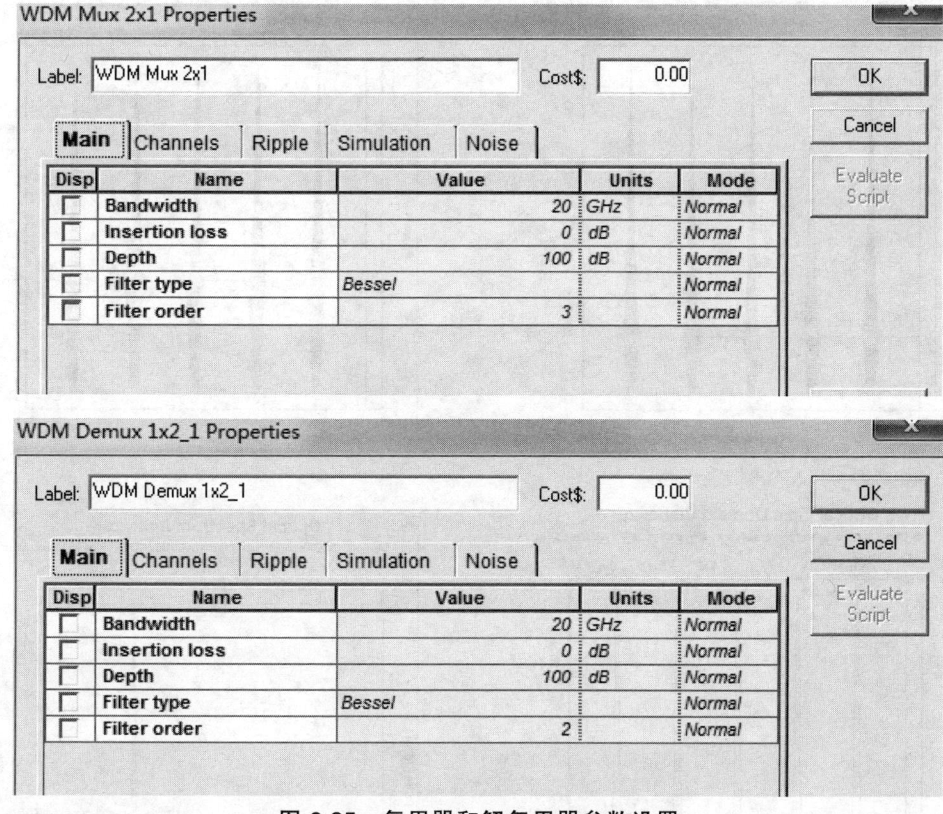

图 6.25　复用器和解复用器参数设置

激光器参数设置如图 6.26 所示，激光器波长为 1 540 nm，功率为 0.158 mW。

CW Laser Properties

Label: CW Laser　Cost$: 0.00　OK　Cancel　Evaluate Script　Load...

Main　Polarization　Simulation　Noise　Random numbers

Disp	Name	Value	Units	Mode
☑	Frequency	1540	nm	Normal
☑	Power	0.158	mW	Normal
☐	Linewidth	0	MHz	Normal
☐	Initial phase	0	deg	Normal

图 6.26　激光器参数设置

（3）仿真结果。

如图 6.27 所示为仿真结果，图（a）为复用后信号，图（b）为经过 SOA 放大后的信号，图（c）为最后的 1 550 nm 时域图，图（d）为最后的 1 550 nm 频谱图，图（e）为最后的 1 540 nm 时域图，图（f）为最后的 1 540 nm 频谱图。

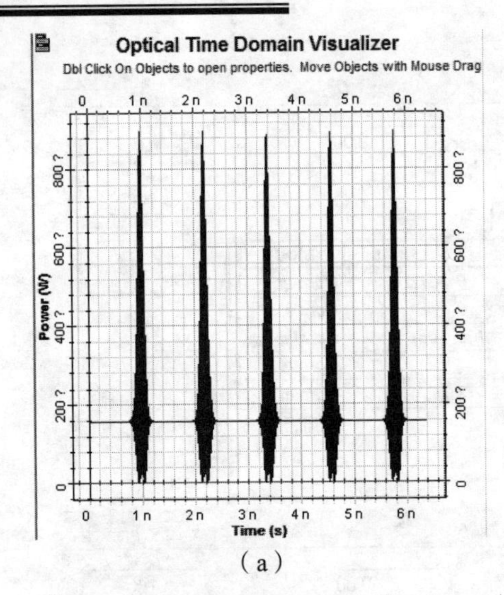

(a)

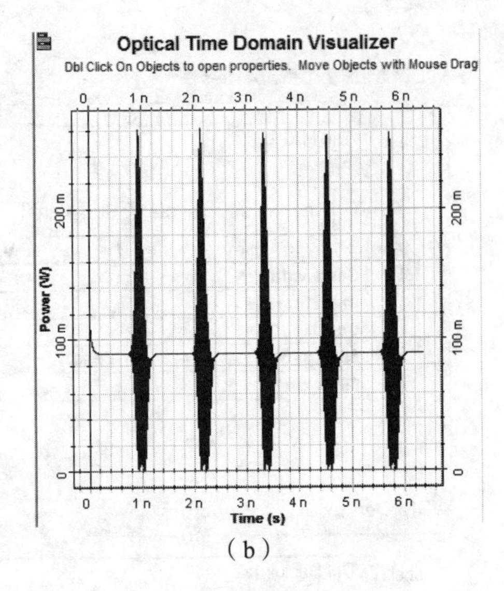

(b)

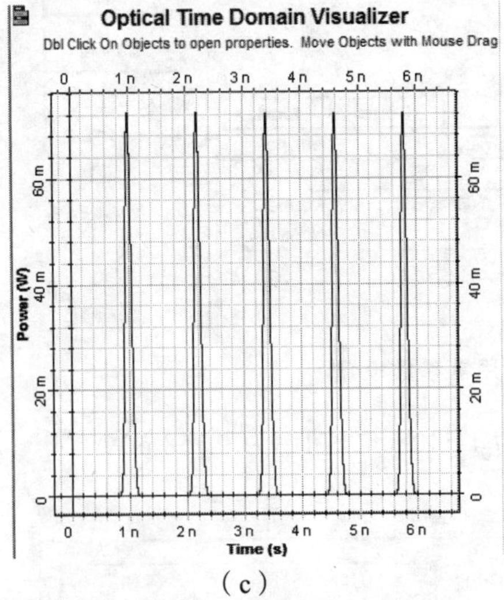

(c)

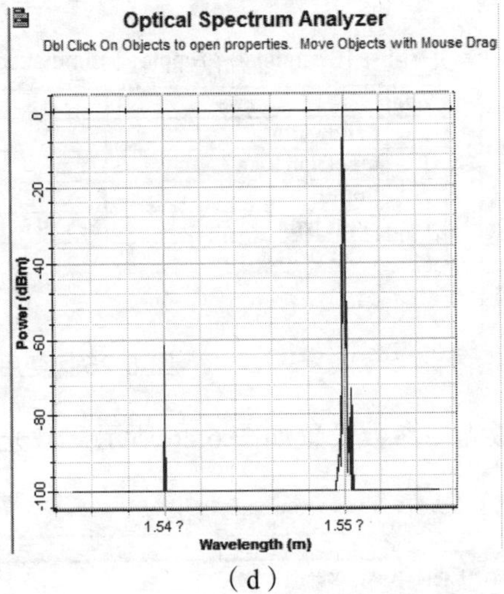

(d)

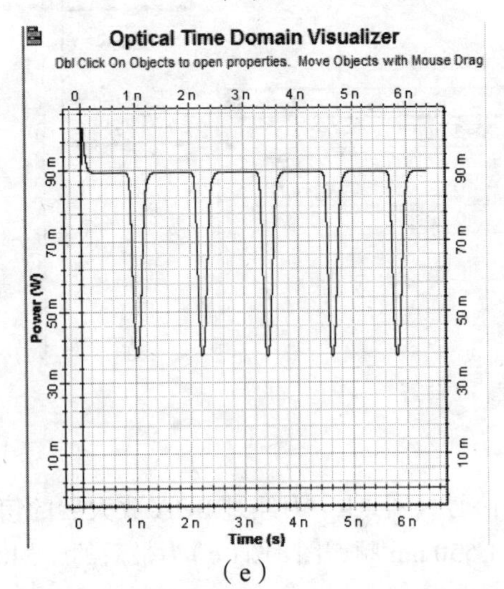

(e)

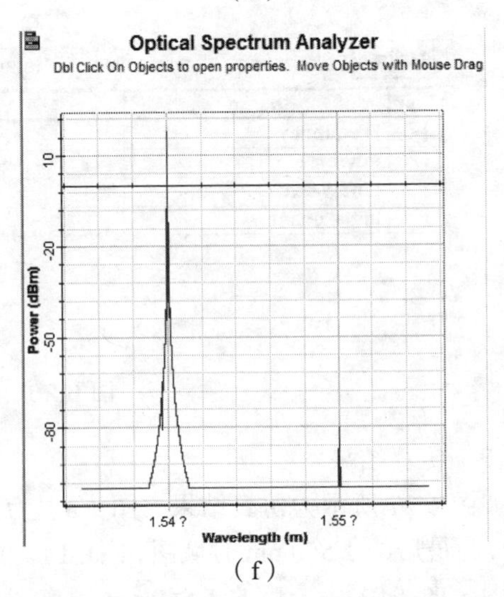

(f)

图 6.27　仿真结果

如图 6.28 所示为信号的频率和能量值，其中图（a）为经复用器后的值，图（b）为经过 SOA 传输后的值。

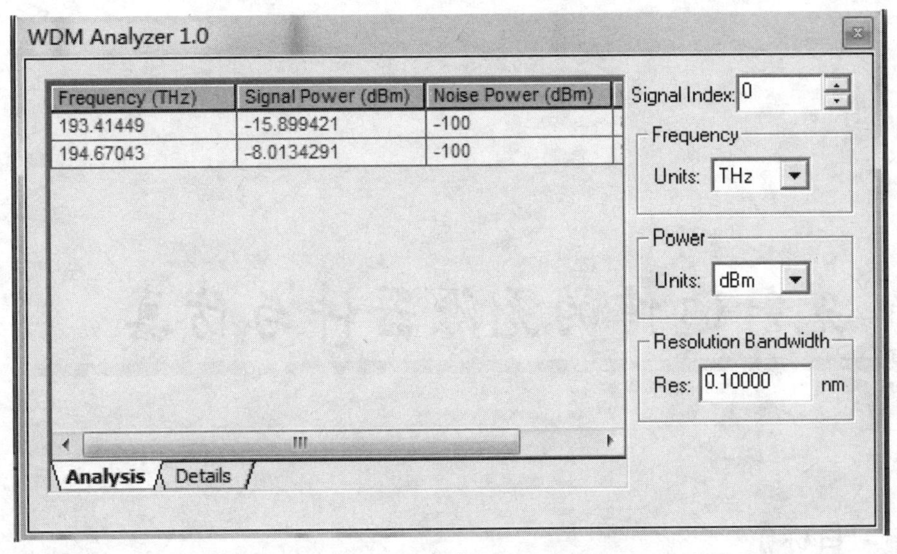

（a）

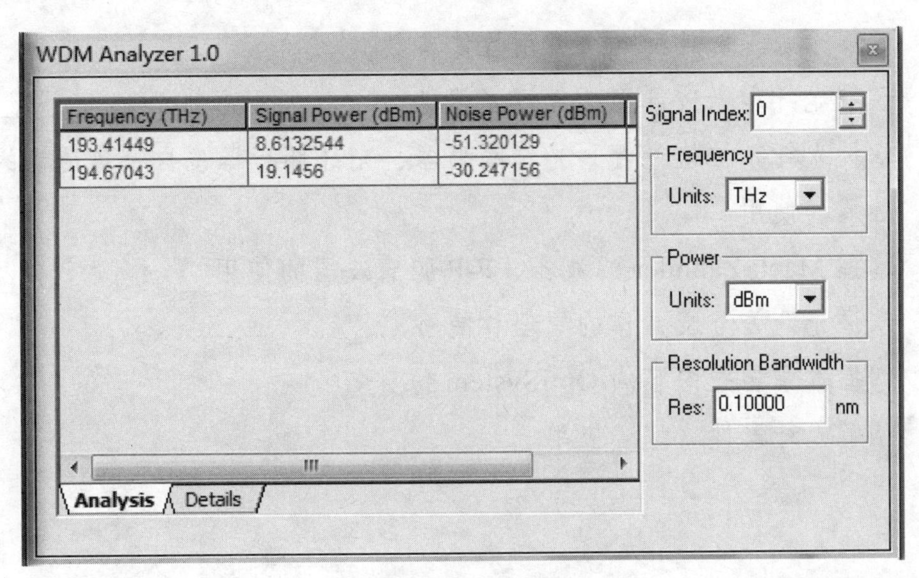

（b）

图 6.28　信号的频率和能量值

光纤通信的无源器件与仿真

【学习目标】

☆ 了解无源光器件的几个常用性能参数

☆ 了解光纤和光波导型的无源光器件

☆ 掌握光纤布拉格光栅、光纤隔离器、光纤环行器、自聚焦透镜的性质和使用

☆ 掌握 Mach-Zahnder 滤波器、F-P 腔滤波器的使用

☆ 掌握光开关与衰减器的原理和使用

☆ 掌握本章相关内容的 OptiSystem 仿真

☆ 了解光纤器件的综合应用

无源光器件是从 20 世纪 70 年代中期开始研究和开发的，到目前，已经发展出无源光器件、无源与有源结合的子系统、平面光路等。

光纤无源器件大致可以划分为光纤与光波导型、光学型、波分复用/解复用器、光开关。

光纤与光波导型器件是以光纤为功能型的元件实现波长、模式、功率、偏振态和传播方向的变换。

光学型器件是指利用传统的光学元件如晶体、透镜等小型化元件制作的功能型元件，其适合在光纤中传送。

波分复用/解复用器，可以理解为工程光学的一个特例，是根据波导阵列光栅 AWG 或阵列介质滤波膜片组成的对波长具有选择性能的器件。一般根据 ITU-T 的建议，从 1 528 nm 开始每隔 100 GHz 和 50 nm 划分为一个波段。复用器也可使用光纤耦合器实现。

光开关是全光网络的基本元件，是实现光交换的基础物理元件，一般有机械结构、热结构及半导体微机械 MEMS 结构。光交换的最大特点是容量大，直接在光层面，而不是电路平面。

7.1 无源光器件的几个常用性能参数

1. 插入损耗 *IL*

插入损耗是器件的输出端口与输入端口的光功率之比，用分贝 dB 来表示：

$$IL = -10\lg\left(\frac{P_{\text{out}}}{P_{\text{in}}}\right) \tag{7.1.1}$$

式中 P_{in}——输入端口的光功率；

P_{out}——输出端口接收到的光功率。

2. 回波损耗 *RL*

回波损耗是器件的输入端口接收到的返回的光功率与输入光功率之比，用分贝 dB 来表示：

$$RL = -10\lg\left(\frac{P_{\text{ref}}}{P_{\text{in}}}\right) \tag{7.1.2}$$

式中 P_{ref}——从同一个输入端口接收到的返回的光功率。

3. 反射系数

反射系数是指对于给定的光谱组成、偏振和几何分布，在器件的给定端口 i 的反射光功率 $P_{\text{i, ref}}$ 与入射光功率 $P_{\text{i, in}}$ 之比，用分贝 dB 来表示：

$$R = -10\lg\left(\frac{P_{\text{i, ref}}}{P_{\text{i, in}}}\right)\Bigg|_{\lambda,P,\theta} \tag{7.1.3}$$

4. 工作波长范围

器件能够按照规定性能工作的最小波长 $\lambda_{\min}$ 和最大波长 $\lambda_{\max}$ 的范围，称为标称工作波长范围。

5. 偏振相关损耗 *PDL*

偏振相关损耗是对于所有的偏振态，由于偏振态的变化造成的插入损耗的最大变化值，用分贝 dB 来表示：

$$PDL = -10\lg\left(\frac{P_{\text{PDmaxout}}}{P_{\text{in}}}\right) \tag{7.1.4}$$

6. 隔离度

隔离度是由被阻断的光路中输出的光功率与输入的光功率之比，用分贝 dB 来表示：

$$IS = 10\lg\left(\frac{P_{\text{block}}}{P_{\text{in}}}\right) \tag{7.1.5}$$

7.2 光纤和光波导型的无源光器件

光纤型无源光器件体积小，容易与传输光纤连接在光通信中，因此最受欢迎。波导型无源光器件是在硅或其他半导体材料的平面衬底上用半导体工艺制造而成，容易集成形成较大规模的光器件。

7.2.1 光纤连接器

光纤连接器是为了实现光纤之间的活动连接而设计的一种专门的结构。这种机械结构，以陶瓷为定位装置，即定位纤芯，将两根光纤端面直接对接起来，其物理过程是纤芯之间有一个空气间隙，因此，具有固定的插入损耗和反射回波损耗。根据光连接器的机械结构，一般有 FC/PC、APC、ST、SC 和小型的 LU、MJ 型等。

光纤连接器的主要指标有插入损耗、回波损耗、偏振相关损耗。影响光连接器插入损耗的因素有两个方面。

一方面是考虑两根光纤的结构参数匹配，以保证对于单模光纤传输的模场分布一致，实现匹配；而对于多模光纤，要求纤芯直径相等和折射率分布一致。若两根相连接的光纤的结构参数具有离散性，必然会导致插入损耗的增加。

另一方面，光纤之间的对准精度，将影响几何的插入损耗，包括光纤横向错位、纵向的分离、轴线倾斜等。

为了减小回波损耗，一般采用 APC 的连接结构，保持一个 8°的倾斜。

7.2.2 光纤耦合器 Coupler 与光纤分路器 Splitter

在光纤通信系统中，将不同支路波长的信号光复用到一根链路上传送，需要将多个光信号耦合到一起，实现这一功能的器件就是光纤耦合器 Coupler。而在 CATV 或无源光纤网络中，将链路的光信号功率分到多根支路光纤中，需要把光纤耦合器倒置使用来实现这一功能，一般称为光纤分路器 Splitter。光纤耦合器一般都是由简单的 2×2 或 1×2 光耦合器组合成 $N\times1$ 或 $N\times N$ 耦合器，随着 N 越大，插入损耗越大。

光纤耦合方式：一般制造光纤耦合器的方式有研磨抛光法、熔融拉锥法和平面波导法。在实际光纤通信中，主要采用熔融拉锥法。

熔融拉锥法是指将两根光纤的保护层去掉，然后把光纤扭绞在一起，用高温氢气火焰对扭绞区局部加热使之熔融，并在熔融的过程中拉伸，形成双锥形耦合区。在拉伸过程中，由于被拉伸的部分光纤芯径变细，使光场逐步扩展到纤芯外传输，进而耦合到另一根光纤中。

设耦合器是无附加损耗的，输入光功率为 P_{in}，根据耦合模理论，耦合到另一根光纤中的功率为

$$P_2 = P_{\text{in}}\sin^2(kz) \tag{7.2.1}$$

根据功率守恒，第一根光纤中的输出功率为

$$P_1 = P_{\text{in}}\cos^2(kz) = P_{\text{in}}\sin^2(\omega t - kz) = P_{\text{in}}\sin^2\left(\frac{\pi}{2} - kz\right) \tag{7.2.2}$$

式中，k 是耦合系数，与两根光纤耦合区的长度、耦合区两根光纤的半径比以及光波长有关。通常用分光比表示耦合器输出端口之间光功率分配的比例：

$$R_{\text{d}} = \frac{P_2}{P_1 + P_2}\times100\% \tag{7.2.3}$$

对于分光的两束光，它们之间相差 $\pi/2$ 的相位。可根据耦合长度 z，制作出不同的分光比。对于分光比为 50：50 的光耦合器，称为 3 dB 耦合器。

熔融拉锥法还可以制作波分复用器，其基本原理是：根据式（7.2.1）和式（7.2.2）的原理，可以设计出两路的波分解复用器。设输入光纤 1 的输入端口 1，输出端口为输入端口 1 到输出端口 1，记为 P_{1to1}，输入的波长为 λ_1 和 λ_2 的信号光，波长间隔足够大，如 1 310 nm 和 1 550 nm；而另一耦合光纤 2 的输出端口 2，当光纤 1 的信号耦合到光纤 2 时，记为输出端口 P_{1to2}。由于耦合系数 k 与光波长有关，可以适当地设计耦合长度 z，使得它对于波长 λ_1 的光，满足 $k_1 z = m\pi,\ m = 1,2,3,\cdots$

使得

$$P_{\text{1to1}} = P_1\cos^2(k_1 z) = P_1\cos^2(m\pi) = P_1 \tag{7.2.4}$$

$$P_{\text{1to2}} = P_1\sin^2(k_1 z) = P_1\sin^2(m\pi) = 0 \tag{7.2.5}$$

而对于波长为 λ_2 的光，满足 $k_2 z = (2m+1)\dfrac{\pi}{2},\quad m = 1,2,3,\cdots$

$$P_{\text{1to2}} = P_1\sin^2(k_2 z) = P_1\sin^2\left((2m+1)\frac{\pi}{2}\right) \tag{7.2.6}$$

$$P_{\text{1to1}} = P_1\cos^2(k_2 z) = P_1\cos^2\left((2m+1)\frac{\pi}{2}\right) \tag{7.2.7}$$

由此实现了将波长 λ_1 和 λ_2 的光波分解到耦合器的两个输出端，同理，对于倒置的耦合器也能实现合波的作用，这就是一个双波长的波分复用器。

7.2.3 波导耦合器

根据波导耦合原理，可以在以硅为基底的波导上实现光耦合器，其基本原理与光纤耦合器类似。通过高折射率的薄层夹在较低折射率物质中间形成介质波导，在相互作用区间，两个波导相互靠近产生光场的相互耦合，耦合强度与作用区的长度、波导的宽度、波导间隙、折射率及光波长等因素有关。

在实际光纤通信中，可以采用多个 3 dB 耦合器的树形连接方式设计多端口星形波导耦合器，如1×8，1×16等，从而实现光纤耦合器的扩展。

7.2.4 光纤耦合器与平面波导型光功率分配器的典型应用

单模光纤树形耦合器的各路分光比可以任选，能够实现多路光功率的再分配。它主要分为单窗口和双窗口两种类型，可提供多种封装形式，应用于光纤测试设备、CATV 系统及其他光网络的扩容、EDFA，DWDM 系统，具有低损耗、工作带宽宽、分光比任选、稳定性好等特点。其他光纤耦合器还有单双窗口宽带耦合器、单模光纤树型宽带耦合器、特殊波长单模光纤耦合器、平面波导型光功率分配器。

7.3 光纤布拉格光栅

在光纤通信中光纤光栅的用途非常广泛，如光纤分叉复用器和色散补偿器。

7.3.1 光纤光栅滤波器

光纤光栅是利用光纤材料的光敏性质制作的。这种光敏性质是指当使用紫外光横向照射光纤时，光纤折射率会随照射光强不同而发生相应的变化，并在照射的紫外光撤除后，这种折射率变化将永久保存下来的一种物理现象。通过掩模技术，设计出在光纤的纤芯长度方向的分布是周期性的一维透明栅格，于是通过紫外照射就可在纤芯中形成折射率周期性分布的结构，这种结构就是一种分布反馈布拉格光栅。

光纤光栅原理：纤芯中折射率的周期性分布构成了布拉格衍射光栅结构，称为光纤布拉格光栅（FBG）。在折射率突变的位置，提供了周期性的反射点，使单模光纤中入射的基模根据光栅和传输常数决定的相位条件，产生适合相位条件的反射波和适合相位条件的透射波，构成后向传输模式和前向传输模式。一个均匀光纤光栅就是一个反射式光学滤波器，满足：

$$\lambda_B = 2n_{eff}\Lambda \tag{7.3.1}$$

式中 λ_B——满足反射加强的布拉格的传输波长；

n_{eff}——纤芯的等效折射率；

Λ——光栅周期。

7.3.2 啁啾光纤光栅

啁啾光纤光栅是指光栅常数或周期沿光栅轴线呈现出线性变化的光栅，其光栅常数为 $\Lambda(z)=\Lambda(1+cz)$。这种线性光栅，可以分解为多个不同常数 Λ_1，Λ_2，Λ_3，…，Λ_m 的组合光栅，形成带通的反射滤波器和带阻滤波器，而在时域上，不同波长对应的反射位置不同，所以反射时间也不同，形成了不同波长的反射时间延时不同。

这一特性适合用于作为群速度色散补偿器或宽带滤波器。

啁啾光纤光栅补偿色散的基本原理：光脉冲信号在光纤中传输时，由于群速度色散，入射光脉冲的突变部分，即高频分量（短波长分量）的群速度高，经过光纤传输以后位于脉冲的前沿，而光脉冲的平坦部分，即低频部分（长波长分量）位于脉冲的后沿，结果造成光脉冲的展宽。这种被展宽的光脉冲信号进入啁啾光纤光栅后，不同频率或波长的信号在与光栅周期对应的不同位置被反射，即短波长的信号在光栅的末端才被反射，而长波长的信号在光栅的起始端就被反射，于是从反射端来看，脉冲的延时展宽，得到了啁啾光栅的补偿，消除了群速度色散效应。

7.4 Mach-Zahnder 滤波器

马赫-曾德尔（Mach-Zahnder，M-Z）干涉结构可用作光调制器，也可用作光滤波器，在光通信中有广泛的应用。它由两个 3 dB 耦合器和两段不等长度的波导臂 L_1 和 L_2 组成。于是可以得到透射峰的波长为

$$L_1-L_2=m\lambda \tag{7.4.1}$$

式中 m——自然数；

λ——透射波长。

其波长选择性或波长间隔为

$$\Delta\lambda=L_1-L_2 \tag{7.4.2}$$

当输入光功率 P_{in} 经第一个 3 dB 耦合器后等分为两部分，分别通过光波导臂 L_1 和 L_2，然后到达第二个 3 dB 耦合器时，合成为具有相位差的光。于是合成光波的输出光功率得到相干加强和相消，构成调制器。若在波导臂两端加一个调制电场，使得波导臂的折射率变化，于是波导臂的长度随外加电场变化，使得相干加强和相干减弱随外加电场变化，这就是 M-Z 调制器的物理原理。

7.5 光纤隔离器

光纤隔离器是单向光传输控制器，可以防止光反方向传输，避免光纤器件中的反射行为对信号的影响。例如，在 DFB MQW 激光器中，使用光隔离器防止反射光干扰激光器谐振腔的正常工作；在掺铒光纤放大器中，使用光隔离器防止光纤端面形成谐振，以避免 ASE 噪声反复被放大和信号的反射失真。

光隔离器应允许正向输入光以最小的损耗通过，并能最大地阻止反向光通过，对正向光和反向光的损耗分别用插入衰减和隔离度表示。性能良好的隔离器的插入损耗可以降到 0.2 dB 以下，隔离度可以达到 70 dB 以上。

7.5.1 基本原理

根据法拉第电磁旋光效应，将某些晶体（如 YIG）放入强磁场中时，晶体中传输光的偏振面会发生旋转，旋转的角度 φ 与磁场的强度 H 和晶体的长度 L 成正比，即

$$\varphi = \rho HL \tag{7.5.1}$$

时钟 ρ 是晶体的费尔德常数。法拉第电磁旋光效应是非可逆的，它与传播方向无关，只与磁场方向有关。光纤隔离器的基本结构原理由两个偏振滤光片和一个法拉第旋光器构成，两个偏振滤光片的偏振方向相差 45°。正向输入光进入第一个偏振滤光片后形成垂直方向的偏振光，通过法拉第旋光器，使光场的偏振面向右旋转 45°，与检偏器的偏振方向一致，从而无损耗地输出。同理，对于反向传输光，开始的偏振面与垂直方向成 45°，通过旋光器后又旋转 45°，总共 90°，恰好与起偏器的偏振方向垂直而没有输出，从而构成了光的单向传输器件。由于这种结构对输入光的偏振态敏感，因此，在实际设计中，总是将输入光先分成偏振正交的两束光，对每束光进行隔离，然后再合在一起，实现与偏振无关的隔离。

7.5.2 典型应用

光隔离器如图 7.1 所示，它是一种只允许光信号沿光路正向传输，对回返光起隔离作用的光无源器件，分为单级和双级，应用于光纤放大器、光纤激光器、高速 DFB 激光器（偏振相关型）、光纤 CATV 网、卫星通信中，具有高隔离度、插入损耗低、高稳定性、高可靠性的特点。

图 7.1 光隔离器

7.6 光纤环行器

光纤环行器是具有多个端口的通道选择器件，最常用的是 3 端口和 4 端口器件。它的工作特点是：当光从任意端口输入时，只能在环行器中沿单一方向传输，并从下一端口输出。

它可以利用法拉第电磁旋光效应实现光的单向传输，并配以偏振分束器和半波片实现环路器的功能。

光纤环行器结构紧凑、质量优良、稳定可靠，应用于密集波分复用系统、单纤双向光纤传输、光纤放大器、色散补偿器、OTDR 中，具有高隔离度、低 PDL、插入损耗低、回波损耗高的特点。

7.7 自聚焦透镜

自聚焦透镜（GRIN）的作用是准直光束，它是无源光器件的一个基本元件。它与自聚焦光纤类似，都具有二次折射率分布，一般直径远大于光纤芯径，其折射率分布近似为

$$n(r)=n_0\left(1-\frac{1}{2}\alpha^2 r^2\right),\quad \alpha=\frac{\sqrt{2\Delta}}{a} \tag{7.7.1}$$

式中 a——纤芯半径；

Δ——相对折射率差。

在自聚焦透镜中，近轴光线的轨迹呈现为正弦的周期性，其传输的节距周期 L_n 为

$$L_n=\frac{2\pi}{\alpha} \tag{7.7.2}$$

当自聚焦棒的长度为 L_n 时，在出光端面形成一个 1∶1 的正立的实像；当自聚焦棒的长度为 $\frac{L_n}{2}$ 时，在出光端面形成一个 1∶1 的倒立的实像；当自聚焦棒的长度为 $\frac{L_n}{4}$ 时，对入射光线有准直作用，它将入射光线准直成平行光，这种透镜称为自聚焦透镜。

7.8 F-P 腔滤波器

F-P 腔也称为法布里-玻罗干涉仪或法布里-玻罗波长标准具，它由两个反射界面构成，可以由两个镜面作为反射面，也可以由不同介质的分界面构成，两个反射面的反射率 R 越高，频率选择性越好；两个反射面的间距 d 越短，频率的周期重复性就越大。F-P 腔的频率和周期计算公式如下：

$$\nu_{\mathrm{m}}=\frac{mc}{2\mu' d\cos\varphi}=\frac{mc}{2d\sqrt{\mu'^2-\mu^2\sin^2\varphi}}\approx\frac{mc}{2\mu' d} \tag{7.8.1}$$

$$\Delta\nu_{\mathrm{m}}=\frac{c}{2d\sqrt{\mu'^2-\mu^2\sin^2\varphi}} \tag{7.8.2}$$

$$T(\lambda)=\frac{1}{1+F\sin^2\left(\dfrac{\alpha}{2}\right)}=\frac{1}{1+F\sin^2\left(\dfrac{2\pi d}{\lambda}\right)} \tag{7.8.3}$$

式中，$F=\dfrac{\pi\sqrt{R}}{1-R}$，称为标准具的锐度，当反射率 R 越大，F 越大，光谱透过率越尖锐；μ' 和 μ 分别为介质和空气的折射率。

7.9　波分复用与解复用器件

波分复用（WDM）器件是波分复用光传输网络系统的重要组成部分，是波分复用系统性能的关键器件。对波分复用器件有一些特殊的要求，比如：插入损耗小，相邻通道的隔离度大，串扰小；通频带内平坦，带外插入损耗变化陡峭；温度稳定性好，工作稳定、可靠；复用通路数多，各路插入损耗相差不大，尺寸小。衡量波分复用器件的性能参数除了插入损耗、回波损耗、反射系数、偏振相关损耗外，还有与通频带和隔离度有关的重要参数。

7.9.1　中心波长和通带特性

波分复用器的中心波长是指根据 ITU-T 所定义的各信道的中心波长。通带特性是指波分复用器的每个信道的滤波特性，可以用 – 0.5 dB 带宽、– 3 dB 带宽和 – 20 dB 带宽来表示。在 ITU-T G.692 建议中复用信道的频率是基于参考频率为 193.1 THz、最小频率间隔为 100 GHz 的系列规定的。为了克服激光器中心波长的漂移，要求通带特性为边沿陡峭、通带中部有一定宽度的平顶特性。

7.9.2　信道隔离度和串扰

第 λ_i 信道输出端口测得的信号功率 $P_i(\lambda_i)$ 与第 λ_j 信道在第 λ_i 信道输出端口测得的串扰功率 $P_j(\lambda_i)$（$i \neq j$）之比，称为第 j 信道对第 i 信道的隔离度 I_{ji}，表示为分贝 dB，即

$$I_{ji}=10\lg\frac{P_i(\lambda_i)}{P_j(\lambda_i)} \tag{7.9.1}$$

隔离度和串扰是一对相关联的参数，其绝对值相等，符号相反。WDM 系统要求相邻信道的隔离度大于 25 dB，非相邻信道的隔离度大于 22 dB。

目前，DWDM 波分复用系统中常用的复用与解复用器主要有光栅型、干涉型、光纤方向耦合器型和光滤波器型等。干涉型复用和解复用器件种类繁多，常用的有干涉膜滤波器型和阵列波导光栅型（Arrayed Waveguide Grating，AWG）。

7.9.3　典型应用

100 GHz 信道间隔密集光波分复用器（见图 7.2），其功能是将不同波长的光信号复用至一根光纤上，或将复用在一根光纤中的多个光信道按波长分开。100 GHz 信道间隔密集光波

分复用器/解复用器采用多腔介质膜实现光的滤波，波长稳定性好；采用密封工艺封装，环境稳定性高。

① 应用：长途干线 DWDM 系统、城域网 DWDM 系统。

② 特征：100 GHz 信道间隔、高隔离度、低插入损耗、性能稳定可靠、全光路无胶黏结。

图 7.2 100 GHz 信道间隔密集光波分复用器

除此以外，还有 200 GHz 信道间隔密集光波分复用器、粗波分复用器、小型化粗波分复用器、光波长分插复用器、三端口滤波片型波分复用器、滤波片型双窗口波分复用器、滤波片型 C/L 波分复用器、单模光纤波分复用器和 1 310 nm/1 550 nm 高隔离度波分复用器等。

VMUX 是 DWDM 系统中的关键光模块，具有分合波和各信道光功率预均衡的功能，是全光 ROADM（可重构光分插复用）系统关键模块。VMUX 模块具有体积小、低插入损耗、低偏振相关损耗、高隔离度、低响应时间、高可靠性及优良温度特性等优点；既可用于全光网络长距离和超长距离传输系统中，也可用于城域网波分系统以及 DWDM 系统中；具有插入损耗小、体积小、成本低、可靠性高等特点。

7.10 光开关与衰减器

7.10.1 光开关

光开关是构成光网络中光交叉连接（OXC）和光分插复用（OADM）设备的核心器件，也是实现光网络中保护倒换的必要器件。它的主要性能指标有插入损耗、隔离度、开关速度、偏振敏感性、消光比和阻塞特性。

阻塞特性是指任一输入端的信号能在何时接通到任意输出端的特性。严格无阻塞特性是不需要任何算法的，光开关的任一输入端能在任意时刻接通到任意输出端。大型或级联光开关一般要求具有严格无阻塞特性。

光开关可分为自由空间型和波导型两大类，每一类又可以采用不同的物理效应，如电光效应、热光效应、电-机械效应等，或不同的材料，如铌酸锂 $LiNbO_3$、硅基、聚合物、液晶等，以及采用不同的工艺来实现。如图 7.3 所示为二维自由空间 MEMS 光开关结构。

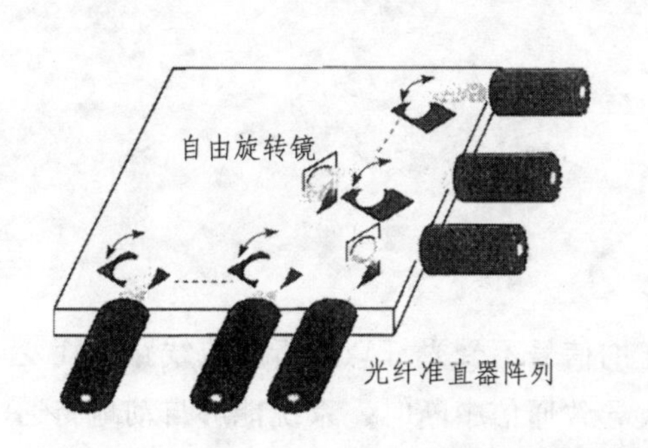

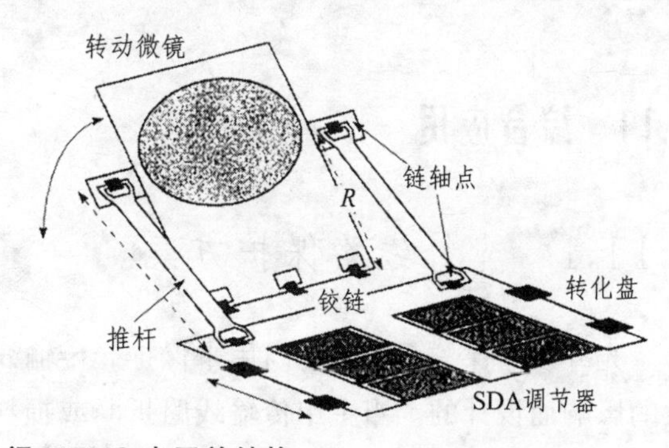

图 7.3 二维自由空间 MEMS 光开关结构

7.10.2 光纤衰减器

根据光纤衰减器的结构可以分为固定衰减型、手动可变衰减型、电调可变光衰减型、MEMS 光衰减型、阵列衰减模块等。

7.10.3 典型应用

（1）光开关。

光开关主要应用于光传输网络中的光信号切换，OADM 系统、OXC 系统，以及光网络中光路的保护/恢复，实现可重构 OADM、光交叉连接系统、系统监控、光线路保护等。其特征体现在紧凑、低插入损耗、通道串扰小等。

小型化光开关，1×4/1×8 mini 光开关是基于自由空间设计的机械式光开关，广泛应用于 OXC（光交叉连接设备）、OLP（光纤线路保护）、COADM（光信息分插复用和解复用）和测试系统的波长切换以及光传感系统中的通道切换等。

（2）光衰减器。

光衰减器可分为固定式和可变式。阵列 MEMS 衰减器模块是基于 MEMS 衰减器，集成 PD 和耦合器及其他控制单元而成的光电集成模块。MEMS-VOA 具有体积小、易集成、响应速度快等特点，成为目前光衰减器的主流技术。阵列 MEMS 衰减器模块也可与各种光器件组合成特定的功能模块，灵活地应用于智能光网络的各种控制节点、多通道光功率控制、EDFA 增益控制、ROADM 等。其特点是低插入损耗、低 WDL 和 PDL、响应速度快、体积小、模块集成度高、可灵活设计、适合各种控制接口（如 RS232，I2C，SPI）等。同时，该模块带有 EEPROM，存储模块光学参数，也可通过软件补偿改善 VOA 的温度特性。除此以外，还有光固定衰减器，它是一种可根据工程需要提供不同衰减量的精密器件，用于各种光纤传输线路中，进行预定量的光强衰减。一般分为三种类型：普通型（FC、SC 适配器结构）、高回损型（FC、SC 结构）和 LC 插头插座结构，应用于光纤通信系统、光纤数据网、光纤 CATV 网，具有衰减量精度高、附加损耗低、稳定可靠等特点。其他类型还有手调可变光衰减器、电调可变光衰减器、MEMS 光衰减器、小型可插拔可调光衰减器等。

7.11 综合应用

7.11.1 光纤线路保护方案

光纤线路保护系统是专门用来保护光传输线路上的信号不受光纤意外折断或线路损耗变大的影响而设计的。当主用传输线路折断或损耗变大导致通信中断时，系统能够自动地将通信信号从主用路由切换至备用路由，从而保证通信业务的正常工作。特征：主备用路由/设备光功率实时监控；性能优良的网管；系统高可靠性，高稳定性；数据透明性，可广泛适用于 SDH、DWDM 等传输网络；掉电光路状态保持；响应速度快，设备切换时间小于 50 ms。

如图 7.4 所示传输系统是单纤双向波分系统。

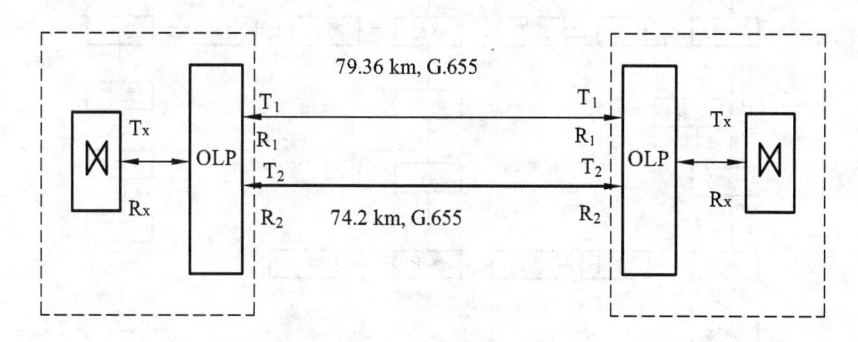

图 7.4　浙江某运营商

如图 7.5 所示系统的主备线路损耗、色散差异很大，需要在备线路进行相应的功率和色散补偿。

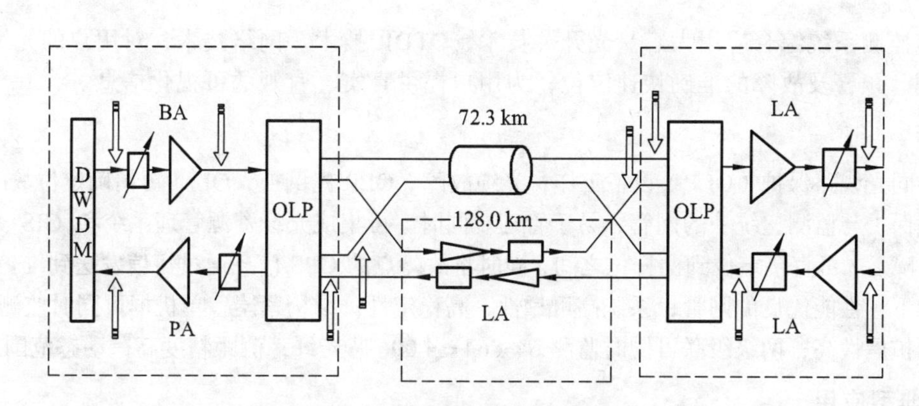

图 7.5　广东某运营商

如图 7.6 所示的传输系统是 SDH 设备，备线路需要跨过主线路上的两个中继站。

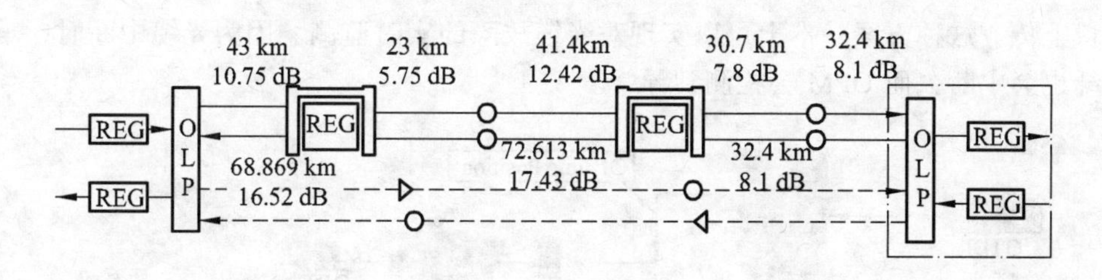

图 7.6　浙江某运营商

如图 7.7 所示的系统建设规模覆盖整个山东境内，保护范围覆盖了国内外多家传输设备厂商的设备。

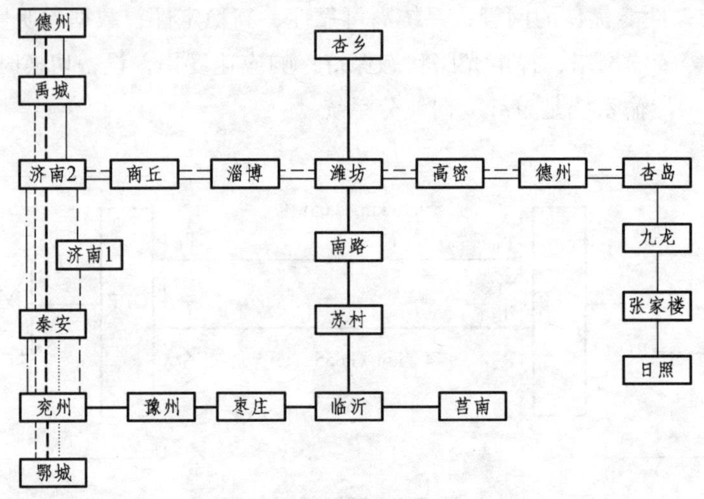

图 7.7 山东某运营商

7.11.2 光缆监测系统

光缆监测系统综合应用大容量光开关技术、OTDR 技术、网络技术，对用户的光缆进行自动监测、预警及故障的准确快速定位，为用户提供真实、直观的可视化信息。

1. 特 征

可协同光线路保护（OLP）设备工作；光缆故障，OLP 先倒换，OLM 再精确定位故障点，同时实现保护与监测，统一的网管，易于管理。同时，可集成光纤资源管理系统和 GIS 系统，当发现故障后，可直接定位到两杆位之间，同时将故障点的 GPS 信息通过短信发送到维护人员。其特点如下：性能优良的网管；系统高可靠性，高稳定性；结构紧凑，单机框可同时监测 72 芯光缆，可扩展性高；两级级联可同时监测 $64 \times 64 = 4\ 096$ 芯光纤；测距精度高，动态范围大。

2. 典型应用

（1）光源 + 光功率计（OPM）离线监测的方案。

如图 7.8 所示，把光源放置在被测光缆的一端，并向光缆中的一根备纤发射功率稳定的测试光，在光纤的另一端使用 OPM 测试光功率，如果光功率异常，则产生事件通过控制平面的接口上传。这种方案基本上可以实现对光缆故障的实时监测。因为光缆中断时，承载光源的备纤也会中断，而 OPM 会检测到异常。

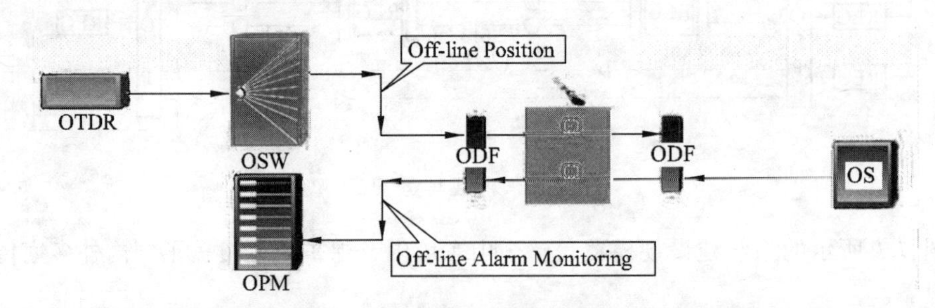

图 7.8 光源 + 光功率计（OPM）离线监测系统

（2）光缆离线监测 + 光保护系统的方案。

此方案是以 OLP 设备告警、自动倒换等信息作为光缆监测系统驱动条件，可通过 OLP 自动倒换等功能进行自动测试，如图 7.9 所示。

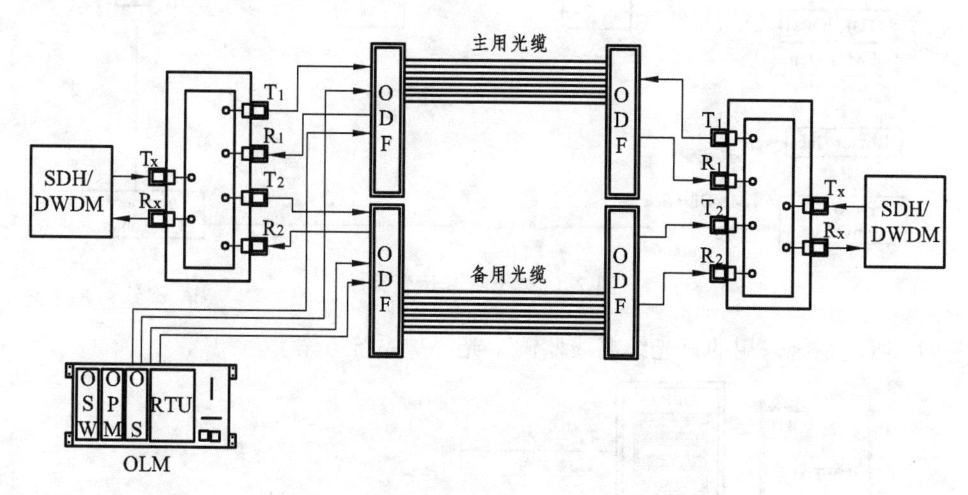

图 7.9 光缆离线监测 + 光保护系统

（3）光功率计（OPM）在线监测的方案。

如图 7.10 所示，利用传输系统远端通过主用光纤传输过来的光信号，在本端接收端通过分光器在不影响业务的情况下分下一部分光信号连接到 OPM 上，用以测试光功率，如果光功率异常，则产生事件通过控制平面的接口上传，启动 OTDR 模块，向光缆中的另一根主用光纤通过 WDM 发射功率稳定的和传输系统波长不同的测试光，从而定位出故障点，并在远端滤掉 OTDR 测试光，以免对系统造成影响。这种方案可以实现对光缆故障的实时监测。

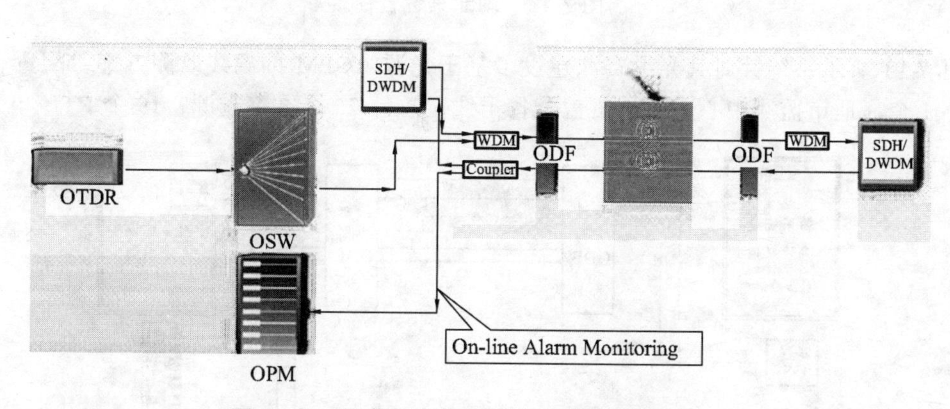

图 7.10 光功率计（OPM）在线监测的方案

3. 应用案例

图 7.11 所示系统采用的是基于光源 + OPM 的离线监测方案。

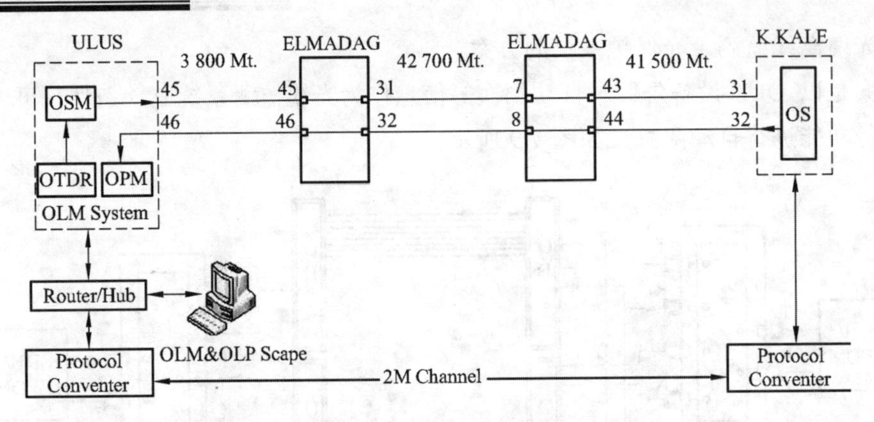

图 7.11 土耳其运营商

图 7.12 所示系统采用的是光缆离线监测 + 光保护系统方案。

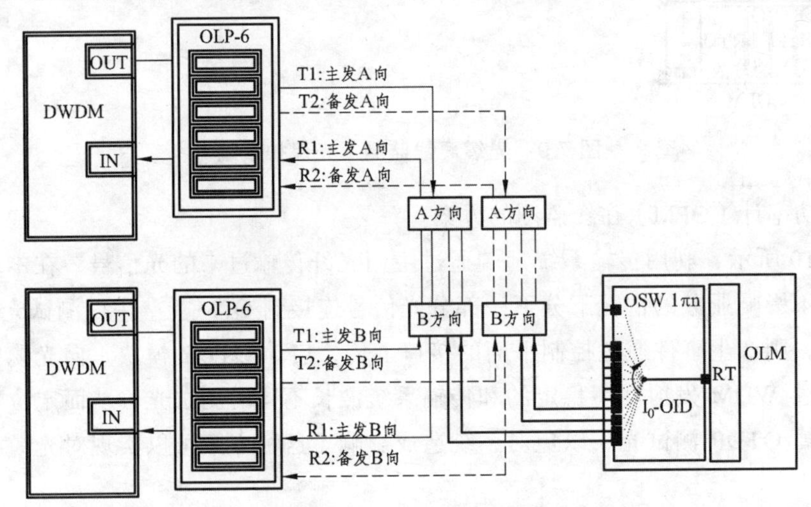

图 7.12 湖北某运营商

图 7.13 所示系统针对其光缆资源建设了基于光源 + OPM 的离线监测方案，配置省级监测中心 1 个，地市监测中心 8 个，覆盖全省干线，总计 25 个 8 路光源，19 个 RTU 单元。

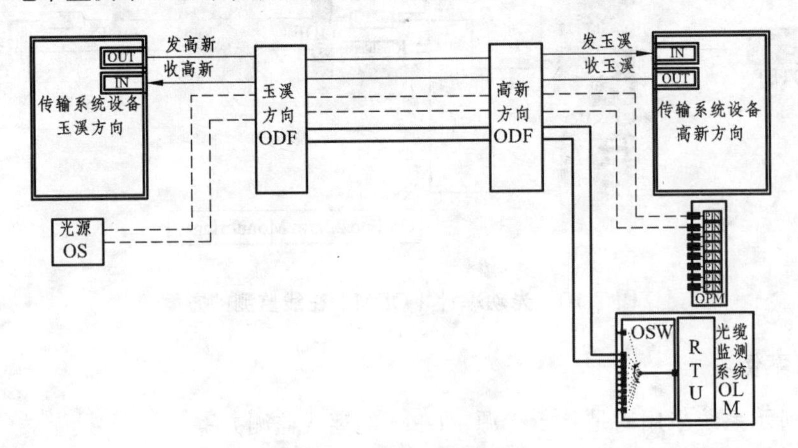

图 7.13 云南某运营商

图 7.14 所示系统针对其光缆资源建设了基于光源 + OPM 的离线监测和基于 OPM 的在线监测方案，配置省级监测中心 1 个，地市监测中心 7 个，覆盖整个油田的干线，总计 14 个 RTU 单元。

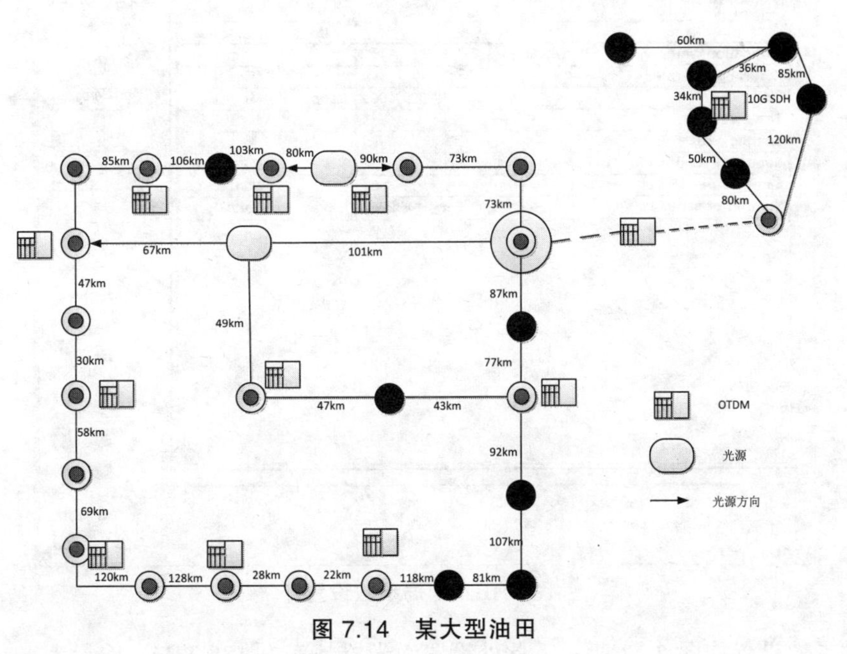

图 7.14 某大型油田

7.12 光开关和门器件仿真

对光开关和门器件的仿真工程如图 7.15 所示，CW Laser 产生激光，经过复用器后传输 0.05 km 的光纤，经过线偏振器和两个贝塞尔光滤波器（频率 188 THz，带宽 2.2 THz）后输出。参数设置为：比特率 40 Gb/s，序列长度 32 bit，如图 7.16 所示。

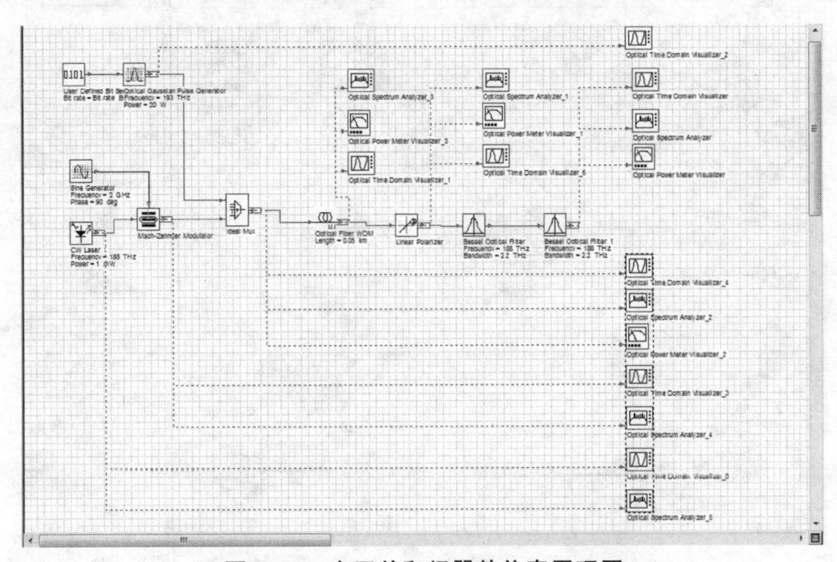
图 7.15 光开关和门器件仿真原理图

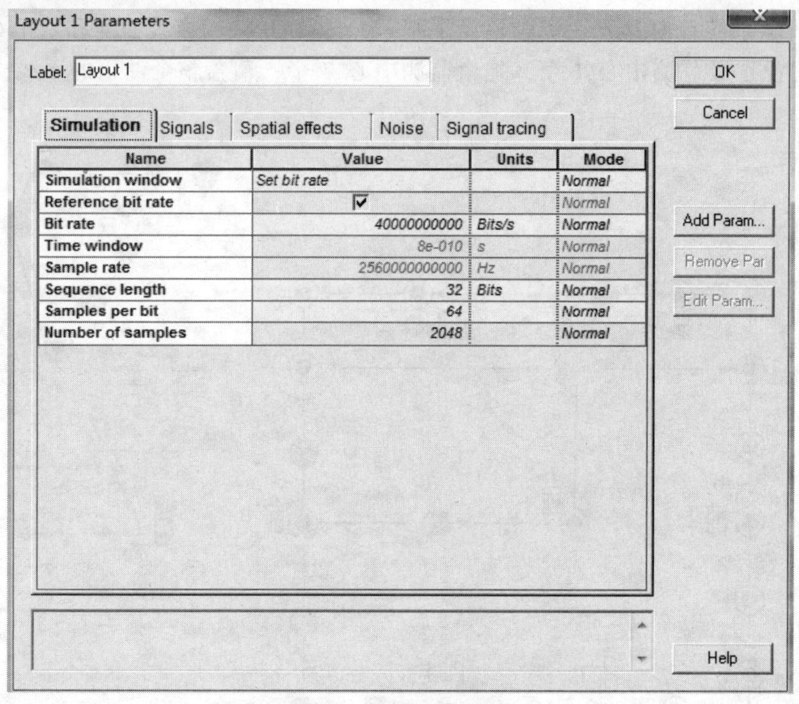

图 7.16　全局参数设置

各器件参数设置如图 7.17 所示。此处设置激光器频率为 188 THz，能量为 1 mW，复用器输入为 2 路，光纤长度为 0.05 km，贝塞尔光纤频率为 188 THz，带宽为 2.2 THz。

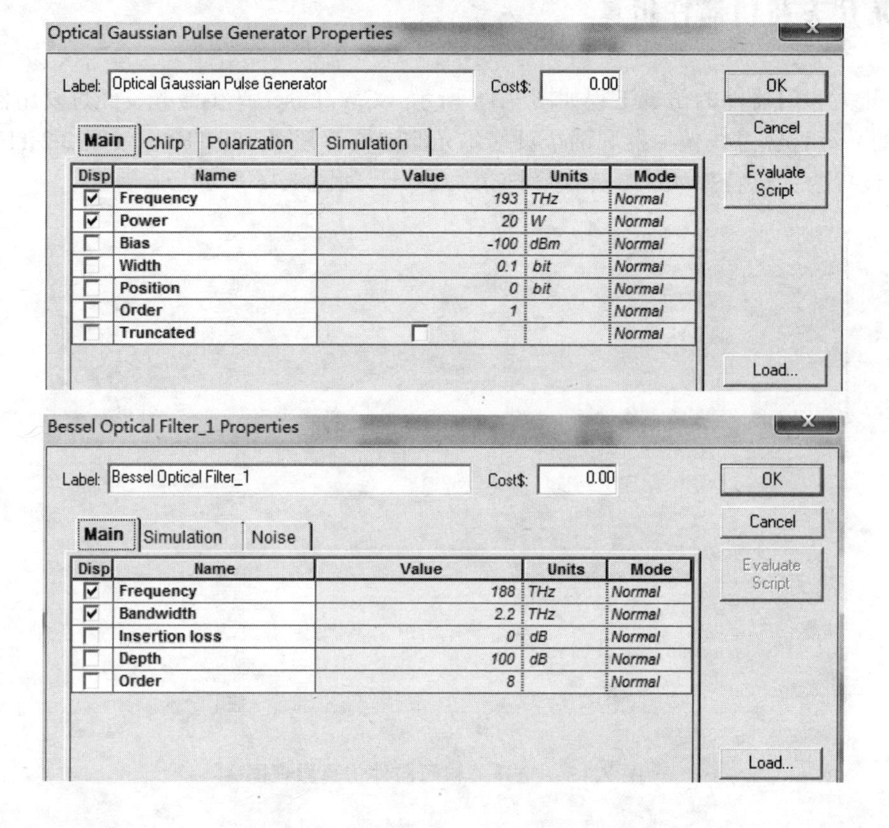

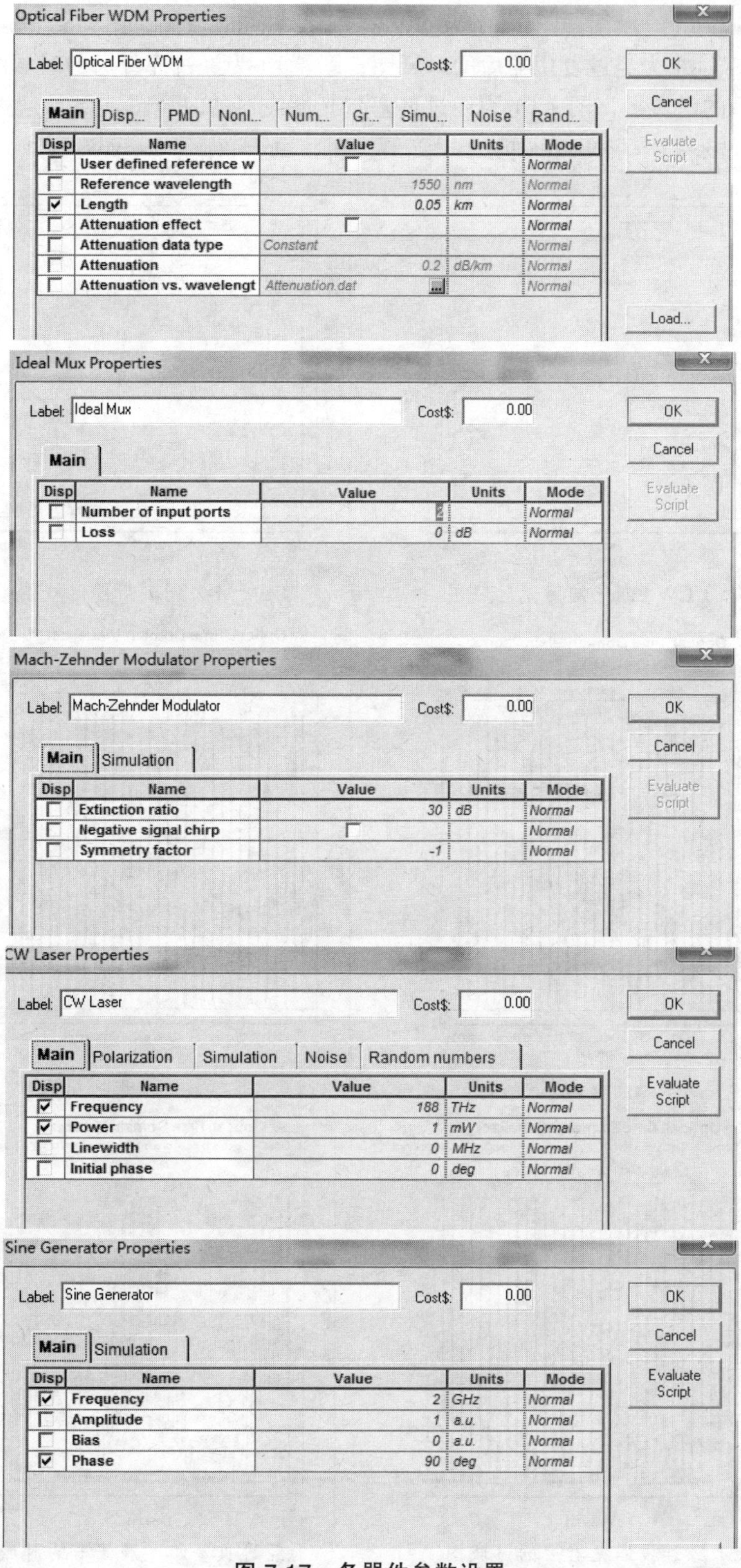

Optical Fiber WDM Properties

Label: Optical Fiber WDM　Cost$: 0.00　OK　Cancel　Evaluate Script　Load...

Main | Disp... | PMD | Nonl... | Num... | Gr... | Simu... | Noise | Rand...

Disp	Name	Value	Units	Mode
☐	User defined reference w	☐		Normal
☐	Reference wavelength	1550	nm	Normal
☑	Length	0.05	km	Normal
☐	Attenuation effect	☐		Normal
☐	Attenuation data type	Constant		Normal
☐	Attenuation	0.2	dB/km	Normal
☐	Attenuation vs. wavelengt	Attenuation.dat		Normal

Ideal Mux Properties

Label: Ideal Mux　Cost$: 0.00　OK　Cancel　Evaluate Script

Main

Disp	Name	Value	Units	Mode
☐	Number of input ports	2		Normal
☐	Loss	0	dB	Normal

Mach-Zehnder Modulator Properties

Label: Mach-Zehnder Modulator　Cost$: 0.00　OK　Cancel　Evaluate Script

Main | Simulation

Disp	Name	Value	Units	Mode
☐	Extinction ratio	30	dB	Normal
☐	Negative signal chirp	☐		Normal
☐	Symmetry factor	-1		Normal

CW Laser Properties

Label: CW Laser　Cost$: 0.00　OK　Cancel　Evaluate Script

Main | Polarization | Simulation | Noise | Random numbers

Disp	Name	Value	Units	Mode
☑	Frequency	188	THz	Normal
☑	Power	1	mW	Normal
☐	Linewidth	0	MHz	Normal
☐	Initial phase	0	deg	Normal

Sine Generator Properties

Label: Sine Generator　Cost$: 0.00　OK　Cancel　Evaluate Script

Main | Simulation

Disp	Name	Value	Units	Mode
☑	Frequency	2	GHz	Normal
☐	Amplitude	1	a.u.	Normal
☐	Bias	0	a.u.	Normal
☑	Phase	90	deg	Normal

图 7.17　各器件参数设置

图 7.18 所示为光时域图，图（a）为 CW Laser 发射光时域图，图（b）为经过 M-Z 调制后的时域图，图（c）为经过复用器后的时域图，图（d）为经过光纤后的时域图，图（e）为经过线偏振器后的时域图，图（f）为经过贝塞尔光滤波器的时域图。

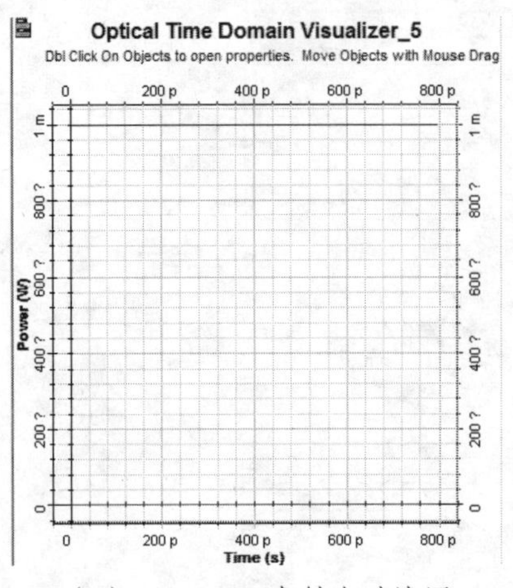

（a）CW Laser 发射光时域图

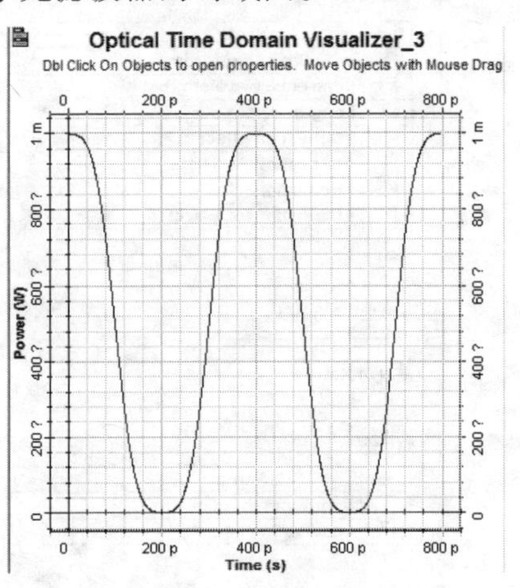

（b）M-Z 调制后的时域图

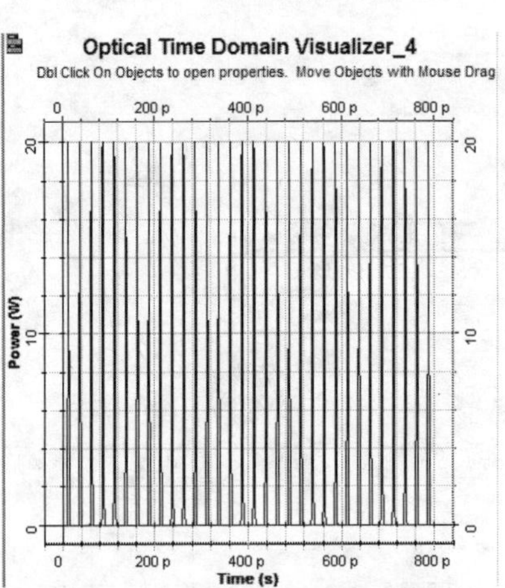

（c）经过复用器后的时域图

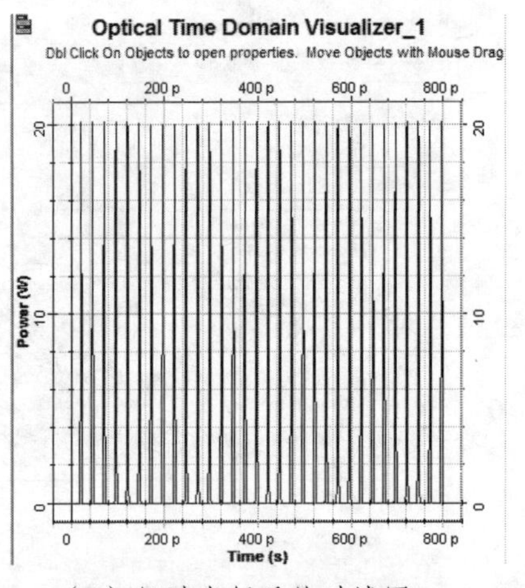

（d）经过光纤后的时域图

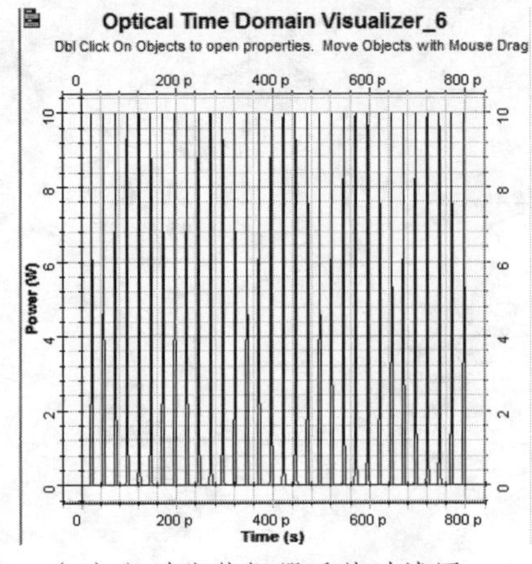

（e）经过线偏振器后的时域图

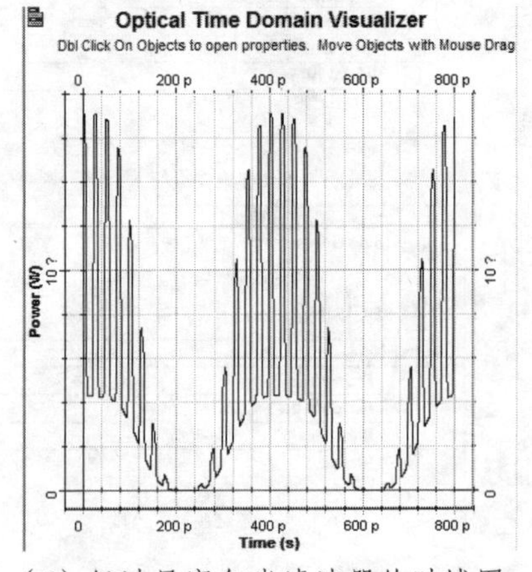

（f）经过贝塞尔光滤波器的时域图

图 7.18　光开关和门器件仿真结果时域图

图 7.19 所示为光频谱图，图（a）为 CW Laser 发射光频谱图，图（b）为经过 M-Z 调制后的光频谱图，图（c）为经过复用器后的光频谱图，图（d）为经过光纤后的光频谱图，图（e）为经过线偏振器后的光频谱图，图（f）为经过贝塞尔光滤波器的光频谱图。

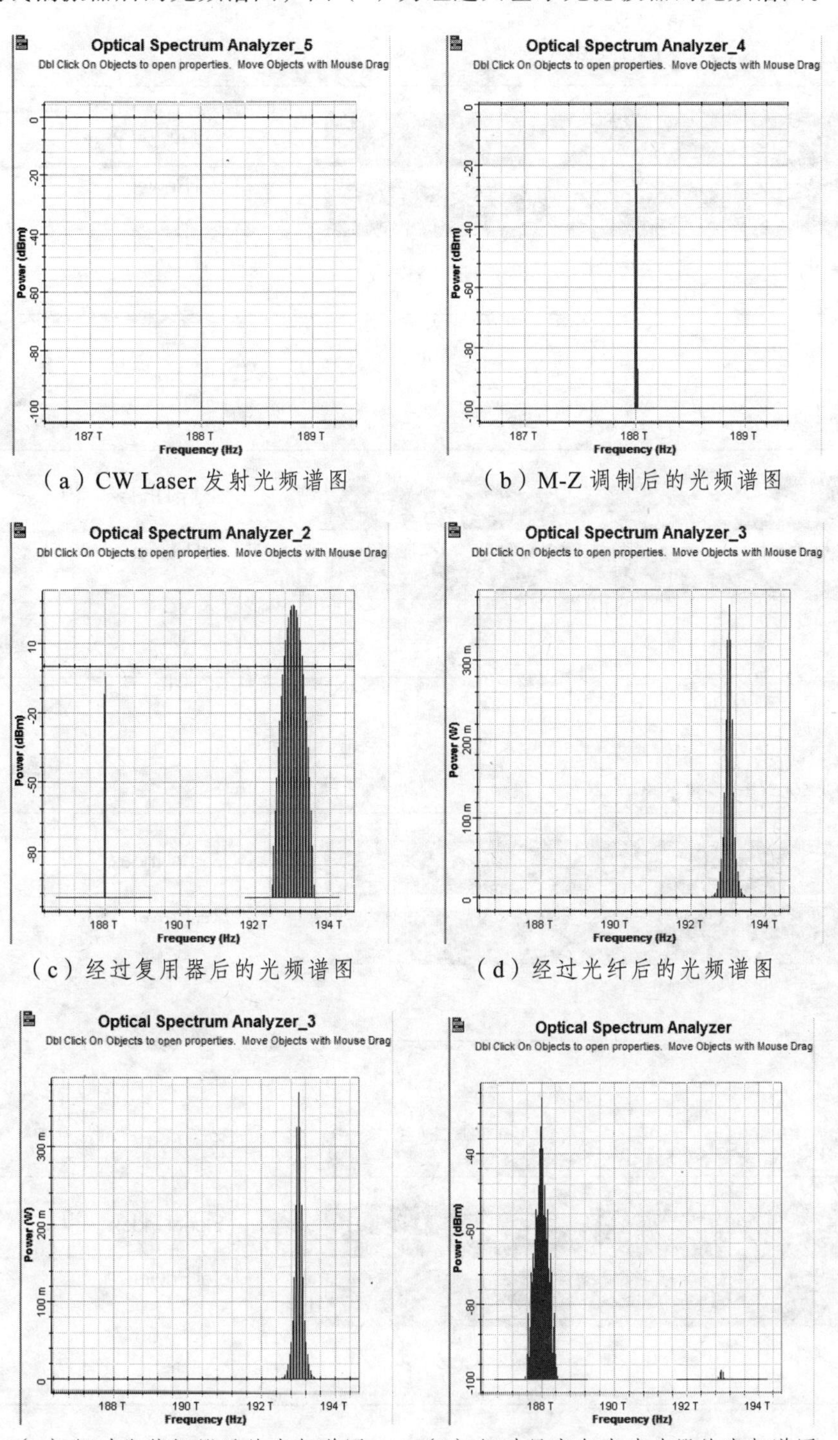

（a）CW Laser 发射光频谱图　（b）M-Z 调制后的光频谱图

（c）经过复用器后的光频谱图　（d）经过光纤后的光频谱图

（e）经过线偏振器后的光频谱图　（f）经过贝塞尔光滤波器的光频谱图

图 7.19　光开关和门器件仿真结果频谱图

图 7.20 所示为光能量和衰减，图（a）为经过光纤后的能量和衰减，图（b）为经过线偏振器后的能量和衰减，图（c）为经过贝塞尔光纤后的能量和衰减，图（d）为经过复用器后的能量和衰减。

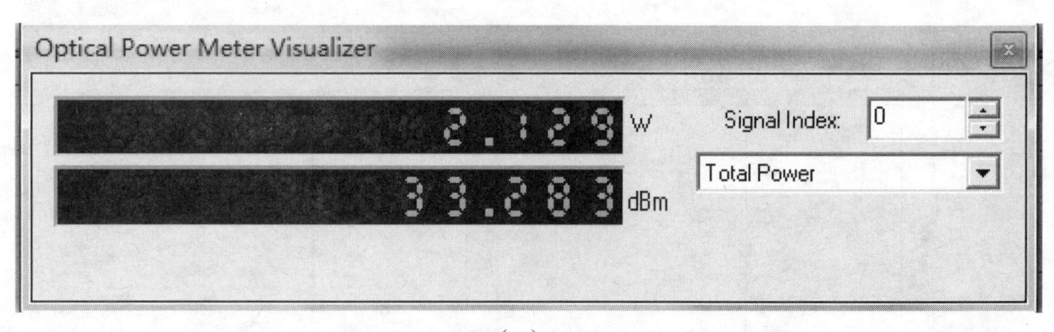

（a）

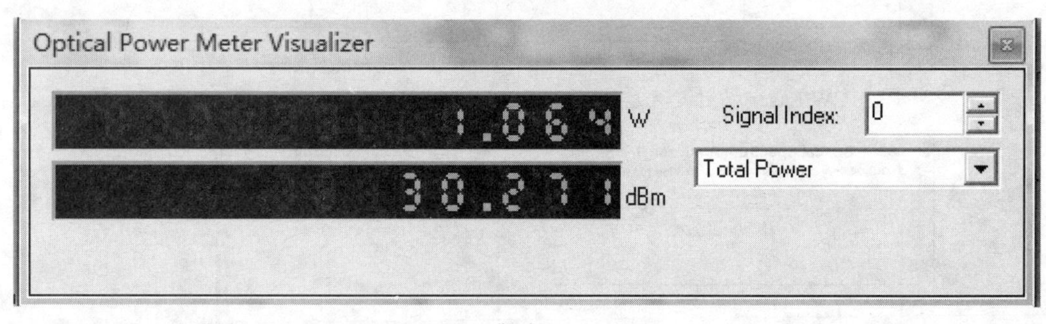

（b）

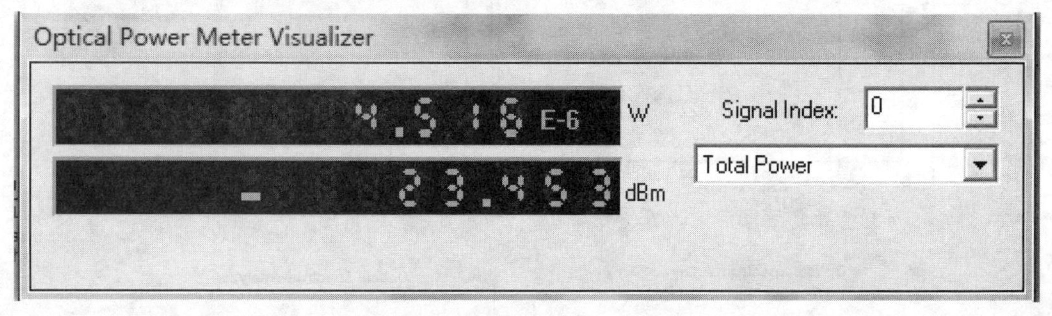

（c）

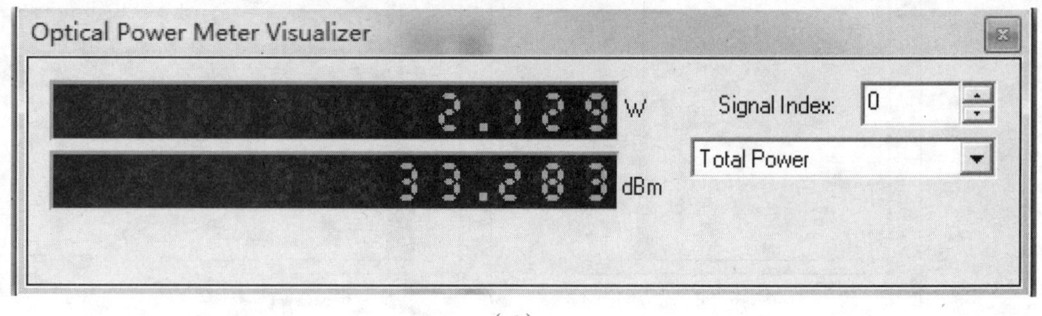

（d）

图 7.20 光能量和衰减

7.13 光交叉连接仿真

7.13.1 OXC 系统

如图 7.21 所示为一个光交叉连接系统，由多个激光器、两个 4×2 的能量转化器和子系统组成。如图 7.22 所示为子系统中具体的 2×2 交叉连接结构。

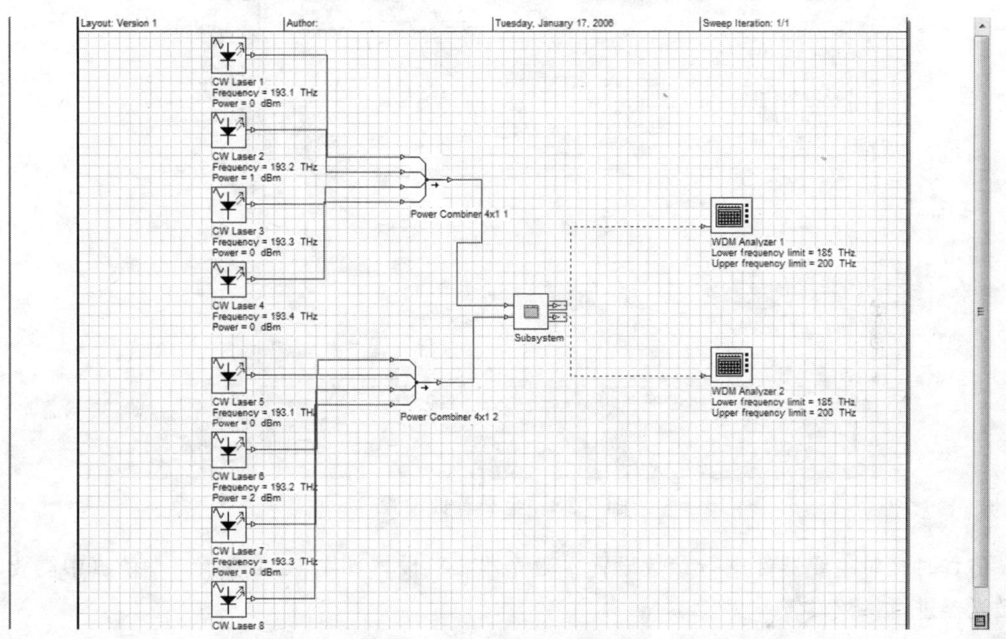

图 7.21 OXC 系统原理图

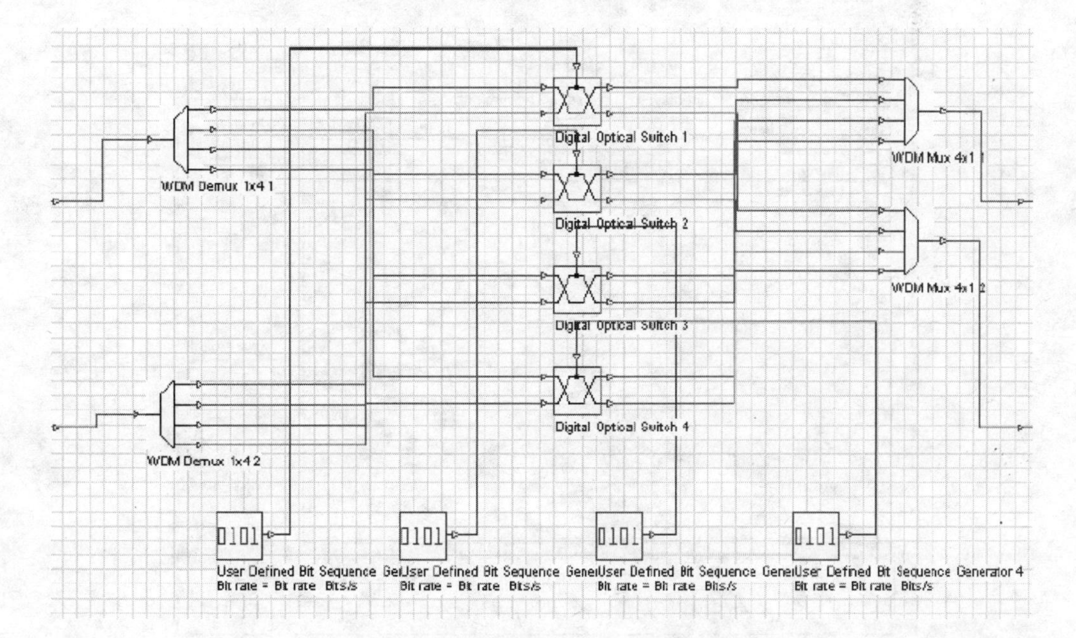

图 7.22 OXC 的 2 x 2 交叉连接结构

进行仿真时，设置全局参数：比特率为 2.5 Gb/s，序列长度为 128 bit，采样率为 160 GHz，如图 7.23 所示。

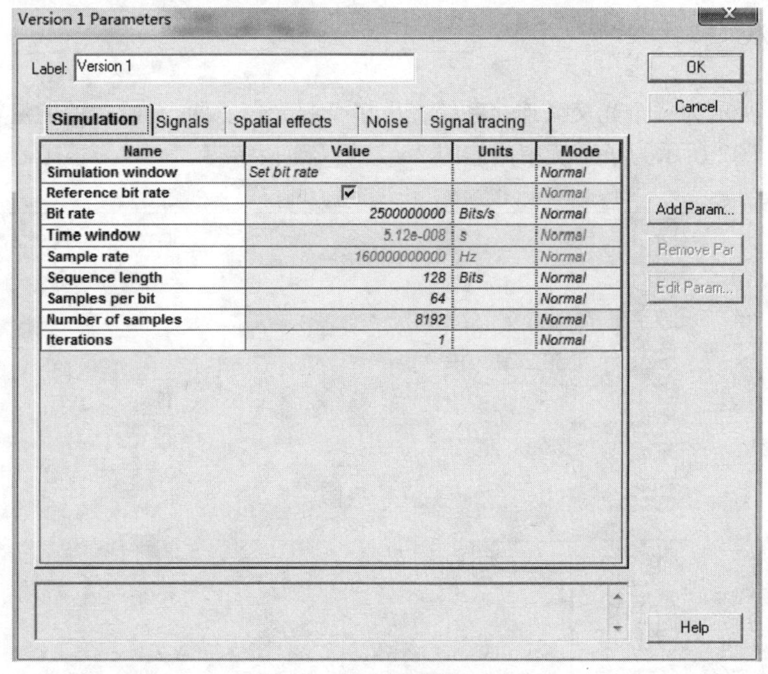

图 7.23　全局参数设置

仿真时，对主要器件进行参数设置，激光器参数设置如图 7.24 所示。本仿真中需要对 8 个激光器进行参数设置。

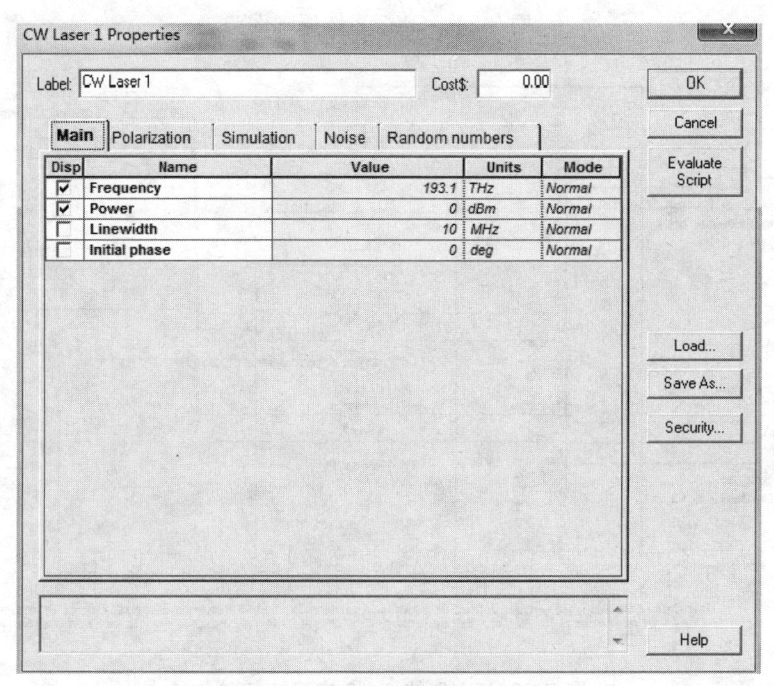

图 7.24　激光器参数设置

共有 2 个能量复用器，其参数设置如图 7.25 所示。

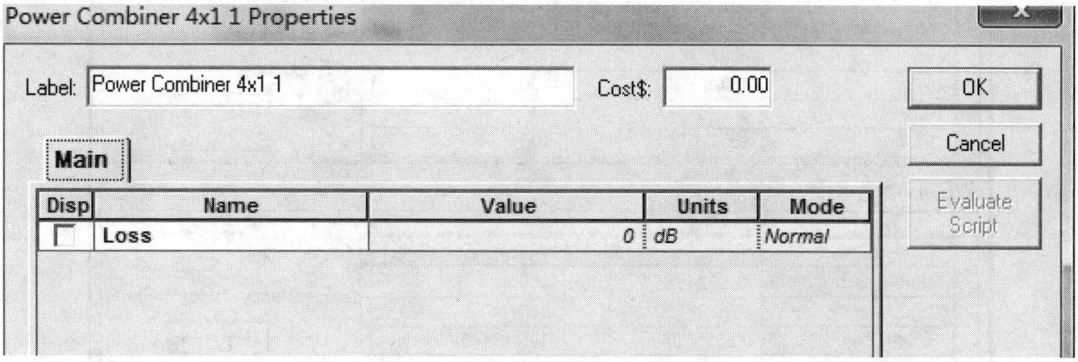

Power Combiner 4x1 1 Properties

Label: Power Combiner 4x1 1　Cost$: 0.00　OK　Cancel　Evaluate Script

Main

Disp	Name	Value	Units	Mode
☐	Loss	0	dB	Normal

图 7.25　能量复用器参数设置

子系统参数设置如图 7.26 所示。

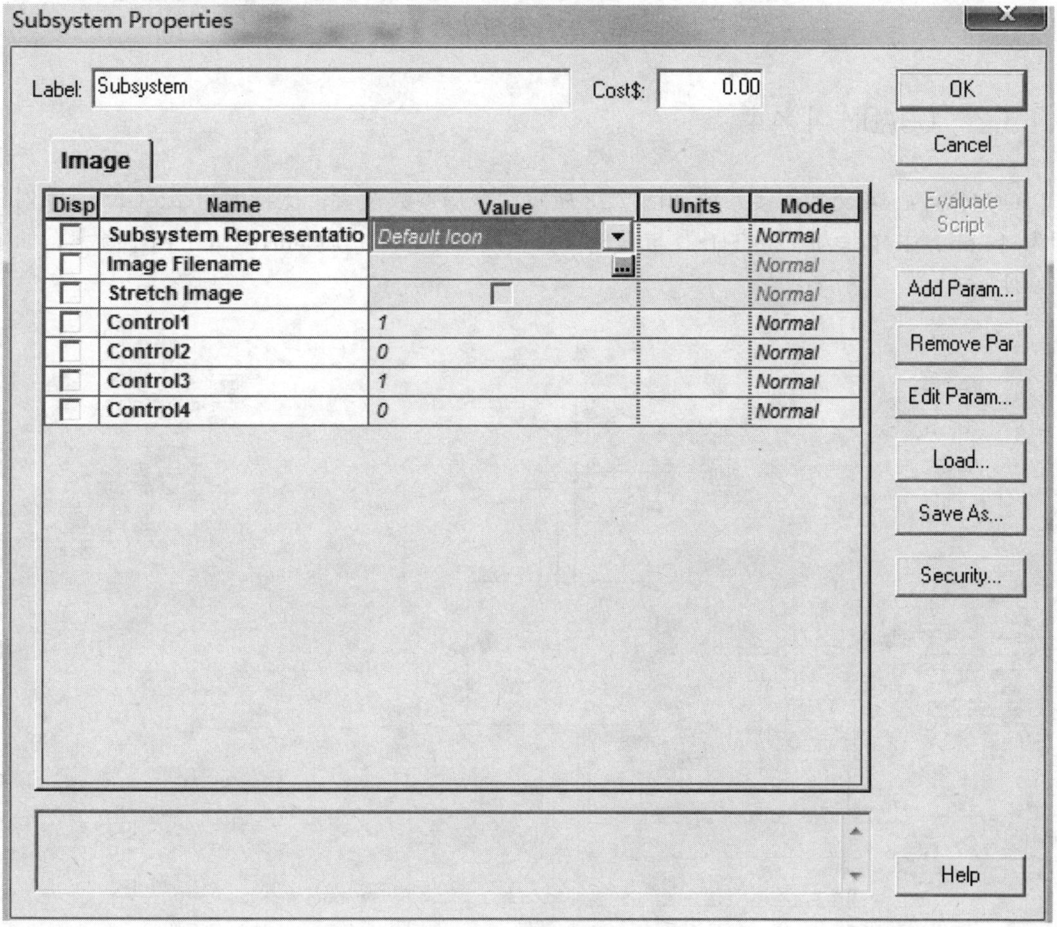

Subsystem Properties

Label: Subsystem　Cost$: 0.00　OK　Cancel　Evaluate Script

Image

Disp	Name	Value	Units	Mode
☐	Subsystem Representatio	Default Icon		Normal
☐	Image Filename			Normal
☐	Stretch Image	☐		Normal
☐	Control1	1		Normal
☐	Control2	0		Normal
☐	Control3	1		Normal
☐	Control4	0		Normal

Add Param...　Remove Par　Edit Param...　Load...　Save As...　Security...　Help

图 7.26　子系统参数设置

WDM 分析器的结果如图 7.27 所示，为四个不同频率激光器的信号能量和噪声能量的分析。

WDM Analyzer

Frequency (THz)	Signal Power (dBm)	Noise Power (dBm)
193.1	-6.027164	-100
193.2	-5.0279218	-100
193.3	-6.0263184	-100
193.4	-6.0276767	-100

Signal Index: 0
Frequency Units: THz

WDM Analyzer

	Signal Power (dBm)	Noise Power (dBm)
Min value	-6.032184	-100
Max Value	-4.0269702	-100
Total	0.5850334	-105.48443
Ratio max/min	2.0052138	0
	(THz)	(THz)
Frequency at min	193.1	193.4
Frequency at max	193.2	193.2

Signal Index: 0
Frequency Units: THz
Power Units: dBm

图 7.27　分析结果

7.13.2　OCADM 4×4

OCADM 4×4 交叉连接系统如图 7.28 所示。全局参数设置：比特率为 2.5 Gb/s，序列长度为 16 bit，采样率为 12.8 THz，与其他仿真不同的是，本仿真同时设置了四个频率，如图 7.29 所示。

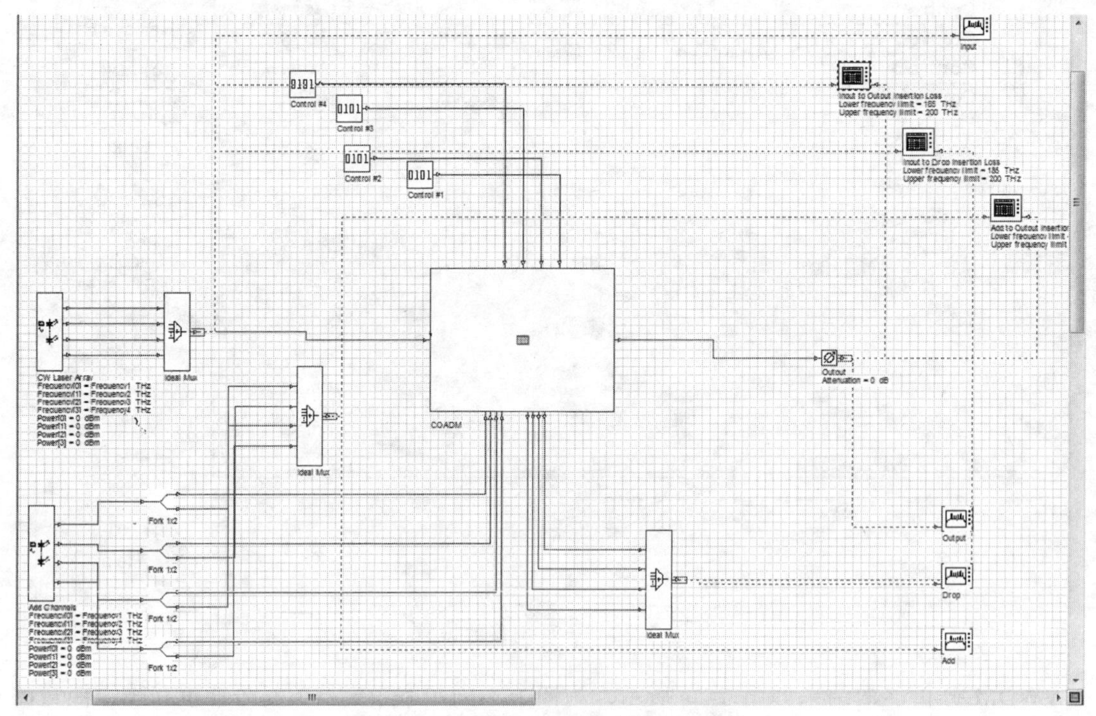

图 7.28　OCADM 4×4 交叉连接系统

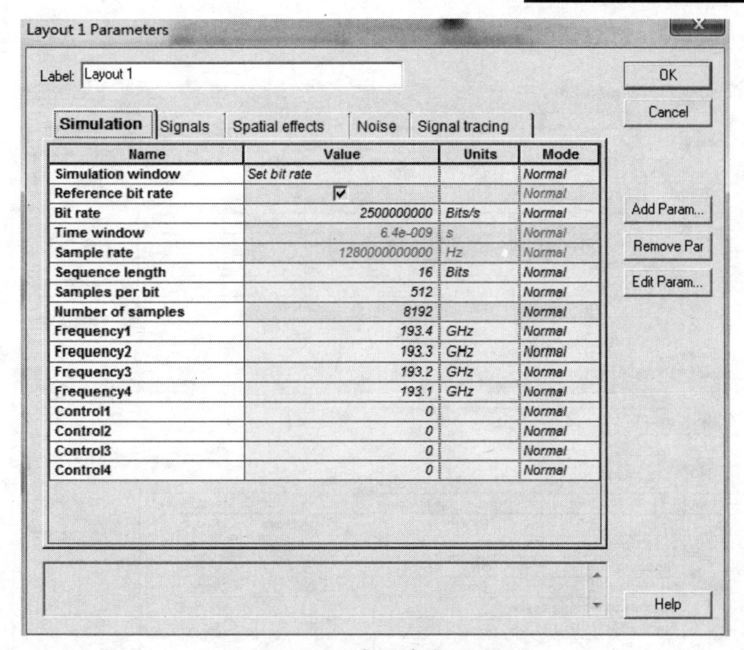

图 7.29 全局参数设置

本仿真使用了两个激光器阵列，其参数设置如图 7.30 所示，共设置了 4 个输出。

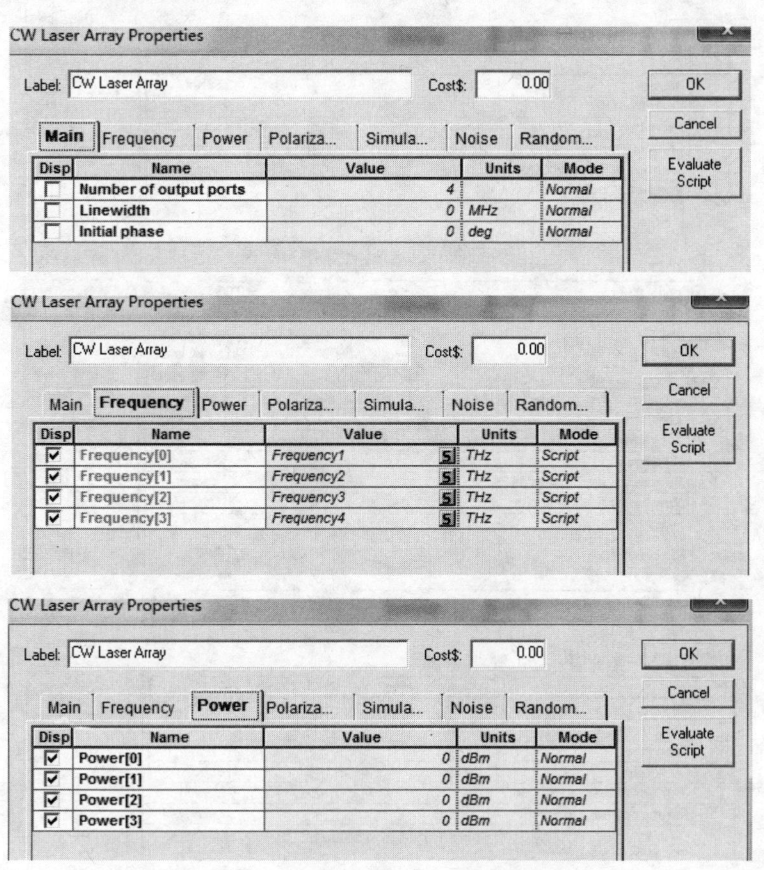

图 7.30 激光器阵列参数设置

COADM 设置以及 COADM 4 路控制参数设置如图 7.31 所示。

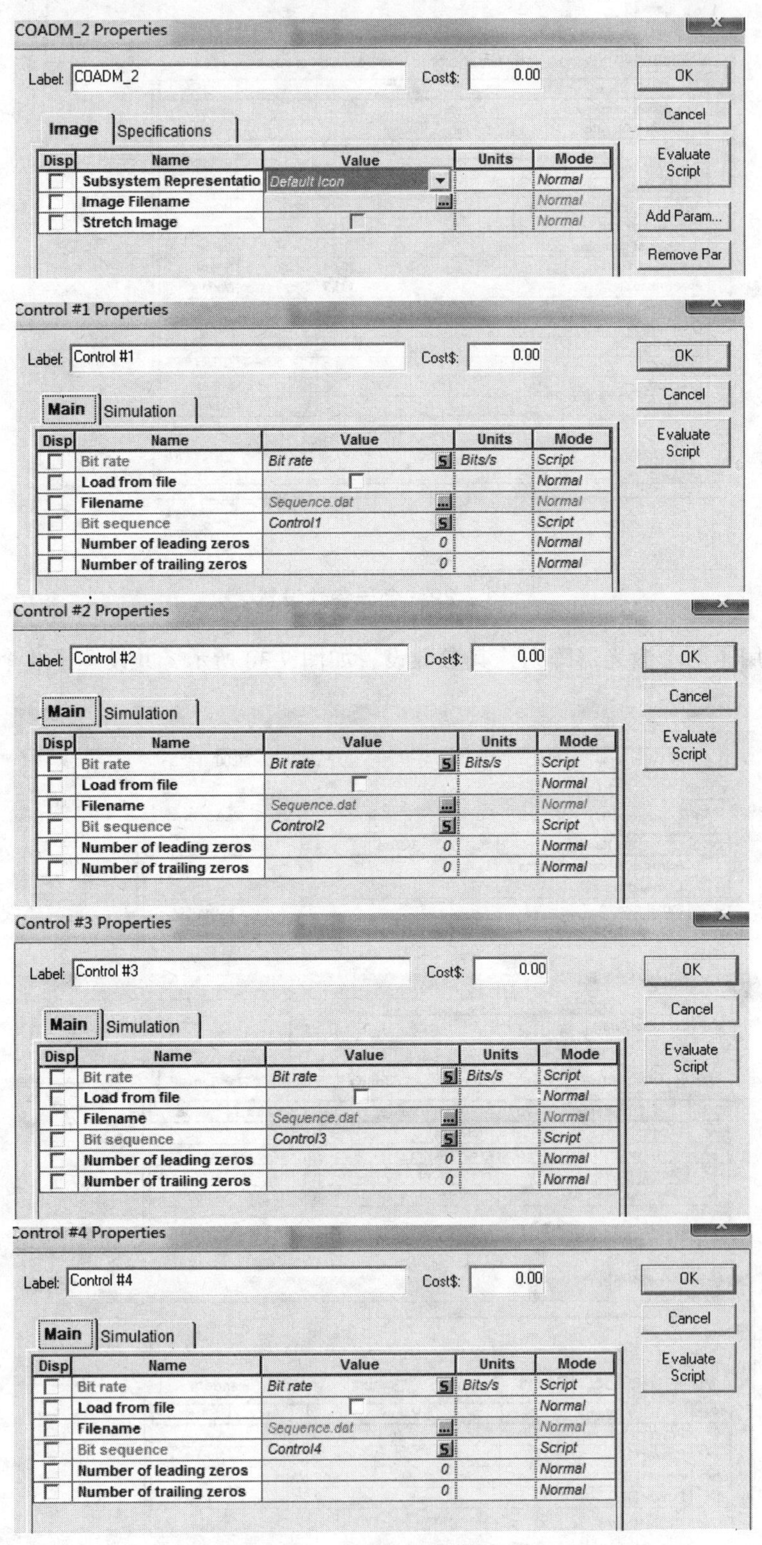

图 7.31　COADM 参数设置

4 路复用器参数设置如图 7.32 所示。

Ideal Mux Properties

Label: Ideal Mux　Cost$: 0.00　OK　Cancel　Evaluate Script

Main

Disp	Name	Value	Units	Mode
☐	Number of input ports	4		Normal
☐	Loss	0	dB	Normal

图 7.32　4 路复用器参数设置

WDM 分析仪的参数分析结果如图 7.33 所示，图（a）为输入对输出的插入损耗分析，图（b）为输入对衰减信号的插入损耗分析和输入对增长信号的插入损耗分析。

Frequency (THz)	Gain (dB)	Noise Figure (dB)
193.1	-0.00091865379	0.000918654
193.2	-0.00098854529	0.000988545
193.3	-0.00098854529	0.000988545
193.4	-0.00091865379	0.000918654

（a）

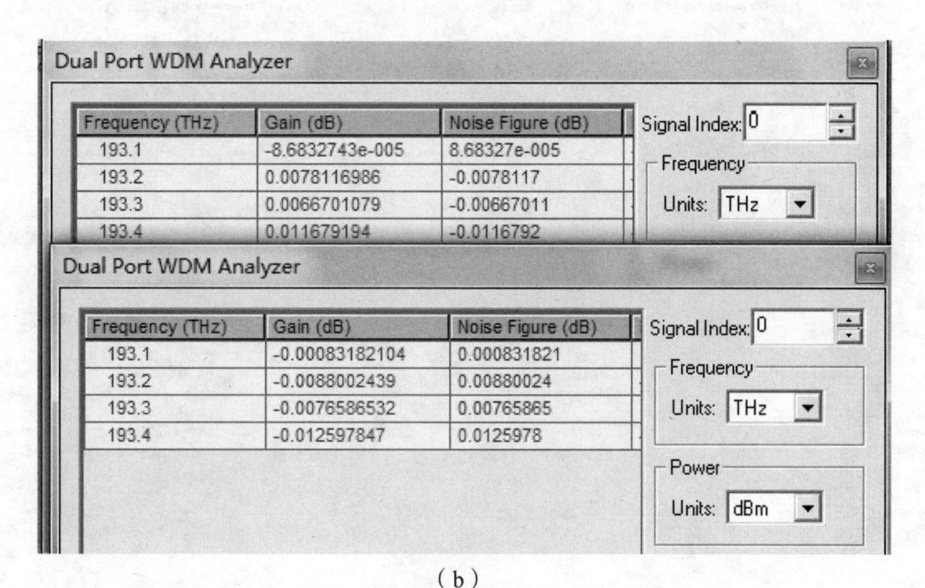

Dual Port WDM Analyzer

Frequency (THz)	Gain (dB)	Noise Figure (dB)
193.1	-8.6832743e-005	8.68327e-005
193.2	0.0078116986	-0.0078117
193.3	0.0066701079	-0.00667011
193.4	0.011679194	-0.0116792

Signal Index: 0　Frequency Units: THz

Dual Port WDM Analyzer

Frequency (THz)	Gain (dB)	Noise Figure (dB)
193.1	-0.00083182104	0.000831821
193.2	-0.0088002439	0.00880024
193.3	-0.0076586532	0.00765865
193.4	-0.012597847	0.0125978

Signal Index: 0　Frequency Units: THz　Power Units: dBm

（b）

图 7.33　WDM 分析仪的参数分析

图 7.34 中，（a）为输入信号，（b）为输出信号，（c）为衰减信号，（d）为增量信号。

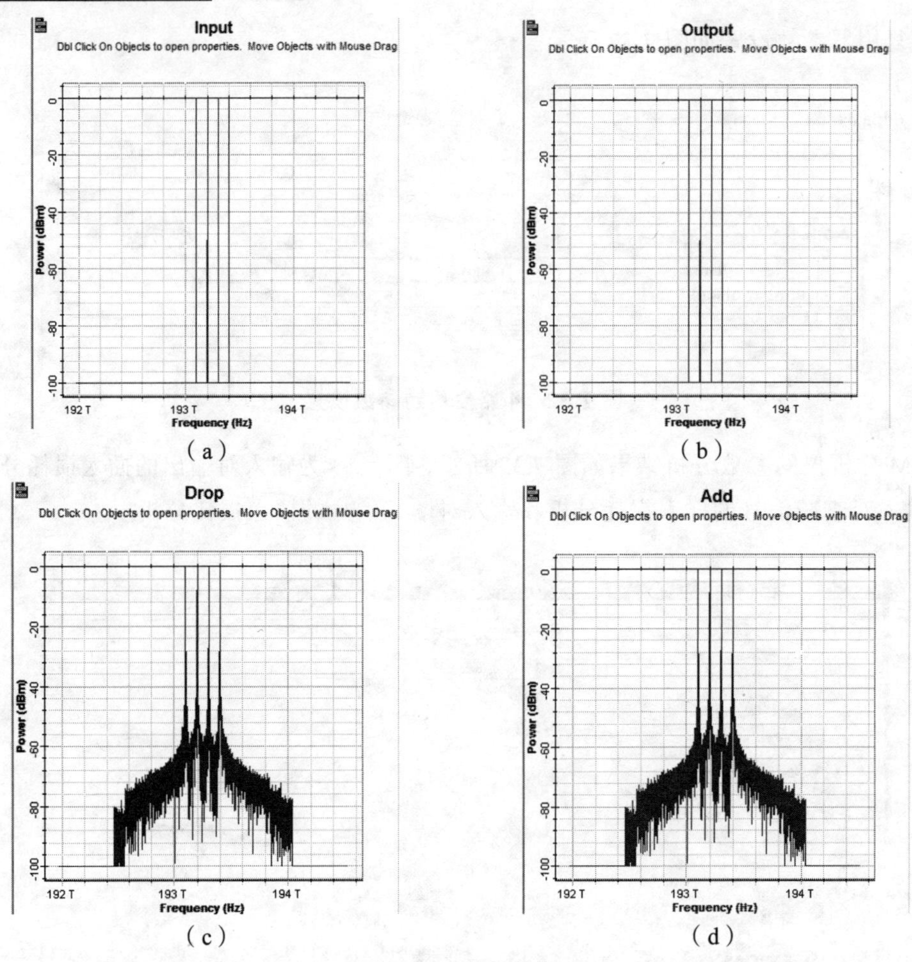
Input
Dbl Click On Objects to open properties. Move Objects with Mouse Drag
Power (dBm)
Frequency (Hz)
192 T
193 T
194 T
(a)
Output
Dbl Click On Objects to open properties. Move Objects with Mouse Drag
(b)
Drop
Dbl Click On Objects to open properties. Move Objects with Mouse Drag
(c)
Add
Dbl Click On Objects to open properties. Move Objects with Mouse Drag
(d)

图 7.34 结果分析

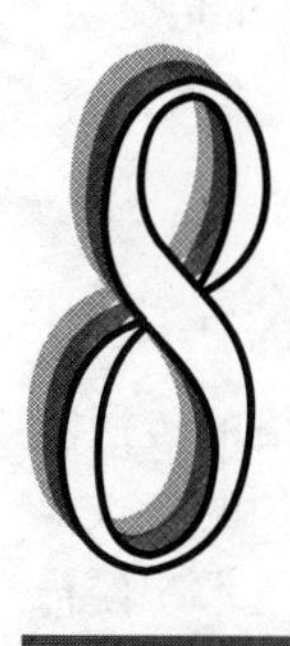

光通信网络技术与仿真

【学习目标】

☆ 了解波分复用系统网络的组成及其特点
☆ 了解干线传输网络
☆ 掌握动态疏导结构技术和城域边缘波分技术
☆ 掌握智能光交换与混合统一交换技术
☆ 了解 MSTP 技术和面向移动 LTE 的承载网技术
☆ 了解基于 GPON 的 FTTX 技术
☆ 掌握光网络的 OptiSystem 仿真

光通信网络不仅能够提供超高速、无阻塞、高可靠、全智能的统一传送解决方案，支持端到端 1588v2 时钟传送，融合 WDM/OTN、MSTP/Hybrid MSTP、微波系统，实现海量带宽，瞬间可达，而且不断扩展网络到接入网、光纤到户、三网合一，实现统一的传输网和光交换。

8.1 波分复用系统网络

波分系统 WDM/OTN 支持大带宽业务的长距离透明传送，大大扩展了光纤网络的传送能力，而基于 OTN 的波分传送平台，使传统波分像 SDH 一样具备灵活组网和易维护的特点。WDM/OTN 采用 OTN、ROADM、可调光模块、ASON/GMPLS、LAN Switch 等技术，使传输更灵活，更适应宽带传送。

如今光传送网络已经实现大容量骨干网，比如 1 600 G 骨干 DWDM 光传输系统就是一个高速率、大容量密集波分复用传输系统，可最大限度地满足超大容量和超长距离传输的需求，为多业务运行及未来网络升级扩容提供稳定的平台。1 600 G 系统在单根光纤中复用的业务通道数量最多可达 160/192 波，即可同时传送 160/192 个不同波长的载波信号，每个信号接入的最高速率为 10 Gb/s。在仅接入 C 波段 80 个通道时，单信道接入速率最高可达 40 Gb/s。支持超过 5 000 km 的无电中继传输，充分满足长途干线建设的需要，已经在全球多个国家获得规模应用。光传送网络的特点体现在：

① 超长距传送：ULH（超长距）和 LHP（超长单跨距）两种超长距离传输技术满足干线传输需求。ULH 技术能够实现 10 G 信号 5 000 km 无电中继传送。LHP 技术能够实现 380 km 的超长单跨距传输。

② 灵活的波长调度功能：提供可重构光分插复用器 ROADM，实现从二维到八维波长调度功能，远程自动配置，任意波长可在任意节点上下。

③ 多样的业务汇聚模式：可以接入各种速率等级的 SDH/SONET 业务和 POS、GE、10 GE、FC、40 G 等数据业务，以及 34 Mb/s ~ 2.7 Gb/s 内任意速率的其他业务。

④ 独特的时钟传送特性：支持双向高精度时钟传送，可在任何站点选择上下或者穿通，并提供了多种保护方式，为时钟网络传送提供了一个新的解决方案。

⑤ 全波段可调 OTU：OTU 具有提供全波段调谐的能力，使组网板件归一化，提高系统维护性，降低 OPEX 和 CAPEX，同时可以和 ROADM 配合，构成灵活的光层解决方案。

⑥ 完善的电信级保护：除提供 1 + 1 等传统的保护方式外，还提供 1 : N OTU 业务保护。这种保护机制，既可保证网络安全性，又可在线利用 OTU 备板，充分节省网络维护成本。

⑦ G.653 光纤解决方案：该方案有效解决四波混频的问题，从而实现在 G.653 光纤上大容量长距离的传输。

8.2 干线传输网络

干线传输网主要应用于国家干线、区域/省级干线和部分城域核心站点，其以大容量 OTN

调度能力和长途波分特性为基本特征，集成了 ROADM、T-bit 电交叉、100 M-40 G 全颗粒调度、光电联动智能、40 G/100 G、丰富的管理和保护等功能，构建端到端的 OTN/WDM 骨干传送网络，实现大容量调度和超宽带智能传输。

据报道，OptiX OSN 可组建成完整的 OTN 端到端网络，也可与 OptiX BWS 共建波分网络，还可与 NG-SDH/PTN 或数通设备混合组网，实现完整的传送网络。其特点是：具有高集成度，单子架接入 256/512×10 G，海量 IP 业务接入，可集中调度和管理，消除了多个子架的拼装组网；3.2T/6.4T-bit 无阻塞电交叉容量，支持复杂组网，海量业务集中调度；支持 2/4/9 维度 ROADM 光交叉；可光电混合交叉，灵活实现波长/子波长级业务交叉调度，快速业务部署，降低 CAPEX；并兼容过去的 80×40 G 系统，可平滑支持 100 G 无限带宽传输；OCH&ODUk 光电双层智能，光电联动模式；具备 PID 技术，单芯片支持 120 G（12×10 G）批量扩容，业务部署“零等待”。提供 2 M、1588v2 和同步以太时钟传递，完全满足 TD-SCDMA，CDMA2000 和 LTE 的时钟精度要求。通过 ASIC 和光电集成技术，降低了单端口功耗；T-bit 大容量交叉可大量减少 ODF 子架转接，节省机房面积，降低配套能耗。

8.3 动态疏导结构技术

动态疏导结构的传送网络具备汇聚、传送和交叉能力，支持光交叉连接、ODU 交叉连接和集成 LAN Switch 的三层动态流量疏导结构，集成了 GMPLS 智能控制平面，并具备类似 SDH/SONET 的可管理能力和 WDM 的大容量长距离传送优势。平台采用 ROADM、可调光模块、ASON/GMPLS、40G、LAN Switch、ODB/eDQPSK 等先进技术，架构更灵活，更适合宽带传送；使之具备透明接入、灵活调度、易管理、智能光网络的特点。

8.4 城域边缘波分技术

城域边缘波分技术融合 OTN 及 WDM 特性，能够协助运营商将城域边缘的宽带、专线、移动等各种类型的业务共享 WDM 网络资源，实现统一传送，解决接入传送中面临的一系列问题：如何用高集成度的设备实现 100M-10G 业务的统一传送，使网络化繁为简；如何使网络具备长距离传送特性，使传送节点从多到少；如何减少维护投入，降低网络的运营成本；如何有效降低日益增长的设备能耗，减少电费支出；如何实现网络的平滑升级等。其特点是统一传送、长距传送、降低成本、绿色环保。

8.5 智能光交换与混合统一交换技术

Hybrid MSTP 系统采用“统一交换”架构，不仅具备传统 MSTP 的传送能力，更具备全分组传送能力，它完全兼容现有 MSTP 网络，能以最佳性能和成本满足承载网分组化转型的要求。

智能光交换系统是城域网的现状和未来发展趋势，新一代核心智能光交换设备，主要应用于城域网骨干层的业务调度节点，即 OCS（Optical Core Switching）设备类型。作为智能光交换平台和核心光交换系统，需要定位于城域网的骨干层，完成多种类型、不同颗粒的业务调度和传输。

而需要网络采用“统一交换”架构，即可作为分组设备和 TDM 设备使用，支持不同组网应用：纯分组模式应用、混合组网应用（分组模式和 TDM 模式叠加组网）和纯 TDM 模式应用，实现数据业务和传统 SDH 业务的最佳处理。

在 TDM 模式，业务交叉容量大，最大达到 360 Gb/s 的高阶交叉，40 Gb/s 的低阶交叉。在分组模式，它的包交换能力最大可达 160 Gb/s。

它的特点是“统一交换”架构、支撑 3 G 移动承载、内置波分/微波技术、灵活组网。

8.6 MSTP 技术

MSTP 系统是基于 SDH 的多业务传送平台，拥有 SDH 的保护恢复能力和 OAM 能力，支持 PDH、SDH、Ethernet、ATM 等多种业务的传送，是最佳的多业务传送解决方案。OSN 9560 智能光交换系统定位于长途干线枢纽节点以及光网络骨干业务调度节点，继承了 DXC 的强大业务疏导能力和 MADM 的复杂组网能力，集成了 ASON 智能光网络控制平面，支持 1588V2 高精度时钟传送，是具备智能特性的大容量多粒度光交换平台。其特点是：

① Mesh 组网：网络拓扑灵活、易扩展；不需预留 50% 的带宽，节约带宽资源；提供多条恢复路径，提高网络的安全性和业务的生存性。

② 端到端业务配置：只需知道源节点、目的节点、需求带宽和保护级别，即可完成业务的提供；智能网元自动选择路由，并创建各节点的交叉连接，缩短业务建立时间，实现带宽动态申请和释放。

③ 拓扑自动发现：智能网元能自动发现全网控制拓扑，并实时反映到网管；智能软件可实时发现业务链路发生的改变，包括链路增加、链路参数变化和链路删除等，并上报网管，网管进行实时刷新，可提高网络快速覆盖和扩容能力。

④ 网络流量均衡：能将两个节点之间相同服务等级的业务尽量分配在不同的路由上，提高网络的可靠性；避免以往人工规划的网络缺乏全网流量均衡化，提高业务的可扩展性。

8.7 面向移动 LTE 的承载网技术

随着 3 G 业务的开展，从传统的单一个人语音接入拓展为以个人、家庭和企业为主的综合性信息服务提供，承载网的业务类型和网络容量正在发生巨大的变化，再结合 LTE、无线城市发展的需要，业界普遍认为未来的承载网必将是一张支持全业务承载、具备高速率、提供大带宽、高品质业务的融合网络。在具备端到端 OAM 管理、安全性、大容量、低 TCO 等基本特征的同时，还应具有传送业务分组化、接入方式多样化、业务接入宽带化、传送与数据融合化的新特征。伴随 IP 化进程的不断深入，以 OTN、PTN 为代表的新一代光传送技术正在取代 DWDM、MSTP 的地位，已成为光传送网的主流技术。

因特网的飞速发展，正在深刻改变和影响着传统电信的体系和架构。通信网的发展已经全面进入 IP 时代，它具备以下主要特征：

① 结构扁平化趋势。

网络扁平化部署消除了网络的中间层，使网络结构和形态更为简单。在 3G 的后期，特别是 LTE 时代，取消了 RNC，eNB（evolved NodeB）直接接入 EPC，从而降低了用户可感知的时延，大幅提升用户的移动通信体验，网络结构进一步扁平化。

② 业务 IP 化方向。

通信网络 IP 化演进已经成为整个通信行业在技术上不可逆转的趋势，全业务综合性信息服务需要承载网络能够有效支撑突发数据业务的处理能力，实现 IP 化业务的高效承载。而原有的承载技术在 IP 承载能力、承载效率等方面难以满足 IP 化发展的要求，新一代的 OTN、PTN 承载技术将在网络建设中大放异彩。在 LTE 发展过程中，新需求凸显。如带宽、L3 功能、时间同步等。面对网络发展的新需求，现有承载网络面临着全方位的挑战。使得大量分组业务对现有 SDH/MSTP 技术的冲击；电信级要求对现有以太网分组技术的挑战；TD 的时间同步需求对承载网络的挑战；点对点 WDM 系统无法发挥格状光缆网的优势；传统波分复用无法应对灵活的网络应用需求；3G 和全业务下需要更多波长的支持。面向 TD/LTE 的 OTN、PTN 一体化承载网解决方案（见图 8.1），可为移动网络建设提供端到端的业务传送能力，并支持全面的多种保护能力。

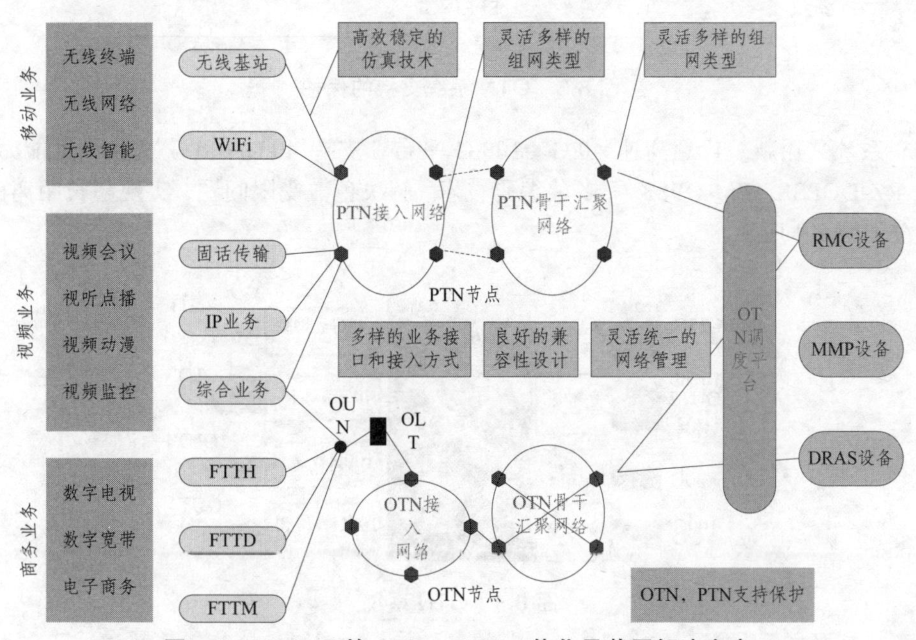

图 8.1　TD/LTE 的 OTN，PTN 一体化承载网解决方案

PTN 系统支持 1+1 和 1∶1 的 MPLS-TP LSP 保护，支持 Wrapping 和 Steering 环网、双环双节点相交保护，支持 1+1 和 1∶1 的线性复用段保护，支持链路聚合组（LAG）保护、双归保护、SNCP 等网络级保护方式，如图 8.2 所示。

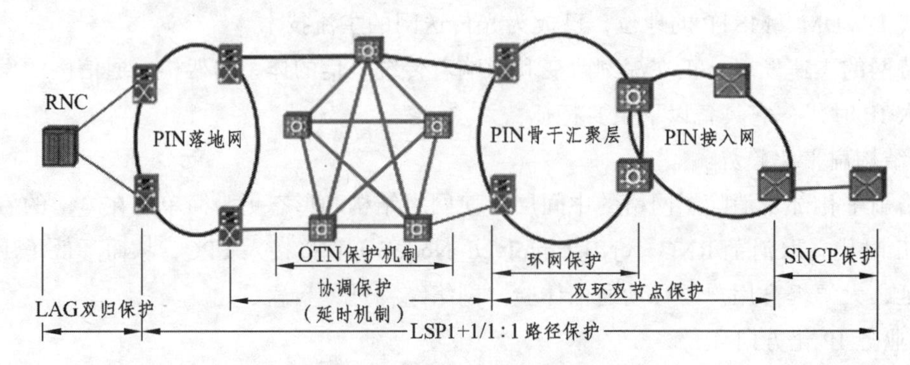

图 8.2 PTN 系统支持的保护

如图 8.3 所示，OTN 系统支持基于 ODUk、OCH 保护方式，可提供线路侧 OLP、OMSP 方案，业务侧还可实现 OUT 的 1+1，1∶N 保护机制，加载控制平面后，烽火 OTN 网络还可提供保护与恢复结合、预置式恢复、动态重路由恢复等多种保护恢复方式。

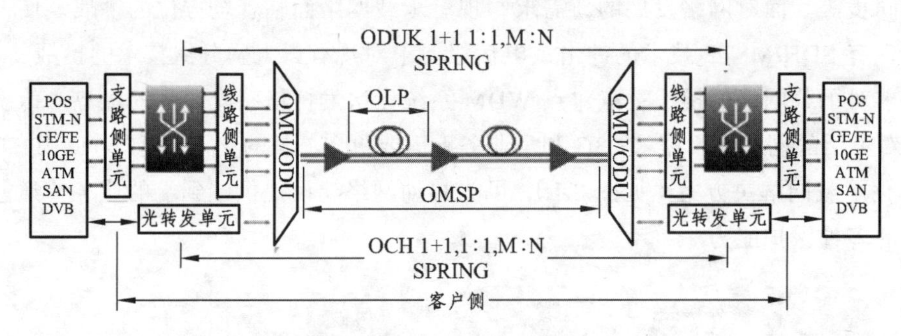

图 8.3 OTN 系统支持的保护

OTN 系统采用新一代超高速 40 G、100 G 平台，支持 40 G/100 G 交叉调度能力；采用 sDPSK、RZ-DQPSK、PM-QPSK 等多种编码技术，解决色散受限问题，实现超长距离的传输。OTN 系统如图 8.4 所示。

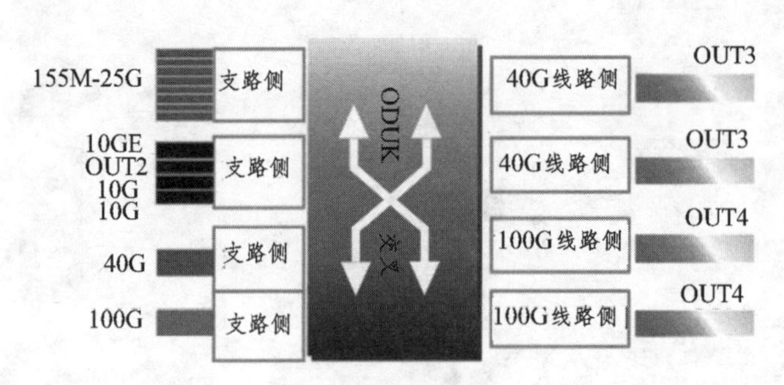

图 8.4 OTN 系统

8.8 基于GPON的FTTX技术

推进电信网、广播电视网和互联网三网融合是接入网发展的终极目标。PON 技术具有高带宽、全业务、易维护等多方面的优势，成为网络融合的主流技术。FTTX 技术，已经有多种高速率、大分光比的 PON 技术，为网络融合提供强劲光纤动力。GPON 整体网络方案如图 8.5 所示。

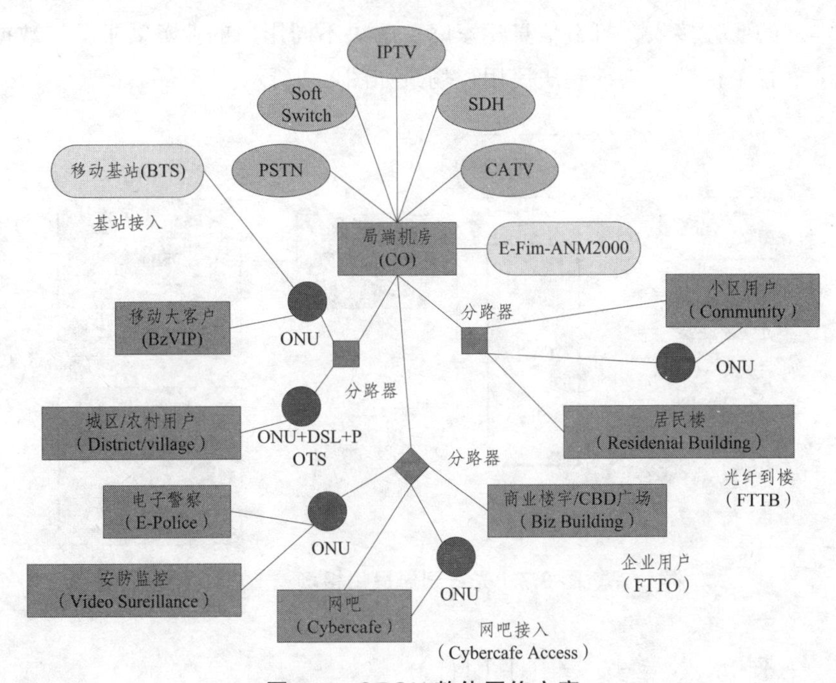

图 8.5 GPON 整体网络方案

8.8.1 光纤到居民用户场景（FTTH）

该组网的特点：光纤直接入户，实现三网合一，可开展语音 + 数据 + IPTV + CATV 业务。带宽满足 30 M 基本要求，突发带宽达 100 M，完善的 QoS、DBA 机制，实现业务精细化管理，PON 上行家庭网关满足家庭无线接入需求，如图 8.6 所示。

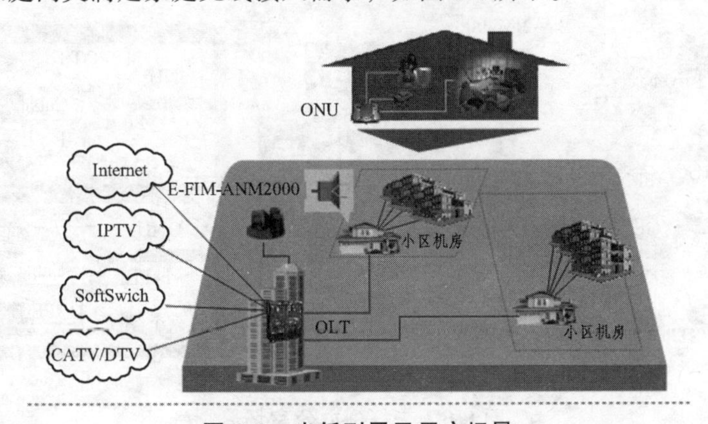

图 8.6 光纤到居民用户场景

8.8.2 光纤到居民用楼场景（FTTB）

该组网的特点：灵活经济的 FTTB 组网，光纤到达大楼或者楼道，采用多用户 LAN 型 ONU 或多用户 DSL 型 ONU，可同时为多用户提供以太网接口或 DSL 用户线，实现多个用户分摊 GPON 单线成本；ONU 在用户端采用 LAN 或 DSL 家庭网关，在保障高速带宽的基础上为用户提供丰富的业务接入，打造信息化家庭；解决不同用户的业务需求：纯数据、数据 + 语音、数据 + 语音 + 视频。光纤到居民用楼场景如图 8.7 所示。

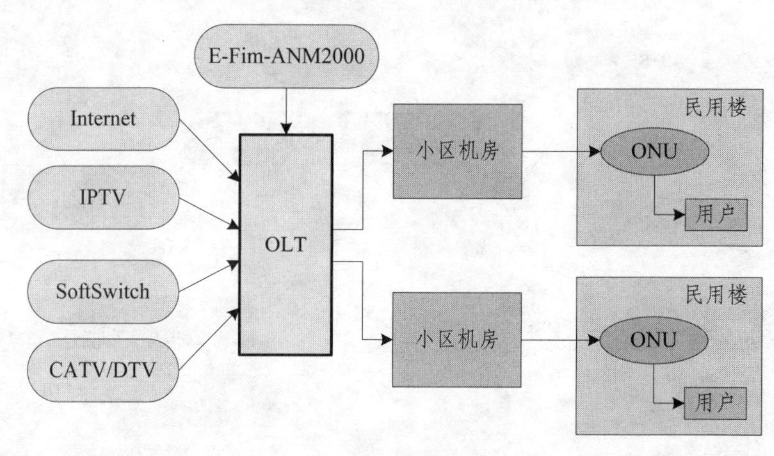

图 8.7　光纤到居民用楼场景

8.8.3 光纤到办公室场景（FTTO）

光纤到办公室场景如图 8.8 所示。该组网的特点：完善的 DBA 功能，不同用户享受不同带宽；可开展语音、数据、IPTV、E1 专线、基站回传等业务，全面满足商业用户的需要；主干光纤保护、全线路保护、PON 口冗余保护等多种保护方式满足商业用户对安全性的苛刻要求。

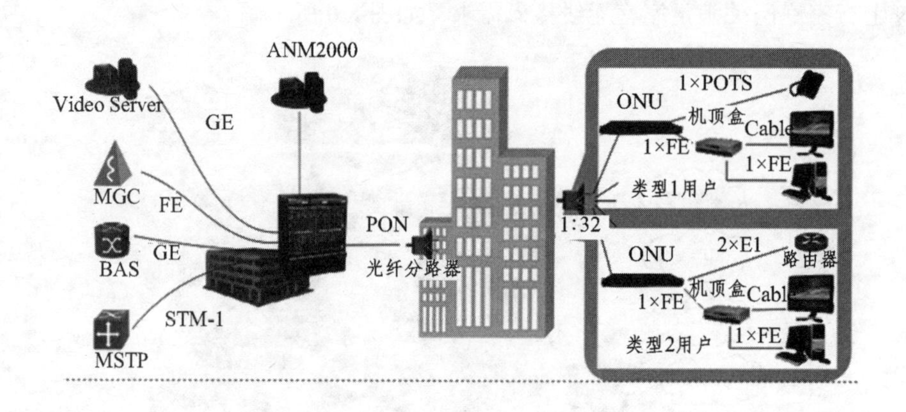

图 8.8　光纤到办公室场景

8.8.4 FTTB/N + DSL 接入模式

入户线缆采用铜缆，距离控制在 100 ~ 1 000 m。铜缆覆盖到 ONU 终结，ONU 将数据和语音业务统一处理后通过一根光纤传回端局，端局内 OLT 再将数据和语音业务分别上联 BAS 和软交换网，如图 8.9 所示。

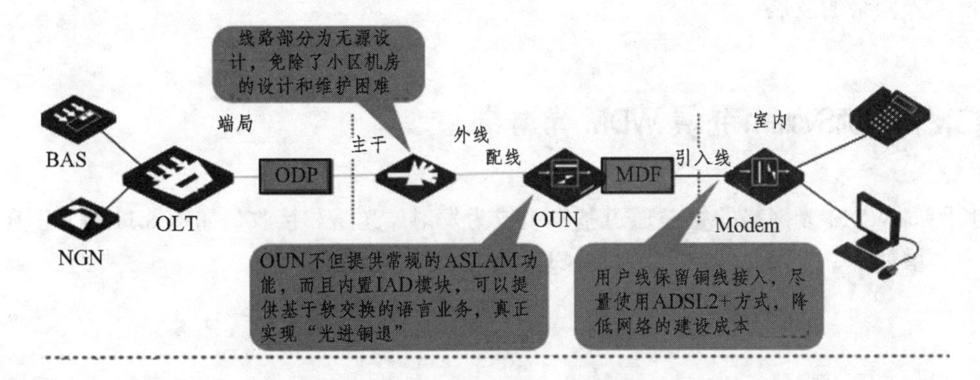

图 8.9 FTTB/N + DSL 接入模式

该组网方式的特点：

① 采用 PON + DSL 的组网方式，宽带 POP 点下沉，网络结构更加简单；

② 考虑到软交换的成熟和节约铜缆的需求；

③ 用于光进铜退的改造场景，尤其在郊县区域、旧区接入改造中可以发挥作用。

8.8.5 微基站和营业厅接入

该模式满足宽带数据、语音、专线等综合业务接入需要；带宽提速，满足营业厅长远业务发展需求；利用已经覆盖到大楼的 GPON，对楼内微基站实现快速部署和接入。微基站和营业厅接入如图 8.10 所示。

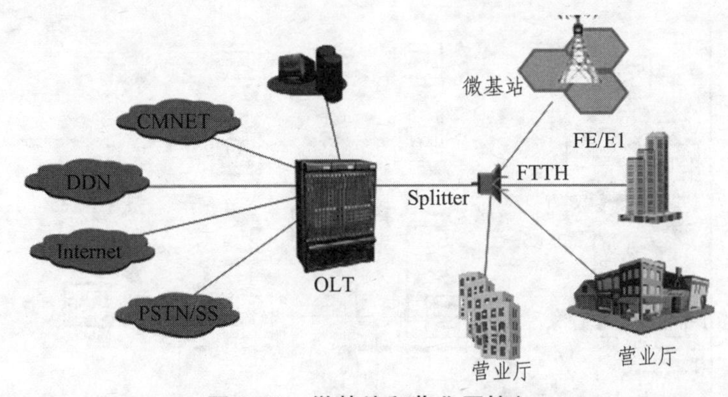

图 8.10 微基站和营业厅接入

光波通信技术经历几十年的历程，已经达到了很高的技术水平，得到了广泛的应用。目前光波通信技术正向高速化、网络化、全光化和集成化方向发展。通信网的两大主要组成部分——传输和交换——都在不断地发展和变革。波分复用（WDM）技术的成熟和广泛应用，使传输系统的容量飞速发展，由此带来了交换系统发展的压力和变革的动力。但是通信网中电子交换的速率已经接近极限，而光波通信的潜力还没有完全发挥出来，限制其发挥的主要问题是连接和节点的电子瓶颈问题。为了解决电子瓶颈的问题，研究人员开始在交换系统中引入光子技术，实现光交换、光交叉连接（OXC）和光分叉复用（OADM），实现了光子交换技术和光网络的发展。

8.9 使用 OptiSystem 仿真 WDM 光网络

长距离 WDM 光网络的每一通道基本组成为发射、光路和接收，如图 8.11 所示。在传输通道中，增加了 EDFA 光纤放大器和 DCF 色散补偿光纤。

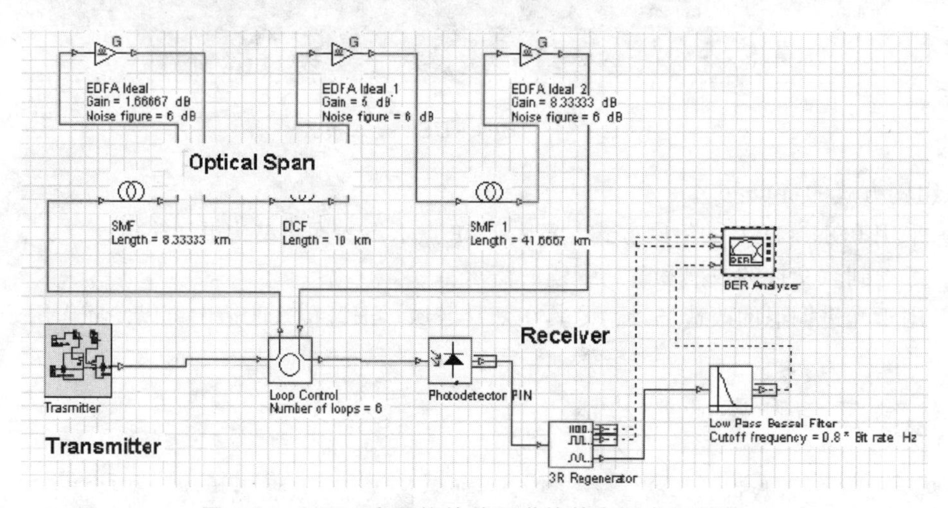

图 8.11 WDM 光网络的单通道的基本组成原理图

发射子模块的组成，包括 NRZ 输出、RZ 输出、CSRZ/APRZ 输出，如图 8.12 所示。

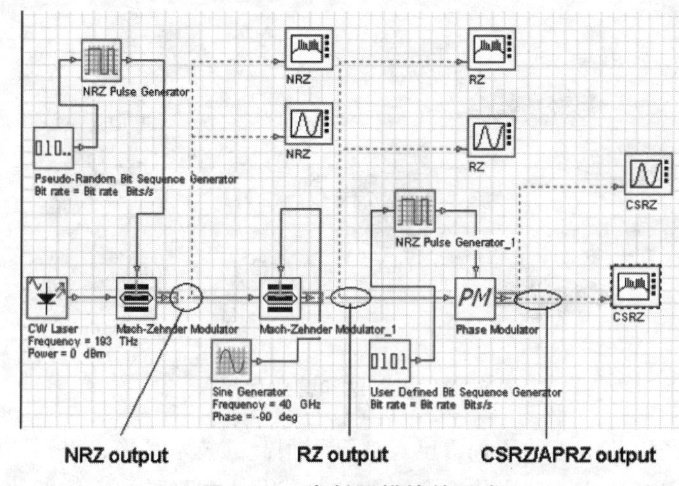

图 8.12 发射子模块的组成

光路子模块如图 8.13 所示。接收子模块如图 8.14 所示。

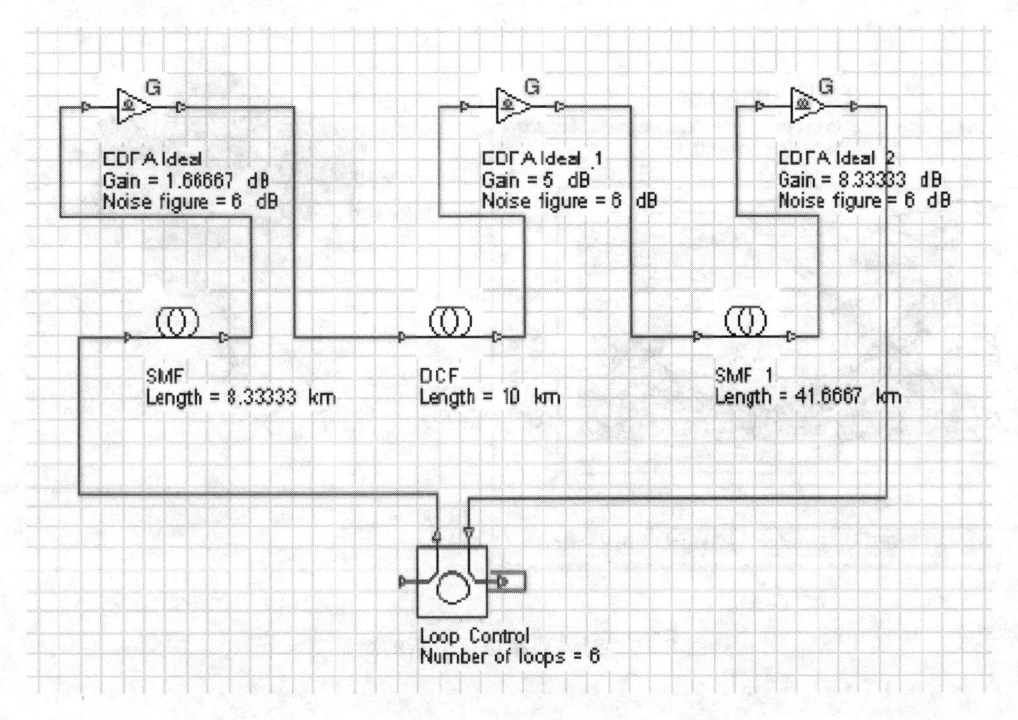

图 8.13 光路子模块

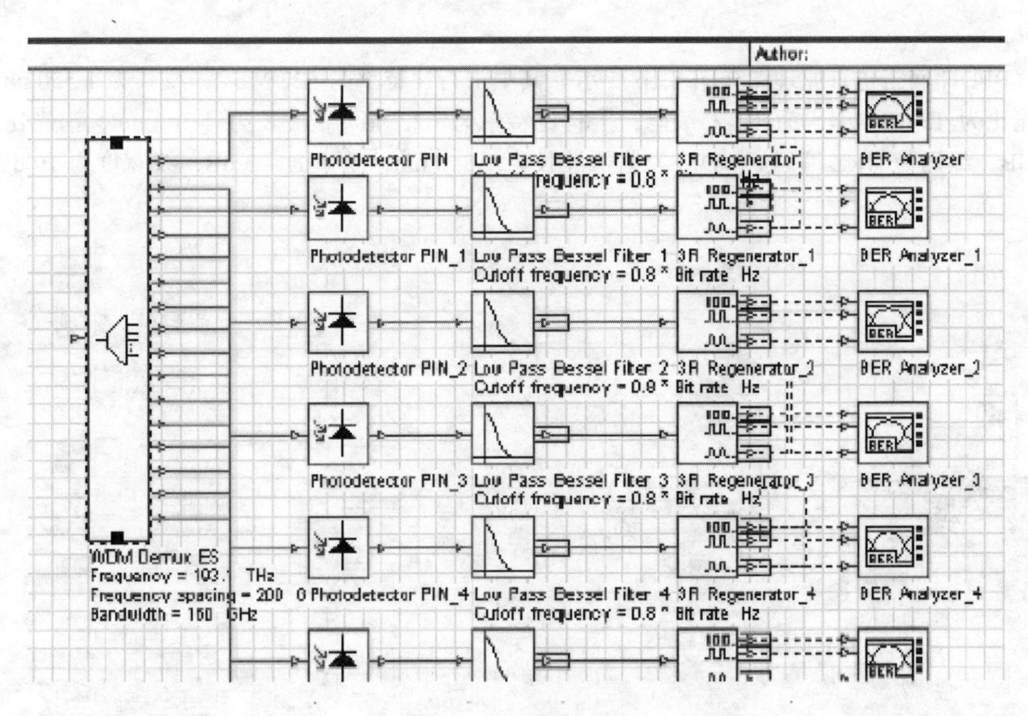

图 8.14 接收子模块

各模块还包括相应的子系统。

对误码率进行分析的结果如图 8.15 所示。

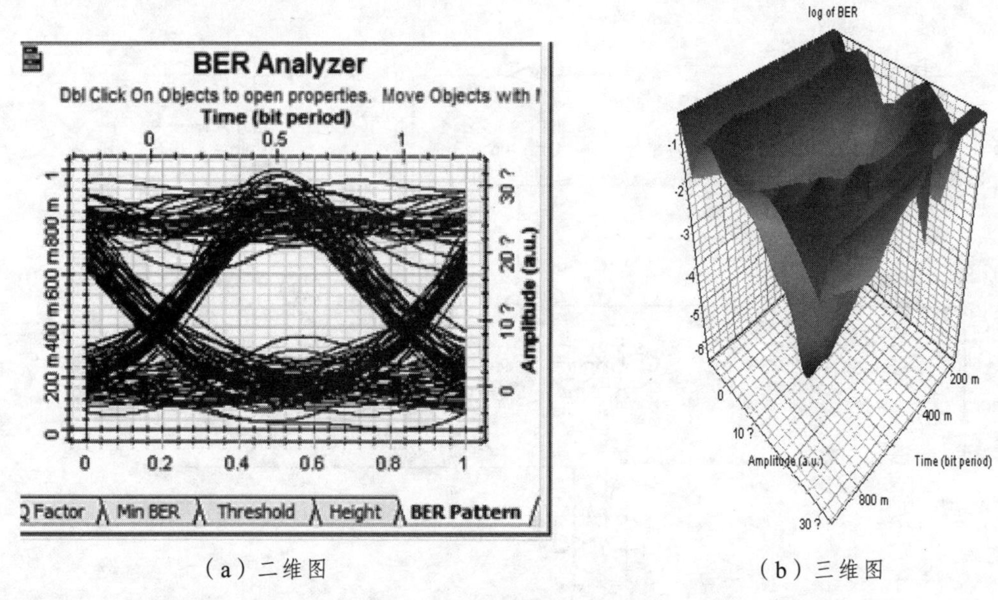

（a）二维图　　　　（b）三维图

图 8.15　对误码率进行分析的结果

8.10　使用 OptiSystem 仿真 BPON 网络

BPON 网络仿真原理图如图 8.16 所示。其中下行比特率为 622 Mb/s，波长为 1 550 nm，消光比为 15 dB，编码为 NRZ 编码；上行比特率为 622 Mb/s，波长为 1 300 nm，消光比为 15 dB，编码为 NRZ 编码；WDM 发射器波长为 1 550 nm，功率为 – 3 dB，线宽度为 10 dB。

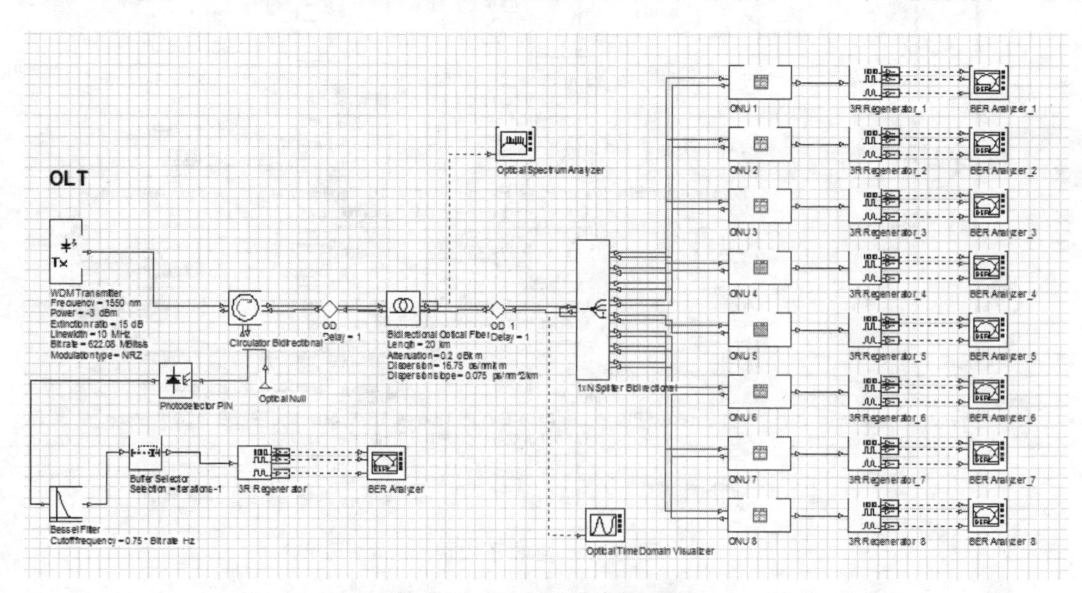

图 8.16　BPON 仿真原理图

经过 ONU 后的误码率分析图如图 8.17 所示。

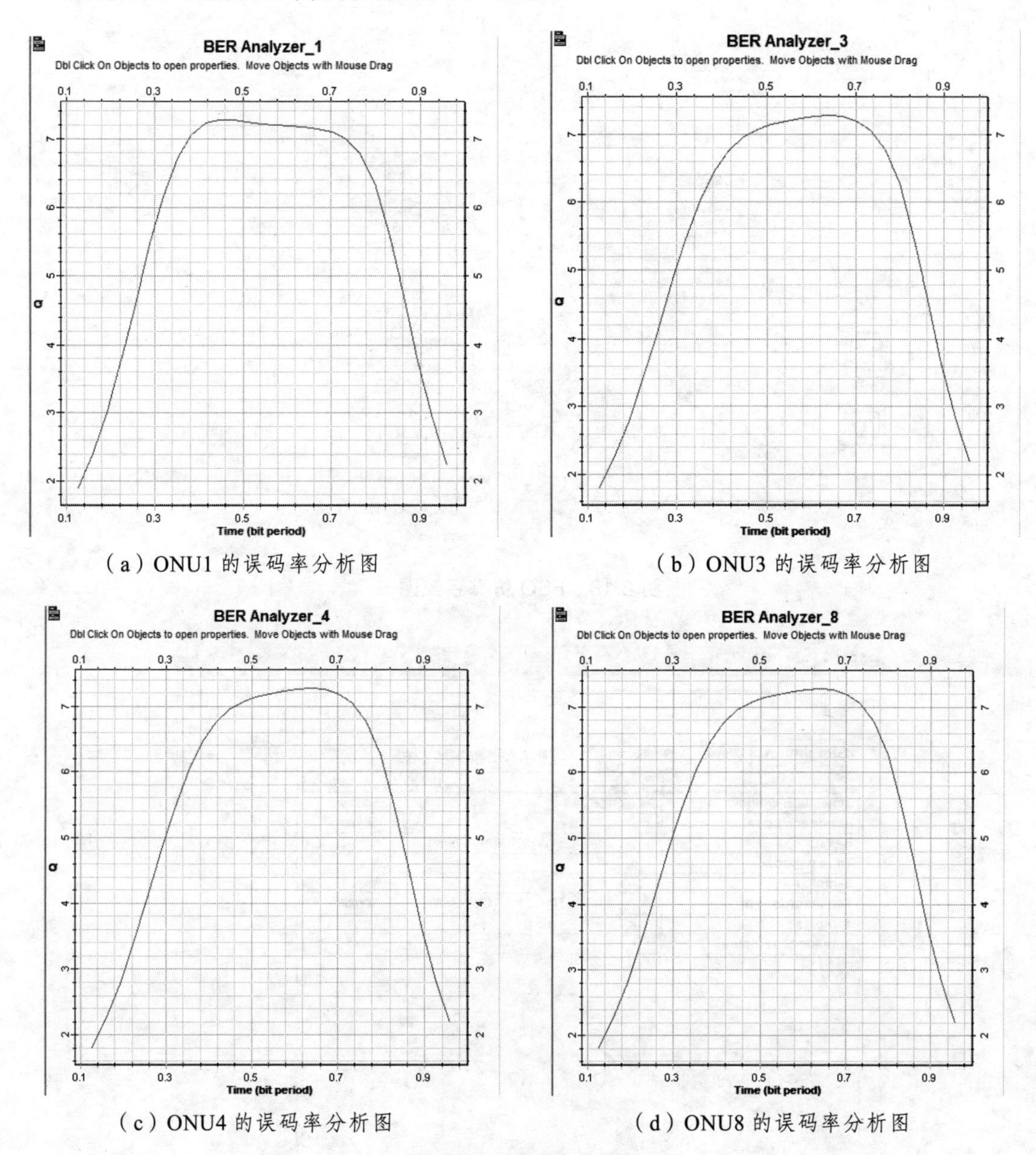

（a）ONU1 的误码率分析图

（b）ONU3 的误码率分析图

（c）ONU4 的误码率分析图

（d）ONU8 的误码率分析图

图 8.17 误码率分析图

8.11 使用 OptiSystem 仿真 FSO

自由空间光通信（FSO）是指调制的可见光或红外线光束通过大气传输。FSO 仿真系统图如图 8.18 所示，通常衰减的主要来源是大气衰减。全局参数设置为：比特率 1.25 Gb/s，序列长度 128 bit，采样率 64 /bit，如图 8.19 所示。

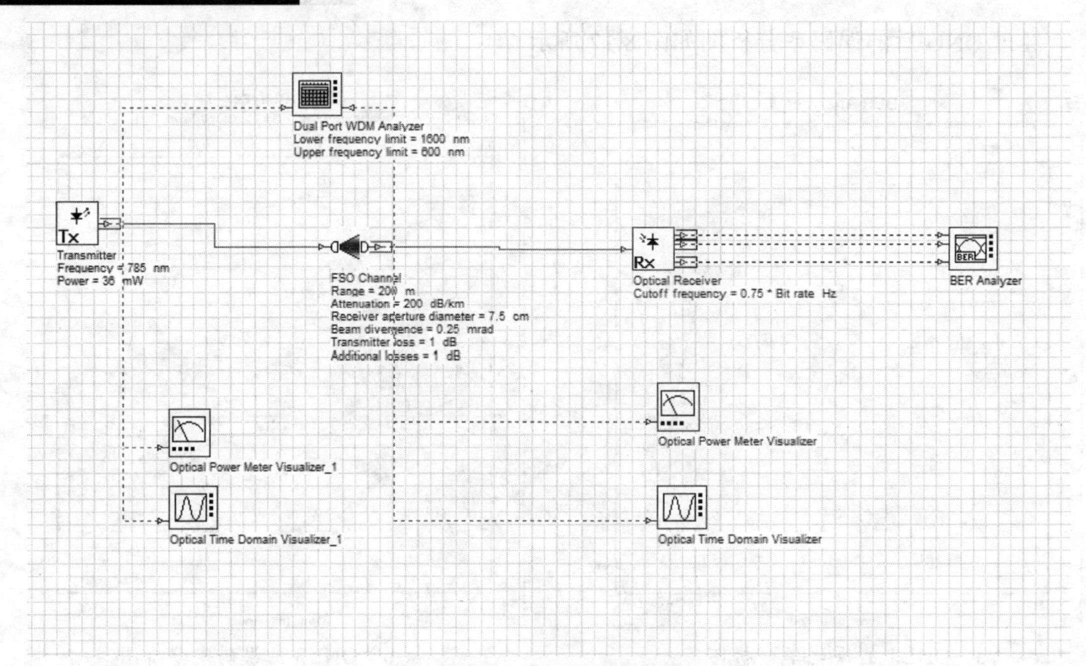

图 8.18 FSO 仿真系统图

Layout 1 Parameters

Label: Layout 1

OK

Cancel

Simulation | Signals | Spatial effects | Noise | Signal tracing

Name	Value	Units	Mode
Simulation window	Set bit rate		Normal
Reference bit rate	☑		Normal
Bit rate	1250000000	Bits/s	Normal
Time window	1.024e-007	s	Normal
Sample rate	80000000000	Hz	Normal
Sequence length	128	Bits	Normal
Samples per bit	64		Normal
Number of samples	8192		Normal

Add Param...

Remove Par

Edit Param...

Help

图 8.19 全局参数设置

图 8.18 所示的模型主要由发射器、FSO 通道、光接收机组成。其中发射器参数设置为 785 nm，功率为 38 mW，如图 8.20 所示。FSO 通道为 200 m，衰减为 200 dB/km，如图 8.21 所示。

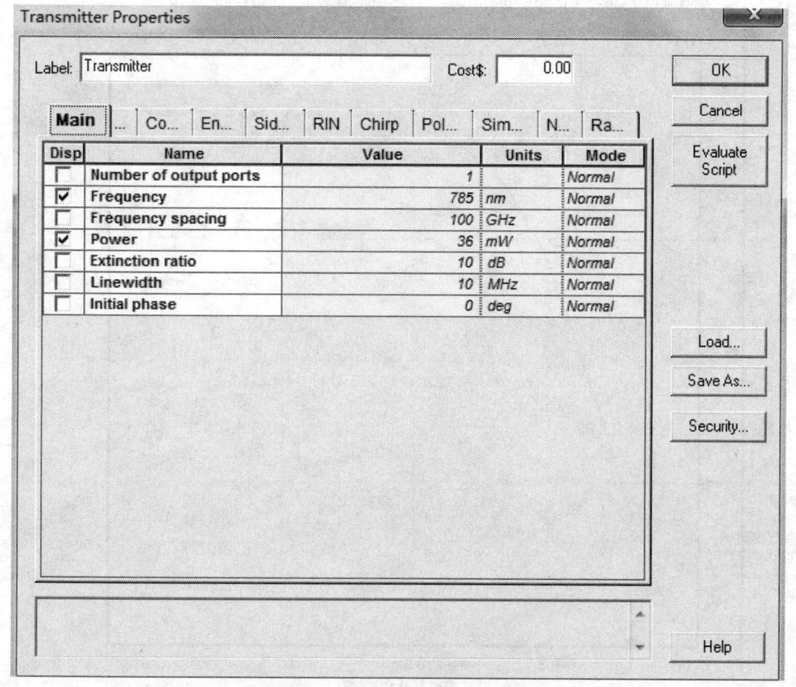

图 8.20 发射器参数设置

FSO Channel_1 Properties

Label: FSO Channel_1   Cost$: 0.00

OK   Cancel   Evaluate Script

Main   Simulation

Disp	Name	Value	Units	Mode
☑	Range	200	m	Normal
☑	Attenuation	200	dB/km	Normal
☐	Geometrical loss	☑		Normal
☐	Transmitter aperture dia	5	cm	Normal
☑	Receiver aperture diamet	7.5	cm	Normal
☑	Beam divergence	0.25	mrad	Normal
☑	Transmitter loss	1	dB	Normal
☐	Receiver loss	0	dB	Normal
☑	Additional losses	1	dB	Normal
☐	Propagation delay	0	ps/km	Normal

Load...   Save As...   Security...   Help

图 8.21 FSO 通道参数设置

接收机误码率的仿真图如图 8.22 所示。

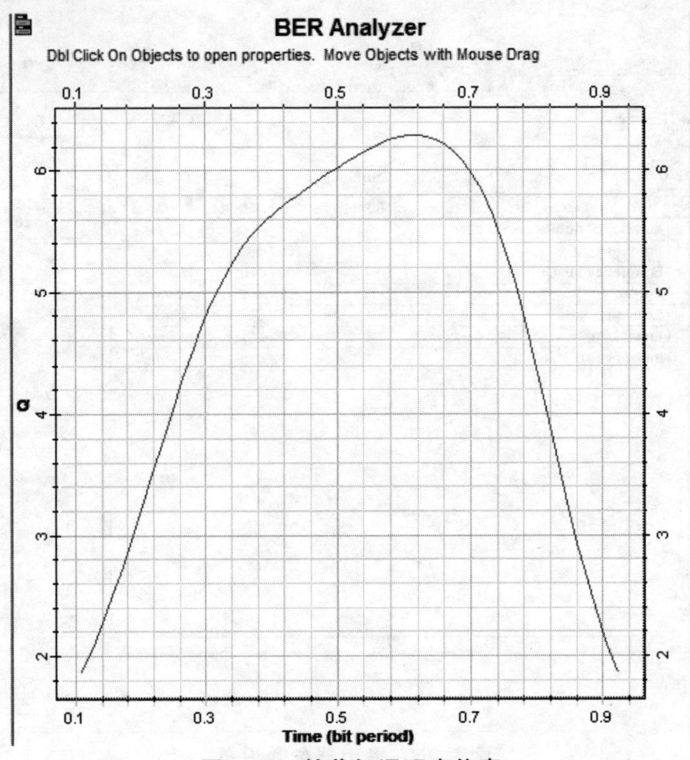

图 8.22 接收机误码率仿真

光纤传输新技术与仿真

【学习目标】

☆ 了解从 40 G 到 100 G 的光传输带宽
☆ 了解统一通信传输网络技术
☆ 掌握精确的色散控制技术
☆ 掌握 3.2T DWDM 系统的关键技术
☆ 掌握光孤子传输技术
☆ 了解光量子通信技术
☆ 学会光纤传输新技术 OptiSystem 仿真

9.1 从 40 G 到 100 G 的光传输带宽

目前，40 G DWDM 技术已经逐步成熟，解决了当前网络对容量的需求。2010 年 6 月 100 GE 标准的通过，开启了 100 G 光传输网络的序幕。在数据业务的爆炸式增长下，100 G 正在不断发展和完善，而且 100 G 高速传输技术已经成为业界关注的热点。

9.1.1 40 G DWDM 技术

从技术的发展来看，40 G 本身技术已经相当成熟，而且伴随着 40 G 应用的不断深入，40 G 编码逐渐归一化和集中化，采用 PDPSK 调制技术在 OSNR 容限、非线性容限等方面具有非常大的优势，唯一的不足是其 DGD 容限较小。因此，其主要应用于光缆 PMD 指标较好的应用场景，定位于 12 × 22 dB 跨段以下，而且成本具有明显优势。而采用 RZ-DQPSK 调制技术在 OSNR 容限、非线性容限等方面性能比较均衡，相对于 PDPSK 而言，其 DGD 容限较大，可以在 PMD 值更差的光纤上进行 40 G 的网络传输，主要定位于 16 × 22 dB 以下的应用场景。

9.1.2 100 G 技术飞速进步

（1）完善的 100 G 标准。

100 G 在标准化方面目前已经相当完善。IEEE、ITU-T 和 OIF 三大标准化组织分别对 100 G 相关的技术进行了定义。IEEE 主要集中对 100 G 的客户以太网信号定义，103.125 G 定义为 100 GE 的信号速率。ITU-T 则定义了 OTU4、ODU4 的信号速率分别为 111 809 973.568 Kb/s、104 794 445.815 Kb/s，保证了 100 GE 作为客户信息映射到 OTU 信号时的兼容性。OIF 主要定义了相关的电接口，同时也对 DP-QPSK 码型的 100 G 长距传输展开了研究。

（2）100 G 的关键技术。

40 G 速率提高到 100 G，光信噪比 OSNR 需要增加 4 dB 左右，为了使系统对光信噪比 OSNR 的要求降低，从而可以在现有的光网络上传输单波 100 G 信号，需要采用特殊的调制技术来降低波特率。例如采用偏振态、相位双重调制的调制方式 PDM-DQPSK 就可以把 100 Gb/s 的信号速率降低到 25 Gb/s，从而保证在 50 GHz 间隔的波长区传输。为了更好地提高接收灵敏度，还需要使用相干电处理的技术，也就是在解决光波长的相干接收时采用电处理技术来实现。

（3）100 G 调制格式。

目前主要有 QPSK 和 OFDM 两种，100 G 码型将归一到（D）QPSK 码型上。这主要是由于（D）QPSK 码型准恒包络的特性可以有效地降低 DWDM 传输中的交叉相位调制（XPM）效应，同时有效提升频谱利用率。100 G 线路传输技术的研究也将集中在降低信号的物理损伤和提高频谱利用率两个方面。选择这两方面性能都较好的码型作为 100 G 传送网络选择的码型。从目前的发展情况看，业内普遍认为 PDM-（D）QPSK 将会是未来的选择，这主要是因为它可以很好地实现 50 GHz 的间隔和 1 000 km 以上的无电中继传输，相干光检测技术更是可以极大地提高色散容限和 PMD 容限。这种方式的缺点就是发射机相位调制效应容限低（XPM 尤甚），光学结构复杂（PolMux），另外需要复杂的 DSP 处理技术，用于后处理的高速 ASIC 和 DAC 芯片较少。

（4）100 GE 接口技术。

100 GE 物理端口支持完善的保护和监控功能，主要有以下三种：10 G 铜线铜缆接口；4×25 G 中短距离（3 km/10 km/40 km）互联的 SMF LAN 接口；10×10 G 短距离（100 m）互联的 MMF LAN 接口。100 G 的封装映射技术把 100 GE 适配到 OTN 时，既可映射到 OTU4 中，也可反向复用到 OTU2/3 之中。根据 100 GE 接口的具体实现形式，可以选择不同的封装映射方式。

（5）超 100 G 高速传输方兴未艾。

信息社会发展使得整个社会上的信息量正以爆炸式的速度增长，100 G DWDM 很显然不是光通信发展的终点，当 100 G 还未真正登上历史的舞台时，单波 400 G 乃至 1 T 的研究也早已悄然展开。

由于速率的增加，需要更加先进的调制码型来实现信号的调制，400 G 和 1 T 将会综合采用偏振复用、正交频分复用 OFDM、正交幅度调制 QAM 等调制格式。由于速率的提升带来了信号谱宽的增加，400 G 的信号谱宽将达到 75～150 GHz，其中当采用单载波双偏振 16QAM 时信号为 56 G 波特率；当采用双载波双偏振 16QAM 时信号为 28 G 波特率；当采用四载波双偏振 QPSK 时信号为 28 G 波特率。而 1 T 的谱宽预计将不小于 150 GHz，由于谱宽的限制，C 波段的波长数将受到限制，使得总传输速率的增长变慢。而下一步的发展将开发更高级的调制格式或是使用更宽的光纤低损耗窗口来使速率达到更高的水平。

从 10 G 到 40 G，再到 100 G 乃至将来的 400 G 和 1 T，信息社会对于带宽的需求似乎是无穷无尽的。根据预测，在未来 5 年之内，带宽将以每年 50%～60% 的速度增长。好在光纤通信几乎有用不完的带宽，随着技术的发展，单波速率将不断创造新的纪录。烽火通信作为国内一流的光通信产品解决方案供应商，积极参与 100 G 乃至更高速率传输的研究与开发，独立完成了国家“863”和“973”的 100 G 项目，100 G 产品已经成功推出，更高速率的研究也在积极推进中。

9.2 统一通信传输网络技术

“统一通信”是运营商向企业用户提供的全方位的通信解决方案，融合了计算机网络与传统通信网络，实现统一的接入方式，能够提高通信的移动性、时通信、音视频电话、传真、数据传输、音视频会议等众多应用服务。系统依托 NGN 和 IMS 平台，通过客户端软件，为终端客户提供企业/个人通讯录、号码绑定、短信、视频会议、即时消息、状态呈现、文件传送等新兴业务。

9.2.1 技术平台

实现系统主要涉及 UC 业务平台、UC 核心控制、UC 终端、UC 业务管理的几个部分。其组网拓扑图如图 9.1 所示。

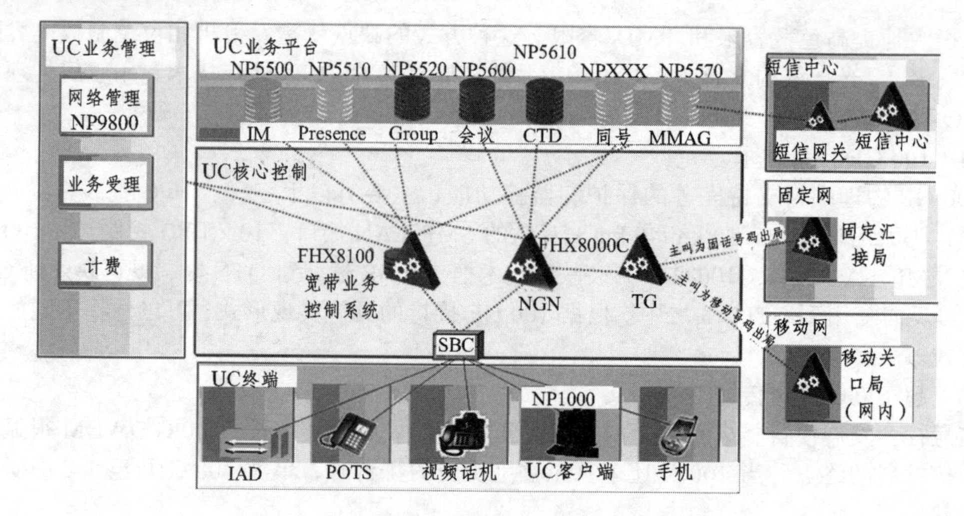

图 9.1 组网拓扑图

UC 业务平台：提供整个统一通信业务的业务功能。

UC 核心控制：提供对用户话音类业务和消息类业务的会话控制功能。

UC 终端：包括 USB 话机、客户端软件。

UC 业务管理：包括网络管理、业务受理和计费功能。

9.2.2 组网技术

（1）一般组网。

一般组网的特点是提供 NGN 和宽带业务网络的跨网业务能力，使用现网 NGN 话音能力，同时提供基于宽带业务的 UC 消息呈现类业务平台；多种终端通过 SBC 统一接入（包括 IAD、SIP 电话、PC、手机等）；统一的 UC 业务管理平台提供对智能业务平台和 UC 业务平台的统一业务管理。

（2）跨域组网。

跨域组网的特点是提供 UC 业务平台的跨域组网能力，不同局点 UC 业务平台中的用户可以互相通信、发送消息、互相加入好友等，宽带业务控制系统跨域支持进行数据的交互和相关的鉴权；本地智能业务平台提供完善的话音能力，话音由本地落地实现；跨域组网能力可支持多局点 UC 业务平台建设。

9.3 精确的色散控制技术

TDC 技术：40 G CD 容限很小，除 DCM 补偿外还需引入针对单波补偿的可调 DCM（TDC）。可集成在 40 G OUT 模块内部，可调范围为 – 1 100 ~ 100 ps 或 – 600 ~ 600 ps 色散补偿。

ADC 技术：根据线路纠前误码率的高低自动完成 TDC 调整，大幅降低开通维护工作量，缩短故障发生后的业务恢复时间。ADC 技术示意图如图 9.2 所示。

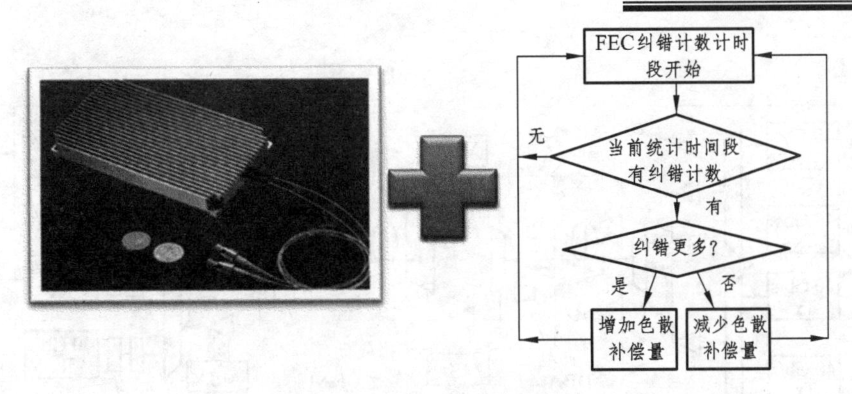

图 9.2 ADC 技术示意图

偏振模色散补偿 PMDC 可提供额外 24 ps 的 DGD 补偿范围，DGD 跟踪速率为 200 ps/s，PSP 跟踪速率为 20 rad/s。偏振模色散补偿 PMDC 技术示意图如图 9.3 所示。

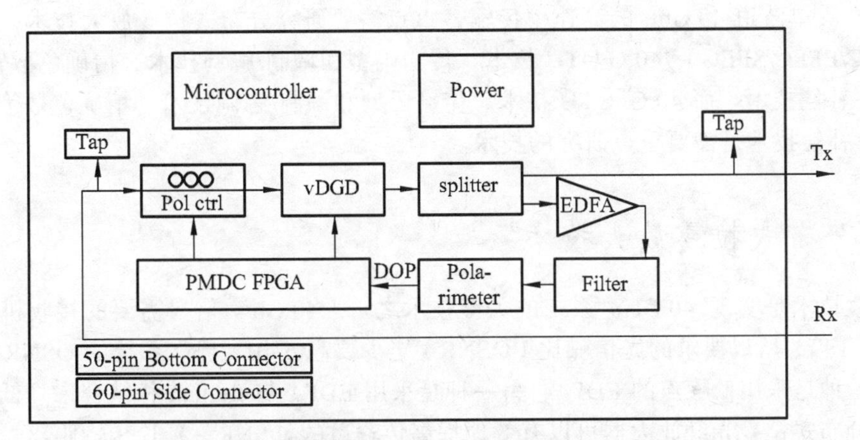

图 9.3 偏振模色散补偿 PMDC 技术示意图

9.4 3.2T DWDM 系统的关键技术

随着业务的迅速发展，光网络技术正在大步前进。正如人们看到的广泛应用的 DWDM 系统一样，已经开始由 10 Gb/s 速率向 40 Gb/s 发展。而且随着新业务的驱动，特别是数据业务对带宽需求以及路由器 40 Gb/s 接口的出现，越来越多的高速率 DWDM 系统得以实现。

据报道，烽火通信一直致力于大容量 DWDM 系统的研究，目前已成功开发出了 3.2 T（80 × 40 G）DWDM 平台，并在国内成功实现了工程应用。在 3.2 T 中采用了多种关键性的技术，特别是分布式拉曼放大技术、40 G OTU 技术、精确色散管理技术、动态 PMD（Polarization Mode Dispersion，偏振模色散）补偿技术等。

如图 9.4 所示，80 × 40 Gb/s DWDM 关键技术，从系统组成结构来看，基于 40 Gb/s 的 T 比特波分复用传输系统从功能模块上可以分为合波与分波器、光放大器、光波长转换器（OTU）、色散补偿管理和偏振模色散管理模块、光监控通路、网元管理等部分。

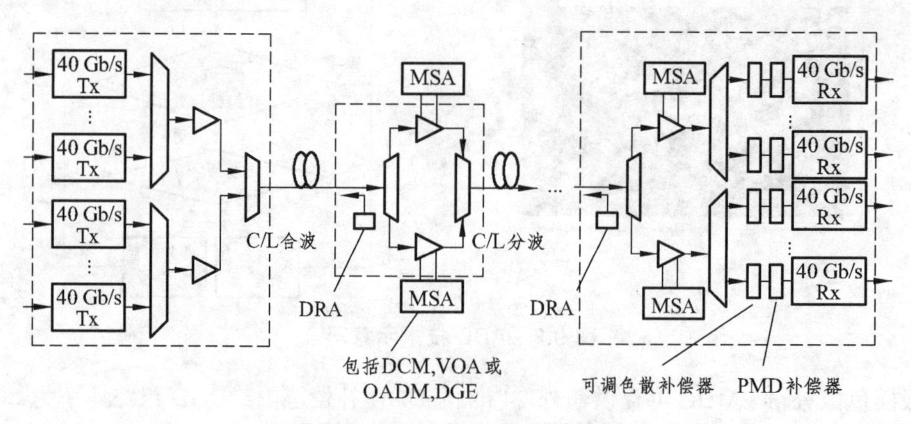

图 9.4 80×40 Gb/s 系统框图

为了解决单波道 40 Gbit 的高速率传输，重点需要研究分布式拉曼放大技术、前向纠错技术（FEC/EFEC/SFEC）、40 G OTU 技术、传输码型和调制/解调技术、精确色散管理技术、动态 PMD 补偿技术。而 40 G OTU 技术、传输码型和调制/解调技术、精确色散管理技术和动态 PMD 补偿技术是需要重点研究的技术。

9.4.1 分布式拉曼放大技术

光放大技术是实现 40 Gb/s 系统的关键技术之一。40 Gb/s 信号需要的接收机电带宽是 10 Gb/s 的 4 倍，所以要求的光信噪比（OSNR）至少要高 6 dB。提高系统的 OSNR 有两种解决方案：一种是采用低噪声的 EDFA，另一种是采用 EDFA 与 Raman 相结合来降低系统的噪声。采用分布式拉曼光纤放大器可以有效地提高传输后的 OSNR，延长传输距离，降低发射端光功率，有利于降低非线性光效应的影响。

在实际系统中，分布式拉曼放大器（DRA）通常结合 EDFA 使用，放在每个跨段的接收侧，用来提高系统的光信噪比。典型的系统应用如图 9.5 所示。

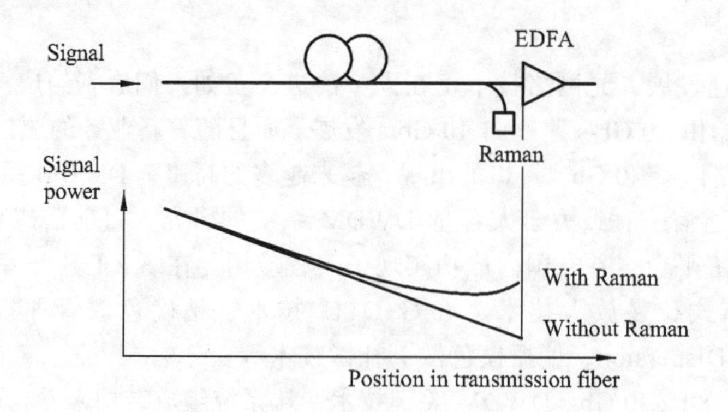

图 9.5 分布式拉曼放大器（DRA）在实际系统中的应用

9.4.2 前向纠错技术

FEC（Forward Error Correction，前向纠错）技术的原理是在发射端编码时加入检验字节，根据比特相关性，在接收端通过对校验比特进行一定的计算，以纠正码流中的错误，从而达到改善系统误码性能的目的。FEC 技术的最大优点在于不必增加大量的设备，就可以有效地改善系统的综合传输性能，包括延长传输距离，降低发射机功率，改善接收机灵敏度，降低对线路光信噪比的要求。目前，比较常用的 FEC 方式主要有以下 3 种：

① 标准 FEC。ITU-TG.975，G.709 已标准化，它的编码增益达到 5 dB 左右，速率提高 7%。

② 增强 FEC（Enhanced FEC）。编码增益达到 8 ~ 9 dB，但速率提高 25%，达到 12.5 Gb/s，对器件要求比较严格，灵敏度也会有所劣化。

③ 超强 FEC（SFEC，Super FEC 或 AFEC，Addition FEC）。SFEC 能够实现一种具有较小的组长与高的纠错能力码。这种编码方式在有突发误码发生时，可以将短周期内的大突发误码扩散到长周期内的小误码，对因环境引起的传输损伤如 PMD 比较有效，速率仍为 10.7 Gb/s，但可以获得和 12.5 Gb/s EFEC 同样高的编码增益。

不同 FEC 编码的净增益比较如图 9.6 所示。这三种 FEC 技术目前已广泛地应用于多通道、超长距离（ULH）的 DWDM 系统中。利用前向纠错技术可以改善系统的 BER 特性。但是从实质上来看，FEC 技术是用电子电路的复杂性换取光信噪比（OSNR，Optical Signal Noise Ratio），预算增加。因此，如何选取前向纠错码型需要综合考虑系统性能 BER 提高和电路复杂性，以及系统传输速率之间的关系。

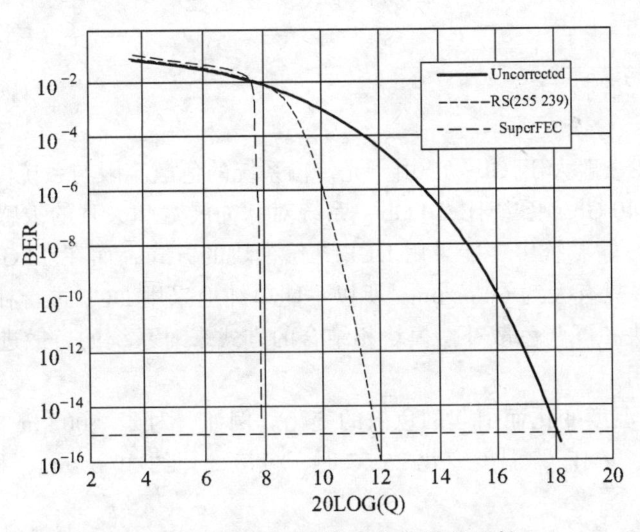

图 9.6 不同 FEC 编码的净增益比较

9.4.3 40 G 波长转换技术

40 G OTU 技术是 40 G DWDM 系统的重要组成部分。

（1）具有 40 G 客户端接口的结构。

该技术方案即在线路侧和系统侧全部采用 40 G 的光收发器，具有 40 G 的客户端接口，其结构如图 9.7 所示。

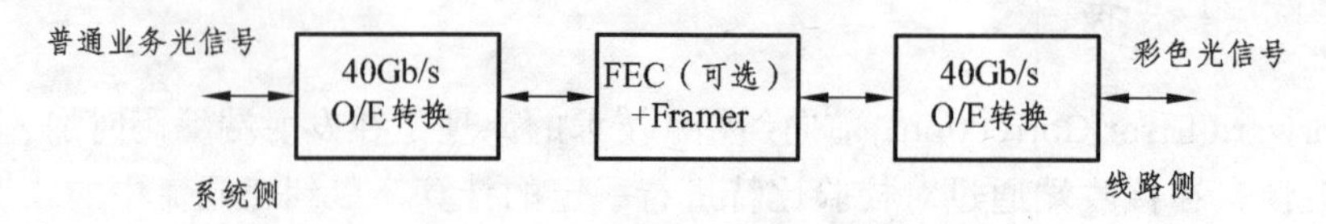

图 9.7 具有 40G 客户端接口的结构

（2）4 × 10 G TMUX 的结构。

该技术方案在线路侧为 40 G 光接口，而在系统侧采用 4 路 10 G 的透明复用方式形成 40 G 信号，其结构如图 9.8 所示。

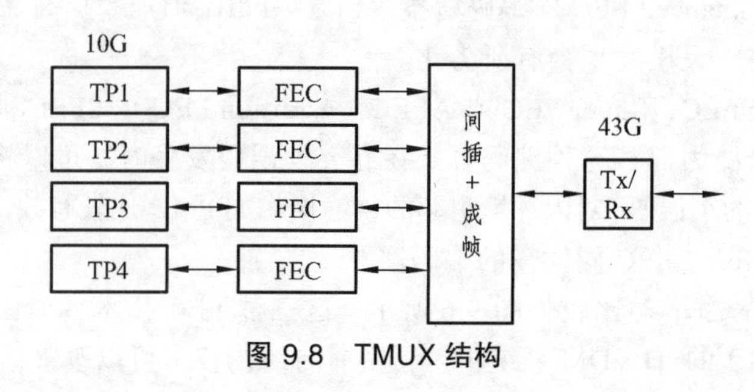

图 9.8 TMUX 结构

前者具有 40 G 客户端接口，但 FEC 芯片技术是瓶颈，而后者采用 4 × 10 G TMUX（Transparent Multiplexer）方式，充分利用 10 G 技术及 10 G FEC/EFEC/SFEC 技术，比较实用，但是无 40 G 帧，不满足 ITU-TG.709 标准。

9.4.4 色散管理技术

在高比特率下（一般大于 Gb/s），由于光传输系统的色散容限与系统传输的最大比特率的平方成反比，所以 40 Gb/s 系统比 10 Gb/s 系统对脉冲展宽和失真的敏感要大很多。在基于 10 Gb/s 的 DWDM 传输系统中，能采用 DCF 补偿模块的方式，而在 40 Gb/s WDM 传输系统中，则由于色散容限只有大约 60 ps/nm，所以不能单纯地采用 DCF 进行补偿。烽火通信采用了固定色散补偿模块和可调色散补偿模块相结合的方式来对系统的色散进行精确补偿。可调的色散补偿器主要用于：

① 精确补偿因温度变化而引起的色散的变化。例如，对于 500 km 的 G.652 单模光纤（Single Mode Fiber，SMF），温度变化 25 °C 时，色散变化约 30 ps/nm，相当于约 2 km 的色散量。

② DWDM 系统中色散斜率。在传统的色散补偿中，由于色散补偿光纤和传输用光纤的色散斜率失配，随着传输距离的增加，各个通道的残余色散差累积越来越大，导致部分通道的色散代价增加。因此，对亚长距离和超常距离传输，有必要在接收端对部分通道进行再补偿。

通过单通道可调色散补偿模块，可以实现精确的动态色散补偿。模块由温度可调谐型啁啾布拉格光纤光栅在系统发送和接收两端（即 MUX 之前和 DEMUX 之后同时进行补偿）实现，如图 9.9 所示。

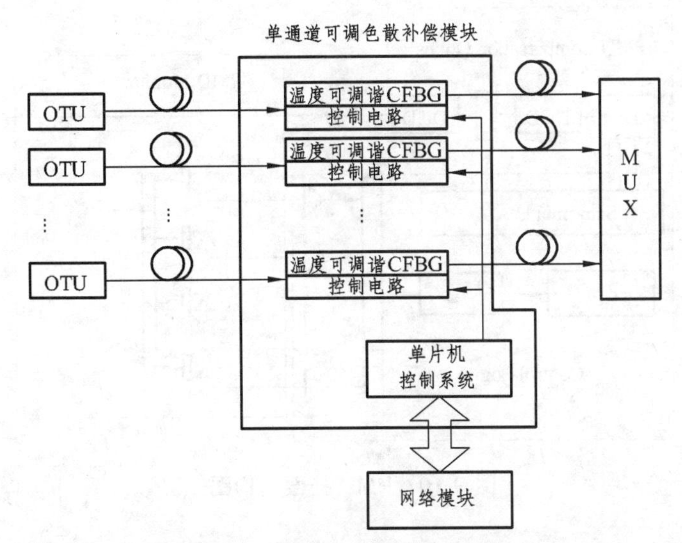

图 9.9 单通道可调色散补偿模块

单信道动态可调谐色散补偿模块，主要针对 DWDM 系统的如下特点制成：

① 光通信网络相关支撑器件的多样化和可配置功能，使得普通点到点波分复用通信系统拥有更灵活的节点设置，可实现更复杂的组网。

② 城域网通过不同的节点设备将具有不同传输物理特性的子网络连接,特别是全光网中光交换器、光分插复用器等全光节点的引入，增加了光网络传输路径的不确定性。而光信号色散、光脉冲展宽与信号的传输路径是密切相关的，所以要求能够进行动态色散补偿。

9.4.5 PMD 补偿技术

PMD 对系统的影响主要表现为使系统产生码间干扰（ISI），缩短了无电中继距离。在 1 dB 代价 10^{-5} 概率下，40 G 系统所能容忍的 PMD 值为 2.5 ps，在 3 dB 代价 10^{-5} 概率下 40 G 系统所能容忍的 PMD 值也只有 3.75 ps。对于这么小的 PMD 容忍值，为了保证中继距离与 10 G 系统相当，我们必须采取一定的补偿措施。

考虑到光纤 PMD 是一种动态效应，不像色度色散是一个相对的稳态值，需要动态实时地补偿，因此，必须研究 PMD 对 40 Gb/s 光通信传输系统的影响，运用自动跟踪补偿 40 Gb/s 系统的自适应 PMD 补偿器，且补偿量宜大于 25 ps。

PMD 补偿器结构如图 9.10 所示。系统由偏振模色散补偿光部分、偏振模色散监测和逻辑控制三部分来实现。主要原理是通过偏振模色散监测模块来监测 PMD，逻辑控制部分根据反馈的监测结果来调节 PMD 色散补偿光，从而实现对系统 PMD 的补偿。PMD 补偿器中最困难的部分是反馈回路中的跟踪软件，软件需要非常复杂的算法来找到最佳位置，并把 PMD 带来的损失降到最小。而衡量偏振模色散器性能的指标主要包括残余代价、故障概率、响应速度以及对信号编码方式、调制格式和啁啾敏感程度。

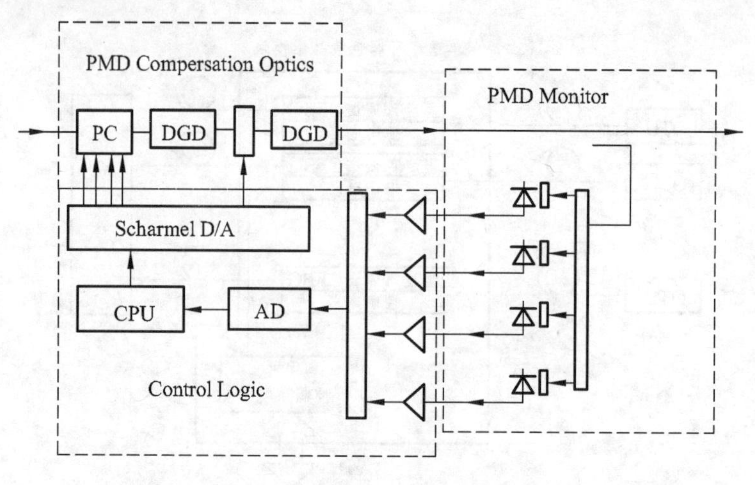

图 9.10 PMD 补偿结构图

9.4.6 工程设计实例

（1）工程网络结构。

2005 年下半年，烽火通信开通了国内第一个 3.2 T 系统工程“上海到杭州 80×40 Gb/s DWDM 工程”，工程的网络结构如图 9.11 所示。

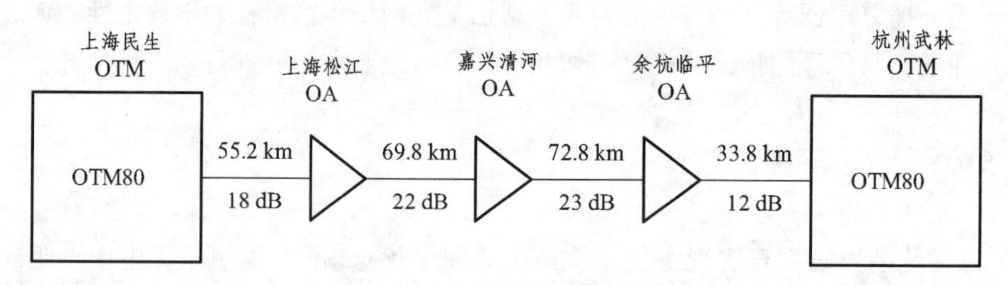

图 9.11 3.2 T 工程网络结构图

全程采用 G.655 光缆，光缆色度色散为 5 ps/nm · km，PMD 系数为 0.036 ps/nm · km。其中上海民生和杭州武林设置为 OTM 站，其他站点设置为 OA 站。

（2）工程设计。

在上海民生和杭州武林之间建设 80×40 Gb/s DWDM 工程，采用先进的光网络仿真软件，将网络中的各个实际参数导入仿真软件当中，帮助设计人员对系统的色散、衰减、信噪比和非线性进行了科学的模拟，各项指标均符合要求。

9.5 光孤子传输技术

在光纤的反常色散区，由于色散和非线性效应相互作用，可产生一种非常引人注目的现象——光学孤子。孤子是一种特别的波，它可以传输很长的距离而不变形，特别适用于超长距离、超高速的光纤通信系统。即便当两列波相互碰撞以后，依然保持各自原来的形状不变。它是利用光在光纤中传输时的非线性效应（SPM 效应）来补偿色散。

孤子问题可以通过求解非线性薛定谔方程来分析。在不考虑高阶色散的无耗光纤中，无量纲的非线性薛定谔方程可以表示为

$$i\frac{\partial U}{\partial Z}\pm\frac{1}{2}\cdot\frac{\partial^2 U}{\partial T^2}+|U|^2U=0 \tag{9.5.1}$$

式中，U 代表归一化的光波电场强度复幅度的包络，Z 代表沿传输方向的归一化距离，T 代表归一化时间。方程的第二项与光纤的群速度色散有关，“+”号对应于反常色散介质，方程支持亮孤子；“-”号对应于正常色散介质，方程支持暗孤子。方程的第三项与光纤的非线性效应（SPM 效应）有关，光纤中之所以存在孤子，是群速度色散和 SPM 效应相互抵消的结果，若 SPM 产生的频率啁啾与 GVD 的符号相反，则相互抵消。

设输入光脉冲为 sech 形超短脉冲，在反常色散光纤中传输时，借助计算机对方程（9.5.1）进行数值求解，则可分析脉冲沿途的演变，其解有如下特点：

（1）当光强较低时，脉冲在时域展宽，主要表现出光纤的色散效应。

（2）在较强的某一功率下，SPM 效应正好抵消了群速度色散，结果导致在没有损耗的情况下，脉冲沿光纤传输时波形保持不变（见图 9.12），这种孤子被称为基本光孤子。

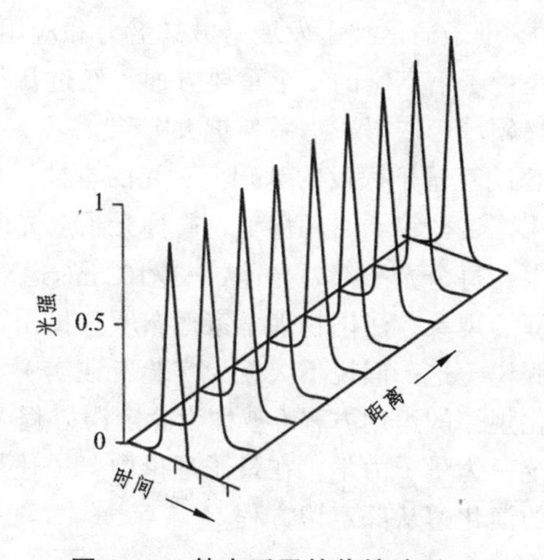

图 9.12　基本孤子的传输波形

（3）当光强很高、SPM 效应的影响大于群速度色散时，会发生复杂的演变过程。对应高阶光孤子的情况，如图 9.13 所示，输入光脉冲在传输过程中首先变窄，然后发生分裂，在特定的距离 Z_0 上周期性地复原，Z_0 称为孤子周期，仅与脉冲宽度有关。

光孤子通信是一种很有潜在应用前景的传输方式，能否迅速实用，取决于这一技术本身的发展、市场的需求、技术上的可靠性、经济上的合理性，以及与其他技术相比，其实现上的难易程度。

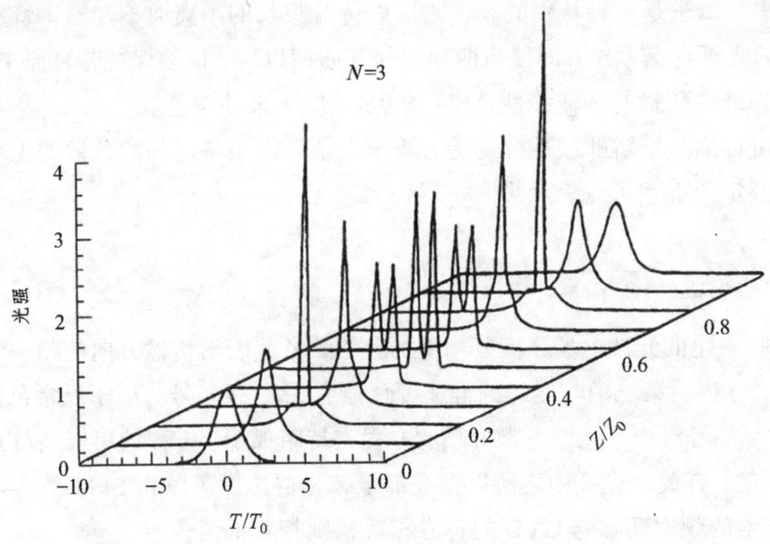

图 9.13 三阶孤子在一个周期上的时域变化

9.6 光量子通信技术

近年来，随着光纤通信技术的日益发展完善，人们把目光逐渐转向新通信技术的开发与研究，而在众多研究项目中，量子通信技术发展是最具潜力和应用前景的。量子通信是 20 世纪末期新生的交叉学科，是量子信息学的一个重要方面，经过几年的不懈努力，我国以及欧美和日本等国家在这一新兴领域已取得了一系列重大突破。

1905 年，爱因斯坦在普朗克量子假设的基础上对光的本性提出了新的理论，认为光束可看作是由微粒构成的粒子流，这些粒子叫光量子，简称光子。光既具有粒子性也具有波动性（即波粒二象性），在真空中，每个光子都以光速 $c = 3\times10^8$ m/s 运动。1923 年，为了解释一些新发现的经典理论无法解释的现象，法国物理学家德布罗意提出了实体粒子（如电子、原子等）也具有波粒二象性的假说（这一假说不久就为实验所证实）。1926 年，薛定谔找到了描写微观粒子状态随时间变化规律的运动方程（被称为薛定谔方程），建立了波动力学，其后与海森伯、玻恩的矩阵力学统一为量子力学。在量子理论中，描述量子系统的是态函数，它具有几率幅的意义，态函数的演化遵从薛定谔方程。

1. 量子通信及其特点

1993 年，物理学家贝内特（C. H. Bennett）成功地将量子理论和信息科学结合起来，提出了量子通信这一全新的概念。

量子通信技术是光通信技术的一种，它是利用光在微观世界中的粒子特性，让一个个光子传输“0”和“1”的数字信息（即以量子态为信息载体）。从理论上说，它可以传输无限量的信息，但由于光子在传输过程中会发生衰减，因此，量子通信的实际通信速度只会比现在的光通信速度高 1 000 万倍左右。量子通信技术的另一个特点是能够用于开发无法破译的密码。1997 年，中国学者潘建伟与荷兰学者波密斯特合作，在国际上率先完成“量子态隐形传输”（简称隐形传态）试验，这是国际上首次通过实验成功地将一个量子态从甲地的光子传送到乙地的光子上。

2. 量子通信装置及其原理

量子通信系统的基本部件包括量子态发生器、量子通道和量子测量装置。按其所传输的信息是经典还是量子而分为两类。前者主要用于量子密钥的传输，后者则可用于量子隐形传送和量子纠缠的分发。所谓隐形传送是指脱离实物的一种“完全”的信息传送。从物理学角度可以这样来想象隐形传送过程：先提取原物的所有信息，然后将这些信息传送到接收地点，接收者依据这些信息，选取与原物构成完全相同的基本单元，制造出原物完美的复制品。但是，量子力学的不确定原理不允许精确地提取原物的全部信息，这个复制品不可能是完美的。因此长期以来，隐形传送不过是一种幻想而已。1993 年，6 位来自不同国家的科学家提出了利用经典与量子相结合的方法实现量子隐形传态的方案：将某个粒子的未知量子态传送到另一个地方，把另一个粒子制备到该量子态上，而原来的粒子仍留在原处。其基本思想是将原物的信息分成经典信息和量子信息两部分，它们分别由经典通道和量子通道传送给接收者。经典信息是发送者对原物进行某种测量而获得的，量子信息是发送者在测量中未提取的其余信息；接收者在获得这两种信息后，就可以制备出原物量子态的完全复制品，该过程中传送的仅仅是原物的量子态而不是原物本身。发送者甚至可以对这个量子态一无所知，而接收者是将别的粒子处于原物的量子态上。在这个方案中，纠缠态的非定域性起着至关重要的作用。在量子力学中能够以这样的方式制备两个粒子态，在它们之间的关联不能被经典理论解释，这样的态称为纠缠态。量子纠缠指的是两个或多个量子系统之间的非定域非经典的关联。

3. 量子通信的实用化进程

要想让量子通信变成实用，就必须在遥远的地点间分配纠缠状态，因为在量子通信通道中存在无法避免的噪声，所以两个粒子之间的纠缠将随着传播距离的增大而不断退化，因此，需要通过“纯化”来将高度纠缠的状态从纠缠程度较低的状态中提取出来，纠缠状态的纯化还能提高不同量子位之间逻辑运算的质量。近年来，国际上众多研究小组提出了一系列量子纠缠态纯化理论方案，但没有一个是能够用现有技术实现的。中国科技大学潘建伟教授与其合作者却成功地利用线性光学技术，从保真度均为 75% 的两个光子对中提取出一个保真度为 92% 的光子对，从而在原则上解决了目前在远距离量子通信中的根本难题。这项研究成果受到国际科学界的高度评价，被称为“远距离量子通信研究的一个飞跃”。

量子通信保密性好，量子解码能力强，因此备受欧美各国政府和产业界的重视。目前，欧美国家利用量子加密进行通信的技术已进入实际运用阶段(目前通信距离只有几十千米)。在 2012 年 10 月，诺贝尔物理奖花落这一领域；如今，中国科技大学潘建伟及陆朝阳教授等研究出了世界最高品质的确定性量子点单光子源，其相关研究成果发表在 2013 年 2 月 4 日的国际权威期刊《自然-纳米技术》上。值得注意的是，这是我国光学量子领域发表在《自然》系列期刊上的首篇论文，其意义十分重大。

量子通信技术的发展方兴未艾，量子通信产业潜在的巨大市场价值必将引起通信领域新的革命。科学家们预计在 2015 年前后，量子通信在技术上将出现实用化前景。

9.7　光纤传输新技术 OptiSystem 仿真

9.7.1　非线性效应及其影响

1. 脉冲传播极化模式色散效应

极化模式色散（PMD）是影响下一代 40 Gb/s 或更高速率长途传输系统性能的主要因素之一，如果光纤材料或器件选择不当，即使在 10 Gb/s 的系统中它也会导致很高的误码率。在实用单模光纤中，双折射现象导致两个正交极化模式在传输过程中改变极化方向并产生时延差即色散，从而使光波脉冲展宽，产生误码。因此限制了光纤的通道容量和传输距离。由于极化模式的相位常数不同，两个模式传输的群速度亦不同，可以说一个模式相对于另一个较快些。因此可以认为光纤中存在着快轴和慢轴，这样的话，在实用光纤中，不同速度的信号传输通过同样的距离将会有不同的时延。它们之间的时延差越大，说明色散越严重，这种色散叫做极化模式色散。

根据非线性效应的程度，极化模式色散可以按照非线性的阶数划分，下面仿真主要考虑第一阶和第二阶计划模式色散 PMD 效应引起的传输信号的畸变。

（1）仿真原理图。

PMD 仿真原理图如图 9.14 所示。

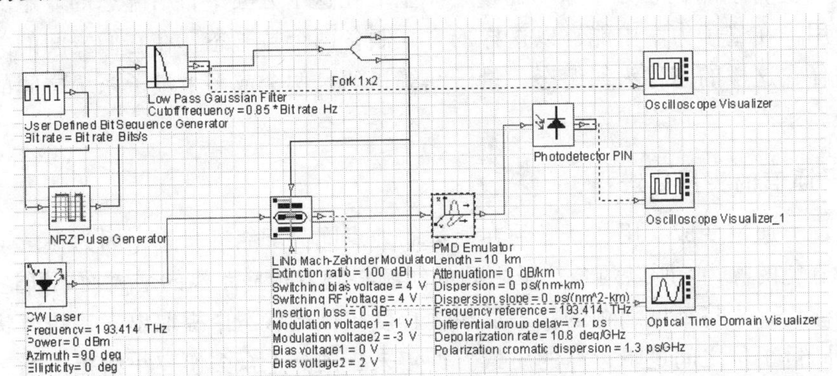

图 9.14　PMD 仿真原理图

（2）参数设置。

PMD 仿真各参数设置如图 9.15～9.17 所示。

CW Laser Properties

Label: CW Laser　　Cost$: 0.00　　OK　　Cancel　　Evaluate Script

Main　Polarization　Simulation　Noise　Random numbers

Disp	Name	Value	Units	Mode
☑	Frequency	193.4144890323	THz	Normal
☑	Power	0	dBm	Normal
☐	Linewidth	10	MHz	Normal
☐	Initial phase	0	deg	Normal

图 9.15　激光器主要参数

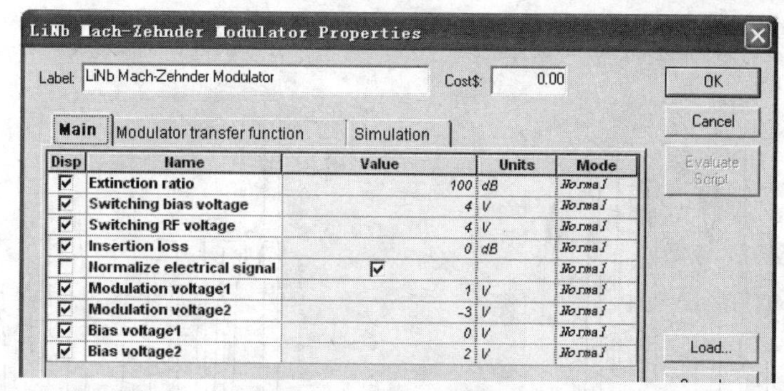

LiNb Mach-Zehnder Modulator Properties

Label: LiNb Mach-Zehnder Modulator　Cost$: 0.00

Main | Modulator transfer function | Simulation

Disp	Name	Value	Units	Mode
☑	Extinction ratio	100	dB	Normal
☑	Switching bias voltage	4	V	Normal
☑	Switching RF voltage	4	V	Normal
☑	Insertion loss	0	dB	Normal
☐	Normalize electrical signal	☑		Normal
☑	Modulation voltage1	1	V	Normal
☑	Modulation voltage2	-3	V	Normal
☑	Bias voltage1	0	V	Normal
☑	Bias voltage2	2	V	Normal

OK　Cancel　Evaluate Script　Load...

图 9.16　调制器参数

PMD Emulator Properties

Label: PMD Emulator　Cost$: 0.00

Main | Simulation

Disp	Name	Value	Units	Mode
☑	Length	10	km	Normal
☑	Attenuation	0	dB/km	Normal
☑	Dispersion	0	ps/(nm-km)	Normal
☑	Dispersion slope	0	ps/(nm^2-k	Normal
☑	Frequency reference	193.414	THz	Normal
☑	Differential group delay	71	ps	Normal
☑	Depolarization rate	10.8	deg/GHz	Normal
☑	Polarization cromatic disp	1.3	ps/GHz	Normal

OK　Cancel　Evaluate Script　Load...

图 9.17　PMD 仿真模块参数

系统仿真在比特率为 10 Gb/s、差分群时延为 71 ps 的高速 PMD 光纤中传输脉冲序列的极化效应，去极化率为 10.8°/GHz，偏振色散为 1.3 ps/GHz。将衰减和色散都设置为 0，输入信号为 NRZ 脉冲序列。

（3）仿真结果及分析。

仿真实现三个不同的输入信号的极化，如图 9.18 所示，其中图（b）为输入信号为两个基本偏振态之一的输出信号，方位角为 0°，椭圆率为 0；图（c）为输入信号为另一个基本偏振态时的输出信号，方位角为 45°，椭圆率为 0；图（d）为输入信号偏振态的方位角为 90°，椭圆率为 0 时的输出信号。

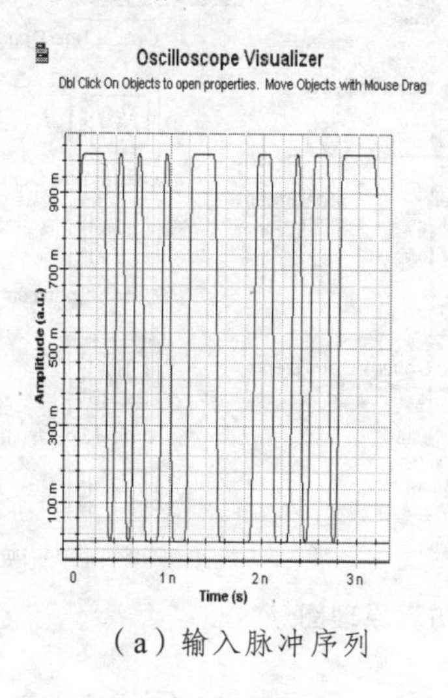

（a）输入脉冲序列

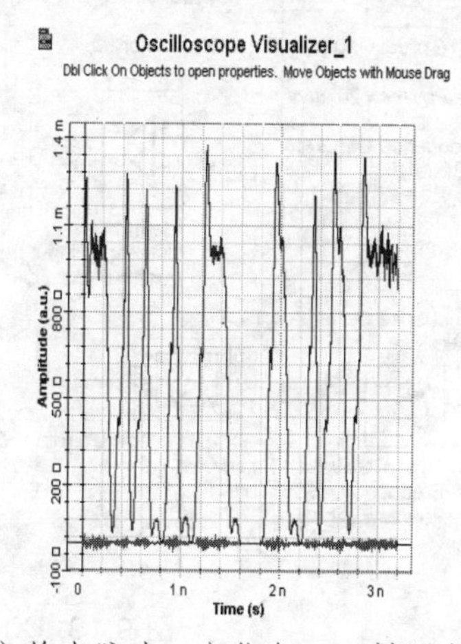

（b）输出脉冲：方位角 0°，椭圆率 0

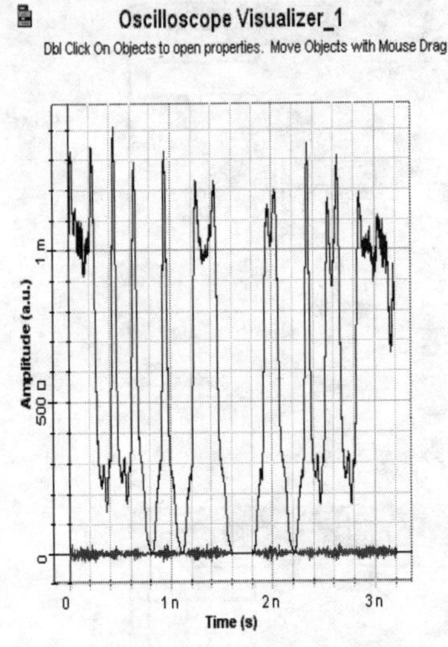

（c）输出脉冲：方位角 45°，椭圆率 0

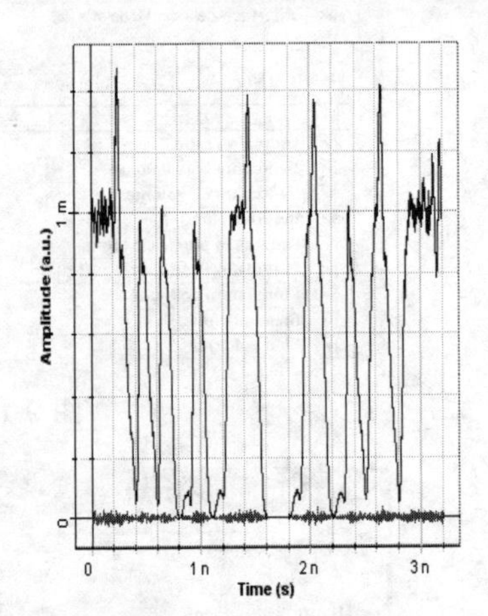

（d）输出脉冲：方位角 90°，椭圆率 0

图 9.18　PMD 极化模式色散仿真

在图 9.18（b）、（c）所示的两种基本偏振态输出脉冲的情况下，主要的二阶效应是由去极化率系数引起的，因为偏振色散效应太小，所以其不能使输出信号产生大量畸变。

2. 交叉相位调制和四波混频效应

仿真在非线性色散光纤中，伴随着不同载波频率的光信号传输的交叉相位调制（XPM）和四波混频（FWM）效应。

（1）仿真原理图。

XPM 和 FWM 仿真原理图如图 9.19 所示。

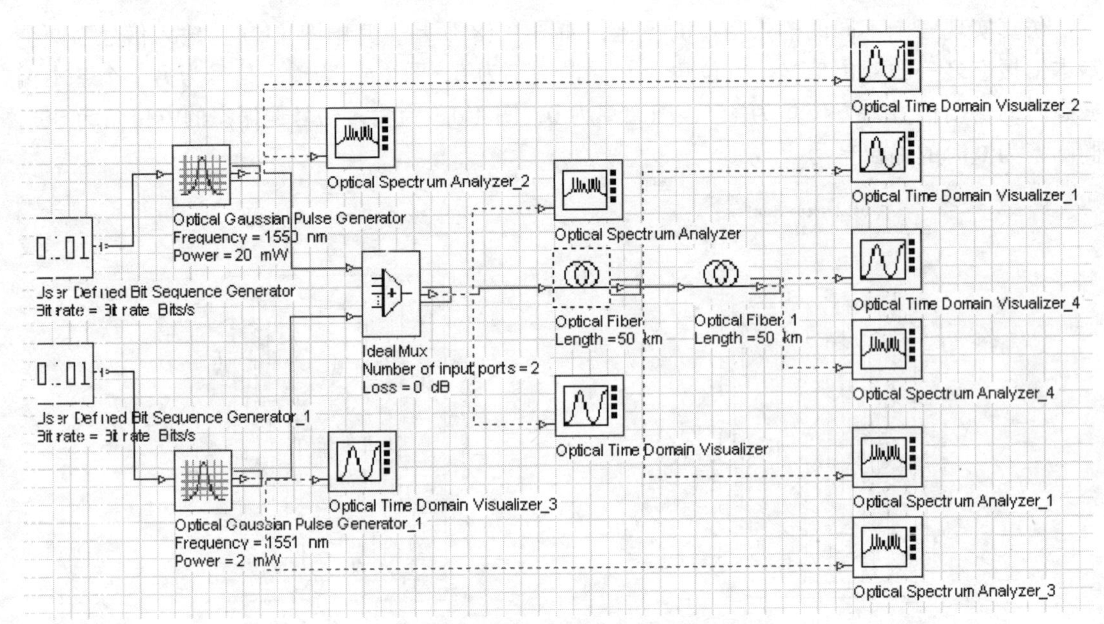

图 9.19　XPM 和 FWM 仿真原理图

（2）仿真参数。

该仿真的参数设置如图 9.20 ~ 9.23 所示。

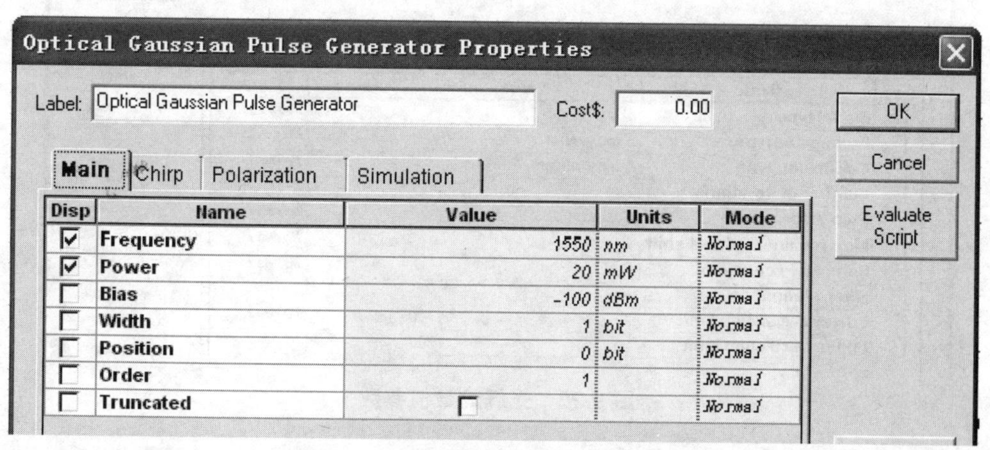

图 9.20 上路高斯脉冲生成器主要参数

Optical Gaussian Pulse Generator_1 Properties

Label: Optical Gaussian Pulse Generator_1　Cost$: 0.00　OK　Cancel　Evaluate Script

Main　Chirp　Polarization　Simulation

Disp	Name	Value	Units	Mode
☑	Frequency	1551	nm	Normal
☑	Power	2	mW	Normal
☐	Bias	-100	dBm	Normal
☐	Width	1	bit	Normal
☐	Position	0	bit	Normal
☐	Order	1		Normal
☐	Truncated	☐		Normal

图 9.21 下路高斯脉冲生成器主要参数

Optical Fiber Properties

Label: Optical Fiber　Cost$: 0.00　OK　Cancel　Evaluate Script

Main　Disp...　PMD　Nonl...　Num...　Gr...　Simu...　Noise　Rand...

Disp	Name	Value	Units	Mode
☐	User defined reference wa	☐		Normal
☐	Reference wavelength	1550	nm	Normal
☑	Length	50	km	Normal
☐	Attenuation effect	☐		Normal
☐	Attenuation data type	Constant		Normal
☐	Attenuation	0.2	dB/km	Normal
☐	Attenuation vs. wavelengt	Attenuation.dat		Normal

图 9.22 光纤主要参数

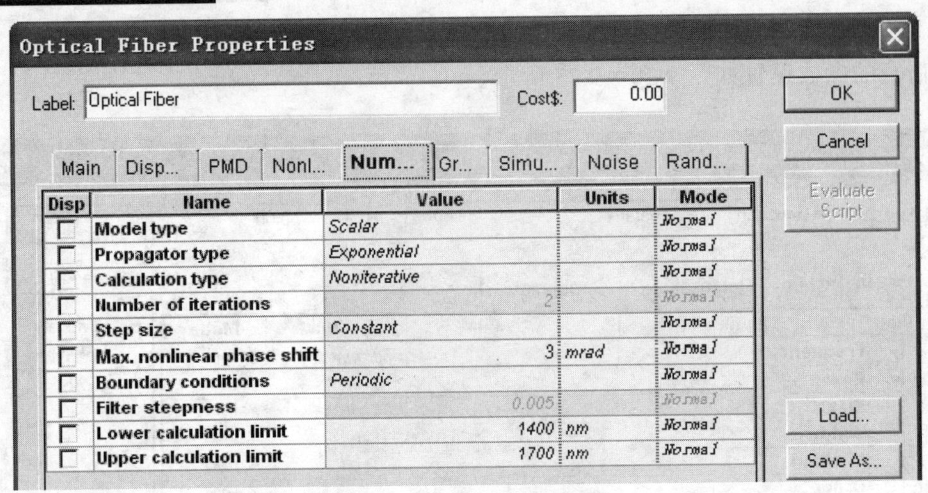

图 9.23 光纤的数值参数

（3）仿真结果及分析。

输入信号由时间间隔为 800 ps、频率间隔为 1 nm 的两路高斯脉冲组成，如图 9.24 所示。光纤色散为 16 ps/nm · km。仿真中，仿真的带宽为输入信号的 3 倍，这主要是避免两路脉冲非线性相互作用产生的四波混频的任何量化噪声。

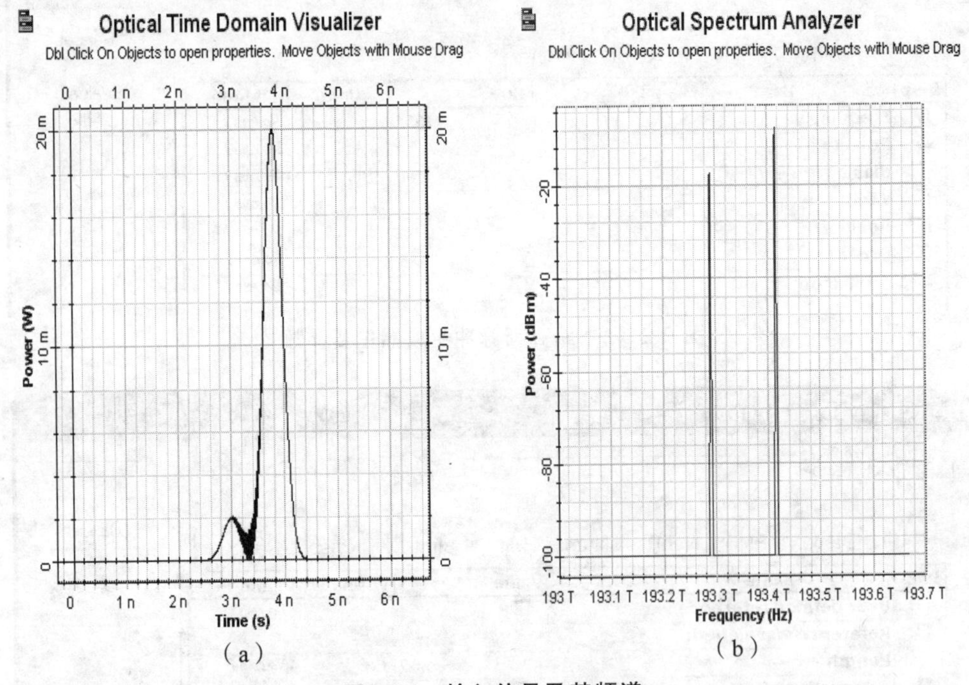

图 9.24 输入信号及其频谱

如图 9.25、9.26 所示，1 551 nm 的脉冲只有 2 mW 的峰值功率，因此在传播 100 km 后，自相位调制效应变得很小。而 1 550 nm 的脉冲的峰值功率为 20 mW，它的自相位效应对脉冲的影响很大，1 551 nm 脉冲的交叉相位效应会很大。在传播 50 km 后，两个脉冲重叠，并且 1 551 nm 脉冲的频谱被扩展。扩展由交叉相位效应引起。

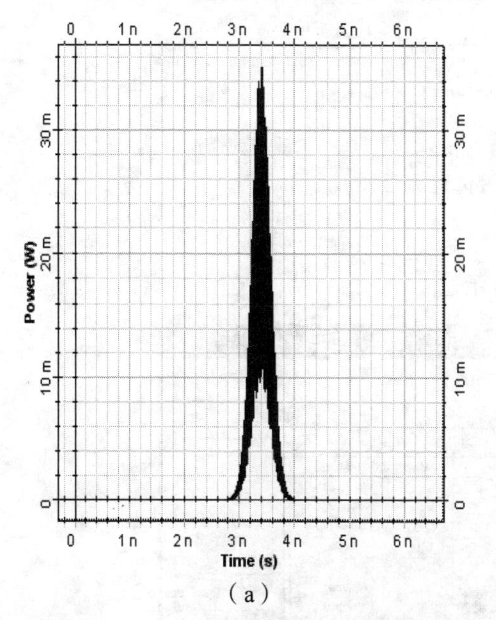

(a)

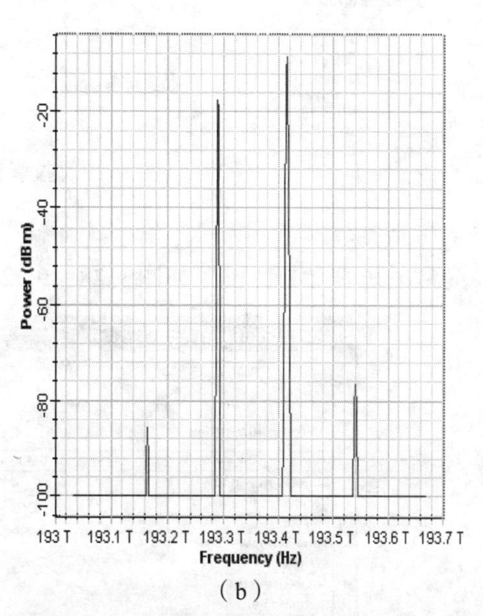

(b)

图 9.25 传播 50 km 后的输出信号及其频谱

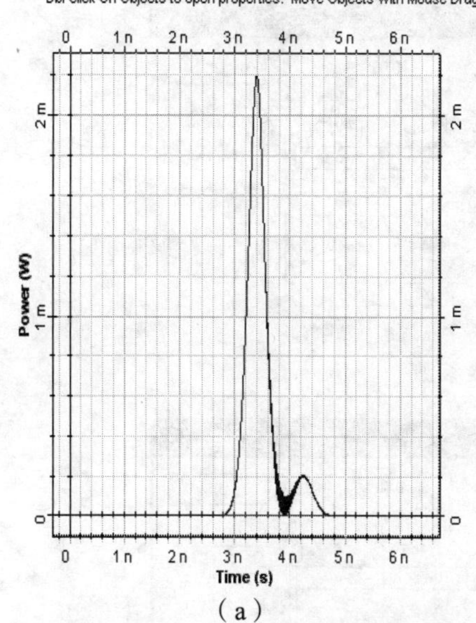

(a)

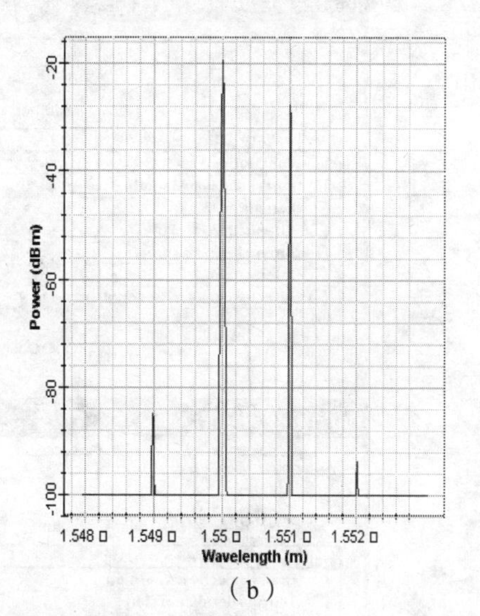

(b)

图 9.26 传播 100 km 后的输出信号及其频谱

3. 拉曼散射

（1）仿真原理图。

拉曼散射仿真原理图如图 9.27 所示。

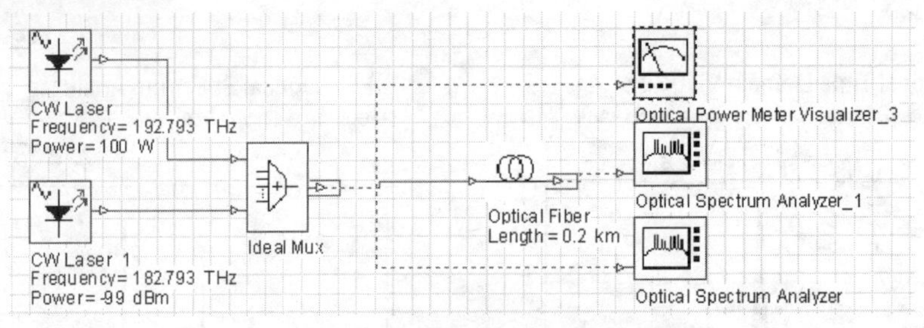

图 9.27　拉曼散射仿真原理图

（2）仿真参数。

拉曼散射仿真参数的设置如图 9.28 ~ 9.32 所示。

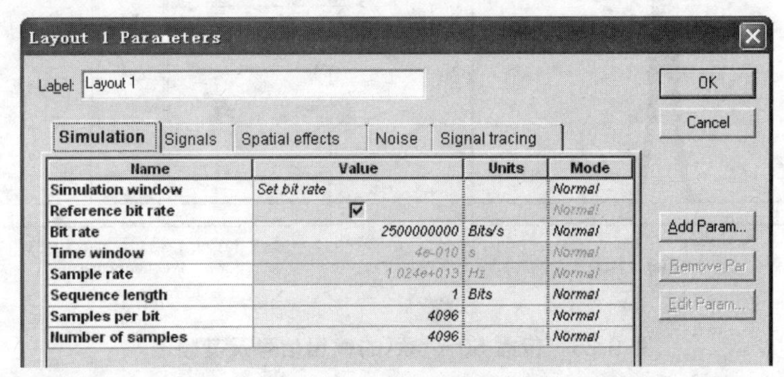

图 9.28　系统仿真参数

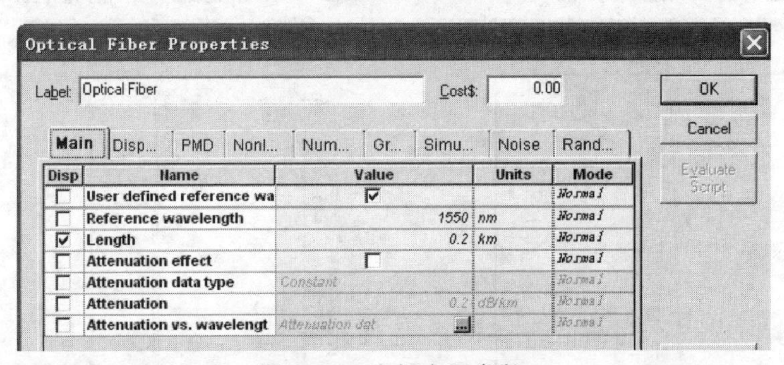

图 9.29　光纤主要参数

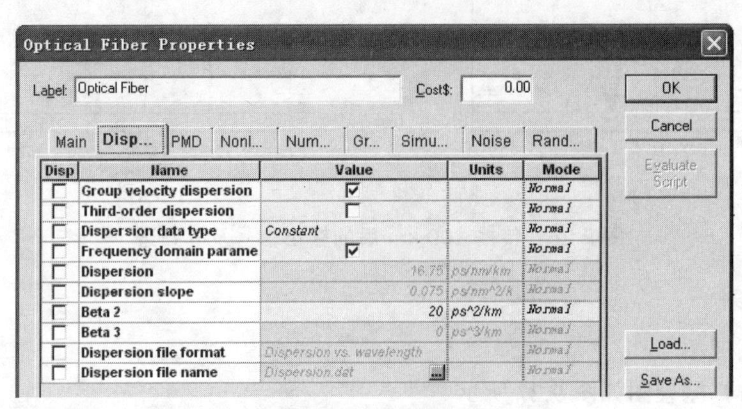

图 9.30　光纤色散参数

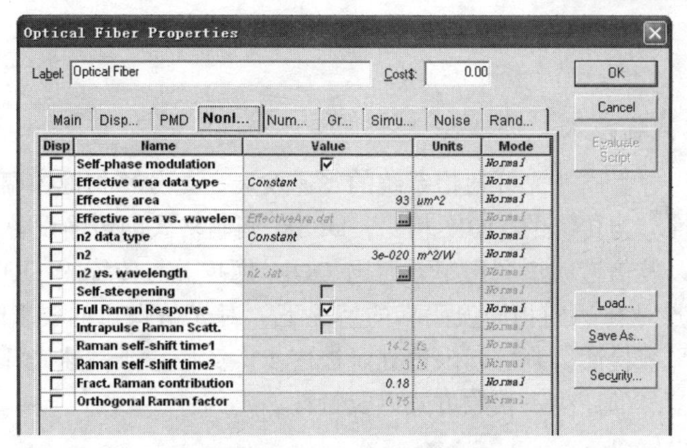

Optical Fiber Properties

Label: Optical Fiber　Cost$: 0.00

Main | Disp... | PMD | Nonl... | Num... | Gr... | Simu... | Noise | Rand...

Disp	Name	Value	Units	Mode
☐	Self-phase modulation	☑		Normal
☐	Effective area data type	Constant		Normal
☐	Effective area	93	um^2	Normal
☐	Effective area vs. wavelen	EffectiveAra.dat		Normal
☐	n2 data type	Constant		Normal
☐	n2	3e-020	m^2/W	Normal
☐	n2 vs. wavelength	n2.dat		Normal
☐	Self-steepening	☐		Normal
☐	Full Raman Response	☑		Normal
☐	Intrapulse Raman Scatt.	☐		Normal
☐	Raman self-shift time1	14.2	fs	Normal
☐	Raman self-shift time2	3	fs	Normal
☐	Fract. Raman contribution	0.18		Normal
☐	Orthogonal Raman factor	0.75		Normal

OK　Cancel　Evaluate Script　Load...　Save As...　Security...

图 9.31　光纤非线性参数

Optical Fiber Properties

Label: Optical Fiber　Cost$: 0.00

Main | Disp... | PMD | Nonl... | Num... | Gr... | Simu... | Noise | Rand...

Disp	Name	Value	Units	Mode
☐	Model type	Scalar		Normal
☐	Propagator type	Exponential		Normal
☐	Calculation type	Noniterative		Normal
☐	Number of iterations	2		Normal
☐	Step size	Constant		Normal
☐	Max. nonlinear phase shift	5	mrad	Normal
☐	Boundary conditions	Periodic		Normal
☐	Filter steepness	0.005		Normal
☐	Lower calculation limit	1000	nm	Normal
☐	Upper calculation limit	2000	nm	Normal

OK　Cancel　Evaluate Script　Load...　Save As...

图 9.32　光纤数值参数

（3）仿真结果及分析。

如图 9.33 所示，输入信号的频谱由一个 1 550 nm 强泵浦单色波（100 W）和一个 1 640 nm（10 THz 斯托克频移）的弱（ – 99 dB）斯托克波组成。

如图 9.34 所示，弱的（低频）频谱分量被展宽，其增益为 $G = 37.3$ dB。

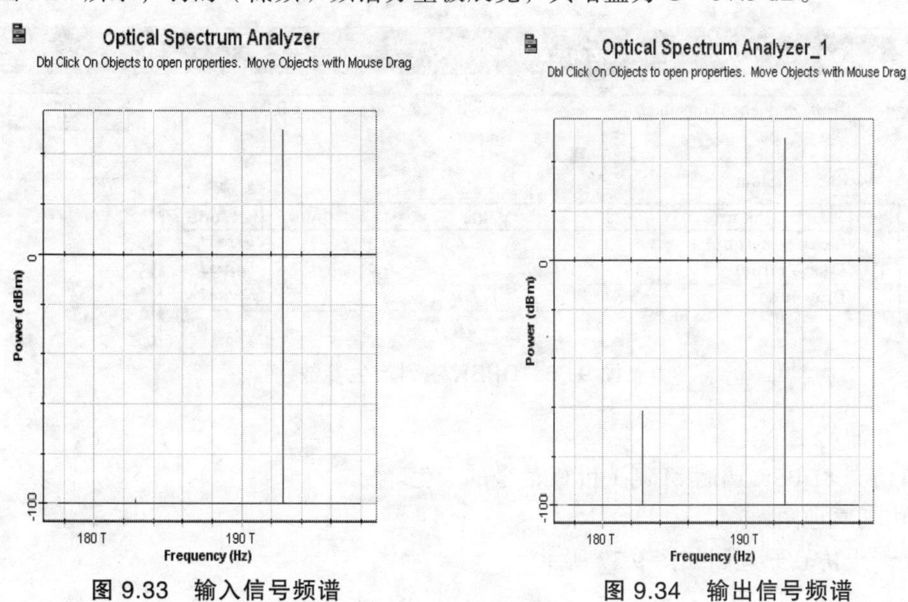

图 9.33　输入信号频谱　　　　图 9.34　输出信号频谱

9.7.2　新型调制技术

1. DPSK 数字调制技术

随着长距离、大容量高速光纤通信系统的飞速发展，差分移相键控调制格式 DPSK 逐渐表现出极大的优越性。与传统的 OOK 相比，DPSK 调制格式的传输设备可以与 OOK 兼容，并且在抗噪声性能以及信道频谱利用率方面比 OOK 优越。与传统的 OOK 调制格式相比，DPSK 最显著的优点是在达到相同误码率的情况下，对光信噪比的要求降低了 3 dB。由于 DPSK 接收机采用平衡检测，判决门限独立。被逐步广泛应用于高速光纤通信系统中。本文详细讲述了 DPSK 信号的产生、接收方式以及特性。

（1）系统参数设置。

系统参数设置如图 9.35、9.36 所示。

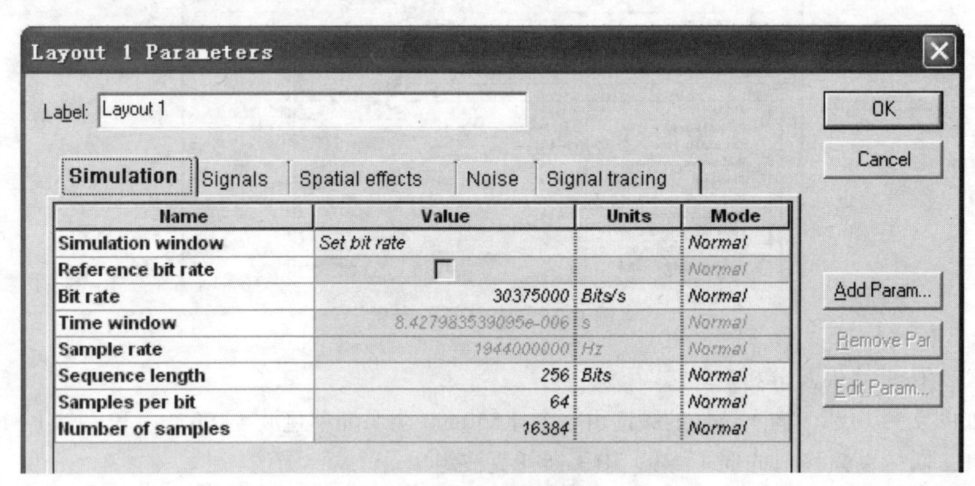

图 9.35　系统参数

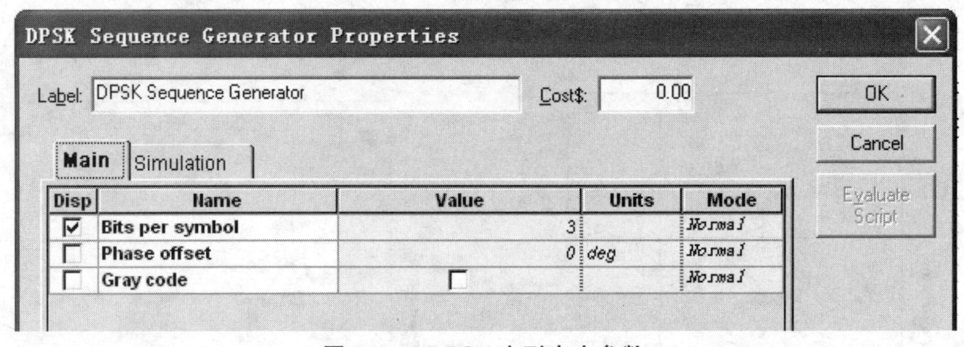

图 9.36　DPSK 序列产生参数

（2）脉冲产生。

本节仿真 8DPSK 调制 M 制 I 和 Q 信号的产生。

① 仿真原理图。

脉冲产生仿真原理图如图 9.37 所示。

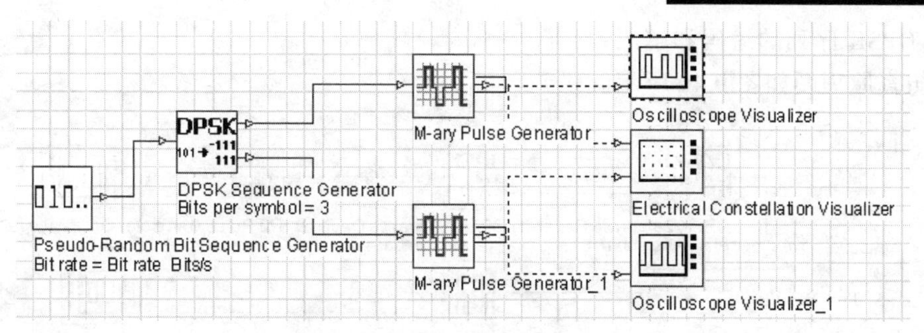

图 9.37 脉冲产生仿真原理图

② 仿真结果及分析，如图 9.38、9.39 所示。

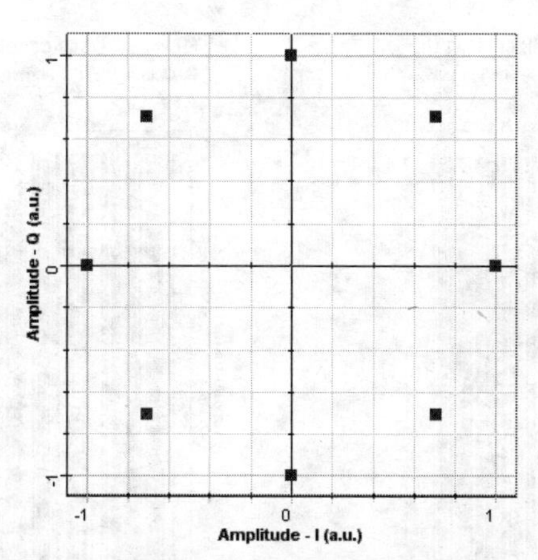

图 9.38 8DPSK 星座图

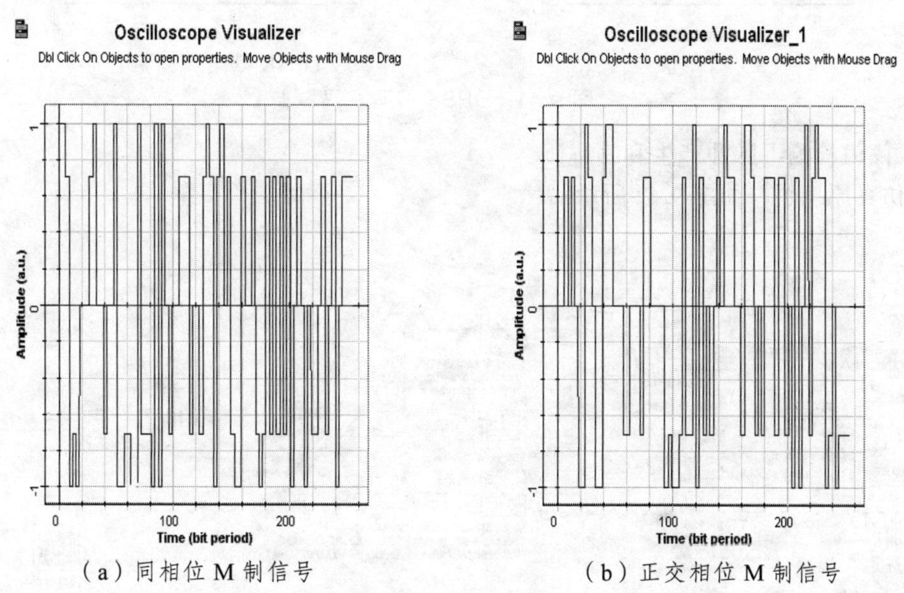

（a）同相位 M 制信号　　（b）正交相位 M 制信号

图 9.39 DPSK 信号

（3）DPSK 序列的编码和解码。

① 仿真原理图如图 9.40 所示。

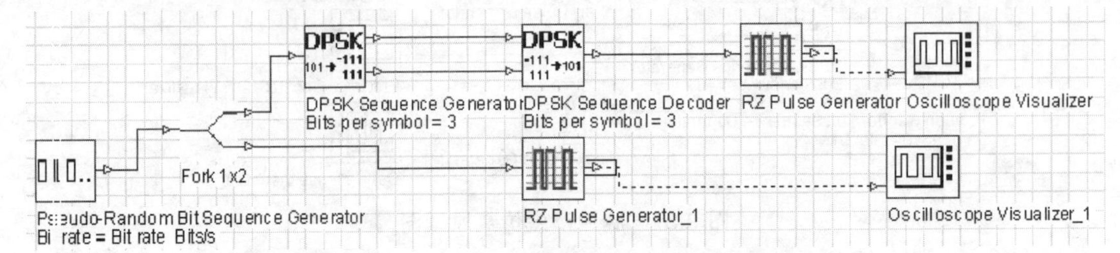

图 9.40 DPSK 调制编码解码仿真原理图

② 仿真结果及分析。

由图 9.41 可知，DPSK 经过编码又解码后，与原始信号一致。

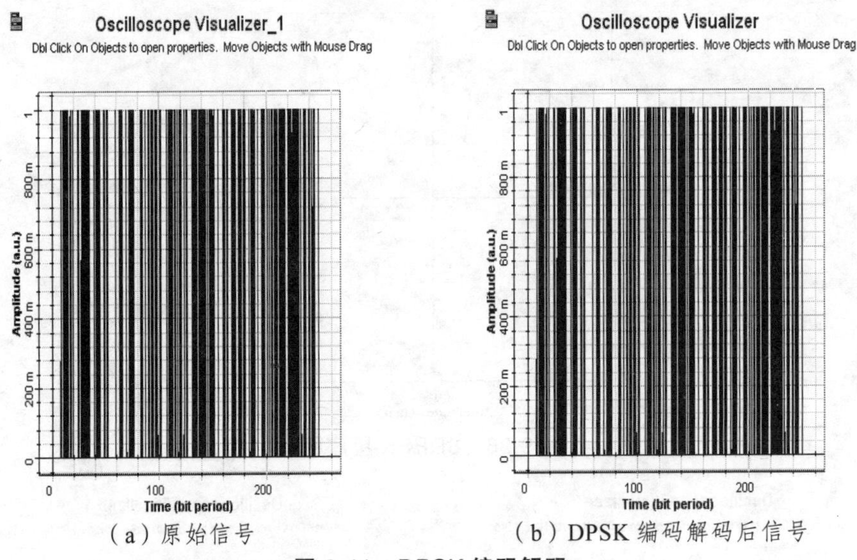

（a）原始信号　　（b）DPSK 编码解码后信号

图 9.41 DPSK 编码解码

（4）阈值检测下脉冲产生和编解码。

① 仿真原理图，如图 9.42 所示。

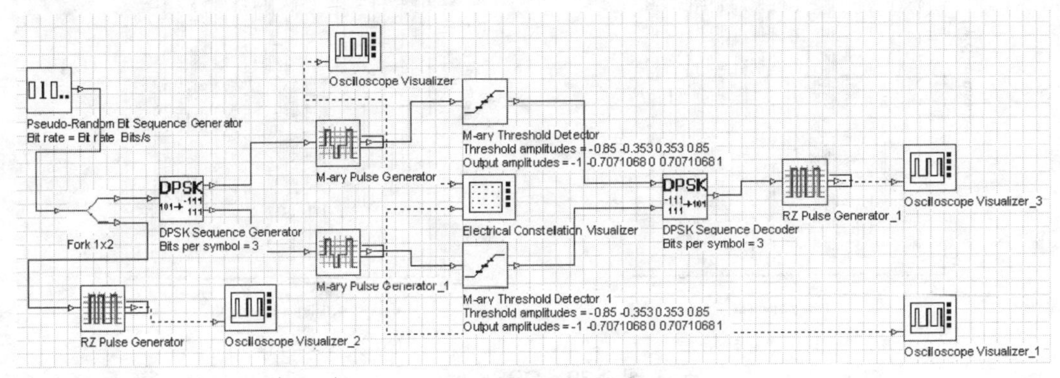

图 9.42 阈值检测仿真原理图

② 参数设置，如图 9.43 所示。

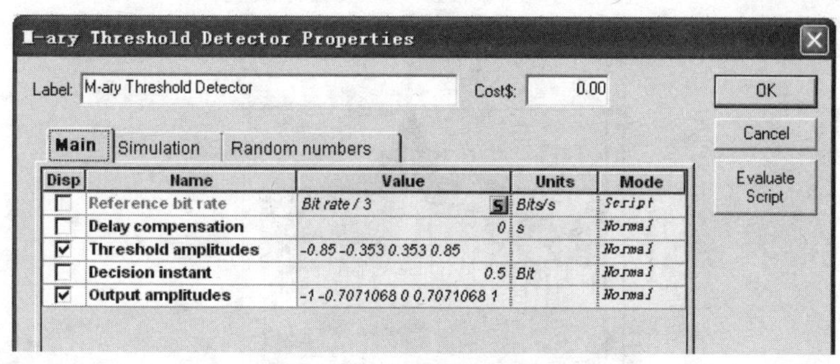

图 9.43 阈值检测器参数

③ 仿真结果，如图 9.44 所示。

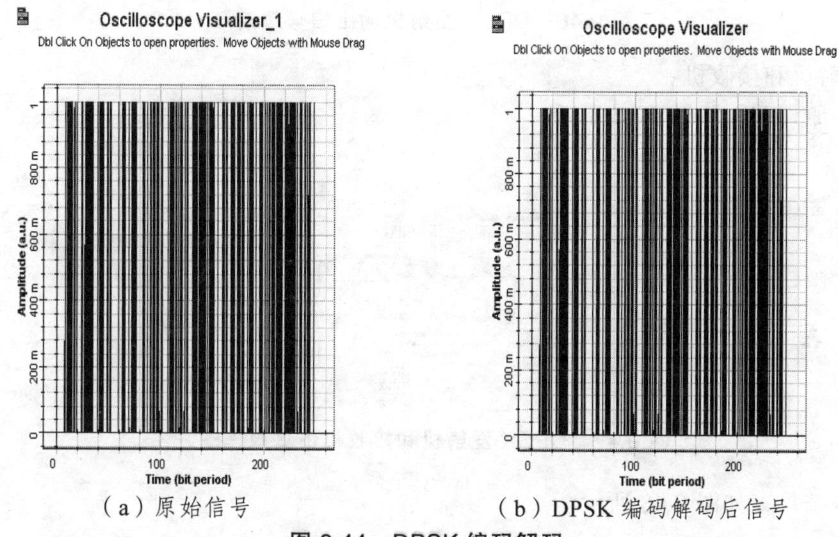

（a）原始信号　　（b）DPSK 编码解码后信号

图 9.44 DPSK 编码解码

（5）发射机。

① 仿真原理图，如图 9.45 所示。

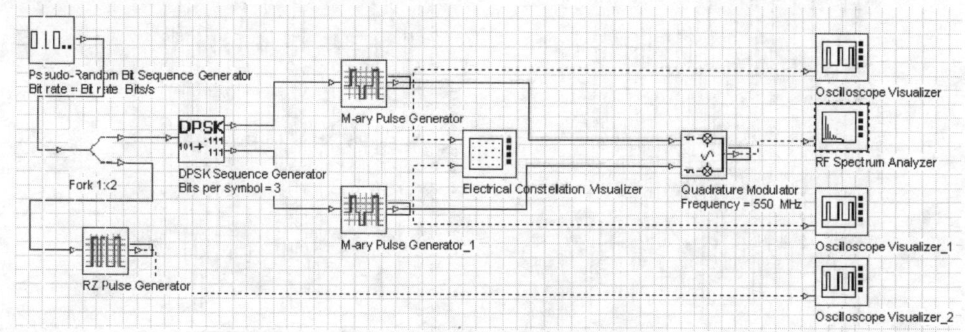

图 9.45 发射机仿真原理图

② 仿真结果及分析。

由图 9.46 可知，信号的中心频率等于调制频率 550 MHz。

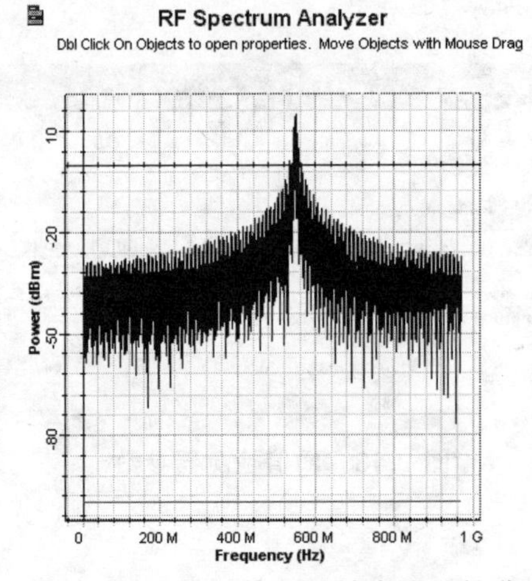

图 9.46 DPSK 发射机输出信号频谱

（6）发射机和接收机。

① 仿真原理图，如图 9.47 所示。

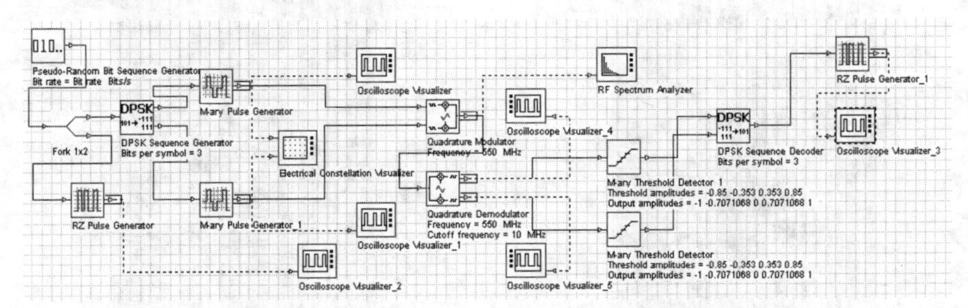

图 9.47 DPSK 发射机和接收机仿真原理图

② 仿真结果，如图 9.48 所示。

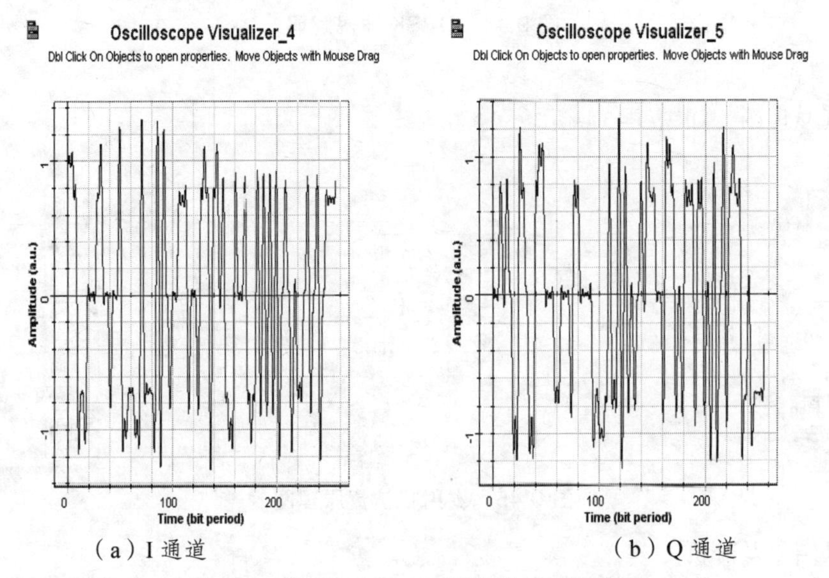

（a）I 通道　　（b）Q 通道

图 9.48 M 制 DPSK 调制接收机解调信号

（7）眼图分析。

① 仿真原理图，如图 9.49 所示。

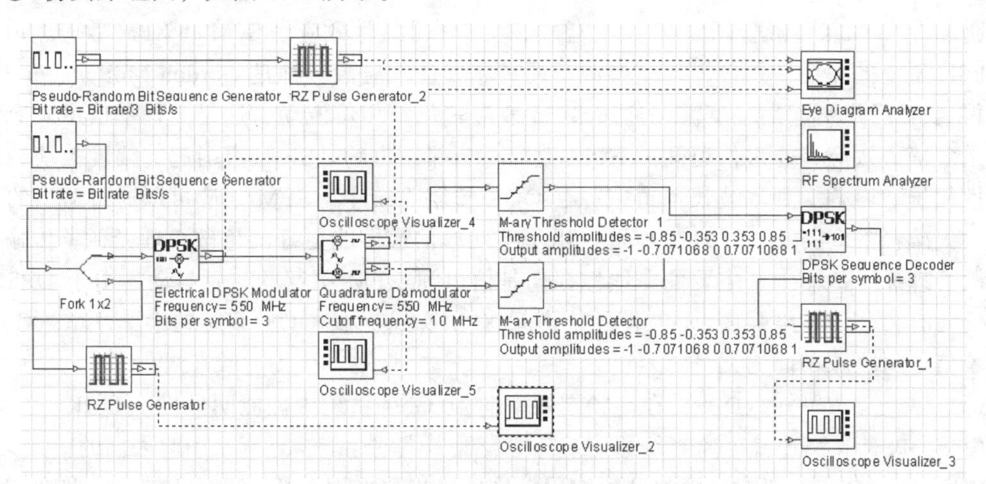

图 9.49　DPSK 眼图仿真原理图

② 仿真结果，如图 9.50 所示。

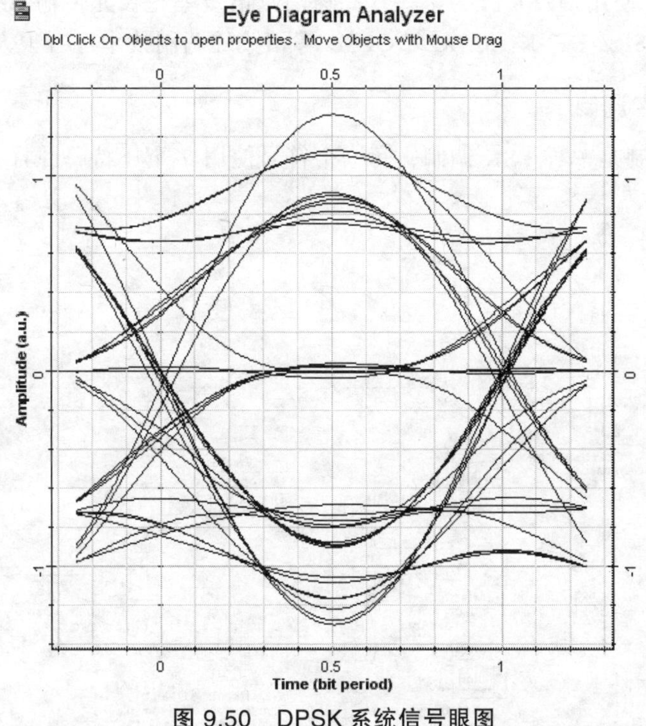

图 9.50　DPSK 系统信号眼图

通过仿真结果可知，DPSK 接收机采用平衡检测器正确地解调出原始信号。由于接收机判决阈值电平为 0，与接收机输入信号功率无关，所以 DPSK 信号的平衡检测对光信号功率的变化提供了更高的容忍性，可以使接收机保持在最佳判决的工作状态。光功率均匀分布在 DPSK 信号的每个比特中，使得码间串扰所导致的信号失真大大降低。

由于 DPSK 信号的等包络特性在相同平均光功率下码元峰值功率比 OOK 信号的峰值功率小 3 dB，因此相同条件下，DPSK 信号所受的非线性效应影响明显小于 OOK 信号。

通常的 40 Gb/s 色散管理 DWDM 传输中，主要的非线性效应是 SPM 和 XPM 效应。40 Gb/s 的 DPSK 系统的非线性相位噪声主要源于两种非线性效应。一种是 Gordon-Mollenauer 效应，它使得 ASE 噪声引起的幅度波动通过 SPM 效应转化为相位波动，这是一种单信道效应。另一种是多信道效应，通过信道间的 XPM 效应，相邻信道的 ASE 噪声引起的幅度波动转化为非线性相位噪声叠加到本波长信道中。在 OOK 传输系统中，SPM 效应可以通过适当的色散管理大大减轻。事实上，SPM 效应可以用于实现单信道性能更好的色散管理光孤子传输。这种色散管理孤子传输中，主要的非线性损伤是信道间 XPM 引起的时延抖动。由于 DPSK 中所有码元有相似的包络强度，DPSK 的信道间 XPM 效应远比 OOK 系统的小，另外，XPM 效应随着信道间隔减小而增强。

通过以上分析可知，DPSK 在高频谱效率的 40 Gb/s 系统中性能明显优于 OOK。

由于 DPSK 在高速长距离光纤通信系统中表现出优越性能，近年来引起人们的极大关注。与 OOK 相比，DPSK 调制采用差分预编码，并且接收端采用平衡接收，但是除此以外 DPSK 发射和接收端所用到的器件和传统的 OOK 基本上是一样的，因此商用过程中可以避免对现有系统的大量改动，这样就有利于实现 OOK 到 DPSK 的平稳过渡。由于在高速长距离光纤通信中的明显优势，使用 DPSK 作为下一代高速高频谱效率超长光传输系统的调制技术是值得期待的。另外，CSRZ-DPSK、CSRZ-DQPSK 等相关的调制技术也有很大的发展潜力。

2. OQPSK 数字调制

OQPSK 数字调制是一种 PSK 调制，每一个符号使用 2 个比特，并且在正交信号中延迟一个比特。

（1）仿真原理图，如图 9.51 所示。

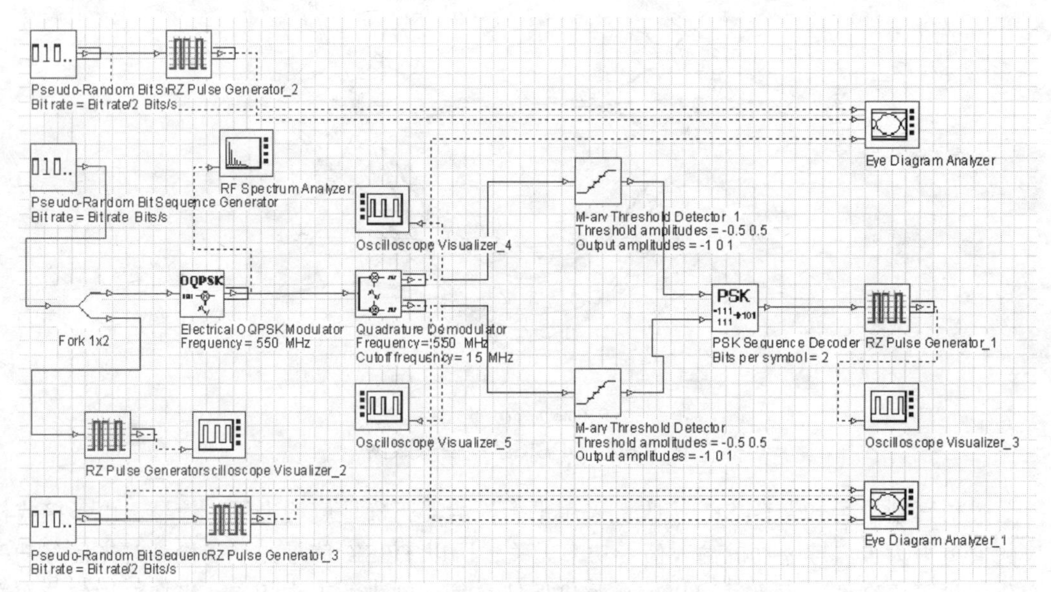

图 9.51　OQPSK 仿真原理图

（2）仿真参数的设置如图 9.52、9.53 所示。

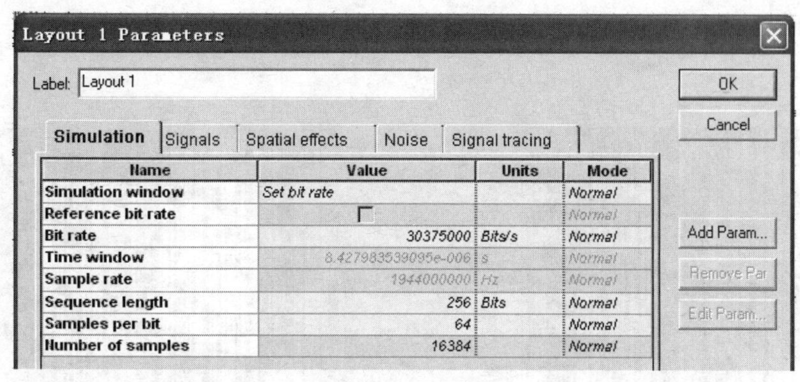

图 9.52 系统参数

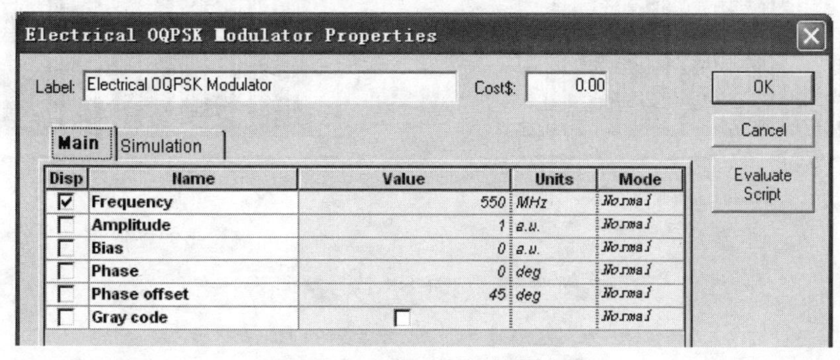

图 9.53 OQPSK 调制器参数

（3）仿真结果及分析，如图 9.54、9.55 所示。

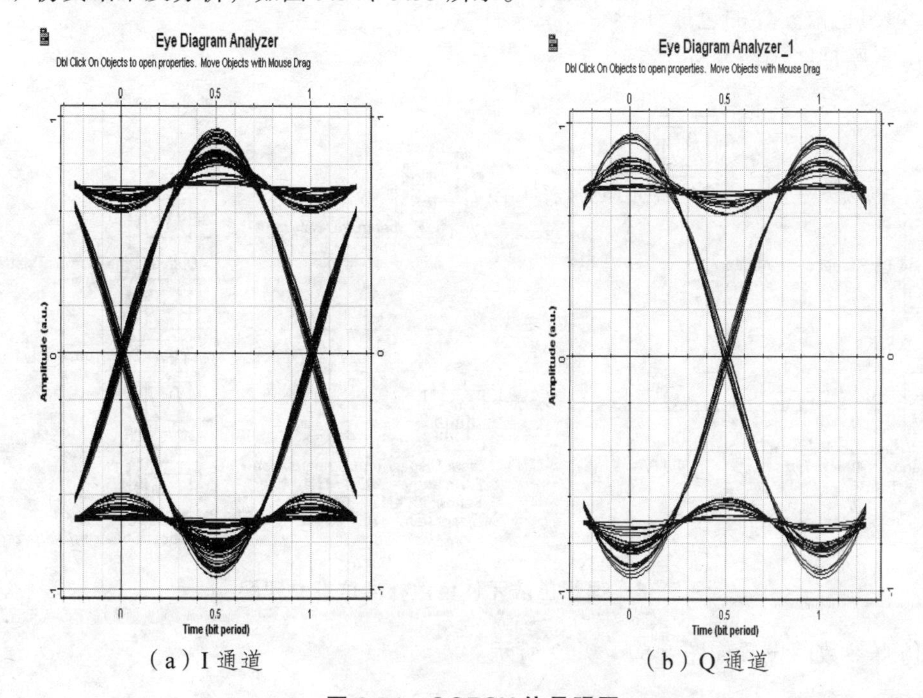

（a）I 通道　　（b）Q 通道

图 9.54 OQPSK 信号眼图

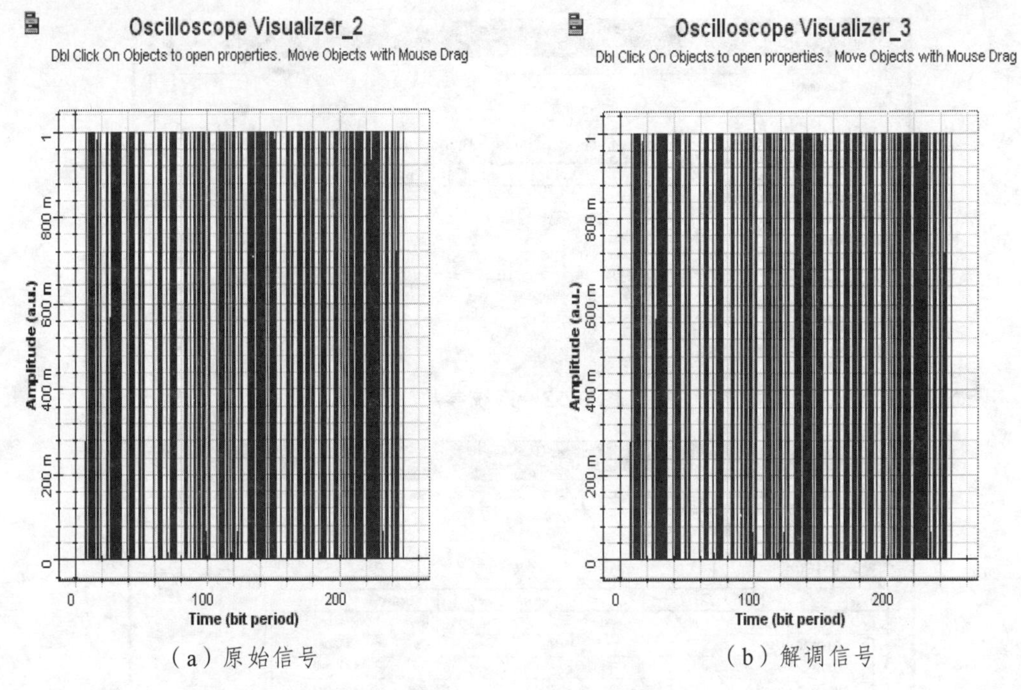

（a）原始信号　　（b）解调信号

图 9.55　OQPSK 信号解调

9.7.3　色散补偿

（1）理想色散元件的色散补偿。

① 仿真原理图如图 9.56 所示。

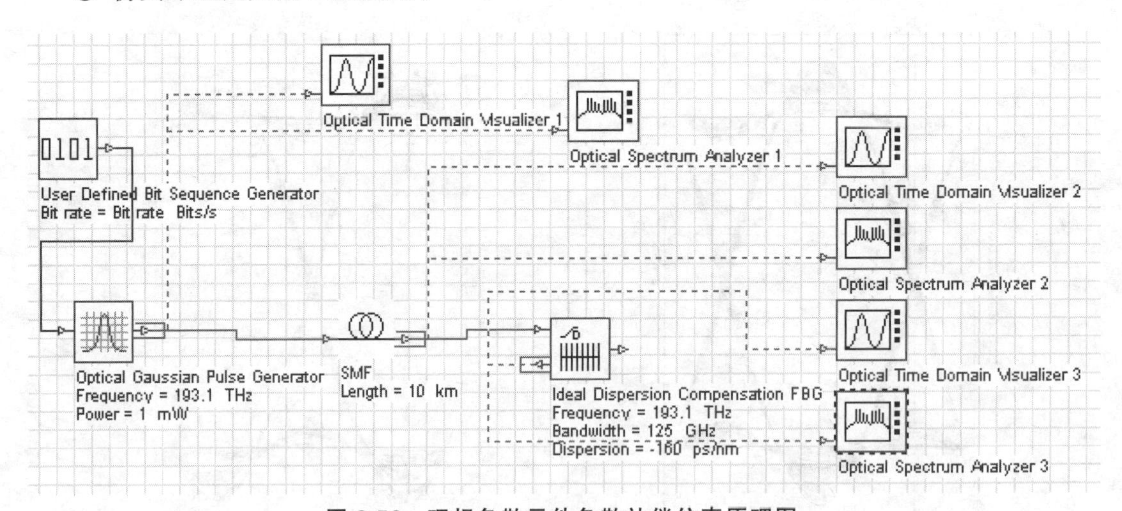

图 9.56　理想色散元件色散补偿仿真原理图

② 仿真参数的设置如图 9.57 ~ 9.59 所示。

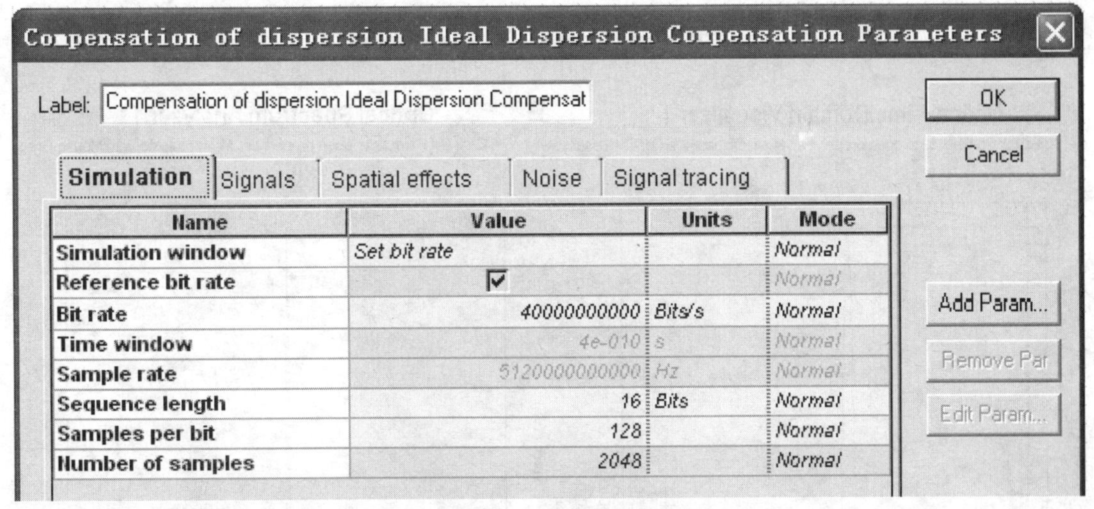

图 9.57 系统参数

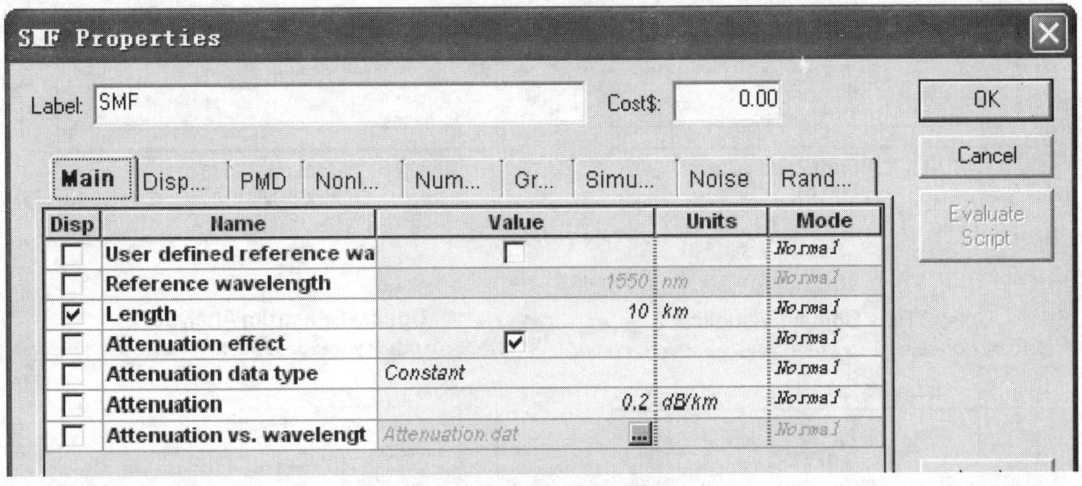

图 9.58 SMF 光纤参数

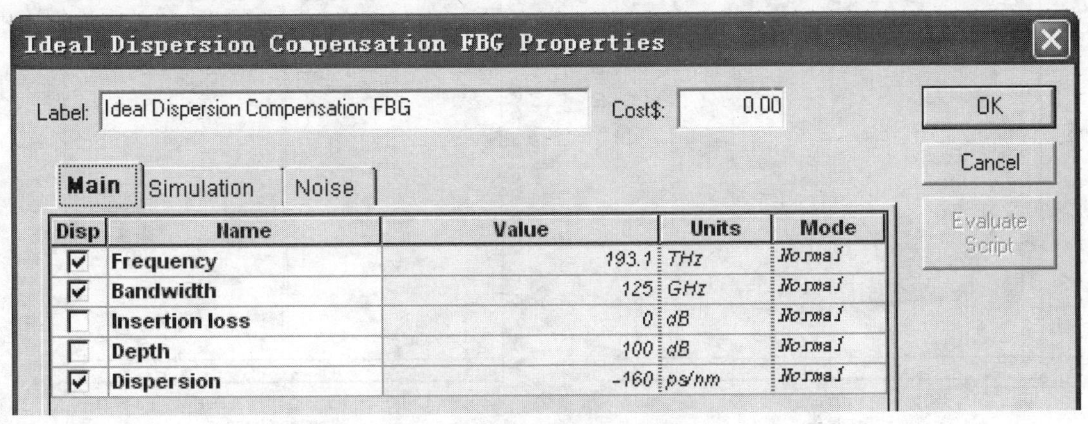

图 9.59 理想色散元件参数

③ 仿真结果。

如图 9.60 所示，累计色散得到准确的补偿。

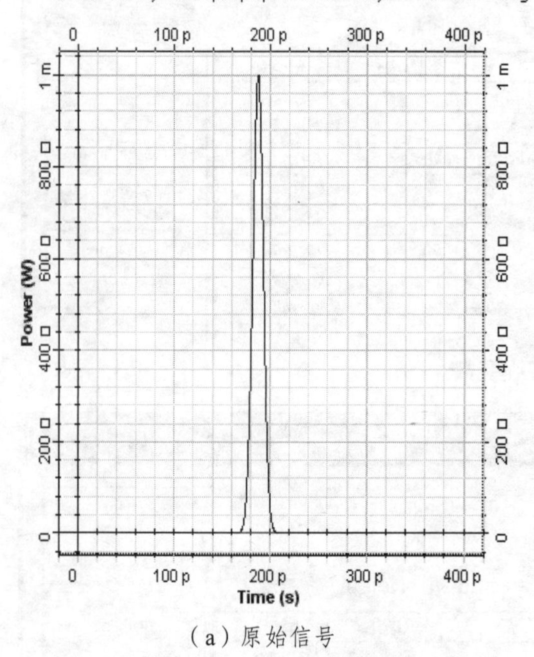

（a）原始信号

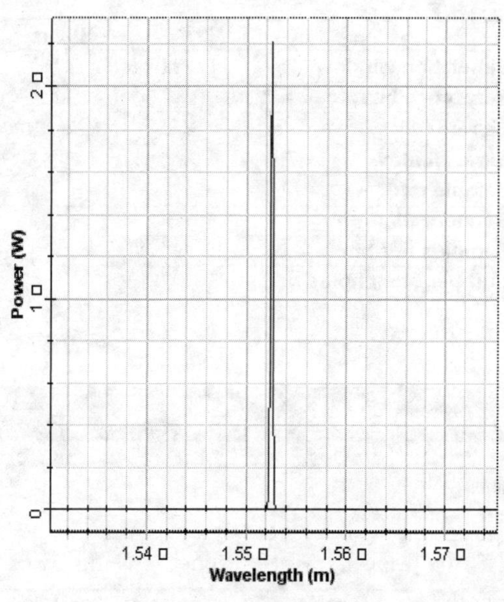

（b）原始信号频谱

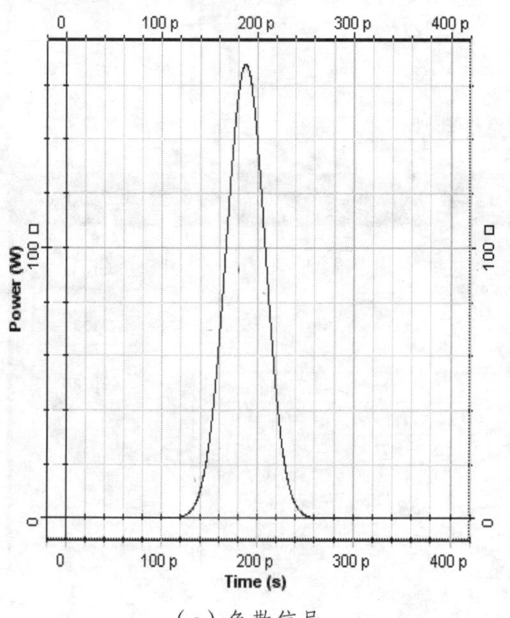

（c）色散信号

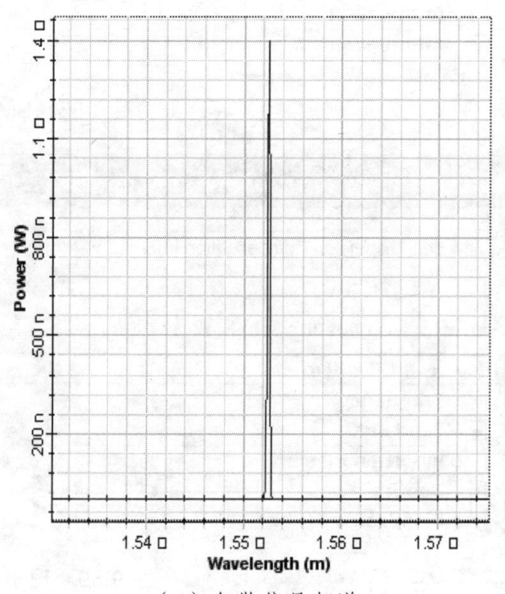

（d）色散信号频谱

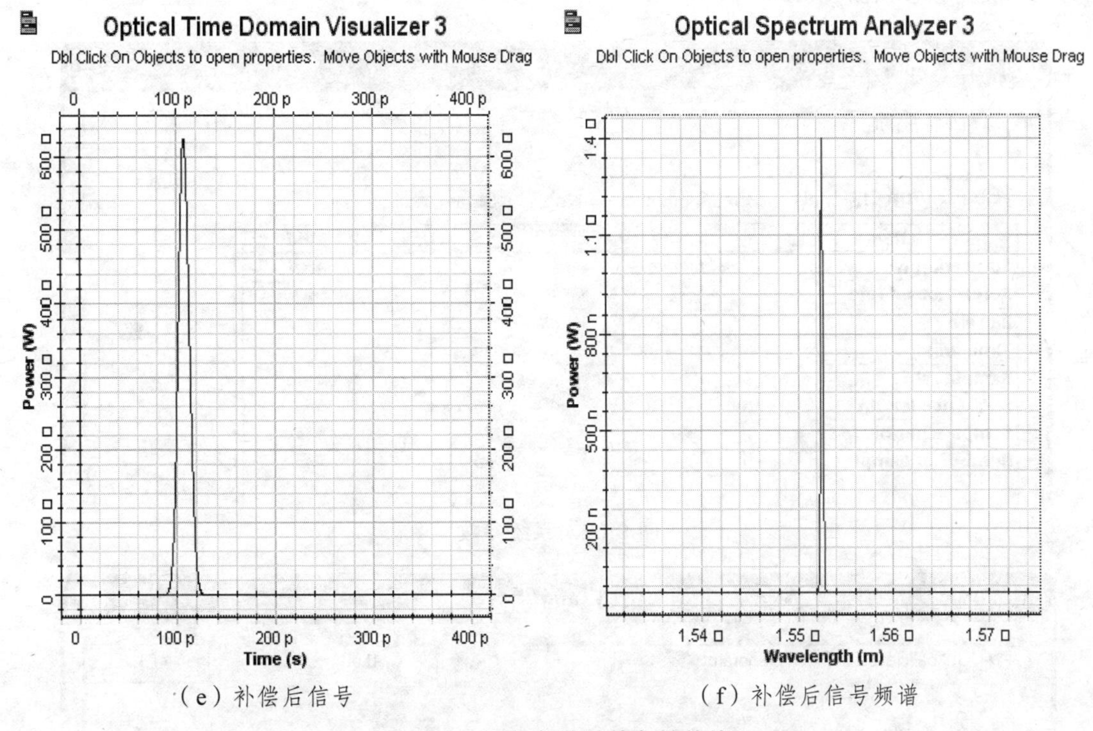

（e）补偿后信号　　　　（f）补偿后信号频谱

图 9.60　理想色散元件色散补偿

（2）光纤光栅元件的色散补偿。

光纤光栅组件通过光纤光栅的变迹和啁啾设计在光系统中提供色散补偿。

① 仿真原理图如图 9.61 所示。

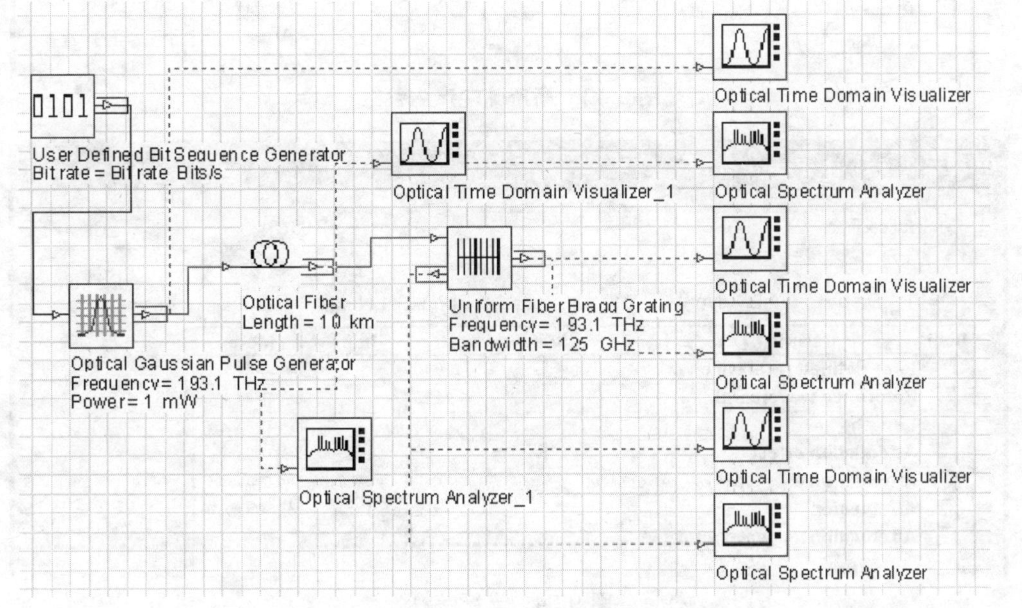

图 9.61　仿真原理图

② 仿真参数如图 9.62～9.67 所示。

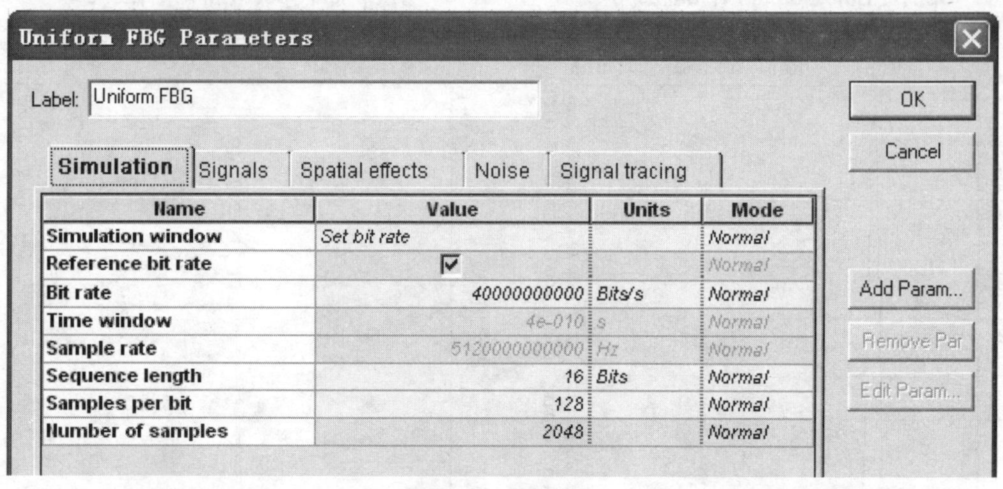

图 9.62 系统参数

Optical Gaussian Pulse Generator Properties

Label: Optical Gaussian Pulse Generator　Cost$: 0.00

Main | Chirp | Polarization | Simulation

Disp	Name	Value	Units	Mode
☑	Frequency	193.1	THz	Normal
☑	Power	1	mW	Normal
☐	Bias	-100	dBm	Normal
☐	Width	0.5	bit	Sweep
☐	Position	0	bit	Normal
☐	Order	1		Normal
☐	Truncated	☐		Normal

OK　Cancel　Evaluate Script

图 9.63 高斯脉冲产生参数

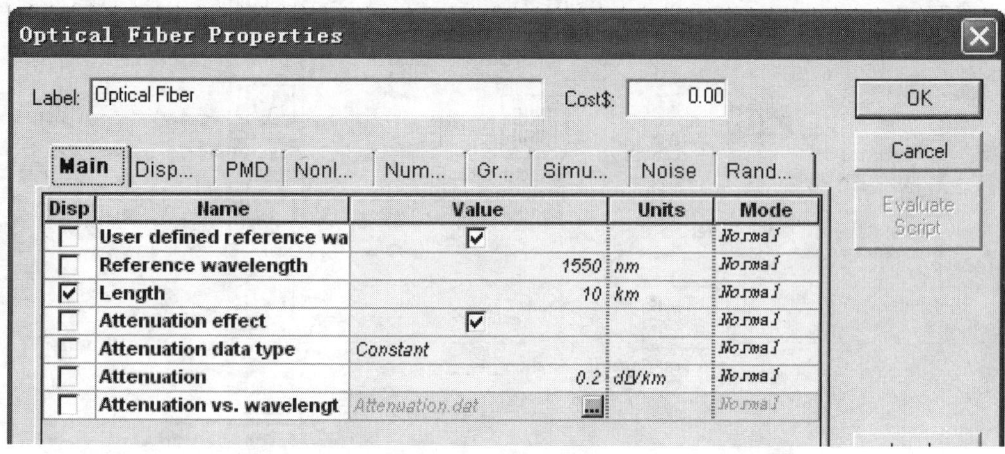

图 9.64 光纤参数

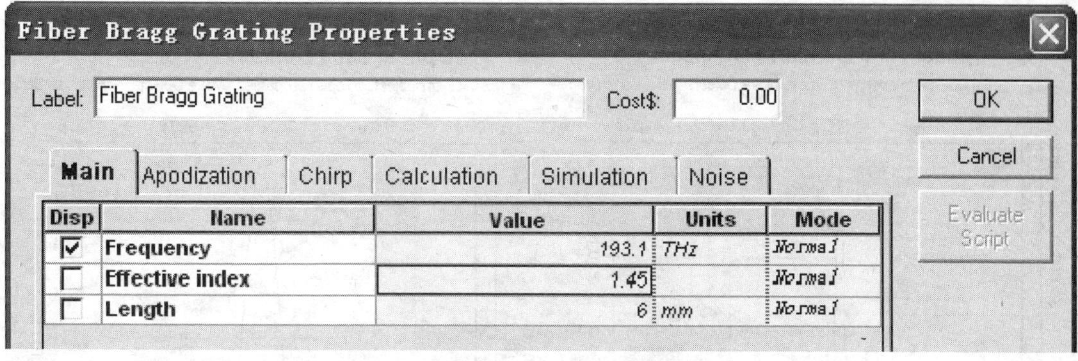

图 9.65 光纤光栅参数

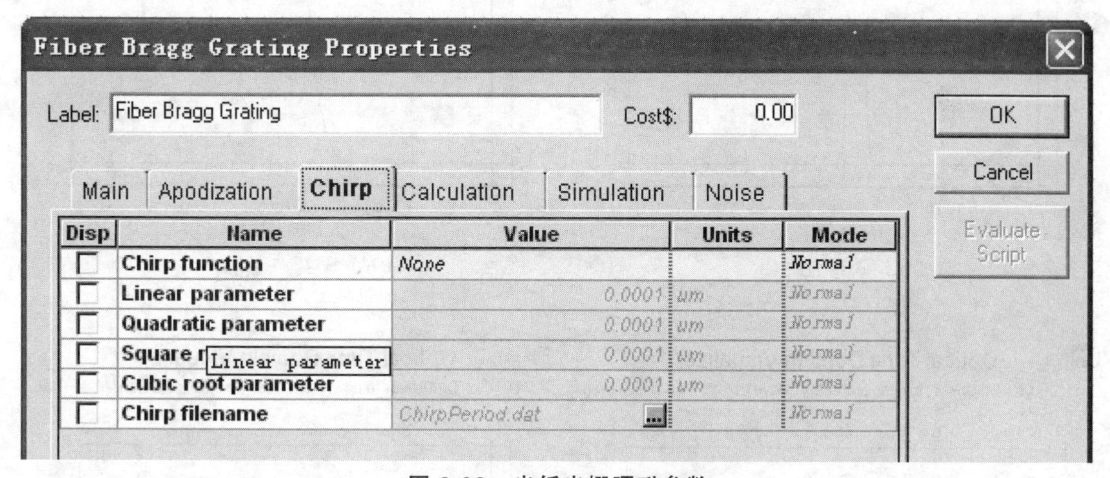

图 9.66 光纤光栅啁啾参数

Fiber Bragg Grating Properties

Label: Fiber Bragg Grating Cost$: 0.00 OK Cancel Evaluate Script

Main Apodization Chirp Calculation Simulation Noise

Disp	Name	Value	Units	Mode
	Number of segments	101		Normal
	Max. number of spectral p	1000		Normal

图 9.67 光纤光栅计算参数

③ 仿真结果如图 9.68 所示。

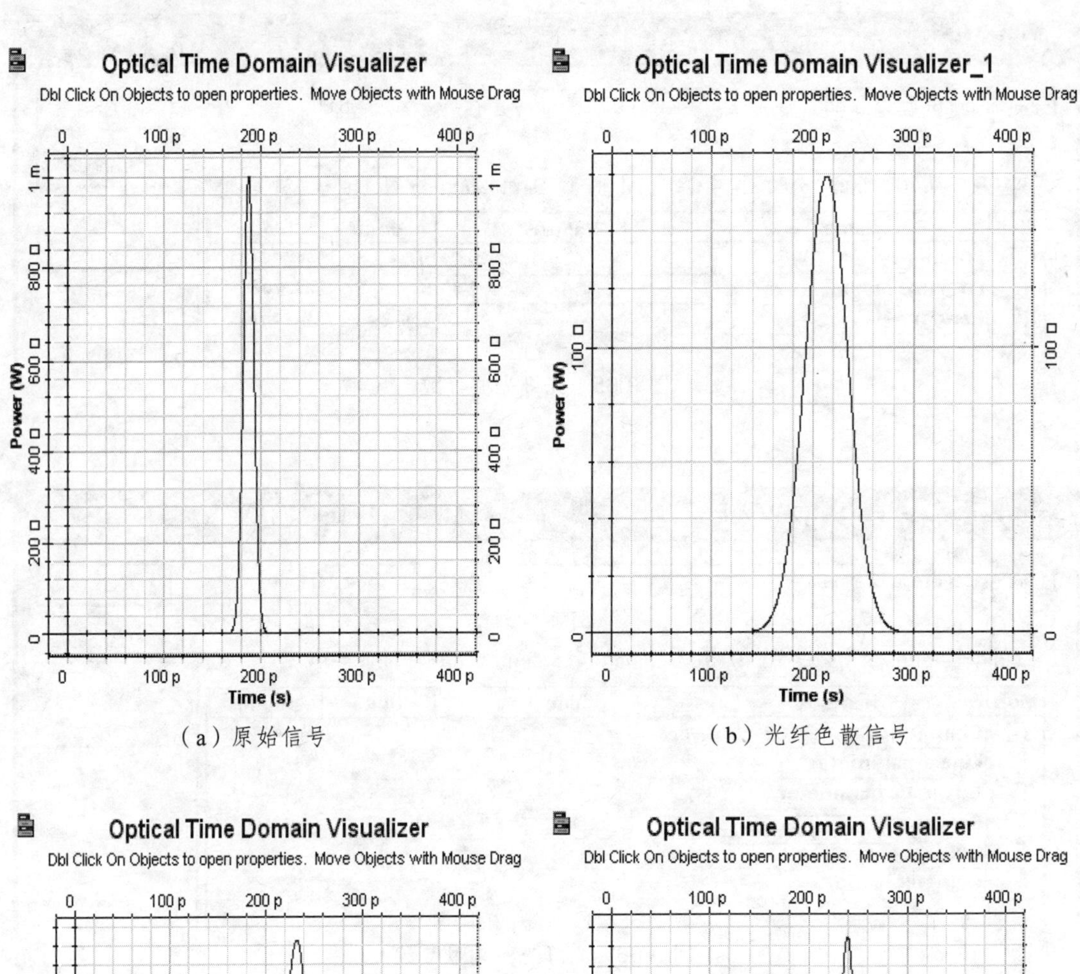

（a）原始信号　　　　（b）光纤色散信号

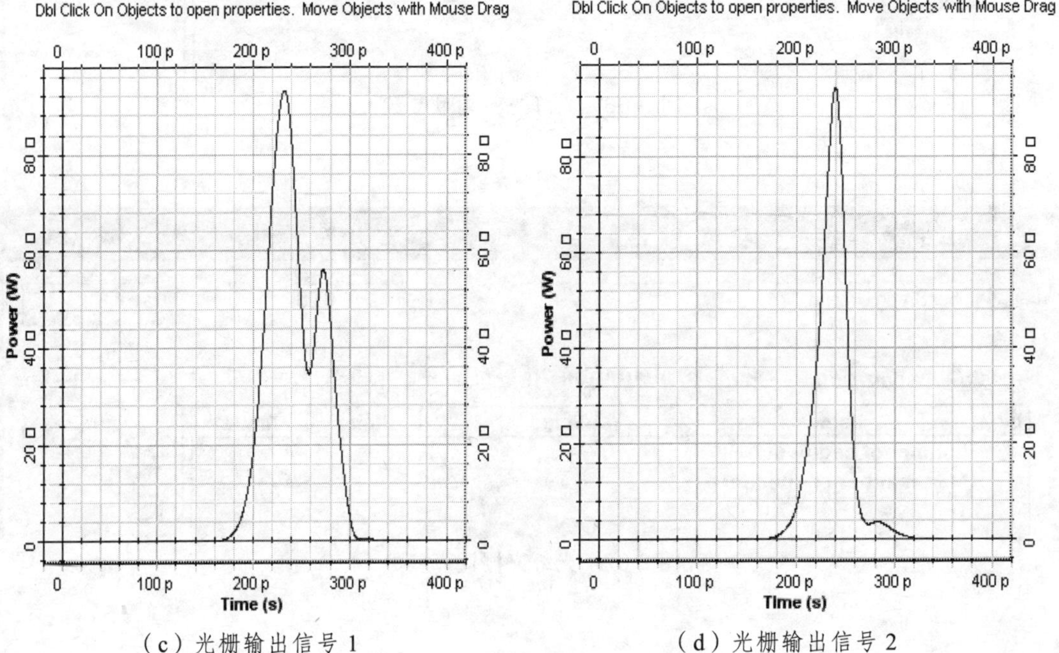

（c）光栅输出信号 1　　　　（d）光栅输出信号 2

图 9.68　光纤光栅元件色散补偿

9.7.4 平均光孤子传输

仿真在 10 Gb/s 传输系统由 SMF 组成的 500 km 光链路中基于平均光孤子的光孤子传输性能。

① 仿真原理图如图 9.69 所示。

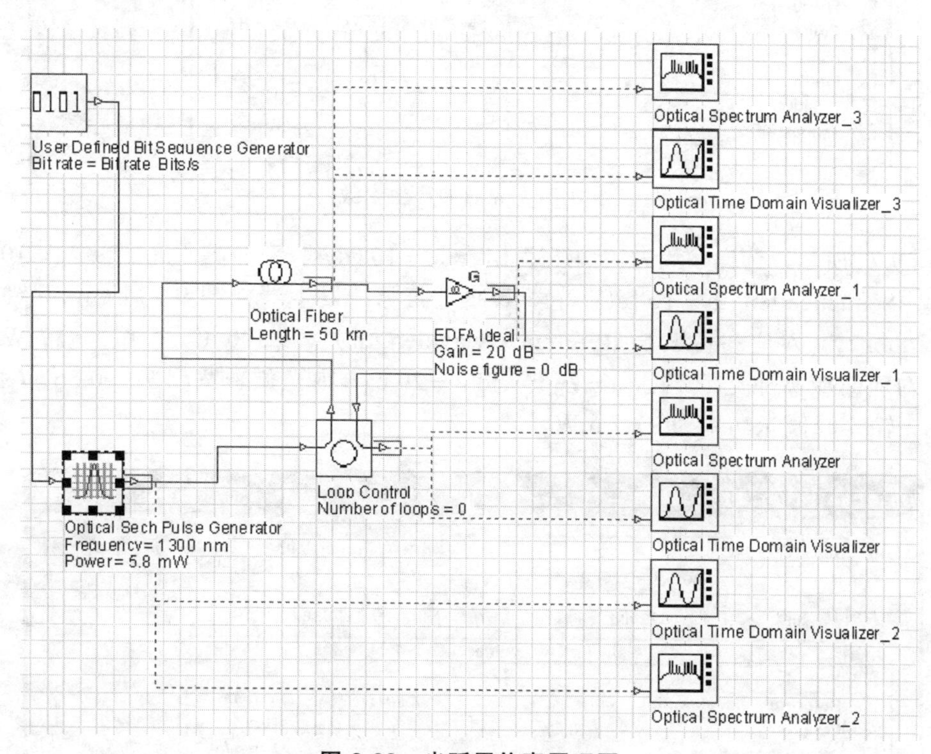

图 9.69 光孤子仿真原理图

② 仿真参数的设置如图 9.70 ~ 9.73 所示。

insufficient power Parameters

Label: insufficient power

OK

Cancel

Simulation | Signals | Spatial effects | Noise | Signal tracing

Name	Value	Units	Mode
Simulation window	Set bit rate		Normal
Reference bit rate	☑		Normal
Bit rate	10000000000	Bits/s	Normal
Time window	1.6e-009	s	Normal
Sample rate	640000000000	Hz	Normal
Sequence length	16	Bits	Normal
Samples per bit	64		Normal
Number of samples	1024		Normal

Add Param...

Remove Par

Edit Param...

图 9.70 系统参数

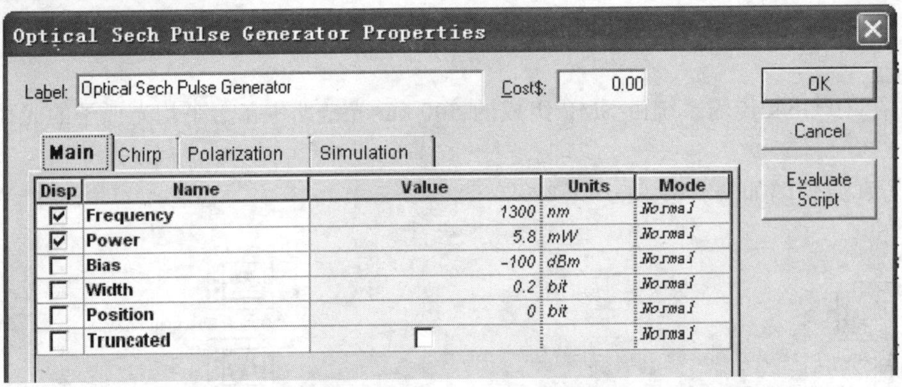

Optical Sech Pulse Generator Properties

Label: Optical Sech Pulse Generator　Cost$: 0.00　OK　Cancel　Evaluate Script

Main | Chirp | Polarization | Simulation

Disp	Name	Value	Units	Mode
☑	Frequency	1300	nm	Normal
☑	Power	5.8	mW	Normal
☐	Bias	-100	dBm	Normal
☐	Width	0.2	bit	Normal
☐	Position	0	bit	Normal
☐	Truncated	☐		Normal

图 9.71　光脉冲产生参数

如图 9.72 所示，选择参数为传输速率 Bit rate = 10 Gb/s，对应的码元宽带 $T_B = 100$ ps，序列长度 Sequence length = 16 bit。光学双曲正弦脉冲发生器如图 9.73 所示，脉冲载波频率 Frequency（对应参考波长 Reference wavelength）= 1 300 nm，脉冲宽带 Width = 0.2 bit，对应时域脉冲宽带 $T_{FWHM} = T_B \times \text{Width} = 20$ ps，则光孤子宽度 $T_0 = 0.567\ T_{FWHM} = 11.34$ ps，输入峰值光功率为 21.7 mW。

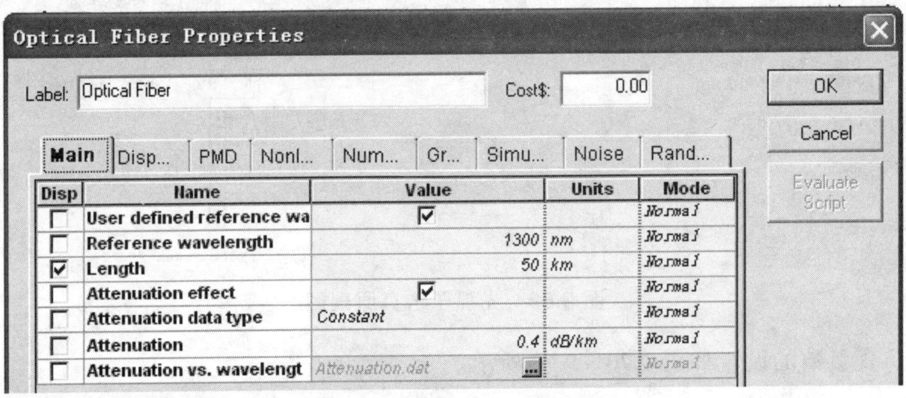

Optical Fiber Properties

Label: Optical Fiber　Cost$: 0.00　OK　Cancel　Evaluate Script

Main | Disp... | PMD | Nonl... | Num... | Gr... | Simu... | Noise | Rand...

Disp	Name	Value	Units	Mode
☐	User defined reference wa	☑		Normal
☐	Reference wavelength	1300	nm	Normal
☑	Length	50	km	Normal
☐	Attenuation effect	☑		Normal
☐	Attenuation data type	Constant		Normal
☐	Attenuation	0.4	dB/km	Normal
☐	Attenuation vs. wavelengt	Attenuation.dat		Normal

图 9.72　光纤主要参数

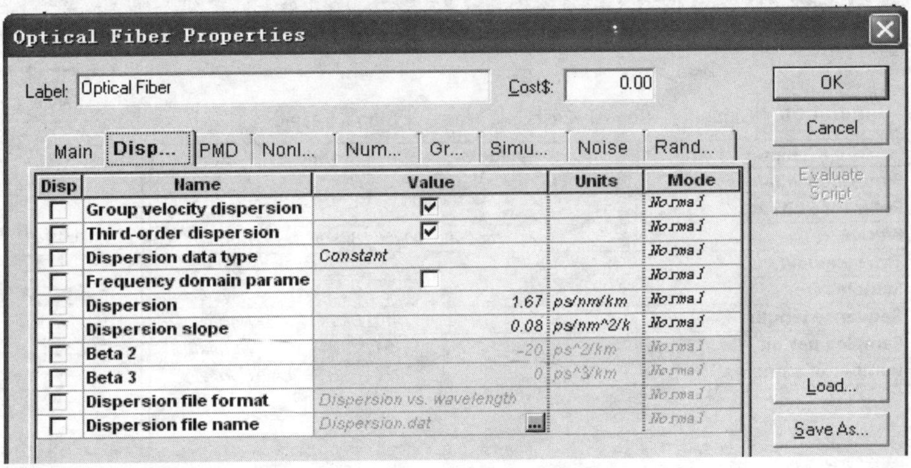

Optical Fiber Properties

Label: Optical Fiber　Cost$: 0.00　OK　Cancel　Evaluate Script　Load...　Save As...

Main | Disp... | PMD | Nonl... | Num... | Gr... | Simu... | Noise | Rand...

Disp	Name	Value	Units	Mode
☐	Group velocity dispersion	☑		Normal
☐	Third-order dispersion	☑		Normal
☐	Dispersion data type	Constant		Normal
☐	Frequency domain parame	☐		Normal
☐	Dispersion	1.67	ps/nm/km	Normal
☐	Dispersion slope	0.08	ps/nm^2/k	Normal
☐	Beta 2	-20	ps^2/km	Normal
☐	Beta 3	0	ps^3/km	Normal
☐	Dispersion file format	Dispersion vs. wavelength		Normal
☐	Dispersion file name	Dispersion.dat		Normal

图 9.73　光纤色散参数

光纤参数设置如图 9.74 所示，考虑光纤长度 Length = 50 km，色散系数 Dispersion = 1.67 ps/nm · km，损耗 Attenuation = 0.4 dB/km 的单模光纤 SMF，则计算得到群速度色散效应系数 k_2：

$$k_2 = \frac{-\lambda_2 D}{2\pi c} = -1.5\ (\text{ps}^2/\text{km})$$

于是计算出色散允许传输距离 L_D：

$$D = 1.67\ (\text{ps/nm}\cdot\text{km})$$

$$L_D = \frac{T_0^2}{|k_2|} = 85\ (\text{km})$$

注：此处未考虑群延迟效应和三级色散的影响。

考虑到光纤的传输损耗受限距离 L_A 应满足 $L_A<L_D$，从而取值为 $L_A \approx 50$ km，而在每一段 L_A 之后增加一个半导体光放大器 SOA 或光纤放大器 EDFA 进行功率放大，从而保证传输通道的功率恒定。

Optical Fiber Properties

Label: Optical Fiber　Cost$: 0.00　OK　Cancel　Evaluate Script

Main | Disp... | PMD | Nonl... | Num... | Gr... | Simu... | Noise | Rand...

Disp	Name	Value	Units	Mode
☐	Self-phase modulation	☑		Normal
☐	Effective area data type	Constant		Normal
☐	Effective area	62.8	um^2	Normal
☐	Effective area vs. wavelen	EffectiveAra.dat		Normal
☐	n2 data type	Constant		Normal
☐	n2	2.6e-020	m^2/W	Normal
☐	n2 vs. wavelength	n2.dat		Normal
☐	Self-steepening	☐		Normal
☐	Full Raman Response	☐		Normal
☐	Intrapulse Raman Scatt.	☐		Normal
☐	Raman self-shift time1	14.2	fs	Normal
☐	Raman self-shift time2	3	fs	Normal
☐	Fract. Raman contribution	0.18		Normal
☐	Orthogonal Raman factor	0.75		Normal

Load...　Save As...　Security...

图 9.74　光纤非线性参数

对于 50 km 的单模光纤 SMF 的线性损耗为 20 dB，这些损耗采用增益为 20 dB 的理想 EDFA 进行补偿。

为了研究平均孤子的输入功率对传输的重要性，我们将考虑在 5.7 mW 和 27.1 mW 两种不同输入功率的条件下，在 500 km 长度的单模光纤 SMF 中孤子的传播情况。

图 9.75 显示了 5.8 mW 时原始脉冲波形以及在 SMF 中经过 200 km、350 km 和 500 km 传输并经过 EDFA 每 50 km 做定期放大后的脉冲波形。

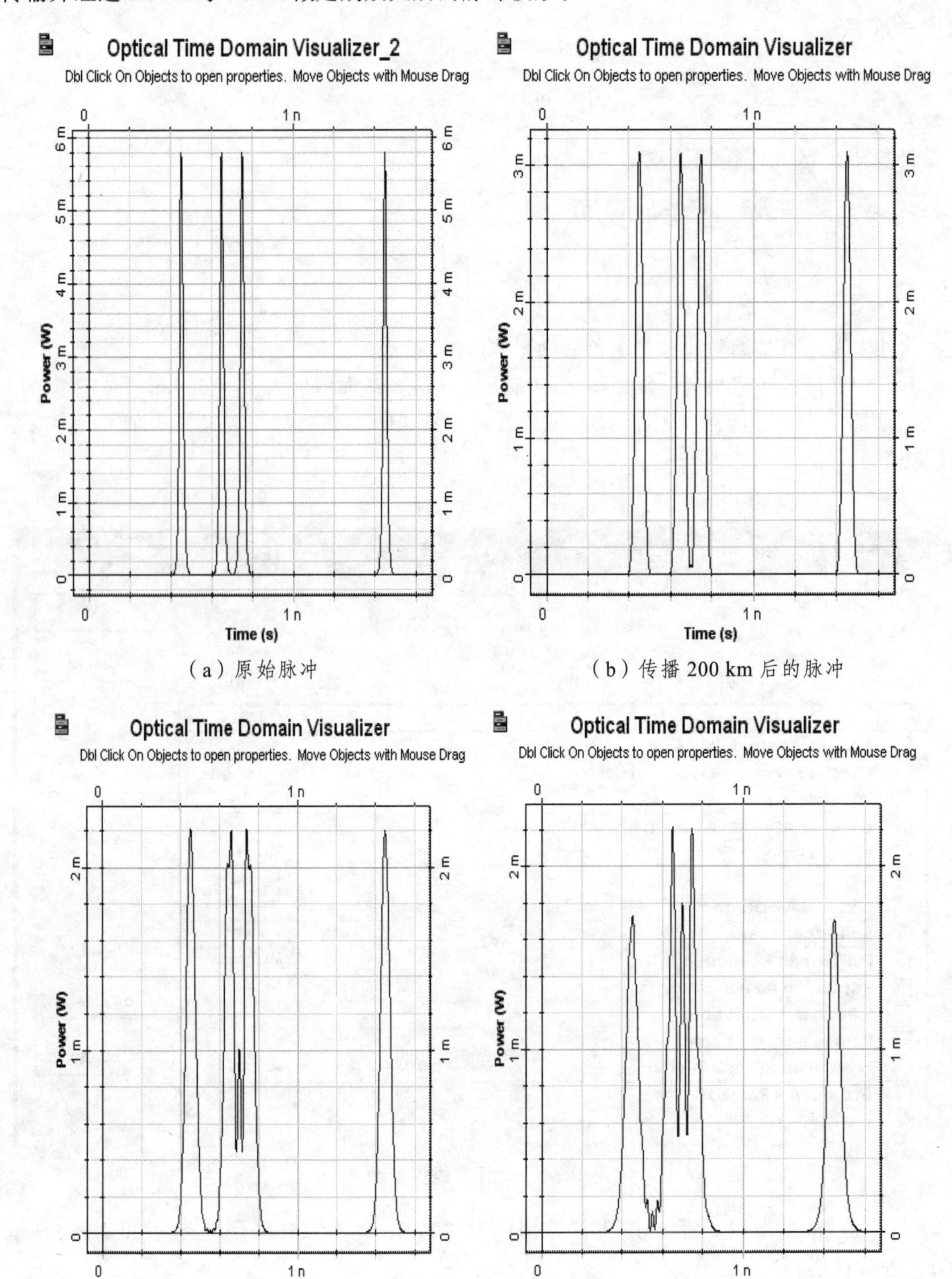

（a）原始脉冲

（b）传播 200 km 后的脉冲

（c）传播 350 km 后的脉冲

（d）传播 500 km 后的脉冲

图 9.75　功率不足时的脉冲波形

通过图 9.75 所示的波形，可以发现，当孤子的脉冲平均功率偏低时，传输 200 km，脉宽明显展宽；而传输 350 km，脉冲重叠；进一步到 500 km，由于非线性效应的作用，使得传输的前后两个波形中间激发出一个新的波形，形成了复式结构。由此可知，由于脉冲功率选取不当，脉冲不能保留其原始波形，导致脉冲展宽以及出现复式结构。

图 9.76 显示了 27.1 mW 时原始脉冲波形以及在 SMF 中经过 200 km，350 km 和 500 km 传输并经过 EDFA 每 50 km 做定期放大后的脉冲波形。

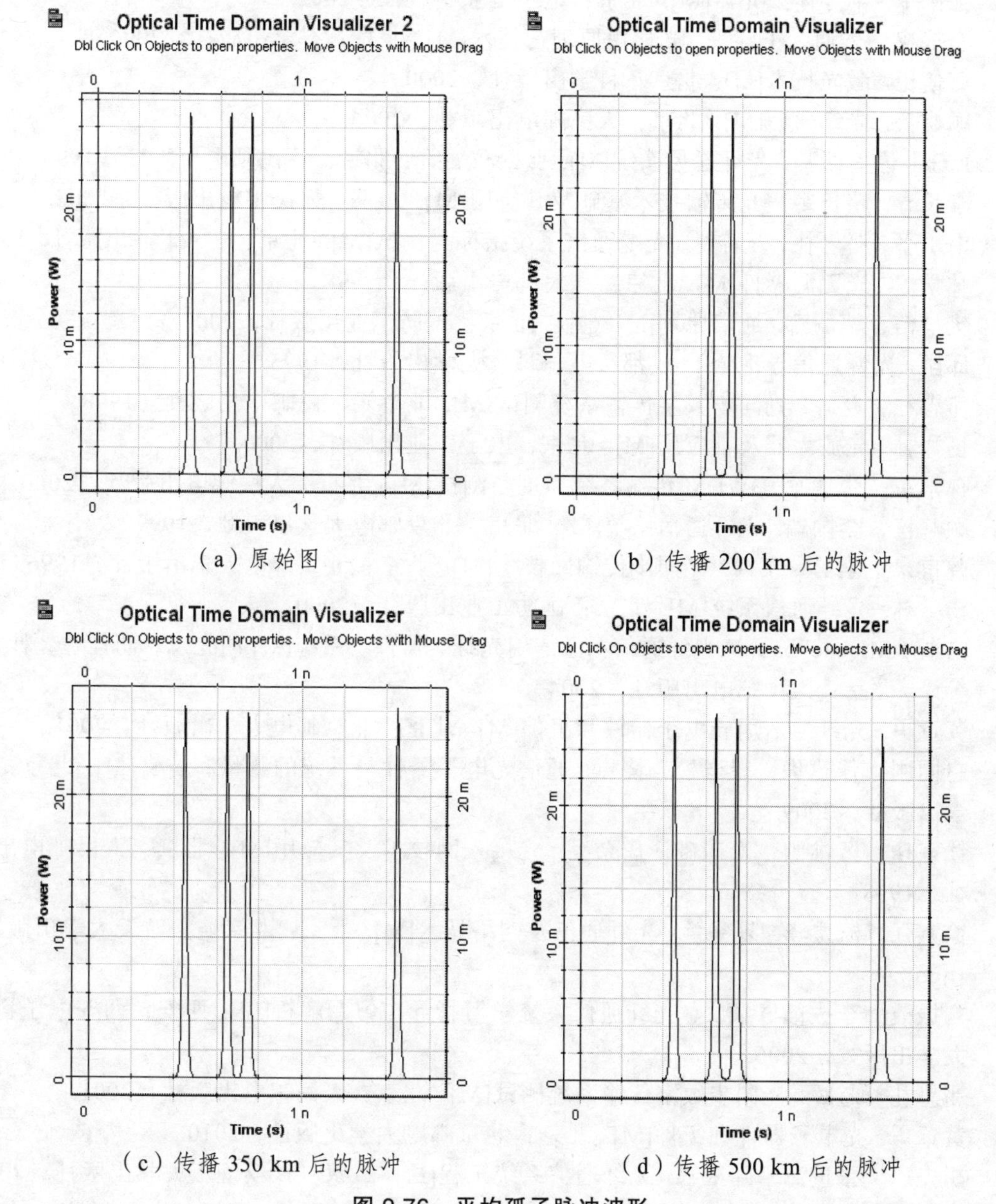

（a）原始图　　（b）传播 200 km 后的脉冲

（c）传播 350 km 后的脉冲　　（d）传播 500 km 后的脉冲

图 9.76　平均孤子脉冲波形

图 9.76 中可很清晰地看到脉冲波形被很好地保留。平均孤子概念适用于这些脉冲、光纤以及放大参数。

参考文献

[1] 顾畹仪，李国瑞. 光纤通信系统（修订版）[M]. 北京：北京邮电大学出版社，2006.
[2] 江剑平. 半导体激光器[M]. 北京：电子工业出版社，2002.
[3] 李玉权，朱通，王江平. 光通信原理与技术[M]. 北京：科学出版社，2006.
[4] 蓝信钜. 激光技术[M]. 北京：科学出版社，2000.
[5] 顾畹仪. 光纤通信[M]. 北京：人民邮电出版社，2006.
[6] L.G.卡佐夫斯基. 光纤通信系统[M]. 张肇仪，译. 北京：人民邮电出版社，1999.
[7] 李长春. 超长距离光传输技术基础及其应用[M]. 北京：人民邮电出版社，2008.
[8] 韦乐平，邓忠礼，万若锋. 光缆通信系统指标与测试[M]. 北京：电子工业出版社，1994.
[9] 林学煌. 光无源器件[M]. 北京：人民邮电出版社，1998.
[10] 樊昌信，曹丽娜. 通信原理[M]. 6 版. 北京：国防工业出版社，2007.
[11] 邱昆. 光纤通信导论[M]. 成都：电子科技大学出版社，1995.
[12] 邓忠礼，赵晖. 光同步数字传输系统测试[M]. 北京：人民邮电出版社，1998.
[13] 杨祥林. 光放大器及其应用[M]. 北京：电子工业出版社，2000.
[14] 孙学军，张述军. DWDM 传输系统原理与测试[M]. 北京：人民邮电出版社，2000.
[15] 顾畹仪，李国瑞. 光纤通信系统[M]. 北京：北京邮电大学出版社，1999.
[16] 曾甫泉，李勇，王河. 光同步传输网技术[M]. 北京：北京邮电大学出版社，1996.
[17] 杨祥林. 光纤通信系统[M]. 北京：国防工业出版社，2000.
[18] 巴斯（Michael bass）.光纤通信：通信用光纤、器件、系统[M].胡先志，胡佳妮，杜娟，等译. 北京：人民邮电出版社，2004.
[19] 黄章勇. 光纤通信用光电子器件和组件[M]. 北京：北京邮电大学出版社，2001.
[20] 赵同刚，任建华，崔岩松，饶岚. 通信光电子器件与系统的测量和仿真[M]. 北京：科学出版社，2009.
[21] 钱宗珏，区惟煦，寿国础，唐余亮. 光接入网技术及其应用[M]. 北京：人民邮电出版社，1998.
[22] 徐宝强，杨秀峰，夏秀兰. 光纤通信及网络技术[M]. 北京：北京航空航天大学出版社，1999.
[23] 刘振霞，李去霞，蒙文. 光纤通信系统学习指导与习题解析[M]. 西安：西安电子科技大学出版社，2006.
[24] 邓忠礼，赵晖. 光同步数字传输系统测试[M]. 北京：人民邮电出版社，2001.
[25] 黄章勇. 光电子器件和组件[M]. 北京：北京邮电大学出版社，2010.
[26] 胡先志，张世海，陆玉喜. 光纤通信系统工程[M]. 武汉：武汉理工大学出版社，2005.
[27] Michael bass. 光纤通信-通信用光纤、器件和系统[M]. 北京：人民邮电出版社，2009.
[28] 顾畹仪. 全光通信网[M]. 北京：北京邮电大学出版社，2009.
[29] 龚倩，徐荣，等. 高速超长距离光传输技术[M]. 北京：北京邮电大学出版社，2011.